最新パッチクランプ
実験技術法

岡田泰伸　編

吉岡書店

序

　細胞膜にはきわめて多数の蛋白質が埋めこまれており、それらの多くはチャネルやトランスポータやレセプターとして働き、外界との間で物質や情報のやり取りをしています。細胞活動や機能の解明には、これら膜蛋白質の活動メカニズムの解明と統合的理解が不可欠です。最近、次々と多くの疾病がチャネル病、トランスポータ病、レセプター病として把えられるようになり、その病態解明や治療法開発のためにも膜蛋白質の研究が益々重要となっています。

　チャネルやトランスポータは、細胞膜における輸送蛋白質であるが、生体の電気的活動そのものを担ったり、そのための電気化学的勾配条件を形成する役割も果たし、更には種々の環境因子に対するセンサーとして細胞感覚を担う役割も果たすという多機能性蛋白質であることが明らかとなっています。それらの研究は、ポストゲノムの生命科学の展開に、今後ますます重要なものとなってきています。

　パッチクランプ法は、イオンチャネル蛋白質の機能を単一分子レベルでリアルタイムにしかも定量的に計測する方法として開発されました。現在ではこれに多くのヴァリエーションが加えられ、単一チャネル電流記録ばかりではなく、全細胞レベルや巨大パッチ膜レベルでのイオンチャネル電流や起電性トランスポータ電流の測定や、細胞膜電位や膜容量の測定にも、また人工脂質平面膜やリポソーム膜へ組み込まれたチャネルやトランスポータ活動の記録にも適用されるようになりました。更には、単一細胞レベルでの遺伝子解析に併用されるようにもなりました。また、パッチクランプ下でチャネルを、生理活性物質や環境因子に対するバイオセンサーとして用いることも行われはじめています。

　このように重要かつ適用性の広いパッチクランプ法も、"熟練を要する電気生理屋的手法"として敬遠されがちな状況が永らく続いていた原因の一つに、この方法の原理と実際についての初心者にもわかるような解説書がなかったことがありました。このような状況を打破するために「日本生理学会教育委員会」は、「日本生理学雑誌」にこの方法の実験講座を載せることを決め、その企画を私に依頼されました。こうして1994－95年に連載された講座は、日本におけるパッチクランプ法の発祥の地である生理学研究所で毎年開催されている生理科学実験技術トレーニングコースでの教材を基礎にパッチクランプの原理と実際を解説したものと、この方法を駆使している第一線の研究者に種々のヴァリエーションについてわかりやすく解説していただいたものから構成されていました。その後、生理学領域外の多くの分野からも一冊の成書としての出版の要望が高まり、この講座に新たに数編を加えた形の「パッチクランプ実験技術法」が1996年秋に吉岡書店から出版されました。そしてその5年後に、更に多くの新しい章を加えて時代のニーズに応えた「新パッチクランプ実験技術法」が2001年夏に出版されました。幸いこの本も広く読まれ、10年経った現在では、在庫がなくなりOn-demand版で注文に応じなければならない事態となりました。またこの間、いくつかの新しい展開が見られたり、オートパッチ法などの機器の進歩も見られたことから、更にいくつかの新しい章を加えると共に、著者の若返りもはかりつつ、内容を最新のものにした「最新パッチクランプ実験技術法」をここに新たに出版することになりました。

　最先端の研究内容にも触れながら、平易にかつ実践的にパッチクランプ法とその周辺を解説するように努めた本書「最新パッチクランプ実験技術法」は、生命科学研究者のみならず、これを

志す若い人々にも大いに役立つものと確信しています。また、新薬の開発に携わる企業の研究者の方々にも役立てていただけるものと思います。更には、チャネルとは何か、パッチクランプとは何か、どのような研究に用いることができるか、などに興味のある院生、学生、一般読者の方々にも広く手にしていただければ、編者および著者全員も大変幸せに感じる次第であります。

　本書をまとめる契機を与えていただいた1990年代初頭当時の「日本生理学会教育委員会」（栗原敏委員長）、「日本生理学雑誌編集委員会」（金子章道委員長）、種々のアドバイスをいただいた生理学研究所「生理科学実験技術トレーニングコース」パッチクランプ実習の教員諸氏に感謝いたします。そして絶えず励ましを与え続けて下さった生理学研究所名誉教授である故江橋節郎先生及び故入澤宏先生に深い敬意をもってこの書を捧げます。

　最後に本書出版にあたり編集の実務を一身に引き受けていただいた岡安友美秘書、編集上の相談にのっていただいた秋田天平博士、表紙のイラストをしていただいた佐藤かお理院生に深謝いたします。

2011年　春　　自然科学研究機構 生理学研究所　岡田泰伸

目次

- 序 ・・・・・・・・・・・・・・・・・・・・・・・・・ 岡田泰伸

1章	序論・イオンチャネル・・・・・・・・・・・・ 久木田文夫, 老木成稔	7
2章	パッチクランプ法総論・・・ 岡田泰伸, 挾間章博, 小原正裕, 秋田天平	19
3章	ホールセル記録法・・・・・・・・・・・・・・・・・・・・・・ 八尾 寛	33
4章	穿孔パッチ法・・・・・・・・・・・・・・・・・・ 鍋倉淳一, 石橋 仁	50
5章	単一チャネルデータの処理と解析法・・・・・・・・・ 曽我部正博	60
6章	チャネルノイズ解析法・・・・・・・・・・・・・・・・・・・ 大森治紀	74
7章	スライスパッチクランプ法・・・・・・ 伊佐 正, 井本敬二, 川口泰雄	86
8章	プレシナプス機構のスライスパッチクランプ研究法 ・・・・・・・・・・・・・・・ 高橋智幸, 堀 哲也, 中村行宏, 山下貴之	96
9章	スライスパッチによるシナプス可塑性解析法・・・・・・・ 真鍋俊也	103
10章	樹状突起からのパッチクランプ記録・・・・・・・ 坪川 宏, 高橋博人	110
11章	*In vivo*ブラインドパッチ法・・・・・・・・・・・・・・・ 古江秀昌	115
12章	*In vivo*イメージングパッチ法・・・・・・・・・・・・ 喜多村和郎	121
13章	トランスポータ電流記録・解析法・・・・・・・・・・・・ 野田百美	129
14章	ジャイアントパッチ法と心筋マクロパッチ法・・・・・・・ 松岡 達	136
15章	細胞内灌流法・・・・・・・・・・・・・・・・・・・・・・・ 堀江 稔	145
16章	チャネル分子研究のための脂質平面膜法・・・・・・・・ 老木成稔	153
17章	パッチクランプ膜容量測定法・・・・・・・・ 挾間章博, 丸山芳夫	184
18章	オルガネラパッチ・・・・・・・・・・・・・ 丸山芳夫, 挾間章博	191

19章 パッチクランプバイオセンサー法によるATP放出計測
.... 林 誠治, 富永真琴 196

20章 パッチクランプバイオセンサー法による温度受容解析
.... 富永真琴, 内田邦敏 203

21章 チャネル遺伝子発現システムとその解析法 ・・・古谷和春, 倉智嘉久 210

22章 パッチクランプと単一細胞RT-PCR／マイクロアレイ法 ・・・・山中章弘 222

23章 スマートパッチ法
.... サビロブ ラブシャン, コルシェフ ユーリ, 岡田泰伸 227

24章 オートパッチクランプ法 .... 澤田光平, 吉永貴志 232

25章 パッチクランプ法によるチャネルポアサイズ計測法
.... サビロブ ラブシャン, 岡田泰伸 237

26章 コンピュータによるパッチクランプデータ記録法 ・・・・・・・ 森島 繁 247

27章 パッチクランプ法の実験溶液 ・・・・ サビロブ ラブシャン, 森島 繁 255

・索引 267

・著者紹介 273

1章　序論・イオンチャネル

　生体電気は脳神経系に限らず生体内で重要な情報伝達の道具として働いている。同時に生体活動の証としての様々な測定が行われている。この電気信号の発生の仕組みはパッチクランプ法を代表とする細胞膜の電気生理学的な研究の発展の中から明らかにされてきた[1]。一方では電気現象の物質的な基盤については生化学や分子生物学などの研究により明らかにされ、タンパク質分子の物理的構造変化として理解されてきた。本稿では、まず膜電位や膜電流を記録する電気生理学的計測法の中でパッチクランプ法はいかなる地位を占めるかについて述べ、次に多角的なイオンチャネル研究で得られた現在の知見を述べる。

I. 電気生理学的計測法のパッチクランプ法への進化

　イオンチャネルの機能は細胞膜を介して発揮される。従って、イオンチャネルの個々の性質の解析は細胞膜の電気的な性質の測定を通じて行われる。この電気生理学的な測定により得られたイオンチャネルに関する知見を基に、従来の測定法の重要な点がパッチクランプ法に受け継がれ発展していく様を示す。

1. 膜電位測定：巨大細胞から小さな細胞へ

　膜電位は細胞の大きさによらない示強性の物理量であるが、電極刺入による傷害が大きいとそれ自体が失われる。従って、最初の測定は相対的に損傷の少ないイカ巨大神経線維（直径が400～800 μm）などの巨大細胞で成功した[2, 3]。その後、先端径の小さなガラス管微小電極が開発され、小さな細胞からの膜電位の記録や活動電位の記録が可能となった。最初は静止電位という静的な膜電位が測定され、増幅装置の改良により動的な膜電位変化（活動電位）の測定も可能になった。この切れ味の鋭いガラス管微小電極は細胞内への刺入を容易にすると同時に先端近くで細胞膜と密着（シール）するため、電極先端は細胞内にあり、細胞外とは絶縁され、膜電位を正確に測定できる。一般にこのシールは完全でなく、漏れ電流（リーク電流）が流れる。細胞が大きい場合はこのリーク電流が細胞膜を流れる電流に比べて小さいために、膜電位測定の精度が良くなる。実際にリーク電流が大きいと、細胞の膜電位をショートさせて細胞自体を殺すことになる。イカ巨大神経線維の場合は細長い神経線維の断端から太い電極を挿入するが、断端近くで標本表面を乾かし空気の層により高い絶縁が得られている（エアギャップ）（図1A）。断端から電極の挿入の難しい有髄神経線維などにはギャップ法（蔗糖ギャップ法やオイルギャップ法）が用いられた（図1B）。更に、ギャップを流れるリーク電流を小さくするようにフィードバック回路を用いている。このギャップ法の最近の進化形は、平板状の樹脂に微細な穴を開けて穴の周辺部でシールを達成しているカットオーサイト法や最近の超微細加工でシリコン板に微細な穴をあけシールを達成するオートパッチ法（図1C）に見られる。細胞内外を物理的或いは電気的に分離するシールは、一義的には細胞を殺さないため、次には電気的な損失をなくすために、絶対に必要である。ガラス管微小電極による電位測定は、電極ガラス管刺入口における絶縁性の低下をいかに最小限にとどめるかが最大の課題である（図1D、E）が、パッチクランプ全細胞記録法（ホール

セル法）では電極を刺入しないで、細胞膜にガラス電極を密着させて、細胞膜固有の接着性によりガラス管先端やその近くの内壁に高絶縁部（ギガオームシール[4]）を形成する（図1F）。その後にガラス管内のパッチ膜に穴をあけて、導通させ、細胞内記録する。そのため絶縁性が極めて高く且つ安定しており、電極先端と同程度の大きさの小さな細胞からの電位記録も可能である。

膜電位固定法では測定した膜電位が一定になるように帰還増幅器（図1中のFで示すアンプ）を介して電流を供給する負帰還回路を形成している。この場合、Aでは金属電極をDでは電流を十分供給できる先端部内径が太い電極を用いている。従来の一本の電極で膜電位固定を行う方法（図1E）では膜電位を正確に測定するために開発された電極が高抵抗であるため、帰還回路から供給される電流が十分でなく、膜電位の制御は不十分であった。パッチクランプ法では、使用するピペット電極が電流を十分に流せるように先端部の内径が太くなっているため、一本の電極でも精度の良い膜電位固定が出来る（図1F）。

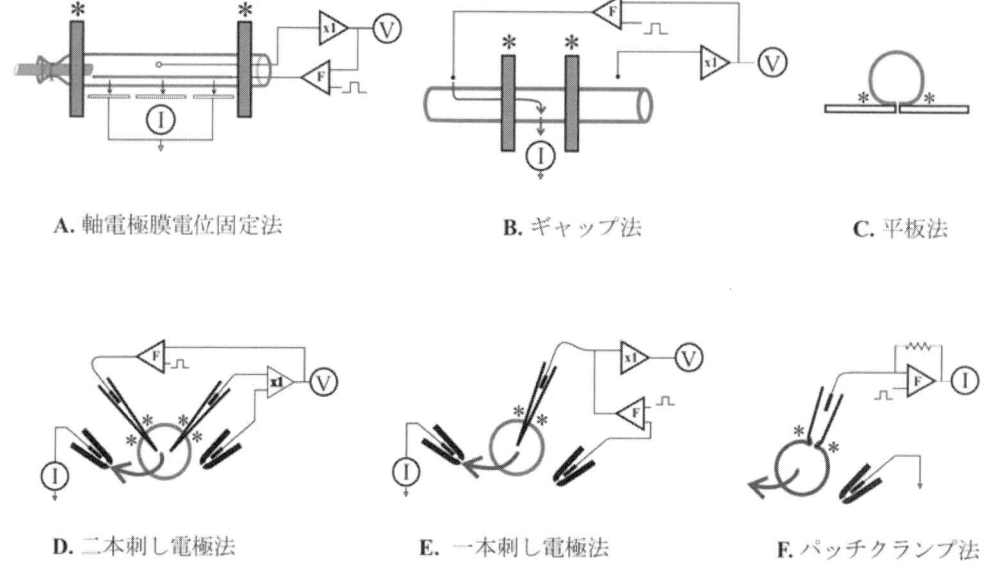

A. 軸電極膜電位固定法　　**B. ギャップ法**　　**C. 平板法**

D. 二本刺し電極法　　**E. 一本刺し電極法**　　**F. パッチクランプ法**

図1　シール法の進化と膜電位固定法
細胞と電極系の絶縁（シール）部分及び膜電位固定法の概略図を示す。電位測定用の前置増幅器（×1）、電流測定回路（I）及び負帰還増幅器（F）より構成される。負帰還増幅器の出力と電流電極との接続を切ると、単純な膜電位測定法になる。この場合、刺激電流は別の回路から補給される。＊は絶縁部分を示す。

一方でホールセル法は先端径の大きい電極を用いるので、細胞内の溶液組成を元々の状態に保つためには、様々な工夫が必要である。しかし、この方法でもイオン濃度が変化しない条件で正しく補正を行えば、正確に静止電位を測定できる。更に時間分解能を良くすれば、興奮状態での膜電位変化も測定できる。

清浄なガラスと細胞膜との接着性は様々な分野で利用されているが、微細加工技術の進歩と相俟って、ピペット状の電極のみならず平面状の電極においてもギガシール達成が可能になり、オートパッチ法のようなマトリクス状の電極構成も実現されてきている（24章参照）。今後更に、驚くほどの改良により素晴らしい成果がもたらされても、電気的測定の基本的な原理は変わらない。

細胞固有の電位が存在することは電気化学の発展初期からわかっており、負の静止電位の存在

も分かっていた。しかし正確な膜電位測定法の確立によってはじめて活動電位のピークの値がゼロではなく正の電位である事実（オーバーシュート）の発見が可能となり、これによって古典的な膜モデルからイオンチャネルを含む膜モデルへの革命的な概念の変革が行われたのである（Hodgkin-Huxleyのナトリウム説）[1, 3]。しかし、細胞内のNaイオン濃度が細胞内灌流で制御できるようになって初めて、全ての人々が、生体において物理化学的な法則に則った電位が発生していると信じるようになったのである。

2. 膜電流測定：膜電位固定法

細胞膜には多種類のイオンチャネルが存在することが知られているが、個々の生理的機能を担っているイオンチャネル種は少数である。たとえば神経線維における活動電位の伝達には、比較的少数のチャネル（電位作動性Na⁺チャネルと電位作動性K⁺チャネル及びバックグラウンド電流を流す電位非作動性Cl⁻チャネルと電位非作動性K⁺チャネルなど）のみが関係しているが、活動電位の形の解析からは個々のチャネル電流がどの相でどの程度寄与しているかは分からない。特に活動電位のように膜電位が一過性に変化する場合は、膜電流は更に複雑な形（活動電位の微分を含む形）になり解析が困難である（図2A）。イオンチャネルを含む細胞膜の等価回路は最低限の要素として膜容量、膜コンダクタンス（膜抵抗の逆数）と膜起電力で表され（図2C）、膜電流は抵抗性電流と容量性電流の和で表される。抵抗性電流はオームの法則で記載できるが、容量性電流は膜電位の時間微分に比例する。負帰還をかけ膜電位を一定値に保ちながら膜電流を測定する方法は膜電位固定法と呼ばれる[5]。膜電位を矩形波状に変化させ一定に保つと、時間微分を含む容量性電流は一過性になり、イオンチャネルや起電性トランスポータを流れる抵抗性イオン電流と分離して測定出来る（図2の電流トレースは計算により求められたもので容量性成分はない）。図2Cの等価回路では膜起電力も膜コンダクタンスも時間に依存して複雑に変化するが、図2Dでは、起電力が一定の複数のイオンチャネルとコンダクタンスの時間変化のみで記述できる。

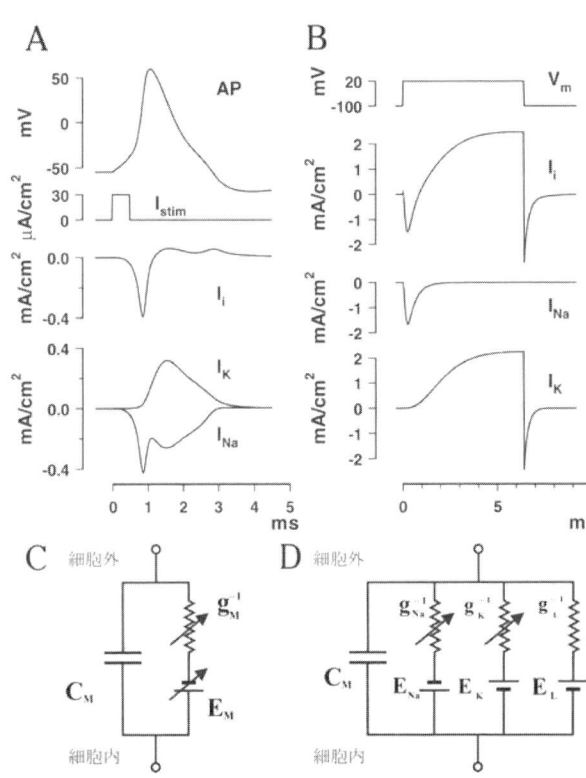

図2　活動電位と膜電流
A. 電流刺激（I_{stim}）による活動電位（AP）の発生。その際、流れるイオン電流（I_i）は計算によりNa⁺電流（I_{Na}）とK⁺電流（I_K）に分けて表示。
B. 膜電位固定の際に流れる膜電流（I_i）は Na⁺電流（I_{Na}）とK⁺電流（I_K）として測定できる。
C. 神経細胞膜の等価回路。コンダクタンスと起電力が時間と膜電位の関数である。
D. Hodgkin-Huxleyモデルの等価回路。起電力が一定で、コンダクタンスの時間変化のみで記述できる。（文献9の第1章「細胞電気信号の発生機構」久木田担当　図4より改変）。

起電力は、溶液のイオンの組成で決定されるため、イオンチャネル固有のイオン選択性によるイオンチャネル特有の一定の値を持つ。それぞれのイオンチャネル通過する電流は、単純にコンダクタンスに比例する。図2の等価回路Dは、神経膜の実体を正しく表現できるのみならず、見かけ上簡単な等価回路Cよりも数学的取り扱いが簡単になっている。HodgkinとHuxleyはコンダクタンスの変化を時間に関する微分方程式の解で表し、実験データをフィットさせて得られたパラメータを用いて、活動電位の大きさや形及びその伝搬を再構成した[6-8]。このHodgkin-Huxleyの微分方程式は神経回路の動作の記載には現在も不可欠な式である[9]。コンピュータによるシミュレーションは生理現象の定量的な理解に有用であるが、イオンチャネルや受容体の細胞膜上での分布も考慮した、空間情報も含んだシミュレーションが期待される[9]。

膜電位固定法による最初のチャネル電流の測定は二本の電極を細胞内に挿入してイカ巨大神経線維で行われた[5]（図1A）。巨大神経線維において膜電位を静止電位からある閾値以上に陽電圧方向変化（脱分極）させると、内向きのNa$^+$電流とそれに続く外向きのK$^+$電流が記録できる（図2B、I$_i$）。外液からNaイオンを除くと外向きのK$^+$電流（I$_K$）のみになる。細胞内のKイオンを不透過性の陽イオン（Cs$^+$など）と置き換えるとNa$^+$電流のみが測定できる（図2BのI$_{Na}$、図3B）。HodgkinとHuxley[6-8]はNa$^+$とK$^+$が流れる独立な通路の存在を予言したが、後にHille[10]らによってイオンチャネルという名が定着させられ、一般的になった。

Na$^+$チャネルを流れる電流は活性化後、次第に流れなくなり、2回続けて活性化させると電流は小さくなる（図3A、B）が、これを不活性化と呼んでいる[11]。このN型不活性化（速い不活性化）は電位作動性Na$^+$チャネルと電位作動性K$^+$チャネルで見られる。不活性化ボールとして働くのがアミノ末端の領域は陽荷電を持っており、脱分極時に内側からはまりこんでポアを塞ぐものと考えられている（N型不活性化のボール-チェインモデルと呼ばれている。詳しくはIIの2を見よ）[10]。

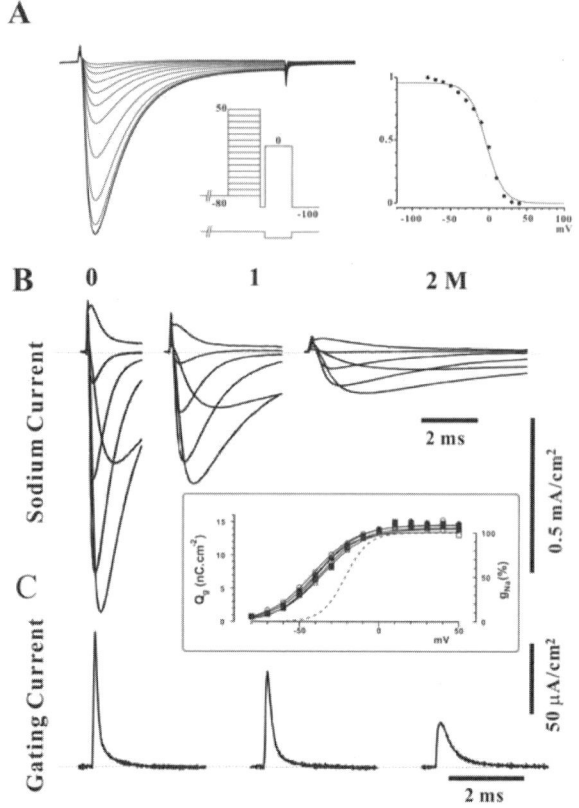

図3　Na$^+$電流とゲート電流
A. Na$^+$チャネルの不活性化。図のような制御電圧パルスを加えた場合の2番目の脱分極によるNa$^+$チャネルの電流。1番目の脱分極の電圧にたいして図示すると不活性化曲線が得られる。
B. 非電解質添加で緩やかになるNa$^+$電流。細胞内外液に非電解質を加えると、Na$^+$電流の時間経過は緩やかになる。膜電位は–30 mVから70 mVに20 mVおきに変化させている。
C. 外液のNa$^+$を除き、フグ毒TTXを加えると、ゲート電流のみが観察される。非電解質添加で時間経過は緩やかになるが、その積分値は変わらない。挿図にゲート電流の積分値とNa$^+$コンダクタンス（点線）の膜電位依存性を示す。（久木田[12]図1からの改変）

II. イオンチャネルの特徴
1. ゲート電流測定と電位センサー

　イオンチャネルでイオン透過が起こる場合、イオンの通路（ポア）の入り口を閉ざしている門即ちゲート（gate）を開く必要がある（ゲート機構）。電位作動性イオンチャネルでは電動式ゲートが開くので、膜電位を変化させるとゲート電流が測定できる。ゲート電流の存在はHodgkinとHuxleyの初期の仕事[8]でも予言されていたが、信号がイオン電流より2桁小さいので、通常条件では検出は困難であった。最初はイカ巨大神経や筋細胞のような巨大細胞（広い膜面積のためイオンチャネルの総量が多く、且つ膜電位固定の時間分解能が高いので膜容量成分の除去が簡単である）で[13]、最近では高密度にイオンチャネルを発現させたアフリカツメガエル卵母細胞で測定されている[14]。ゲート電流はイオンチャネルを透過するNaイオンを減らすと、巨視的なNa$^+$電流に先立って記録される（図3B、C）。ゲート電流は外界のイオン濃度やイオン種に依存しない、イオンチャネル蛋白質分子固有の量であり、イオンチャネルの総数が有限であるため膜電位に対して飽和特性を持つ（図3C挿図）。ゲート電流の時間経過はイオン電流の時間経過に反映されるが、これは温度や圧力、更には細胞膜周辺の溶液の性質（粘性など）により決定されている（図3C）[12,15]。ゲート電流の分子的基盤として、S4という膜貫通部位の重要性が、Na$^+$チャネルの一次構造が決定した時点から、予見されていた[16]。Na$^+$チャネルは分子内に4回繰り返し構造があり、それぞれは6回膜貫通領域からなっている。それぞれの繰り返し構造内の4番目の膜貫通領域がS4である。3残基に1つの正電荷（塩基性アミノ酸）を持つという特異的なパターンではあるが、平均的には疎水性が高いので膜貫通領域と考えられた。このS4へ点変異を導入するとチャネル活性化の電位依存性が変化することからS4の膜電位センサーとしての役割が確立した[17]。このS4の正電荷とそれを取り囲む負電荷の相対的な位置の細胞外方向への変位がゲート電流発生の原因であり、必ずしもS4自身の空間的な変位を意味しない。「このように多くの電荷を持った領域が膜という疎水性環境に存在しうるのかどうか」というエネルギー的な観点から多くの議論がなされてきたが、S4の長さのごく一部が疎水性環境に埋まっているというのが最新のモデルである[18]。電位センサーは非電解質など水溶性物質により予想以上に影響を受けること（図3B、C）は、これの考えを支持しており、電位センサーとその周辺が揺らぎの大きな構造をしていると想像できる[12,15]。

　古典的な概念としてのゲート電流の記載は、活動電位を形成する膜電位依存性のイオンチャネルに関しては成功しているかに見える。一方で、ゲノム情報の広範な利用により、新たに発見されるイオンチャネルの種類や数は極めて多くなってきた。それに伴い、電気生理学的に同定された膜電位依存性が、必ずしも具体的なイオンチャネルの構造により説明できない事態にも遭遇している。生理機能そのものを測定している電気生理学的測定の基本原理を見失わずに、次々と現れる新事実に、既存の知識による先入観を廃して、真摯に立ち向かっていかなければならない状況にもある。

2. ゲーティングの単一チャネル電流記録

　単一チャネル電流記録により従来のゲート機構に関する巨視的電流の成果を1分子レベルの現象とつなぐことができるようになった。単一チャネル電流は離散的に飛び移る電流値の連なりとして観察できる（図4B）。電流オン状態で直接見えるものは開いたゲートを流れるイオン流である。後述するようにこの情報がイオン透過機構を深く理解するために不可欠である。一方、電流

がゼロの状態は便宜的に閉状態と呼ぶが、この中にゲートの振る舞いを読み取る手掛かりが豊富に含まれている。たとえば電流が流れないからといってチャネルは一つの構造にとどまっているわけではない。電流がゼロという状態の裏で進行しているチャネル分子の構造変化はキネティクスを解析することで見えてくる[19]。

例えば巨視的電流で見えた Na^+ チャネルの不活性化は単一チャネル電流では図4のように見える。脱分極するとチャネルはある遅延時間の後に開き、その後何度か開閉しても、ある時間後には完全に閉じてしまう。脱分極後、はじめて開くまでにかかる時間は電位センサーが動き、ゲートが開くまでの時間である。チャネルが一旦閉じると、脱分極中であるにもかかわらず続けて開くことはない。この非透過状態は単一チャネル電流記録で見る限り、脱分極前の閉状態となんら区別できないが、これは不活性化状態といえる。その理由はもっと脱分極の程度を大きくしても開状態が起こらないからである。これは閉状態から開状態への遷移が脱分極で促進されるということに反する。

不活性化には Na^+ チャネルや K^+ チャネルで見られるような速い(数ミリ秒)もの(N型不活性化)と、K^+ チャネルでN型不活性化を除去したのちに見られる遅い(数100ミリ秒)もの(C型不活性化)がある。N型不活性化に関しては Na^+ チャネルに対する酵素処理で不活性化が除去され[20]、また K^+ チャネルに関してはアミノ末端の約20残基を削除すると不活性化が消失した[21]。これらのことからチャネルの構造物の一部分が、ゲートが開いたときにポア内に入り込みイオン流を遮断する(開チャネルブロック)という機構が考えられた(図5)。一方、N型不活性化を除いた K^+ チャネルでみ

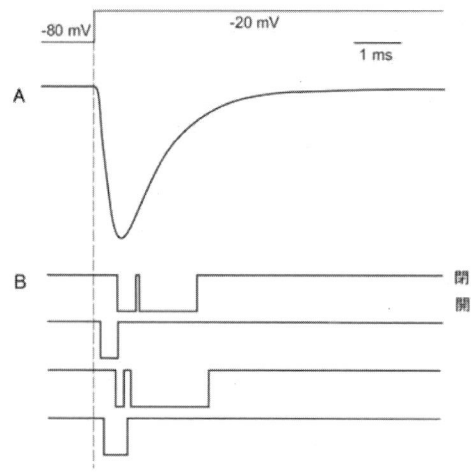

図4 Na^+ チャネル電流。脱分極時の電流の時間経過
A. 巨視的電流。
B. 単一チャネル電流。膜電位変化から少し時間をおいてから開く。一旦閉じると長い非透過状態が続く。基線から下へのふれが開口である。

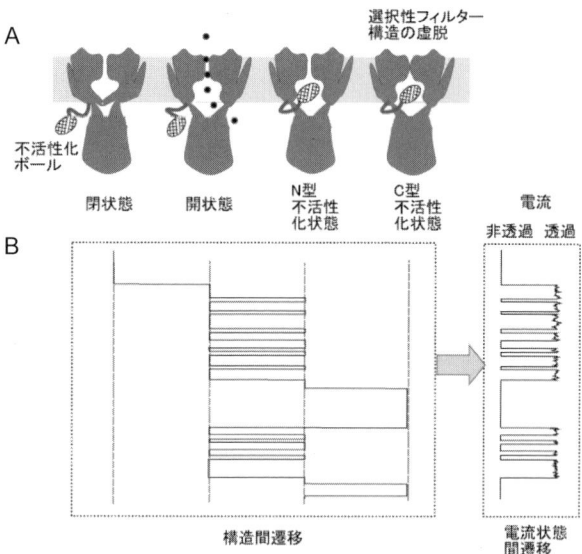

図5 単一チャネル電流とチャネルの構造状態
A. 開・閉・N型、C型不活性化状態の模式図。細胞質側に存在する活性化ゲートが開けば開状態となる。開状態に不活性化ボールが入り込むとN型不活性化状態となり、選択性フィルターの構造が虚脱すればC型不活性化となる。
B. チャネルの構造間遷移と単一チャネル電流と状態間遷移。左:ランダムにいくつかの構造を遷移する。このときどの構造からどの構造に遷移するのか、が重要である。それぞれの状態での平均的な滞在時間は異なる。
右:単一チャネル電流。構造間の遷移に対応して電流のオン・オフ間の遷移が見える。電流オンの開状態では、オフ状態には観察されないノイズ(開状態ノイズ)が観察される。

られる遅い不活性化は選択性フィルター自体の構造変化であることが明らかになった。その根拠は K^+ 濃度によって不活性化速度が変化することである[22]。選択性フィルターにイオンが占有していないとその構造が虚脱しやすくなる。

さまざまな構造の間を遷移するチャネルを単一チャネル電流として測定すると、すべてのゲートを開いた状態が電流オンの状態としてあらわに観察されていることになる。一方、イオン透過を阻む構造変化はすべて電流オフとなるので、電流値自体に非透過構造の情報を読み取ることはできないが、どれだけの時間閉じているか（閉時間）という統計的な分布の中に多くの情報が隠されている。

閉時間のヒストグラムを描くとほとんどの場合単一指数関数分布とはならず、複数の指数関数の和として表すことができる。この指数関数の成分数から、"非透過"という機能的状態に含まれている"構造的"閉状態の数を予想することができる（図5B）。非透過状態の中には機能的に不活性化状態と考えられるものも存在する。これらをもとに開・閉状態間の遷移図を組み立て、実験結果との整合性をもつゲーティングモデルを選択する。

現在使われているゲーティングモデルのほとんどはマルコフ過程を前提としている。マルコフモデルとは「状態間の遷移確率を決めるのは、遷移する直前の状態であり、それ以前の記憶はない」というものである。多くのチャネルのゲートキネティクスがマルコフモデルであらわせるということから、そもそもゲーティングという構造変化過程にマルコフ性があることが支持されてきた[19]。さらにゲーティングのマルコフ性を利用し、単一チャネル電流データの解析に隠れマルコフモデルを使った解析法が使われている。

3. イオン透過機構

チャネル分子の特性として先に述べたゲーティングと双璧をなすのがイオン透過である。イオン透過速度が速く、毎秒100万個のイオンを透過させることができる。一方、溶液中に多数存在するイオンの中から特定のものを選択する。速い透過速度と高い選択性という2つの特性は一見相反するようにみえ、この機能をチャネル分子がどのような機構で実現しているか、というのがこの数十年間のチャネル研究の大きな課題であった[10,23]。物質輸送を担う膜蛋白質の中で、チャネルは他の膜蛋白質（トランスポータやポンプ）とどう違うのだろうか。この問いに答えることがチャネルのアイデンティティを確立することになる。イオン透過に関して、イオンチャネルと区別すべき対立概念は促進輸送である。いずれも受動的な輸送を担う。「チャネルの方がイオン透過速度が速い」、という表現は直感的であり、これだけでは2つの機能的実体を区別する根拠が薄い。「チャネルにはトランスポータとは異なる定性的な差は存在するのか」、ということが問われ、いくつかの候補が挙げられた。その中心概念がポアである。トランスポータがイオンの輸送を行うごとに構造変化を伴うのに対し、チャネルは開いたポアをイオンが水分子とともに流れていく。チャネルのアイデンティティは「ポアとは何か」という問題に置き換えられたことになる。離散的に開閉する標準的な単一チャネル電流を測定することができれば、ポアの存在を支持することになるが、たとえチャネルであったとしてもコンダクタンスが小さく測定できないこともある。「水で満たされたポア」を明らかにするための2つの基本概念がある。

A．チャネルはイオン透過の Q_{10} が低い

Q_{10} は反応速度の温度依存性を表す概念で、温度が 10°C 変化したときの反応速度の比である。イオン透過の場合、電流量の温度依存性を測定すればよい。熱力学的には、ポア内をイオンが透過していく過程で越えるべき障壁の高さ（活性化エンタルピー）を表している（図6A）。ポアの狭いところをすり抜けたり、イオンの周りの水和水を脱ぎ捨てるために要するエネルギー障壁であり、通常 20~30 kJ/mol を超えないと考えられている[10]。一方、トランスポータではその構造変化（イオンが膜のどちらからアクセスできるか）によってイオンを輸送しているわけであり、イオン輸送速度をきめるのは

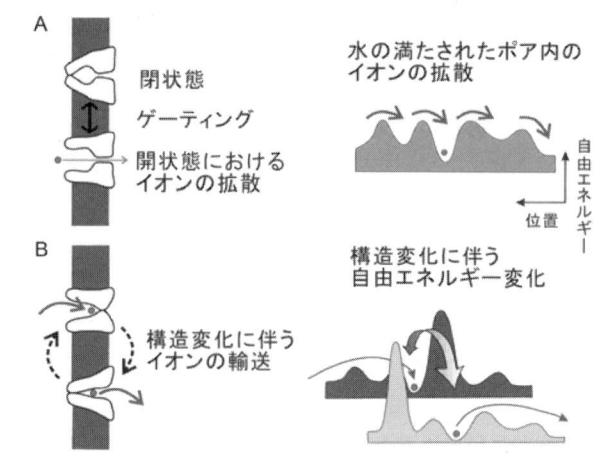

図6 チャネルとトランスポータのイオン輸送様式の差
A．チャネル．イオン透過に際しチャネル構造は多少のゆらぎはあるが、膜の両側に開存した構造を保つ。チャネルの構造変化はゲートの開閉に際して起こる。
B．トランスポータ．輸送されるイオンは、イオン結合部位に膜の両側から同時にアクセスすることができない。

膜蛋白質の構造変化に要する活性化自由エネルギーである（図6B）。通常、構造変化には大きな自由エネルギー変化を要する。したがってチャネルとトランスポータのイオン輸送様式の質的な差を Q_{10} という活性化自由エネルギーの定量的な差として捉えていることになる。イオン透過速度（単一チャネル電流量）の Q_{10} が 1.5 程度であれば水で満たされたポアをイオンが流れている可能性が高い[24]。

B．水－イオン流束比

イオンチャネルもトランスポータもイオンの流れに伴って水分子が輸送される。トランスポータの場合、イオン結合部位のまわりに水分子が結合すればこれらもイオンとともに輸送される。チャネルの場合は水で満たされたポアをイオンが流れるときに水がともに流される。特にポアの直径が小さく、ポア内でイオンと水が互いに追い越せない場合を一列拡散と呼び、イオンと水が互いに独立に流れることができなくなる（図7B）。イオンが電気化学的勾配に従って受動的に流れるとき、水分子は膜両側に浸透圧濃度差（水の駆動力）がなくても押し流されてしまう。これを電気浸透と呼び、水はその駆動力に逆らって流れることになる[25]。逆に、膜両側に浸透圧濃度差があると水が流れるが、こ

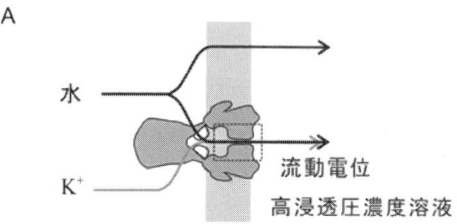

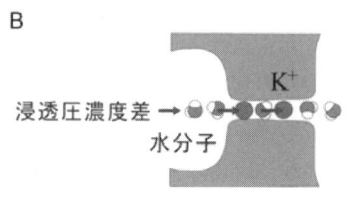

図7 流動電位
一列拡散する狭いポアにイオンが存在すると、水の流れに押し流され電流が流れる。その結果、本来電流が流れないはずの逆転電位で電流が流れてしまう。電流 0 の膜電位と逆転電位の差を流動電位と呼び、この値から水分子一個に対して何個のイオンが流れたかを求めることができる。

の流れがポアを通って行くときにそこに存在するイオンを押し流してしまう。これによって電位差が発生することを流動電位と呼ぶ[10, 26, 27]。ポアという構造物が膜の両側から常にアクセスできるような開いた構造をとるからこそ水の流れにイオンが押し流されるのであり、これこそがポアの存在を証明できるもっとも有力な方法である（図7）。さまざまなチャネルがこの条件を満たし、ポアの存在が確認された。特に一列拡散の場合、流動電位からポアの長さなどが推測できた。水を透過させないイオンチャネルは存在しないし、イオンが完全に脱水和してポアに入ることもない。イオン透過機構を考える上で水との相互作用を考えることは不可欠である。

III. チャネル立体構造からダイナミクスへ

ミレニアムに先立つこと3年、イオンチャネル研究の新しい世紀がはじまった。1998年にMacKinnonがカリウムチャネルの結晶構造を明らかにしたのである[28]。これはチャネル研究を大きく転換させた最大のエポックであった。それまでの構造機能相関研究がアミノ酸配列をもとに、チャネルが「どのような立体構造をとっているか」ということを想像するものであったのに対し、構造決定後は「構造にどのような機能的な意味が隠されているか」、ということを読み取る作業に転換した[29]。蛋白質分子が機能を発揮するには構造変化をともなうから、分子の機能を読み取るにはその動的構造変化をとらえる必要がある。

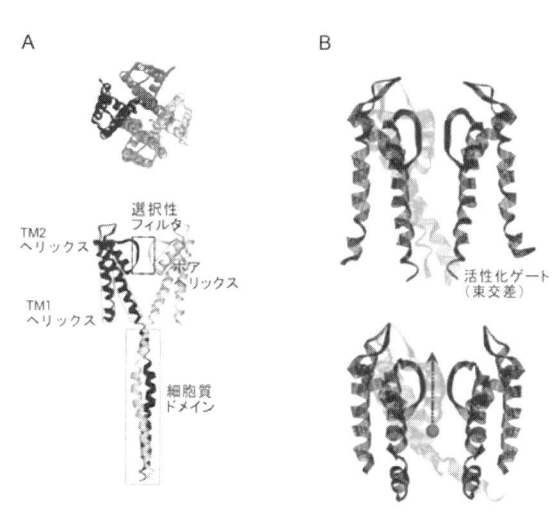

図8 カリウムチャネルの構造
A. KcsAチャネルの全体像。上）上面図、下）側面図。対角サブユニットだけを示している。膜貫通領域は長いTM1ヘリックス、TM2ヘリックスと短いポアヘリックスからなる。細胞質ドメインは長いヘリックスが束を形成している。
B. ポアの開閉構造。上）閉構造、下）開構造。閉構造では4本のTM1ヘリックスが細胞質側で交差（束交差）し、イオン流を遮断する。

初めに構造決定されたKcsAカリウムチャネルは電位依存性のない2回膜貫通型のカリウムチャネルであり、近縁チャネルに内向き整流性K$^+$チャネルなどがある。いくつかのまったく予想されていなかった構造的特徴が明らかになった（図8）。2回膜貫通の膜貫通領域はαヘリックスであり、このうちTM2ヘリックスが細胞質側で束ねられている。それ以外に短いヘリックス（ポアヘリックス）が細胞外に近いところに存在した。このヘリックスはポア軸からかなり傾いている。さらに選択性特異配列（TVGYG）[30]に相当する領域が選択性フィルターという内径3Å、長さ12Åの狭い領域を形成していることが明らかになった。構造決定された膜貫通ドメインはすべてのK$^+$チャネルに共通な基本構造であるポアドメインと呼ばれる。

1. イオン透過・選択機構

K$^+$チャネルの選択性フィルターの狭さではイオンと水は一列拡散となる。脱水和したイオンはフィルター内腔に四方から突き出たカルボニル酸素により、8個の酸素原子で溶媒和されて安定化する[31]。この狭い領域に4つのイオン結合部位が存在した。従来、ポアの中に同時に2個以上

のイオンが存在する複イオンポアという概念が提案されてきたが、これを支持する構造的基盤が証明されたことになる。狭いポアの中に複数個のイオンが存在すれば静電的反発力が働いて安定に存在できない。ポアに入ってくるイオンによってポア内部のイオンが追い出される knock-on という機構[32]が考えられており、これが速い透過速度を説明するための機構の一つである。

イオン選択性に関して、電気生理学的には2つの定義がある。逆転電位から求まる透過係数比と単一チャネル電流から求まるコンダクタンス比である。さらに結晶構造が明らかになり、イオン結合定数が得られるようになった[33]。3つの実験的指標が同一の選択性系列になるとは限らない。それぞれの指標の意味するところが異なるからである[34]。

カリウムチャネルの選択性に関して、透過できるイオンは半径が 1.3 Å から 1.7 Å と限られた範囲にある。ある範囲以上のイオンは排除するという単純なカットオフサイズという概念では説明できない。古く提案された snug fit（ぴったりフィットするものだけが通る）という言葉で説明されている[10, 35]。透過イオンが相互作用する選択性フィルターがわずかなイオン半径の差を区別するだけの硬い構造を持っているとは考えられないが、選択性フィルターのまわりに存在するポアヘリックスなどかなり広い範囲の構造が選択性を維持するための構造を支えていると考えられている[33]。

2．ゲーティングダイナミクス

カリウムチャネルのゲーティングには電位依存性のものと非依存性のものがあるが、その差は電位センサードメインの有無である。電位依存性カリウムチャネルの立体構造を見ると、電位センサードメインはポアドメインとは独立の構造物をつくっていることが明らかになった[36]。一方、センサーが電位センサーであれ、化学センサーであれ、センサーで感じた情報はポアドメインに伝えられゲートを開閉する。最近では活性化ゲートが開いた構造や不活性化状態の構造が明らかになりつつある[37]。ポアドメインの構造変化はどのようにしてゲート開閉に至るのだろうか[38]。そのダイナミクスは結晶構造という静止像からは容易に想像できない。

本来電気生理学的測定ではチャネルのダイナミックな振る舞いを捉える事が出来る。特にゲート電流はチャネル蛋白質の分子内電荷移動を測定でき、構造変化に直結する情報が得られる。電気生理学的測定を駆使してゲーティングに伴う状態変化が詳細に検討されてきた。たとえば電位依存性K$^+$チャネルに関して、Hodgkin-Huxley型の4個の独立した電位センサーの動きがチャネルの開口に至るという枠組みは正しいが、4個のセンサーが動くことが直ちに開口に至るのではなく、その後、ポアドメインが協同的に開くというモデルが確立している[36]。これらの情報に加えて蛍光測定による構造変化に関わる情報が得られれば、構造・機能ダイナミクスを同時記録することができる[40]。もうひとつのダイナミクス研究法は1分子測定である。1分子記録が可能となれば単一チャネル電流との対応をつけることができる。チャネル結晶構造解明のためのX線回折法は蛋白質構造の幾何学的情報を提供する手法であり、これを応用して蛋白質構造変化を1分子レベルで追跡できるように展開したX線一分子測定法（Diffracted X-ray tracking method）が開発された。この方法をKcsAチャネルに適用し、ゲーティングに際してチャネル分子がねじれたりゆるんだりする構造変化が捉えられている[41, 42]。最近結晶構造で明らかになってきたさまざまなチャネル蛋白質は回転対称性をもち、対称軸に沿ってイオン透過路が存在する。これらのチャネルが可逆的なねじれ運動を起こすことでゲートの開閉を起こす[43, 44]というのはきわめて合理的な構造変化様式である。今後これらの構造変化をとらえる方法と単一チャネル電流の同時測定がさらな

IV. 科学の中の電気生理学的手法の位置づけ

現在のチャネル分子研究は急速な発展段階にある。様々な実験手法・理論的アプローチをもった研究者が参入し、方法の限界とチャネル現象の新奇性をつきつめながら進展している[45]。チャネル研究で重要なことは、イオン透過もゲーティングもダイナミックな過程であり、これをダイナミックな測定法で捉えることである。電気生理学的手法がそのためのゴールドスタンダード(究極の判断基準)である。膜電位が急激に変化したときの応答、リガンドなどの化学物質の濃度変化への応答など、過渡的な応答を捉えることは電気生理学の最も得意とするところである。また膜電位を自由に変化させるというのは電気生理学実験ではあまりに日常的なルーチンであるが、この単純で重要な物理的パラメータを他の方法で実現することは容易ではない。さらにパッチクランプ法では単一分子の応答を他の1分子測定法よりも比較的簡単に捉える事ができる。

巨視的電流、単一チャネル電流のトレースには多くの情報が詰まっている。チャネル電流に何を読み取ることができるか、これは生理学者に託されている重大な役割である。

文献

1. 久木田文夫 (2005) イオンチャネル研究 50 年. 生物物理 45, 10-15
2. Hodgkin, A.L. & Huxley, A.F. (1939) Action potentials recorded from inside a nerve fibre. Nature 144, 710-711
3. Hodgkin, A.L. & Katz, B. (1949) The effect of sodium ions on the electrical activity of the giant axon of the squid. J. Physiol. 108, 37-77
4. Hamill, O.P., Marty, A., Neher, E., Sakmann, B. & Sigworth, F.J. (1981) Improved patch-clamp techniques for high resolution currents recording cells and cell free membrane patches. Pflugers Arch. 391, 85-100
5. Hodgkin, A.L., Huxley, A.F. & Katz, B. (1952) Measurement of current-voltage relations in the giant axon of Loligo. J. Physiol. 116, 442-448
6. Hodgkin, A.L. & Huxley, A.F. (1952) Current carried by sodium and potassium ions through the membrane of the giant axon of Loligo. J. Physiol. 116, 449-472
7. Hodgkin, A.L. & Huxley, A.F. (1952) The components of membrane conductance in the giant axon of Loligo. J. Physiol. 116, 473-496
8. Hodgkin, A.L. & Huxley, A.F. (1952) A quantitative description of membrane currents and its application to conduction and excitation in nerve. J. Physiol. 117, 500-544
9. 臼井支朗 (編) (1997) シリーズ・ニューバイオフィジックス ⑧ 脳・神経システムの数理モデル ─視覚系を中心に─. 共立出版, 東京
10. Hille, B. (1992) Ion Channels of Excitable Membrane. Sinauer Assoc. Inc., Sunderland
11. Hodgkin, A.L. & Huxley, A.F. (1952) The dual effect of membrane potential on sodium conductance in the giant axon of Loligo. J. Physiol, 116, 497-506
12. 久木田文夫 (2000) 膜電位依存性イオンチャネルの開機構に対する水の効果. 生物物理 40, 185-190
13. Armstrong, C.M. & Bezanilla, F. (1974) Charge movement associated with the opening and closing of the activation gates of the Na channels. J. Gen. Physiol. 63, 533-552
14. Conti, F. & Stühmer, W. (1989) Quantal charge re-distributions accompanying the structural transitions of sodium channels. Eur. Biophys. J. 17, 53-59
15. Kukita, F. (2000) Solvent effects on squid sodium channel are attributable to movements of a flexible protein structure in gating currents and to hydration in a pore. J. Physiol. 522, 357-373
16. Noda, M., Shimidu, S., Tanabe, T., Takai, T., Kayano, T., Ikeda, T., Takahashi, H., Nakayama, H., Kanaoka, Y., Minamino, N., Kangawa, K., Matsuno, H., Raftery, M.A., Hirose, T., Inayama, S., Hayashida, H., Miyata, T. & Numa, S. (1984) Primary structure of Electrophorus electricus sodium channel deduced from cDNA sequence. Nature 312, 121-127
17. Papazian, D.M., Timple, L.C., Nung, Y., Jan, Y.N. & Jan, L.Y. (1991) Alteration of voltage-dependence of Shaker potassium channel by mutations in the S4 sequence. Nature 349, 305-310
18. Yang, N., George, A.L. Jr. & Horn, R. (1996) Molecular basis of charge movement in voltage-gated sodium channels. Neuron 16, 113-122
19. Shelley, C. & Magleby, K.L. (2008) Linking exponential components to kinetic states in Markov models for single-channel gating. J. Gen. Physiol. 132, 295-312.
20. Armstrong, C.M., Bezanilla, F. & Rojas, E. (1973) Destruction of sodium conductance inactivation in squid axons perfused with pronase. J. Gen. Physiol. 62, 375-391.
21. Hoshi, T., Zagotta, W.N., Aldrich, R.W. (1991) Two types of inactivation in Shaker K^+ channels: effects of alterations in the carboxy-terminal region. Neuron 7, 547-556

22. López-Barneo, J., Hoshi, T., Heinemann, S.H. & Aldrich, R.W. (1993) Effects of external cations and mutations in the pore region on C-type inactivation of Shaker potassium channels. Receptors Channels 1, 61-71
23. 老木成稔（1997）モデルチャネルの構造と機能 ― 単一チャネル記録から原子レベルの構造と素過程へ．"シリーズ・ニューバイオフィジックス ⑤ イオンチャネル ―電気信号をつくる分子―"、曽我部正博（編）、共立出版、東京、pp78-100
24. Kuno, M., Ando, H., Morihata, H., Sakai, H., Mori, H., Sawada, M. & Oiki, S. (2009) Temperature dependence of proton permeation through a voltage-gated proton channel. J. Gen. Physiol. 134, 191-205
25. Schulz, S.G. (1980) Basic Principles of Membrane Transport. Cambridge University Press, Cambridge
26. Ando, H., Kuno, M., Shimizu, H., Muramatsu, I. & Oiki, S. (2005) Coupled K^+-water flux through the HERG potassium channel measured by an osmotic pulse method. J. Gen. Physiol. 126, 529-538
27. 老木 成稔、安藤博之、久野みゆき、清水啓史、岩本真幸（2008）Kチャネルのイオン透過機構：流動電位によるアプローチ．生物物理 48, 246-252
28. Doyle, D.A., Cabral, J.M., Pfuetzner, R.A., Kuo, A., Gulbis, J.M., Cohen, S.L., Chait, B.T. & MacKinnon, R. (1998). The structure of the potassium channel: molecular basis of K^+ conduction and selectivity. Science 280, 69-77
29. 老木成稔（1998）Kチャネルの結晶構造に至る道 ―K選択性透過を担うポアの構造―．蛋白質核酸酵素 42, 1990-1997
30. Heginbotham, L., Lu, Z., Abramson, T. & MacKinnon, R. (1994) Mutations in the K^+ channel signature sequence. Biophys. J. 66, 1061-1067
31. Zhou, Y., Morais-Cabral, J.H., Kaufman, A. & MacKinnon, R. (2001) Chemistry of ion coordination and hydration revealed by a K^+ channel-Fab complex at 2.0 A resolution. Nature 414, 43-48
32. Hodgkin, A.L. & Keynes, R.D. (1955) The potassium permeability of a giant nevrve fibre. J. Physiol. 128, 61-88
33. Lockless, S.W., Zhou, M. & MacKinnon, R. (2007) Structural and thermodynamic properties of selective ion binding in a K^+ channel. PLoS Biol. 5, e121
34. Eisenman, G. & Horn, R. (1983) Ionic selectivity revisited: the role of kinetic and equilibrium processes in ion permeation through channels. J. Membr. Biol. 76, 197-225
35. Armstrong, C.M. (1975) Potassium pores of nerve and muscle membranes. Membranes. 3, 325-58
36. Long, S.B., Campbell, E.B. & Mackinnon, R. (2005) Crystal structure of a mammalian voltage-dependent Shaker family K^+ channel. Science 309, 897-903
37. Cuello, L.G., Jogini, V., Cortes, D.M., Pan, A.C., Gagnon, D.G., Dalmas, O., Cordero-Morales, J.F., Chakrapani, S., Roux, B. & Perozo, E. (2010) Structural basis for the coupling between activation and inactivation gates in K^+ channels. Nature 466, 272-275
38. 老木成稔（2000）機能するKチャネルが見える．蛋白質核酸酵素 45, 1946-1959
39. Schoppa, N.E. & Sigworth, F.J. (1998) Activation of Shaker potassium channels. III. An activation gating model for wild-type and V2 mutant channels. J. Gen. Physiol. 111, 313-342
40. Blunck, R., McGuire, H., Hyde, H.C. & Bezanilla, F. (2008) Fluorescence detection of the movement of single KcsA subunits reveals cooperativity. Proc. Natl. Acad. Sci .USA 105, 20263-20268
41. Shimizu, H., Iwamoto, M., Konno, T., Nihei, A., Sasaki, Y.C. & Oiki, S. (2008) Global twisting motion of single molecular KcsA potassium channel upon gating. Cell 132, 67-78
42. 老木 成稔（2009）X線一分子追跡法により明らかになったKcsAカリウムチャネルの開閉機構．放射光 22, 183-191
43. Bocquet, N., Nury, H., Baaden, M., Le Poupon, C., Changeux, J.-P., Delarue, M. & Corringer, P.-J. (2009) X-ray structure of a pentameric ligand-gated ion channel in an apparently open conformation. Nature 457, 111-114
44. Vasquez, V. & Perozo, E. (2009) Structural biology: A channel with a twist. Nature 461, 47-49
45. Roux, B. (2010) Perspectives on: molecular dynamics and computational methods. J. Gen. Physiol. 135, 547-548

2章　パッチクランプ法総論

Ⅰ．はじめに

　パッチクランプ法は、細胞膜における単一（あるいは複数個）のイオンチャネル分子の活動を、それを通るイオン電流として記録する方法で、1976年にNeherとSakmann[1]によって開発された。その後、いわゆるギガ・シール法の確立といくつかのヴァリエーションの追加開発[2,3]によって、1980年以降多くの細胞系に適用されるようになった[3-5]。その結果、この方法は細胞や分子レベルでの生理学研究に革命を引き起こし、ひいては遺伝子クローニング法とあいまって生命科学研究に大きな革新をもたらした。この貢献によってNeherとSakmannは1991年にノーベル賞を受けた（図1）。

　本稿ではパッチクランプ法の原理と実際について、アンプ操作の説明も交えながら詳しく解説する。

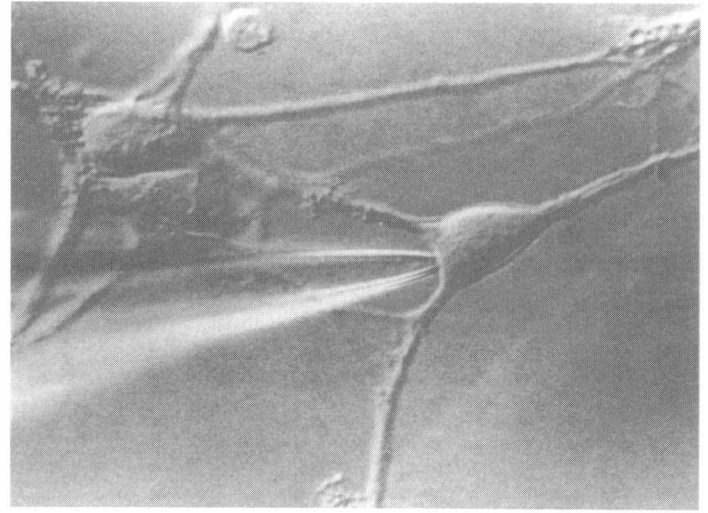

図1　Neher博士がノーベル賞授賞の後に各国の友人からのお祝いに対して送った礼状

II. パッチクランプとは

1. パッチクランプの原理

　細胞膜にガラス管微小ピペット（"パッチ電極"または"パッチピペット"）をギガ・オーム（GΩ、$10^9 \Omega$）以上の高抵抗で密着（"ギガ・シール"）させ、その先端開口部の微小膜領域（"パッチ膜"）を電気的に他の領域と隔絶した状態で電位固定し、そこに含まれるイオンチャネルを通るイオン電流（pA、10^{-12}A オーダー）を計測する方法がパッチクランプ法である（図2）。
　OP アンプで構成される I-V コンバータ（パッチクランプアンプのヘッドステージ内の回路）がこの計測回路の基本である（図2）。OP アンプの＋と－の入力端子は等電位となり、＋入力端子にコマンド電位（V_{CMD}）を加えるとバーチャル・ショートによって－端子も、従ってパッチ膜も、同電位にクランプできる。
　パッチ電極先端と膜とのあいだに 10 GΩ（$10^{10} \Omega$）以上のシールができると、その間のシャント電流は極小となり、パッチ膜を横切る電流（I）の 100％をパッチ電極からの記録電流（I_p）として計測できることになる（図2）。

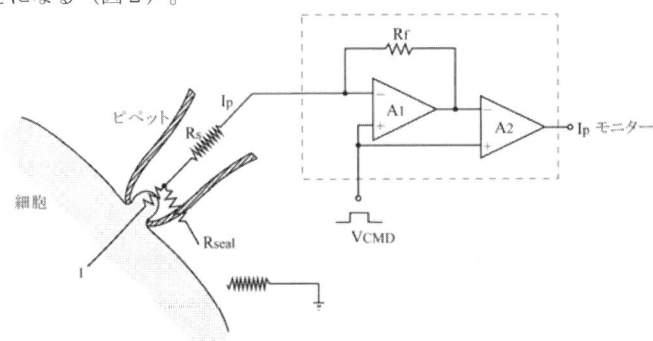

図2　パッチクランプ法の原理図
　R_S はパッチ膜抵抗に直列に入る series resistance （または access resistance）、R_{seal} はシール抵抗である。R_S は通常 1 - 5 MΩ で、R_{seal} が 10 GΩ 以上となれば、$I_p/I = R_{seal}/(R_S + R_{seal}) \sim 1$ となる。この I_p を I-V コンバータ（点線）内の高抵抗 feedback resister (R_f)における電圧降下として検出する。実際にはこの OP アンプ（A_1）の出力には、コマンド電位成分も加わるので、これを次段の OP アンプ（A_2）で差し引く。

2. パッチクランプモードのバリエーション

　図3にはパッチクランプ法の種々のモードが模式的に書かれている。単一チャネル記録 single channel recording 法としては セルアタッチモード cell-attached mode がはじめに開発され[1]、その後インサイドアウトモード inside-out mode およびアウトサイドアウトモード outside-out mode が加えられた[2]。さらに open cell-attached inside-out mode[6] や perforated vesicle outside-out mode[7] も開発された。全細胞（ホールセル）記録 whole-cell recording 法には（hole-cell mode ともよばれる）conventional なもの[2] に、穿孔パッチモード perforated patch mode[8] が加わった。

a)　セルアタッチモード cell-attached mode (on-cell mode)
　パッチ電極を細胞上に装着したままで単一チャネル電流を記録するのがこのモードである（"On Cell"モード：HEKA 社アンプ）。これには細胞内環境を正常に保ったままでチャネル活動の観察が可能であるという利点がある。しかし、細胞内条件を直接人為的にコントロールすることはできないし、細胞内電位を正確には知り得ないので、パッチ膜にかかる実効電位が不明であるという欠点がある。また、バス液中に刺激物質を加えてもパッチ電極内液に面したパッチ膜の細胞外

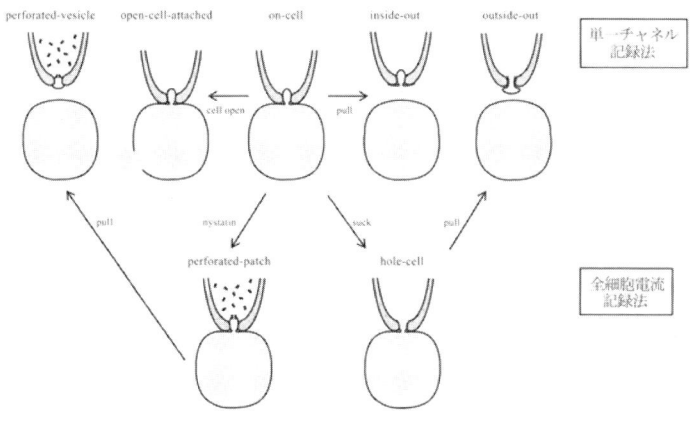

図3　パッチクランプ法のモード

面には届かないという欠点もある。逆に、バス液に添加した刺激物質にパッチ膜チャネルが応答すれば、その刺激物質は何らかの細胞内セカンドメッセンジャーを介して間接的に効くと結論できる、という利点もある。

b)　インサイドアウトモード inside-out mode

　on-cell mode からギガ・シールしたパッチ電極を引き上げると、細胞からパッチ膜が切り取られて（excised patch membrane が得られて）inside-out mode が形成される（"In Out"モード：HEKA 社アンプ）。このモードでは、細胞内液条件をバス液を介して直接に自由にコントロールしつつ、細胞活動とは独立した形で単一チャネル活動を観察しうる。但し、細胞質は washout されているので、そこに何らかのチャネル制御因子が存在していたならば、それを欠落させたままでの実験になっていることに注意しなければならない。この washout 問題を、細胞質におけるチャネル制御因子の存在を予見するために逆利用することが可能である。cell-attached mode でよく観察されていた（またはあまり観察されていなかった）チャネル活動が excision 後に徐々に失われていく（または活発化する）という run-down（または run-up）現象が見られれば、細胞内のチャネル維持・活性化因子（または抑制因子）があったことが示唆されるからである。

c)　アウトサイドアウトモード outside-out mode

　後で述べる whole-cell mode からパッチ電極を引き上げて得られる excised patch membrane は、細胞内側がパッチ電極内液側に面することになるので、outside-out mode と呼ばれる（"Out Out"モード：HEKA 社アンプ）。このモードでは細胞外液を自由に換えながら単一チャネル活動の記録が可能となる。この場合でも細胞質因子は欠落させている可能性があることを忘れてはならない。

d)　open cell-attached inside-out mode

　on-cell の状態でパッチ膜以外の細胞膜の一部を機械的に破壊して、その破壊孔から細胞内液をコントロールしつつ cell-attached 下で inside-out 単一チャネル記録を行う。この方法では細胞のサイズが大きいほど、そして破壊部位がパッチ膜から遠いほど、そして破壊孔が小さいほど細胞質因子の流出は遅くなる。

e) perforated vesicle outside-out mode

　後述の perforated patch mode からパッチ電極を引き上げて、その先端に（inside-out パッチ膜断端がシールした）vesicle を形成させる。条件がよければこの vesicle 内には細胞質因子のみならずミトコンドリアなどの細胞内小器官も存在するので、比較的正常に近い細胞内のシグナル伝達条件や代謝条件のもとで outside-out mode の単一チャネル記録が可能となる。

f) ホールセルモード conventional whole-cell mode (hole-cell mode)

　on-cell mode でパッチ膜を破って穴をあけ、パッチ膜以外の全細胞膜を流れるイオン電流を記録するのが whole-cell mode である（"Whole Cell"モード：HEKA 社アンプ）。最近ではその前に conventional を付すか、hole-cell mode と呼び替え[9]ることによって、あとで述べる perforated patch mode と区別される。この穴を通して細胞内をパッチ電極内液で透析することになるので、細胞内環境をコントロールできる。しかし細胞内の可動小分子がパッチ電極内液へと漏出（washout）するという欠点がある。このモードでは current clamp 下で細胞内電位の測定も可能である。

g) 穿孔パッチモード perforated patch mode (slow whole-cell mode)

　conventional whole-cell mode の washout 問題を克服するために Horn と Marty[8] は、コレステロールを含んだ細胞膜に一価イオンのみを通すポアを形成することのできるイオノフォア—nystatin（又は amphotericin B）をパッチ電極から与えて、パッチ膜に多数の導電性ポアを作成して、それを介して全細胞膜電流を記録する perforated-patch mode (nystatin-patch mode)を開発した。このモードでは washout の進行は極めて遅く、conventional whole-cell mode よりも series resistance （R_S：図2参照）は高いためにクランプの速度も遅いので slow whole-cell mode とも呼ばれる。nystatin や amphotericin B の代わりに、これらよりポア形成効率のよい場合のある β-escin[10] も用いられている。また、細胞内のアニオン濃度を in vivo 状態に保ったままホールセルクランプする目的には、陽イオンイオノフォア gramicidin が用いられる[11]。

3．パッチクランプの利点と欠点

　パッチクランプの第一の長所は、ギガ・シールの結果リークが極めて少なく、電位固定を正確に行い得る点にある。しかし、ギガ・シールを達成する際に、陰圧によってパッチ電極内に膜を吸い込み、いわゆるΩ形状膜形成による機械的膜刺激という欠点がある。

　ギガ・シールによる第二の長所は、バックグラウンドノイズレベルが極めて低くなることである。それは、熱ノイズ（ジョンソンノイズ）によるゆれの標準偏差は抵抗の 1/2 乗に反比例するので、ギガ・シール下では極めて小さくなることによる。但し、ノイズ源としては他にも、後に述べるパッチ電極内の抵抗及び浮遊容量に由来する成分や、パッチクランプアンプのヘッドステージ内の OP アンプに由来する成分等があり、これらは特に高周波数領域で無視できない程度に存在するため、実際に観測可能なチャネル電流の振幅やチャネル開時間はこれらのノイズにより制限される[2,3]。

　これまでの電位固定下での細胞膜電流記録法では、細胞内に二本の電極を刺入するか、蔗糖やワセリンを用いた二重ギャップ法で細胞外から記録するかしかなく、いずれにせよ極めて大きな細胞にしか適用できないという問題があった。これに対して、パッチクランプ法によれば通常の小細胞においても電位固定下での膜電流記録が可能であるという大きな利点がある。

パッチクランプによれば直接細胞内環境をコントロールすることができるという利点もある。しかし逆に、比較的小さな細胞質可動分子が washout されるという欠点がある。

III. パッチクランプの実際

1. パッチ電極の作製

a) pulling

パッチ電極はガラス管キャピラリーをプラーで引いて作る。whole-cell 記録には軟質ソーダガラス（普通ヘマトクリット管をそのまま使う）で充分だが、単一チャネル記録には誘電率が低くてノイズの少ない硬質の borosilicate 製ガラス（Pyrex）や、更に硬質の aluminosilicate 製ガラスの使用が望ましい。

パッチ電極は刺入するものではないので、先端形状は鋭利でないほうがよい。そしてなるべく先端近くまで太くて（即ちテーパが短くて）R_S が小さいものがよい（理由は後述）。そのようなものは一段引きよりは二段（または数段）引きによる電極作製の方が得られ易い（図4）。通常は、先端直径 1 - 5 μm でリンゲル液充填時の電極抵抗が 1 - 10 MΩ のものを使用する。単一チャネル記録の場合は高いシール抵抗が得られやすい細い（高抵抗の）電極を、whole-cell 記録の場合は series resistance を低くするために太い（低抵抗の）電極を用いる。

パッチ電極はほこりやごみを嫌うので、先端付近を触ってはいけないし、直前に作製して当日中に使用するのが望ましい。

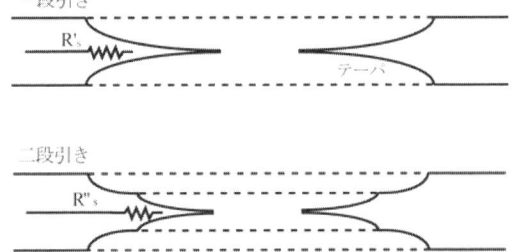

図4　一段引きと二段引きによる作製パッチ電極の形状の違い
（形状から $R_S' > R_S''$ は明らか）

b) Sylgard coating

極めて短い時間のうちに高周波開閉現象を示す単一チャネルの小電流記録において、バックグラウンドノイズとして問題となるのは、シール部の熱ノイズや OP アンプ由来のノイズよりも、溶液に浸ったパッチ電極から発生する浮遊容量（stray capacitance、C_S）性ノイズである[2]。この C_S ノイズを減少させる方法は、電極の shank 部分の外表面に疎水性・非導電性（低誘電率性）物質をコートすることである。これには通常 Sylgard（Dow Corning 184）が用いられる。Sylgard を電極のごく先端を除いた部分に塗り、コイル状のニクロム線ヒーターの中を通すことで乾燥・固化させる。これによって、溶液に浸ったパッチ電極の表面を疎水性にして、その外面に水皮膜ができて容量が上昇することを防ぐとともに、ガラス壁からなる容量に極めて小さいコート容量を直列に加えることになり、そ

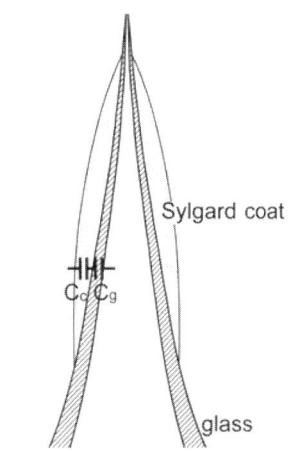

図5　シルガードコートによる浮遊容量減少効果
$C_S = C_c C_g / (C_c + C_g)$ であり、もし $C_g \gg C_c$ ならば $C_S \sim C_c$ となる。

の結果全体の容量が激減することになる（図 5）。

c) heat polish

　電極先端は、顕微鏡下で電流を通して熱した白金線などの熱源に近づけて heat polish するとギガ・シール達成率が上昇する。これは、heat polish によってガラス電極先端面はより広くかつよりなめらかになるからである[12]。Sylgard コートした場合にはどうしてもその溶剤が先端部分に達してギガ・シールを阻むので、これを熱によって飛ばすためにも heat polish が有効となる。

d) solution filling

　パッチ電極内につめる液はミリポアフィルターを通して、ギガ・シールの障害となる塵を取り除く。通常は注射筒にディスポーザブルのシリンジフィルター（0.2 μm）をつけて使用する。
　この液を充填する方法にはいろいろある。先端が太い場合には、カテラン注射針やポリエチレン細管を用いて電極末端部より back-fill するだけでよい。先端が比較的細い場合には、まず先端をこの液に浸して毛管現象によって（あるいは注射筒で引いて陰圧をかけて）先端部分にのみ液を満たし、その後に back-fill する（気泡が残っていれば tapping －指先で電極を軽くはじくこと－で取り除く）と良い。
　液は入れすぎるとホルダーに装着する際に電極末端からあふれてホルダー内部を濡らしてしまい、大きなノイズや種々のトラブルの原因となるので注意を要する。

2．ギガ・シール形成

　ここからは、実際のアンプ操作を交えながら説明する。説明では、現在最もよく使われている Molecular Devices 社（旧 Axon Instruments 社）の Axopatch 200B と HEKA 社の EPC-10 または-9（制御ソフトウェアは PATCHMASTER または PULSE）を対象とする。HEKA 社のアンプは PC 画面上で制御するのが特徴的である。他社製でも若干の違いはあるがほぼ同様の操作である。また、パッチクランプアンプのパネル表示は " " で囲み、特に断りのない限り Axopatch 200B／PATCHMASTER（または PULSE）の順に記する。
　まず、実際のアンプ操作を始める前に、使用する電極内液及びバス液との間に発生しうる液界電位（liquid junction potential）について予め知っておく必要がある。液界電位とは、それぞれの溶液を構成する各イオン分子の移動度（mobility）の違いを補うように、異なる溶液の界面に発生する電位のことである（第 27 章参照）。それぞれの溶液を構成する主たるイオン分子が Na^+、K^+、Cl^-、Cs^+等のような小さいイオンの場合には、液界電位は数 mV 以内でほぼ問題にならないが、例えば電極内液にのみ主たる陰イオンとして aspartate や gluconate 等の大きなイオン分子を用いる場合には、それらの移動度が小さいのを補うように、電極内に比して電極外が 10 mV 以上陽性となるような液界電位が発生し、界面での正味の電荷の移動が釣り合うことになる。したがって、電極をバス液に浸してアンプの回路に電流が流れていない状態でも、その液界電位が発生していることに注意しなければならない。液界電位は飽和（又は 3M）KCl 電極を不関電極として、まず同一溶液間で 0 電位補正をした後、バス液を実験溶液に置換した際に測定される電位として簡単に実測しうるし、或いは計算ソフト（例えば Molecular Devices 社 Clampex 内の JPCalc）によって近似値を求めることもできる。この液界電位の値を、HEKA 社のアンプの場合、Amplifier window の "LJ"欄に（電極内を電位の基準として）入力しておく。

パッチ電極をバス液に浸す前に、予め電極後方よりホルダーを通じて陽圧（ポンプや注射器シリンジまたは呼気で積極的に、あるいは電極内液とバス液面の差による静水圧によって自然にかける）を与えておく。これは電極をバス液に浸した後、バス液の気液界面に浮遊している塵や溶液中の粒子がパッチ電極先端に付着してギガ・シールを妨げないよう、それらを吹き飛ばしながら細胞にアクセスするためである。続いて電極先端のみバス液に浸したところで、アンプのゲインを低め（1 - 5 mV/pA）に設定し、パッチクランプアンプの記録モードを"TRACK"（積分回路を含むフィードバック回路により、常にゆっくりと平均パッチピペット電流をゼロに調節）に切り替える／"On Cell"モードにして"Track"をクリックする。これは、シール前（低抵抗時）に電極を徐々に細胞に近づける際に電極周囲に僅かな電圧変化が発生するので、その蓄積が大きな電流変化を与えてオシロスコープのモニター面からビームがスケールアウトしてしまうのを防ぐためである。

その後、"SEAL TEST"／"Test Pulse"を通じて 5 mV、5 - 10 ms 程度の矩形波電圧パルスを繰り返し加え、その電流応答（その振幅が電極抵抗に反比例する）をオシロスコープでモニターしながら、電極先端を細胞に近づけていく。細胞から数十 μm 程度のところまで近づけたところで、Axopatch 200B では一旦"SEAL TEST"を"OFF"にし、"METER"が"V_{TRACK}"表示の状態で"PIPETTE OFFSET"つまみを回して表示が上記液界電位の「符号反転」値を示すように調整する。（或いはここで記録モードを"V-CLAMP"に切り替え、"HOLDING COMMAND"つまみを液界電位の符号反転値に設定し、"METER"が"I"表示の状態で"PIPETTE OFFSET"つまみを回して表示が 0 になるように調整してもよい。）ここで符号反転値に設定するのは、Axopatch 200B の場合、電位の極性が常に「バス液（不関電極）が基準」となっているからである。（一方、HEKA 社のアンプの場合は常に「細胞外に相当する側が電位の基準」となるよう、記録モードによって電位の極性が反転するようになっている。すなわち、"On Cell"と"In Out"モードでは「電極内」が、"Whole Cell"と"Out Out"モードでは「バス液」が電位の基準になる。）HEKA 社のアンプの場合には、この時点で特に調整の必要はない。それは"Track"が働いている間、アンプは常に"LJ"に入力した電位差が電極内外に発生していると仮定して電流の基線が 0 になるよう、オフセット電位"V_0"を自動調整するからである。（実際、Amplifier window の"V-membrane"表示には、"LJ"の入力値と同じ値が表示されているはずである。）

引き続き、電極をその先端が細胞表面に触れそうなところまで細胞に近づける。電極後方に強い陽圧を加えている場合、細胞の状態が良ければ、先端から勢いよく出る電極内液によって細胞表面上に小さな「えくぼ」様の凹みが認められることがある。そうでなくとも、電極先端と細胞表面の距離が縮まってその部分の電気抵抗が増えることにより、モニター上の電流応答の軽度振幅減少が認められるはずである（図 6）。後の吸引によりギガ・シールを成功させるために、予めどの程度電極を近づければよいかは、細胞の種類や溶液の組成、陽圧の程度等で異なり、ある程度の試行錯誤がどうしても必要である。（目安として、抵抗値にして 1.5 MΩ 程度の上昇を基準にする場合もあれば、電流応答の揺らぎの発生具合で判断することもある。）丁度よい位置に電極を近づけた時点で、アンプの記録モードを"V-CLAMP"に切り替え／"Track"を再クリックして無効にし、陽圧を開放する。それだけでギガ・シールとなることもあるが、そうでない場合にはポンプか注射筒か口吸いによってパッチピペットに陰圧を加え（どの程度加えるかも場合による）、電流応答がパルス開始・終了直後の「とげ」様電流以外はほぼゼロになり同時に電流ノイズも小さくなった状態、即ちギガ・シールするのを待つ。（ギガ・シール達成までの時間もまた、場合

によりけりである。）こうしてギガ・シールが得られれば陰圧をリリースする。しばらく待ってもギガ・シールが得られない場合は、新しいパッチピペットに取り替えてやり直す。一度細胞に触れたピペットは、先端の破損や付着物のため二度と実験に使えない。

　細胞によっては、予め蛋白分解酵素で軽く処理し、表面を滑らかにしておかないとギガ・シールが得られにくいこともある。

3．単一チャネル記録

　ギガ・シールの状態で、矩形波パルスの開始・終了直後に見られる「とげ」様電流応答は fast capacitive transients と呼ばれ、電極の浮遊容量によって発生する。これはパッチクランプアンプの "PIPETTE CAPACITANCE COMPENSATION" の "FAST" と "SLOW" つまみを回す／"C-fast" 欄の "Auto" をクリックすることにより、電子回路的に相殺（後述）することができる（図6）。なお、この浮遊容量はバス液に浸っているパッチピペットの表面積に比例するので、できるだけ浸っている部分を浅くしておく方がよい。

　このまま単一チャネル電流記録を行うのが、cell-attached または on-cell 記録法である。このときアンプを高ゲイン（＞50 mV/pA）に切り替える。（Axopatch 200B の場合、さらに "CONFIG." を "PATCH ($\beta = 1$)" に切り替える。）この記録法では電極に何もコマンド電位を与えていない状態でも、電極先端のパッチ膜には細胞内電位（通常未知）がかかっており、コマンド電位を与えた場合はそれに上乗せされることに注意する。例えば Axopatch 200B の場合、"HOLDING COMMAND" つまみでピペット電位を V_p にクランプすると、パッチ膜にかかる電位（V_m）は細胞内電位（V_i）$-V_p$（HEKA 社のアンプの場合は、"V-membrane" に V_p と入力すると $V_i + V_p$）となる。細胞外を高 K^+ 濃度溶液とすると細胞内電位はほぼゼロになり、近似的にコマンド電位のみがかかっているとみなしうる。

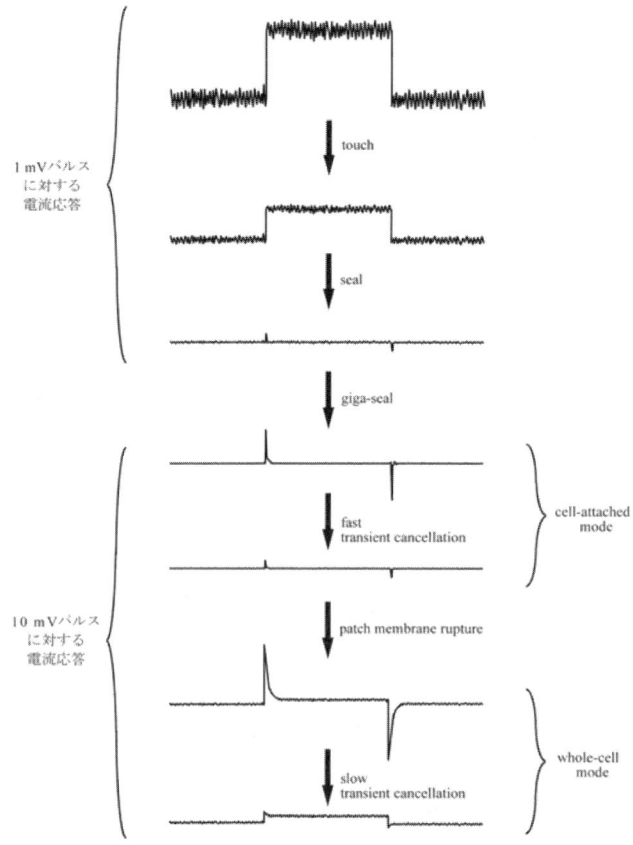

図6　電極抵抗、シール度およびトランジェント補償のオシロスコープ上でのモニター

　cell-attached mode からパッチ電極をもちあげてパッチ膜を excise すると inside-out 記録ができる。このときパッチ膜の細胞内面がバス液に露出するので直接これをコントロールできる。また、後の whole-cell mode からパッチ電極をもちあげて得られる excised patch membrane では outside-out 記録ができる。これ

らの excised mode では、無論細胞内電位の寄与はなくなる。

しかし以上の方法でもサブピコシーメンスのチャネルや、チャネルに比し極めてイオン透過効率の低いキャリアやポンプの単位活動の電流を検出・記録することは不可能である。但し、巨大（マクロ）パッチ膜[13]や全細胞膜においてその活動の総和を記録することは可能である（第13、14章参照）。

4．全細胞記録

記録モードを、"V-CLAMP"のままで"CONFIG."を"WHOLE CELL (β = 1)"／"Whole Cell"に切り替え、cell-attached の状態でピペットに強い吸引（−30〜−200 cm・H₂O）をかけてパッチ膜を破るか、"ZAP"／"Zap"を押してパッチ膜に高電圧（〜1 V）をかけて電気的膜離断をもたらす（zappingする）と、conventional whole-cell mode が得られ、細胞膜電位固定下での全細胞膜電流が記録できる。このときパッチ膜を破った瞬間、細胞内電位はピペット電位に固定されてしまうので、特に興奮性細胞の場合、パッチ膜を破る前に予めその細胞の静止膜電位付近に、"HOLDING COMMAND"つまみ／"V-membrane"の値を合わせておいたほうがよい。また、cell-attached の状態で吸引の代わりにパッチ電極から nystatin などのポア形成性イオノフォアーを与えてパッチ膜の電気伝導性を著しく高めると perforated patch mode が得られる。

いずれにせよこれらの mode では細胞膜容量が加わるので、矩形波パルスを与えると新たに幅広な容量性 surge current（slow capacitive transients）が見られるはずである（図6）。この容量性電流についても、"WHOLE-CELL PARAMETERS"の"WHOLE CELL CAP."と"SERIES RESISTANCE"つまみ／"Range"、"C-slow"、"R-series"の値（この場合最初から"Auto"は使わないほうがよい）を合わせて、補償回路を通じて電気的にある程度相殺することが可能である（後述）。このときそれぞれの目盛から細胞膜容量及び R_S のおおよその値を知ることができる。

また、非定常電流応答を観察するにあたり、細胞膜電位を目的とするコマンド電位にできるだけ素早く到達させる必要がある場合、さらに膜電流が大きいために R_S を介しての電圧降下が無視できないほど大きくなり、細胞膜にかかる実際の電圧に有意な誤差を与えるような場合には、"SERIES RESISTANCE COMP."の"% COMPENSATION"と"LAG"つまみ／"Rs Comp"欄の2種類（2 - 100 μsと 0 - 95%）の値を調節して、R_S による電圧降下をある程度打ち消さねばならない（series resistance compensation: 後述）。但し、この場合には必ず上記 fast & slow capacitive transients の補償とその設定の微調整を改めて行う必要がある。

このままパッチクランプアンプの記録モードを"I-CLAMP NORMAL"または"I-CLAMP FAST"／"C-Clamp"に切り替えると、current clamp 下での細胞内電位記録ができる。本来パッチクランプアンプの I-V コンバータ回路は電位記録には不向きであるが、各社とも工夫を凝らし、現在では従来の微小電極法とほぼ同等なレベルで、例えば神経細胞の活動電位の誘発・記録が可能になっている。

この全細胞記録モードでは、実験中に細胞外液の種類を自由に変えることができる。但し、その際に本来細胞外液と不関電極の間に発生している電位差（シール前のオフセット電位補正時にキャンセルされている）が溶液置換により変化し、場合によっては（特に Na⁺、Cl⁻ 等の小イオンの大部分を別の大きなイオン分子に置換する場合）大きな電位誤差を生じることに注意しなければならない。そのような場合は予め溶液置換による電位変化を計測しておくか、不関電極に飽和（又は3M）KCl 塩橋を用いることで誤差をある程度減らすことができる。また、細胞内液の交

換も工夫により可能であるが（細胞内灌流：文献 12,14) 及び 15 章参照）、同様な問題（ピペット内の Ag–AgCl 線との電位差）には注意を要する。

単一チャネル伝導度が非常に小さい（pS 以下のオーダー）場合は、on-cell patch や excised patch では single channel event が観察され得ない（例えば文献 15)）。この場合には whole-cell current をノイズ解析して単一チャネル伝導度を求める。チャネル密度が非常に小さく（従って、パッチ膜にチャネルが入る確率が極めて低く）て、しかも単一チャネル伝導度が非常に大きい場合には全細胞記録下でこそ single channel event の観察が可能である（例えば文献 16)）。

5. ナイスタチン穿孔パッチクランプ法

slow whole-cell recording 法は、conventional whole-cell 法における washout 問題を克服する画期的な方法である。しかし、これにはいくつかの技術上の困難性がある。nystatin は DMSO で高濃度（50 mg/mL 位）に溶かして保存するが、−20℃でも数日しかもたない。実験に供する直前に電極内液に溶かして最終濃度 50 - 100 μg/mL とするが、sonication しても完全には溶解せず、残った粒子がギガ・シールを阻む。しかも、一旦水溶液に溶かすと 1−2 時間しかもたない。また、高濃度の DMSO が膜に傷害を与えることもある。そこで Horn と Marty[8] は、ギガ・シールしたあとでポリエチレン細管によってパッチ電極内を灌流して nystatin 液を与えることでこれらの問題を解決した。しかし、ピペット内灌流はそう容易なことではなく、その上 nystatin がパッチ膜に到達するのにはかなり時間がかかる。それゆえ通常は、先端部のみは nystatin を含まない液で満たし、nystatin 液は back-fill するという方法が取られる。しかし、nystatin 到達時間のコントロールは困難であるし、いずれ高濃度 DMSO にパッチ膜がさらされるという問題点は解決しないままである。これに対して八尾ら[17] は、nystatin をモル比 1:10 で fluorescein-Na と共にメタノールに溶かすと、遮光していれば低温で長期間保存がきくこと、そして使用直前に窒素ガスでメタノールを飛ばしてから電極内液に溶かせば、両親媒性の fluorescein の助けを借りて nystatin の溶解度が著しく増すことを見い出している。

perforated patch が成立したあとで excise すると、遊離膜片がうまく融合した場合には電極内液側のみに nystatin ポアを持つヴェシクル（perforated vesicle）が得られ、これによって細胞質内の代謝系や信号系が完全なまま outside-out mode での単一チャネル記録が可能となる[7]。

6. 膜容量測定法

細胞膜の電気的性質は、抵抗成分と容量成分に分けられる（図7）。抵抗成分は細胞膜のイオン透過性を反映するのに対して、容量成分は細胞膜の脂質二重層がコンデンサを形成することに起因し、その大きさは細胞膜面積に比例する（比例定数は約 1 μF/cm^2）。膜容量測定により、膜面積が測定できるのみならず、エキソサイトーシス時におこる膜面積増加、エンドサイトーシス時におこる膜面積減少をリアルタイムで捉えることができる。その代表的な手法として、次の2つが挙げられる。

a) capacitive surge measurement (time-domain technique)

whole-cell patch clamp（等価回路は図7左）下で矩形波パルス V_0 を与えたときに発生する slow capacitive transient の時間経過は図7右下の式で表される。従って、この式を実際の transient に fitting することによって膜容量 C_m を求めることができる。この式はパルス中に各パラメータ（C_m、R_m、R_s）が変動しない限りにおいて成り立つ。しかし、繰り返しパルスを与えて C_m の時間変化を観

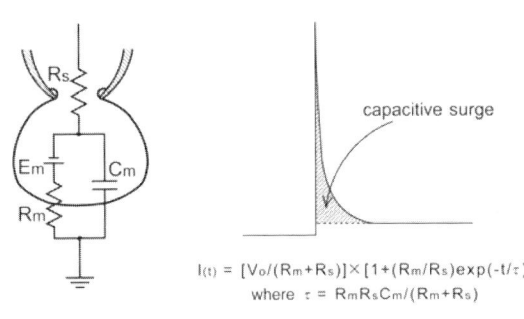

図7 全細胞記録の等価回路とこれに矩形波電圧を与えた時の capacitive surge current

測する際には、1つ1つの transient が十分減衰するだけのパルス長・パルス間隔（少なくとも transient の時定数の5倍）が必要であり、それにより時間分解能が制限される。

もし膜容量測定中 $R_m \gg R_s$ が成り立つならば、もっと単純に、この式の右辺第二項の capacitive surge current の成分（図7右上）を積分してもとめた全チャージ量 q がほぼ V_0C_m に等しくなることから、surge 面積から評価した q 値より C_m 値が求めうる。或いは、パッチ電極から傾斜上昇ランプ波電圧($V = \beta t$)を与えると、傾き β / R_m で直線的に増加する膜抵抗を流れる電流に一定値 βC_m の容量性電流が加わるので、この電流ジャンプ値から C_m を評価することもできる。

b) phase-sensitive detection method

矩形波パルスの代わりに高周波交流電圧（500 Hz～1.5 kHz）を印加すると、その応答としての交流電流は、膜容量の存在により印加電圧に比して位相がずれる。この位相のずれはロックインアンプ（phase-sensitive detector; PSD）を用いて経時的に検出が可能である。Neher と Marty[18] はこの原理を conventional whole-cell mode に適用し、エキソサイトーシス過程における膜表面積の増加を膜容量の増加によって計測する手法を開発した。位相のずれの度合には C_m、R_m、R_s の全てが影響するが、C_m の変化分 ΔC_m が十分小さい場合には、PSD を通じて電流応答をほぼ ΔC_m にのみ比例する電流成分と、それと 90 度位相のずれた（直交する）ΔC_m に依らない電流成分に分離することができる。彼らは測定開始前に C-slow compensation つまみを手動で微妙にずらしながら、PSD の一方の出力に ΔC_m 依存性、もう一方に非依存性の成分が出るよう、予め最適な検出位相角 ϕ を合わせておくことで ΔC_m の経時変化を測定した（piecewise-linear technique）。ϕ は測定中の C_m、R_m、R_s 変化の蓄積により徐々にずれていくが、後に R_s を人工的・周期的に変化させることによって、この ϕ をコンピューター計算で経時的にもとめて補正するという方法も考案された[19]。

ところで、PSD は電流応答を2つの直交する電流成分に分離してそれぞれの振幅を出力しているが、もし細胞膜の平衡電位 E_m がわかれば、3つのパラメーターC_m、R_m、R_s 全てを計算で求めることができるはずである（図7左参照）。Lindau と Neher[20] は、E_m が一定という仮定の下で PSD の出力と膜の直流応答成分を組み合わせ、これらを連続的にコンピューター計算するという方法を開発した（sine + dc method）。$R_m \gg R_s$ が成り立つ測定条件の場合、E_m の誤差は C_m 値にほとんど影響しないので[21]、もし測定中に大きく R_m が減少することがあっても、その時の E_m が判明していればその値を用いることで、C_m を十分正確に且つ高い時間分解能で計測可能である。しかし、かつて私たちは測定中の E_m の変化にも対応すべく、高周波サイン波に低周波矩形波を重畳印加することで、E_m の変化に影響を受けることなくすべてのパラメーターを経時的・定量的に求めることのできるシステムを開発し[22]、これを用いていくつかのエキソサイトーシスの初記録にも成功している[22,23]。

なお、現在 HEKA 社の EPC-10 及び-9 にはソフトウェア内に PSD の機能が組み込まれており、

非常に手軽にこれらの手法を用いた計測が可能になっている。

7. パラメーター補償

a) pipette capacitance compensation

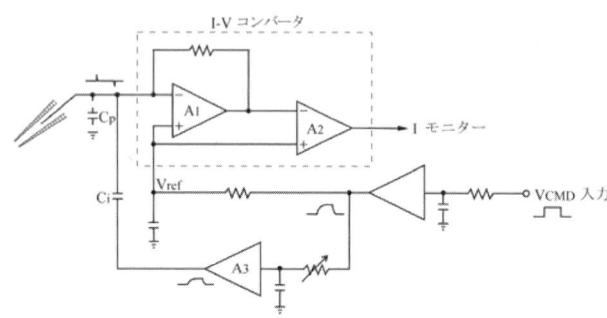

図8　pipette capacitance の補償回路

ギガ・シール時の capacitive surge は、主としてピペット容量からなる浮遊容量（C_p）をチャージする電流によってもたらされる。この電流はコマンドパルス（V_{CMD}）の振幅に比例し、電流が大きすぎればアンプ入力の saturation が引き起こされる。また、それほど大きくなくても V_{CMD} を印加した直後の速い電流応答成分に歪みをもたらす。ピペット容量は既に述べたように、液に浸っているガラス面積に比例するので、できるだけ液に浸る電極部分を浅くすべきである。また、ピペット容量はガラスの誘電率に比例し厚さに反比例することから、硬質で肉厚のガラス管を用いるのが望ましい。更に C_p は既に述べた Sylgard coat で激減させることができる。

　これらの対策を講じても残る C_p は、パッチクランプアンプに内蔵された回路（図8）で補償する。まず、V_{CMD} 入力直後の積分回路（一段目）で V_{CMD} の立ち上がり（立ち下がり）部分をやや和らげたパルスを I-V コンバータの＋入力端子に送ることで、surge の振幅を軽減させる。HEKA 社のアンプでは Amplifier window 下方の"Stim"欄を通じて、その立ち上がりの時定数を2段階（2 μs と 20 μs）で調節できる。さらに、I-V コンバータを介さずに別経路を通じて直接 C_p をチャージさせる電流をピペットに送りこむために、同じ V_{CMD} を利用してその時定数と振幅を別経路の OP アンプ A_3 の手前の積分回路（二段目）を通じて調節する。時定数は二段目の回路の可変抵抗（"PIPETTE CAPACITANCE COMPENSATION"欄"FAST"、"SLOW"の"τ"つまみ／"C-fast"欄二段目）で、大きさは A_3 の利得（"PIPETTE CAPACITANCE COMPENSATION"欄"FAST"、"SLOW"の"MAG"つまみ／"C-fast"欄一段目）で調節する。そして、容量 C_i を介して波形を微分することによって得られる電流を V_{CMD} 開始（終了）と同時に直接ピペットに送り込むことで、surge 電流が I-V コンバータ を通じて検出されないようにするのである[3]。

b) whole-cell capacitance compensation

　whole-cell 時には膜容量 C_m が series resistance（R_S）を介してチャージされるために、新たに slow capacitive surge が発生する。例えば R_S = 5 MΩ、C_m = 20 pF の場合には、slow transient の時定数は図7式より $R_m \gg R_S$ のとき $\tau \approx R_S C_m$ = 100 μs にも達する。この slow transient もアンプに内蔵された回路（図9）で補償する。即ち、pipette capacitance compensation と同様の手段で、I-V コンバータとは別経路を通じて膜容量をチャージするための電流をピペットに送り込む。V_{CMD} の立ち上がり（立ち下がり）部分を和らげるための積分回路の時定数は可変抵抗 R_2（"WHOLE CELL PARAMETERS"の"SERIES RESISTANCE"／"R-series"）と容量 C_2 の切り替え（Axopatch 200B ではできない／"Range"）で、大きさは A_4 の利得（"WHOLE CELL PARAMETERS"の"WHOLE CELL

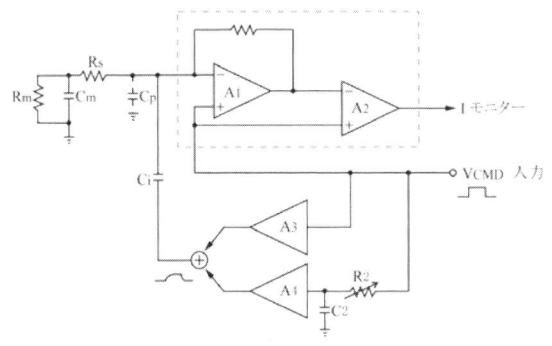

図9　whole-cell capacitance の補償回路

CAP."／"C-slow"）で調節し、A_4 の出力を pipette capacitance compensation 用アンプ A_3 の出力と加算し、最終的に容量 C_i を介して双方の補償電流を直接ピペットに送り込む[3]。こうすることで、大きな V_{CMD} や後の series resistance 補償の際に生じる過大電流によってアンプが飽和してしまうのを防ぐのである。

但し、この回路を通じて補償できるのは単一の時定数で表される surge 成分（図7式）のみで、突起を多く伸ばした複雑な形態の細胞では完全に補償することは不可能である。（特に HEKA 社のアンプでは、そのような場合に"C-slow"の"Auto"を用いて一遍に R_2、C_2 を合わせようとすると、まず過補償となり使用できない。）しかし、それでもできるだけ補償する必要がある場合は、V_{CMD} より小さな振幅のパルスを用いて、残った surge 成分と leak conductance の成分のみからなる電流を別に取り出しておき、後からそれを V_{CMD} の大きさに合わせて拡大したものを差し引くことで対処できる。

c) series resistance compensation

series resistance（R_S）とは計測対象たる細胞膜以外から生ずる抵抗で、主としてパッチ電極とパッチ膜破片によって形成される。この R_S の存在は、大きく3つの影響を通じて正確な膜電位固定記録を妨げる。

①上記 slow capacitive surge の時定数 $\tau \approx R_S C_m$ は膜容量がチャージされるまでの時間、すなわち細胞膜電位が V_{CMD} に到達するまでの時間を反映している。つまり、R_S や C_m が大きいほど膜電位固定に時間がかかり、速い電流応答に追従できない。

②流れる電流が大きい whole-cell 記録時には、R_S での電圧降下により V_{CMD} と実際の膜電位との間に大きな誤差が生じる。例えば R_S = 5 MΩ、ピペット記録電流 I_p = 2 nA の場合、その誤差は 10 mV にも達する。

③非定常電流応答を記録している場合、たとえ一定の V_{CMD} を与えていても実際の膜電位は電流に応じて変化することになり、絶えず容量性電流が生じて測定すべき膜電流応答が歪められる。

先の capacitance compensation は、膜容量をチャージするための電流を I-V コンバータから分離しているにすぎないので、たとえモニター上にその surge 成分が検出されなくなっても、実際の膜電位固定のスピードが上がったわけではない。そこでそれを補償するために、まず V_{CMD} 開始（終了）と同時に瞬間的（～10 μs）に大きなパルスを加えることにより、膜容量を素早くチャージさせる（supercharging）。さらに、②③への対策として、R_S での電圧降下分は、電流出力の何%かを可変抵抗（図10の R_S

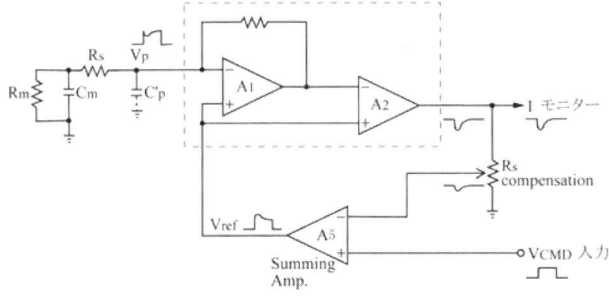

図10　series resistance による電圧降下の補償回路

compensation) によって分圧し、それを補正電圧として V_{CMD} に加算してヘッドステージに返すことでフィードバック補償する[3]。Axopatch 200B では、前者の supercharging による時定数の補償率を "SERIES RESISTANCE COMP." "%COMPENSATION" の "PREDICTION" つまみで、後者のフィードバックによる R_S での電圧降下の補償率を "CORRECTION" つまみ、フィードバックのスピードを "LAG (μs)" つまみで調節する。(HEKA 社のアンプでは、"Rs Comp" 欄一枠目でフィードバックのスピード、二枠目で前者、後者とも共通の補償率で設定する。) 但し、注意すべき点は、前者の補償はアンプの許容電圧の制限により、後者はフィードバック回路に内在する誤差や不安定性により、双方とも 100% の補償はできないことである。

文献

1. Neher, E. & Sakmann, B. (1976) Single channel currents recorded from membrane of denervated frog muscle fibers. Nature 260, 799-802
2. Hamil, O.P., Marty, A., Neher, E., Sakmann, B. & Sigworth, F.J. (1981) Improved patch-clamp techniques for high-resolution current recording from cells and cell-free membrane patches. Pflügers Arch. 391, 85-100
3. Sakmann, B. & Neher, E. (1983) Single-Channel Recording. Plenum, New York
4. Neher, E. (1992) Ion channels for communication between and within cells. Science 256, 498-502
5. Sakmann, B. (1992) Elementary steps in synaptic transmission revealed by current through single ion channels. Science 256, 503-512
6. Kakei, M., Noma, A. & Shibasaki, T. (1985) Properties of adenosine-triphosphate-regulated potassium channels in guinea-pig ventricular cells. J. Physiol. 363, 441-462
7. Levitan, E.S. & Kramer, R.H. (1990) Neuropeptide modulation of single calcium and potassium channels detected with a new patch clamp configuration. Nature 348, 545-547
8. Horn, R. & Marty, A. (1988) Muscarinic activation of ionic currents measure by a new whole-cell recording method. J. Gen. Physiol. 92, 145-159
9. Armstrong, D.L. & White, R.E. (1992) An enzymatic mechanism for potassium channel stimulation through pertussis-toxin-sensitive G proteins. Trends Neurosci. 15, 403-408
10. Fan, J.-S & Palade, P. (1998) Perforated patch recording with β-escin. Pflügers Arch. 436, 1021-1023
11. Abe, Y., Furukawa, K., Itoyama, Y. & Akaike, N. (1994) Glycine response in acutely dissociated ventromedial hypothalamic neuron of the rat: new approach with gramicidin perforated patch-clamp technique. J. Neurophysiol. 72, 1530-1537
12. 小原正裕、亀山正樹、野間昭典、入沢宏 (1983) Giga-seal 吸引電極の作製と単一心筋細胞への応用. 日本生理学雑誌 45, 629-639
13. Hilgemann, D.W. (1989) Giant excised cardiac sarcolemmal membrane patches: sodium and sodium-calcium exchange currents. Pflugers Arch. 415, 247-249
14. Soejima, M. & Noma, A. (1984) Mode of regulation of the ACh-sensitive K-channel by the muscarinic receptor in rabbit atrial cells. Pflugers Arch. 400, 424-431
15. Sakai, H., Okada, Y., Morii, M. & Takeguchi, N. (1992) Arachidonic acid and prostaglandin E2 activate small-conductance Cl⁻ channels in the basolateral membrane of rabbit parietal cells. J. Physiol. 448, 293-306
16. Loirand, G. Pacaud, P., Baron, A., Mironneau, C. & Mironneau, J. (1991) Large conductance calcium-activated non-selective cation channel in smooth muscle cells isolated from rat portal vein. J. Physiol. 437, 461-475
17. Yawo, H. & Chuhma, N. (1993) An improved method for perforated patch recordings using nystatin-fluorescein mixture. Jpn. J. Physiol. 43, 267-273
18. Neher, E. & Marty, A. (1982) Discrete changes of cell membrane capacitance observed under conditions of enhanced secretion in bovine adrenal chromaffin cells. Proc. Natl. Acad. Sci. USA 79, 6712-6716
19. Fidler, M. & Fernandez, J.M. (1989) Phase tracking: and improved phase detection technique for cell membrane capacitance measurements. Biophys. J. 56, 1153-1162
20. Lindau, M. & Neher, E. (1988) Patch-clump technique for time-resolved capacitance measurements in single cells. Pflugers Arch. 411, 137-146
21. Gillis, K.D. (1995) Techniques for membrane capacitance measurements. In: Sakmann, B. & Neher, E. (eds) Single-Channel Recording, 2nd edn. Plenum, New York, pp155-198
22. Okada, Y., Hazama, A., Hashimoto, A., Maruyama, Y. & Kubo, M. (1992) Exocytosis upon osmotic swelling in human epithelial cells. Biochim. Biophys. Acta 1107, 201-205
23. Hashimoto, A., Hazama, A., Kotera, T., Ueda, S. & Okada, Y. (1992) Membrane capacitance increases induced by histamine and cyclic AMP in single gastric acid-secreting cells of the guinea pig. Pflugers Arch. 422, 84-86

3章　ホールセル記録法

I. はじめに

　Hamill らにより 1981 年に報告されたパッチ電極法の改良[1]は、画期的な内容を含んでおり、多くの生理学研究者の注目を集めた。すなわち、パッチ電極を細胞の表面に当ててシールさせた後、陰圧を加えることにより、電極直下の膜を破り、電極内の電解質液と細胞内液を交通させる。このホールセル記録法は、パッチ電極法がチャネルの生物物理学的研究のみならず、細胞生理学的研究にも応用できることを示唆していた。この論文で示された可能性の一つは、従来のガラス管微小電極法では困難であるとされていた小細胞の膜電位・膜電流の測定である。これにより、イオンチャネルが細胞においてどのように機能しているのかが明らかにされる。前章で述べられた単一チャネル（ミクロ）記録は、マクロの電流記録と対応させることにより、はじめてその生理的意義が明らかにされる。第二に、細胞内液を人工的な溶液で灌流することが可能になった。細胞内灌流法は、カタツムリの神経節細胞などの巨大な細胞で、すでに試みられていたが、非常に高度の技術を必要とする研究法であった[2]。細胞内液を実験的に操作することにより、細胞内情報伝達機序を解析することが可能になった。事実、Hamill らの論文からの 30 年間にホールセル記録法を用いた細胞生理学的研究は飛躍的に進展した。多くの種類の細胞において、細胞機能と膜電位の間に密接な連関が認められている[3, 4]。ホールセルパッチ法の第三の可能性は、1982 年 Neher と Marty の発表した細胞膜容量測定である[5]。これにより、エキソサイトーシス、エンドサイトーシスなどの重要な細胞機能を測定する道が開かれた。ホールセルパッチ法の応用は現在も拡大しつつある。ホールセル記録下にある細胞をバイオセンサーとして用いる試みは、この手法の工学的応用の可能性をはらんでいる。また、単一細胞の mRNA をホールセルパッチ法により採取する方法は、生体細胞の空間的時間的多様性を解析し、多様性発現の機序を明らかにする道を開くものである。

II. 基本的な実験手技

　ホールセルパッチ法の実験手技に関しては、すでに他書に詳しい[6, 7]。Axon Instruments（Molecular Devices 社）から発行されているパッチクランプ増幅器のマニュアルには、基本的な原理から手法まで詳しく説明されている[8]。本稿では、実用的な側面に限定してこれを簡潔に説明したい。

1. 標本作成

　パッチ電極法が開発された当初は、単離された細胞や培養細胞（継代培養ならびに初代培養）にその適用が限られていた。これは次の 2 つの理由に基づいている。（1）パッチ電極を細胞表面に当てる際に顕微鏡下に細胞および電極先端を直視する必要がある。（2）通常の組織においては細胞間隙にコラーゲン繊維などの結合織が存在している。このような結合織を除去しなければ、パッチ電極と細胞膜の間に抵抗の大きなシールを形成することができない（BOX1）。逆にいえばこの 2 条件を満たしてさえいれば、いかなる標本にもパッチ電極法が適用できる。このため、組

織のスライス標本[9]（第7-9章参照）や自律神経節細胞[10-12]など細胞構築を維持した状態でパッチ電極法が適用されるようになった。場合によっては条件（1）は不可欠ではない。脳の海馬などの様に同質の細胞がクラスターを形成している組織においては、電極抵抗をモニターしながら組織内に電極を挿入し、抵抗の高いシールを形成することができる。その際、個々の細胞を直視する必要がない（ブラインドパッチ法、第11章参照）[13-15]。すなわち、工夫次第でほとんどあらゆる細胞、組織に対しパッチ電極法が適用できるだろう。

BOX 1 コラーゲナーゼ処理法

　後根神経節、自律神経節、網膜神経節細胞層などは、被膜に覆われているので、これを除去することにより、神経細胞にパッチ電極を当てることができる。また、脳スライスなどでは、細胞間隙に存在する結合織のため、深部の神経細胞にパッチ電極を当てることが困難である。組織をコラーゲナーゼ処理することにより、これらの問題を解決することができる。[11, 12]

【方法1】
① コラーゲナーゼ（Sigma、type II）2000 U/mL とサーモリシン（Sigma）20 U/mL を還流液に溶かす。溶解する液は、シリンジフィルターなどを用いてごみを除去したものを用いる。1回分ずつ小分けし、凍結しておくとよい。
② パッチ電極と同様の要領で、先端内径 20 - 30 mm のガラスピペットを作製する。
③ ガラスピペットにコラーゲナーゼ - サーモリシン混合溶液を充填し、パッチ電極ホルダーにセットする。
④ 顕微鏡下に先端を対象に軽く当て、陽圧を軽く加え、ホールドすることにより、ガラスピペット先端から酵素混合液を投与する。必要に応じて陽圧を調節し、ピペット内の酵素混合液を約10分間かけて、ゆっくりと投与するのが理想的である。顕微鏡下に被膜などが除去されるのが観察される。
⑤ さらに約10分間還流液中に放置することにより、酵素を洗い流す。

【方法2】
① コラーゲナーゼ（Sigma、type II）200 U/mL とサーモリシン（Sigma）2 U/mL を還流液に溶かす。方法1で作製したストック溶液を10倍希釈すると良い。
② 酵素混合液に標本をいれ、35 - 38℃で、0.5 - 1 時間インキュベートする。

---

2. 顕微鏡

　どのような顕微鏡を用いるかは、標本による。ブラインドパッチ法の場合は解剖用実体顕微鏡が最適である。単層の細胞標本に対しては、位相差顕微鏡が使用できる。ノマルスキー微分干渉顕微鏡を用いれば細胞表面を明瞭に観察することができる。スライス標本には通常、正立型ノマルスキー微分干渉顕微鏡が用いられる。自律神経節に対しては、斜光照明や反射照明を利用すれば、普通の正立型顕微鏡下に個々の細胞を同定することができる[10, 16]。数層の組織からなる標本には、正立型の顕微鏡を用いるのが合理的である。これは、パッチ電極を近づける細胞が、その組織の最上層の細胞であることが多いからである。赤外線テレビカメラを装着した顕微鏡の場合には、厚い組織の内部の構造を捉え、これにパッチ電極を当てることができる[17]。

　電気生理学的手法の一般的注意として、電源に由来するハムノイズを除去しなければならない。これには、顕微鏡本体をアースするのが最も有効である。ハムがランプに由来しているときは、

測定時にランプを消すのが最も簡単な方法である。ランプの電源を直流にするのも良い方法である。この際、高価な直流安定化電源は必ずしも必要ではない。出力を整流用ダイオードと高容量のコンデンサーで直流化し、プラス極かマイナス極のどちらか一方をアースすることにより、直流に混入するハムをのぞくことができる。正立型顕微鏡で水浸対物レンズを使用するとき、これが絶縁されていないとハム発生源になることがある。新しい型の水浸対物レンズは、このような工夫がなされている。著者らのラボでは、かつて、水浸対物レンズと顕微鏡本体の間に絶縁器具を装着していた。

3．電極作成

ホールセル記録に用いる電極は、単一チャネル測定の場合とほぼ同様である。しかし、ホールセル記録の場合、測定電流が単一チャネル電流に比べ、一般に大きい。また、測定対象となる膜の面積が大きくなるので、これに由来するノイズレベルが高くなる。このため、パッチ電極と溶液の間の浮遊容量（stray capacitance）由来のノイズが比較的問題にならないことが多い。したがって、肉厚の薄い電極を用いても、場合により、先端までシルガードコーティングをする必要がない。ただし、ある程度浮遊容量を小さくしておかないと後述の容量補正が効かない。著者は、肉厚の薄い電極の先端約 1 mmを残して溶液と接する部分をシルガードコーティングしたものを用いている。しかし、測定対象になる電流が微小なときは単一チャネル記録と同様の注意が必要になろう。要は、常に S/N 比を考慮にいれて最適の条件で実験することである。

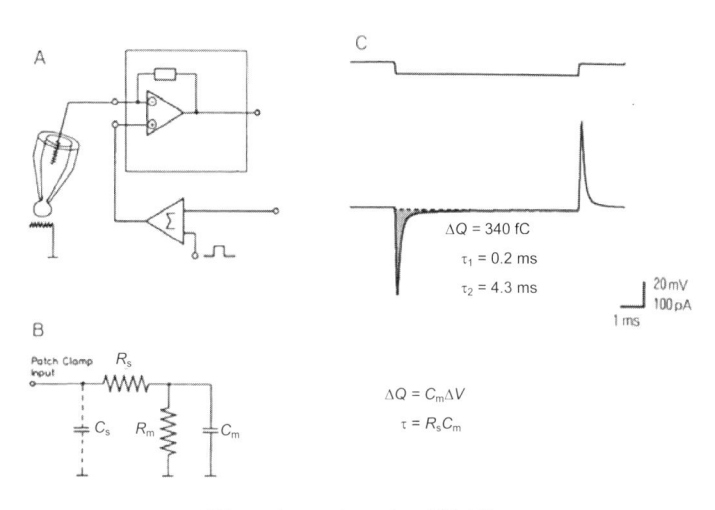

図1　ホールセルパッチ測定法
A. 測定装置の概要。　B. ホールセルパッチ状態の等価回路。R_s：パッチ電極のアクセス抵抗、R_m：細胞膜抵抗、C_m：細胞膜容量、C_s：浮遊容量。C. 過分極パルス通電（上段、大きさ $\Delta V = 10$ mV）に応答するホールセル容量性電流（下段）。保持電位 –60 mV。ハッチの面積 ΔQ より、細胞の全膜容量 $C_m = 34$ pF が算出される。本例では、容量性電流の下降相は2つの指数関数の和で最適回帰した。2コンパートメントモデル[26]に基づいて、それぞれの時定数 $\tau_1 = 0.2$ ms、$\tau_2 = 4.3$ ms から、$C_1 = 16$ pF、$C_2 = 14$ pF が得られる。R_sはアクセス抵抗で、この時 13 MΩ。（A および B，文献 5 より加筆変更）

図1A、Bはホールセル記録の等価回路を示したものである。電位固定に際して、フィードバックが有効なのは、パッチ電極内液までである（図1A）。電位固定下の膜電位が均一であるとする単一コンパートメントモデル（図1B）において、電極内の電位を V_p、細胞内電位を V_c とすると、定常状態において、

$$V_c = \frac{R_m V_p}{R_m + R_s} \tag{1}$$

の関係が成り立つ。ここで R_m は、細胞の膜抵抗、R_s は電極と細胞の間のアクセス抵抗である。膜の比抵抗が一定であるとすると R_m は細胞の表面積に反比例する。すなわち、小細胞の膜電位は制御し易いが、大きな細胞の膜電位を制御するためには R_s が大きすぎてはならない。また、膜電位を変化させると膜の比抵抗も変化する。たとえば、膜電位が 0 付近から正電位になると K$^+$ チャネルなどのイオンチャネルが活性化され比抵抗が減少する。この時、膜電位を制御するためには R_s が充分小さくなければならない。電位固定実験において、測定電流が大きいときは、膜電位の制御が行われているかを再検討することが望ましい[18]。

アクセス抵抗 R_s は、おもにパッチ電極の形状に依存している。電極の先端部が円錐であると仮定するとパッチ電極抵抗 R_p は次の式で表される。

$$R_p = \frac{\rho l}{\pi r_s^2} + \frac{\rho \cot(\phi/2)}{\pi}\left(\frac{1}{r_t} - \frac{1}{r_s}\right) \tag{2}$$

ここで r_s、r_t は、それぞれ、ガラス管の基部（長さ l）および先端の内径を、ϕ は先端角の大きさである。ρ は、内液の比抵抗で、150 mM KCl（at 25℃）の場合 51 Ωcm である。すなわち、先端径の大きいほど、また、先端角の大きいほど R_p が小さくなる。一般に R_s はパッチ電極抵抗 R_p の 2〜5 倍になる。これは、ホールセル状態においては、電極の先端部に細胞膜、細胞内構造物などが進入しているためである。

電極先端のポリッシングは、高抵抗シールを形成するのに必ずしも必要ではない。しかし、著者の経験では、heat polish を少しでも行った方が、ホールセル状態を長時間維持し易い傾向がある。heat polish をしない電極では、ホールセル測定中に膜のリーク電流が徐々に大きくなり、ついには膜電位が制御不能になることが多い。

4．電極内液

電極内液は、実験の目的に応じて様々なものを用いることができる。電極内液の基本的な出発点は、等張の KCl 液である。細胞内の生理的条件では、pH は、7 付近、Ca^{2+} 濃度は、約 10〜100 nM（pCa 7〜8）である。HEPES などの pH バッファ、EGTA などの Ca^{2+} キレータによりこれを調節する（表1）。また、細胞内の陰イオンにおいて、膜非透過性のものの占める割合は大きい。この意味において、Cl$^-$ を非透過性の陰イオン、SO$_4^{2-}$、methanesulfonate$^-$、gluconate$^-$、glutamate$^-$、aspartate$^-$ で置換した内液の方がより生理的状態に近い。これらの陰イオンを用いると、KCl 溶液に比べ液間電位差 liquid junction potential が大きくなる。Liquid junction potential は、実測[19, 20]または、計算により補正する（第 27 章参照）。また、有機の酸が陰イオンの時は、pH や温度に解離状態が依存しているため、浸透圧が問題になるときは、これを実際に測定して補正することが望ましい。微生物が繁殖し易いことにも留意すべきである。具体的には、小分けして −20℃ に冷凍保存するのがよい。反対に、陽イオンを膜非透過性の有機塩基、tetraechylammonium (TEA)、N-methyl-D-glucamine などに置換することもしばしば行われる。有機塩基を用いることにより、イオンチャネルの膜電位依存性が負電位側にシフトする可能性を考慮にいれる必要がある[21]。これは、形質膜細胞質側の表面電位が変化することがその一因であると考えられる。

Ca^{2+} 依存性のイオンチャネル電流を測定したり、開口分泌などの細胞内 Ca^{2+} により制御される細胞機能を取り扱うとき、また、細胞内 Ca^{2+} 濃度の測定を試みる場合は、Ca^{2+} キレータの濃度を低くする必要がある。Ca^{2+} キレータの濃度が高いと遊離 Ca^{2+} 濃度が低い値に固定されるため Ca^{2+} に依存した現象が充分認められない。表1に細胞内 Ca^{2+} 測定に用いられる溶液組成を一例として

挙げた。反対に、Ca^{2+}依存性の現象、たとえば Ca^{2+}チャネルの Ca^{2+}依存性不活性化などをできる限り除去する必要がある場合がある。このような場合は、EGTA の代わりに BAPTA などの Ca^{2+} 結合速度の大きいキレータが用いられる。表1に Ca^{2+}電流測定に用いられる溶液組成を挙げた。この溶液では、K^+を Cs^+で置換している。これは、細胞内の Cs^+により K^+チャネルをブロックし、Ca^{2+}電流を単離して測定することを目的としている。

表1 ホールセル電極内液の組成（単位、mM）

基本組成	KCl 140、$MgCl_2$ 1、$CaCl_2$ 1、EGTA 10、Mg-ATP 2、NaOH-HEPES 10、pH 7.3	文献9
Ca^{2+}測光用	Cs-glutamate 125、TEA-glutamate 20、$MgSO_4$ 2、K_5fura-2 0.1、Na_4ATP 2、HEPES 10、pH 7.0	文献86
Ca^{2+}電流測定用	CsCl 140、NaOH 10、$MgCl_2$ 1、BAPTA 5、Mg-ATP 5、GTP 0.3、CsOH-HEPES 20、pH 7.4	文献12
ATP-regenerating system	creatine phosphokinase 50 U/mL、Na_2 creatine-phosphate 20、Mg-ATP 5、GTP 0.04 を適当な内液に追加する。	文献22

ホールセル記録の問題点の一つに細胞機能の run-down がある。これは、細胞内液が電極内液に置換されるため、細胞機能の維持に必要な可溶性成分が失われる（washout）ためである。既知のものは電極内液に適当量補うことにより run-down を防ぐことが試みられている。たとえば、Ca^{2+} 電流の run-down は、電極内液に Mg-ATP を補うことによりその速度を減少させることができる。これは、Ca^{2+}チャネルにはリン酸化部位があり、リン酸化されていることが機能維持に必要であることにより説明される。ATP 濃度が減少すると脱リン酸化の方に平衡がシフトする。しかし、ATP を補うだけでは、チャネル近傍の ADP 濃度が結果的に上昇し、これも脱リン酸化を促進する。これを防ぐには ATP-regenerating system が用いられる[22]（表1）。受容体の情報伝達にGタンパク質が関与している系がある。このような受容体の機能を維持するためには電極内液に 0.1〜0.3 mM の Mg-GTP を補う必要がある。グルタミン酸を伝達物質とするシナプス前終末では、パッチ内液の陰イオンを glutamate にすることにより、伝達物質放出の run-down を防ぐことができる[23]。ATP や GTP は、Mg^{2+}をキレートしたものが代謝に用いられるので、等モルあるいはそれ以上の Mg^{2+} を含んでいることが必要である。

細胞内情報伝達系を解析する目的で、様々な内因性ならびに外因性の物質を電極内液に存在させることが試みられている。たとえば、A-キナーゼ、C-キナーゼやプロテアーゼなどの酵素、フォスファターゼインヒビターやカルモジュリンなどの細胞内因子、cAMP や IP_3 などの二次メッセンジャー、あるいは、これらを抑制する薬物、選択的毒素を細胞内に投与することができる。このような薬物の中には、それ自身は活性を持たないが強い光を当てて分解されることにより生理活性を示すケージド化合物と呼ばれる一群のものがある。細胞機能に関与すると予想される因子に対する抗体や競合性ペプチドフラグメントを細胞内に導入することにより、機能を担っている分子を同定することが試みられている。また、Ca^{2+}感受性色素、pH 感受性色素などを導入することにより細胞の機能を、Lucifer yellow などの蛍光色素を導入することにより細胞の形態を研究することができる。ホールセル状態を維持しながら電極内液を置き換えることができる（細胞内灌流

法)。これにより、細胞内因子の定性的ならびに定量的解析が可能になる。細胞内灌流法については第15章で詳述する。

5．パッチ電極圧の制御

　パッチ電極の先端に陽圧または陰圧を加えるには、様々な方法が用いられている。良く知られている手法の一つは、パッチ内液と交通しているチューブの他端を口にくわえ、呼気または吸気により調節するものである。ここでは、著者らの用いているシリンジと簡易マノメーターを用いた方法を紹介する（図2）。色水を入れたU字管とパッチ電極ホルダーの間に三方活栓を入れ、シリンジとつなぐ。U字管の他端にも三方活栓をつなぎ、蒸発した水を補うとき以外は、閉状態で用いる。パッチ電極への陽圧・陰圧は以下の要領で与える。

(1) シリンジをつないだ三方活栓をAの状態にしてシリンジを引き、中に空気を満たす。
(2) 三方活栓をBの状態にしてシリンジを押すことにより、陽圧を与える。
(3) 三方活栓をCの状態にすることにより、陽圧をホールドすることができる。
(4) 再びAに戻すことにより、陽圧が解放され、大気圧に等しくなる
(5) Bの状態でシリンジをひくことにより、陰圧を与え、Cの状態にすることによりホールドする。
(6) 再びAに戻すことにより、陰圧が解放される。

　U字管の色水のレベルから、与えた圧の絶対値を正確に読みとることは難しい。しかし、パッチ形成やパッチ膜の破壊に必要な圧の大きさを経験的に求め、加圧や減圧を再現性良く行うことができる。圧を解放したときにわずかに陽圧または陰圧が残ることがある。パッチ電極の先端径、角度、内液の高さを調節することにより、これを除くことが可能である。

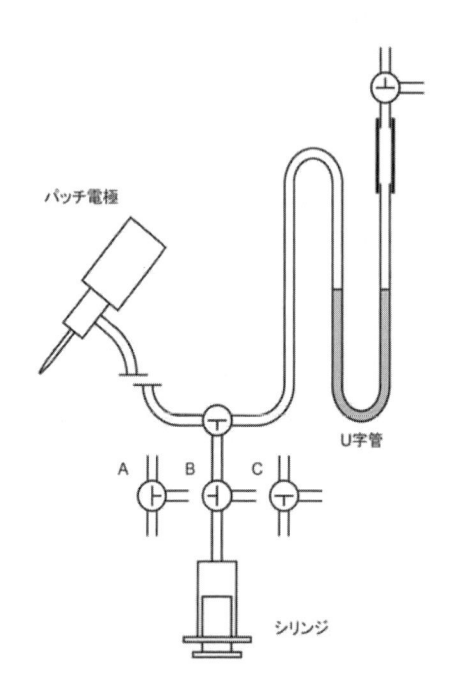

図2　パッチ電極内圧の制御法
A、B、Cはそれぞれ三方活栓の位置を示す。

6．ホールセル作成ならびに測定法

　通常パッチ電極に陽圧を加えながら電極の先端を細胞表面に近づける。この時、0 mVに電位固定して、1〜5 mV、10〜20 msの脱分極あるいは過分極パルスを連続的に加え、そのときの電流をモニターする。電極が細胞表面に到達するとパルスに応答する電流が減少することが認められる。ここで、電極内圧を陽圧から弱い陰圧に切り替えることにより、さらに電流が減少する。すなわち、電極と細胞膜の間に抵抗の高いシールが形成される。固定電位を負電位側に移動させることによりシールの形成が促進される。細胞の静止膜電位近傍に固定電位を合わせたときに流れる電流がほぼ0になれば、パルス幅を大きく（たとえば10 mV）し、電流測定のゲインを上げて、シール抵抗を測定する。いわゆるタイトシールが形成されるとシール抵抗の大きさは10 GΩ以上に

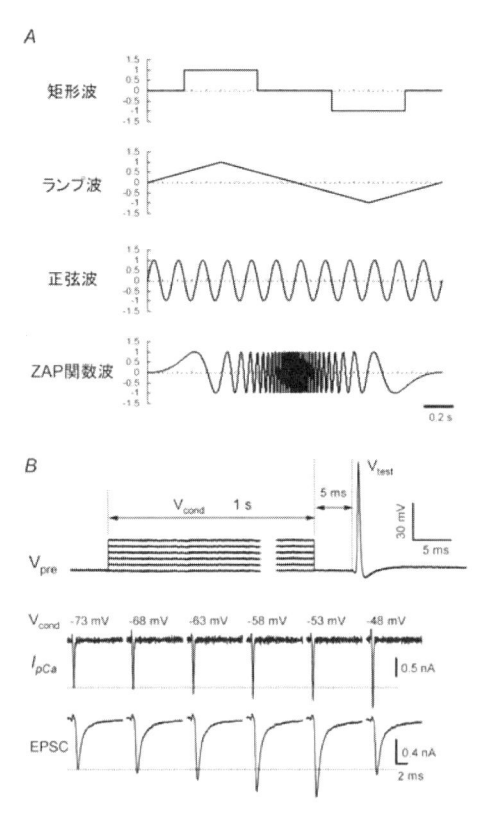

図3 電流固定法、電位固定法によく用いられる波形
A. 上段から、矩形波、ランプ波、正弦波（3 Hz）、Zap関数波（0.3→30→3 Hz）。それぞれの振幅を1とした。B. 活動電位波形による電位固定実験。上段：マウスCalyx of Heldシナプスのシナプス前終末の電位固定下に1秒間のプレパルス（−73、−68、−63、−58、−53、−48 mV）に引き続いて、活動電位波形を与えた。細胞外液は、通常の脳脊髄液のNaClをTEA-Clに置換し、テトロドトキシンTTXを加え、Na^+チャネルおよびK^+チャネルを抑制している。さらに、パッチ内液の陽イオンをCs^+、TEA^+にすることにより、Ca^{2+}電流成分のみを抽出している。中段および下段：それぞれのプレパルスにおけるシナプス前終末のおよびシナプス後細胞の興奮性シナプス後電位EPSC。（B、文献32）

なる（giga-seal）。すなわち、10 mVのステップパルスに応答して、1 pA以下の電流が流れる。この時、単一チャネル電流が認められることがあり、これが単に電極が詰まっただけなのか、きれいなタイトシールが形成されたかを判断する良い指標になる。パルスの立ち上がりと立ち下がりに同期して、一過性の電流が認められる。これは、浮遊容量性電流である。これを補正して、ほぼ0にする。

次いで、電極内に大きな陰圧を与えてパッチ下膜を破壊する。あるいは、持続の短い大きなパルス（例えば、大きさ±0.5〜5 V、持続時間2〜20 ms）を単発与えたり、高周波の電圧を与えることによりパッチ下膜を破壊する方法（Zap法）がある。パッチ下膜が破壊されると同時に、10 mVのステップパルスの立ち上がりと立ち下がりに大きな一過性の電流が生じる（図1C）。これは、細胞膜に由来する容量性電流である。この容量性電流を解析することにより、細胞の膜容量C_m、膜抵抗R_m、電極と細胞のアクセス抵抗R_sなどを求めることができる（図1C）。容量性電流を補正して、これをできる限り小さくする。等価回路が図1Bのモデルで表されるときは、容量性電流を原理的に0にすることができる。また、この時の補正値からも、C_mとR_sを求めることができる。しかし、このような場合は実際には希で、ほぼ球形の小細胞に限られる。神経細胞のように突起を有する細胞では、細胞質の抵抗が問題になり、補正が効くのは、パッチ電極の近傍に限られる。この時の補正値は、すなわち、有効な電位固定が行われる領域の膜容量を示している。このような細胞のC_m、R_m、R_sなどは、細胞と電気的に等価なモデルにもとづく式を当てはめることにより求められる[7, 24-27]。

ホールセル記録には、電流固定モードと電位固定モードがある。前者においては、一定あるいは実験的に変化させた電流を与えて、それに応答する膜電位を測定することができる。たとえば、電流0に固定したときは、細胞の自然な応答（静止膜電位、自発性膜電位振動、自発性活動電位など）を測定することができる。あるいは、矩形波、ランプ波、正弦波、Zap関数波[28-30]など、さまざまなプロトコルの電流を注入することが試みられている（図3A）。電位固定で解析したイオン電流が膜電位の形成にどのように寄与しているかを明らかにする上で電流固定実験は重要

である。また、電流固定応答特性を利用したニューロンの分類が試みられている。

電位固定実験においては、測定しようとする電流の大きさおよび変化の速さが問題になる。膜を横切って電流が流れるときに膜電位を一定に保つためには、測定システムのフィードバックが充分速くなければならない。たとえば神経細胞においては、脱分極電位に応答して速い時間経過のNa$^+$電流が流れるが、フィードバック速度が遅いと正電荷が細胞内に蓄積し、さらに膜電位が脱分極側にシフトする。この結果さらに大きなNa$^+$電流が流れ、神経細胞は活動電位を発生する。測定システムのフィードバックの速さは次式で与えられる。

$$\tau = [R_s'R_m/(R_s'+R_m)]C_m \qquad (3)$$

ただし、$R_s' = R_s(1-f)$（fはフィードバック補正値）である。一般に$R_m \gg R_s'$なので、τはほぼ$R_s'C_m$に等しい。すなわち、アクセス抵抗が小さいほど、また、細胞の表面積が小さいほど、電位固定が成立し易い。また、電流の大きさを減少させることにより、良い電位固定が得られる。例えば、Na$^+$電流の場合は、外液のNa$^+$濃度を下げたり、テトロドトキシン（TTX）で活動性チャネルの数を減少させることにより、膜電位の変化を補正することが可能になる。

電位固定実験においても、矩形波、ランプ波、正弦波、Zap関数波など、さまざまなプロトコールが用いられている。たとえば、活動電位波形で電位固定することにより（図3B）、活動電位にともなうイオン電流それぞれの大きさを時間の関数として定量することが試みられている[31, 32]。ランプ波形の電位固定は、短時間にI-V関係（後述）を求めるのに便利だが、電流に時間依存性がある場合は注意が必要である。

7．ホールセルパッチ法の限界・問題点

ホールセル状態になると同時に細胞内液は、パッチ電極内液により灌流される（washout）。これは、特に小細胞で顕著な影響を及ぼす。すなわち、ホールセル状態は、細胞にとっては人工的な環境である。ホールセルパッチ法は、細胞内液を実験的にコントロールすることを可能にする反面、細胞の正常な機能を損なう危険性をはらんでいる。たとえば、細胞内に存在する可溶性の機能的分子が失われる。これら機能的分子には、チャネル活性の維持や細胞内の情報伝達機序を担っているものがある。ホールセル記録下でしばしば認められるCa^{2+}チャネルのrun-downは、この様な機序により説明される[33-36]。また、ホールセル記録では、しばしば、受容体を介する情報伝達機序が失われる[37]。細胞内のCa^{2+}バッファ能力の変化も、ホールセルパッチ法の問題点である[38-40]。

パッチ内液にwashoutされると考えられる物質をあらかじめ補うことにより、上記の問題点はある程度解消される。たとえば、パッチ内液にMg^{2+}ATP、cAMP依存性プロテインキナーゼの活性サブユニット、leupeptinなどのプロテアーゼ阻害物質、強いCa^{2+}バッファなどを補うことにより、Ca^{2+}電流のrun-downを抑えることができる。しかし、washoutにより失われる物質のほとんどは未知である。また、正常の細胞では、機能的分子のダイナミックな量的・質的変動が機能を担っていることが多い。パッチ内液にある場合は、機能的分子の濃度が固定されてしまうためこの様な側面が捉えられない欠点がある。このような問題は、穿孔パッチ法やグラミシジンパッチ法を利用することにより、解決される。

III. ホールセル記録法の応用
1. イオンチャネルのマクロの性質の解析

　一般に、個々のイオンチャネルは閉状態と開状態を二者択一的にとる。この状態の移行はきわめて速やか（μ秒オーダー）であり、その中間状態（subconductance state）は、まれに認められるにすぎない。イオンチャネルによっては、複数の開レベルを示すものも知られている[41-47]。この意味で、イオンチャネルの性質は時間的、空間的に確率的である。すなわち、ある一定時間において、一個のチャネルが開状態にある時間、およびある時刻において、ある種のイオンチャネルの集合のうち開状態にあるものの個数が、そのイオンチャネルを通るイオンの量（すなわち電流）を決定する。このうち後者は、単一チャネルの活動性から直接知ることができず、ホールセル電位固定下にマクロの電流を測定することが有力な手段となる。個々のチャネルが独立に確率的に開閉する（マルコフ過程）と仮定すると、ある一定時間中にチャネルが開状態にある時間の占める割合（開確率 p、ミクロ）と、細胞全体の機能的なチャネル N 個のうち、ある時刻のまわりの微小時間において開状態にあるチャネルの占める割合（マクロ）が等しくなる。すなわち、単一チャネル電流 i とホールセル電流 I の間に次の関係が成立する。

$$I = Npi \tag{4}$$

チャネル活動性の膜電位依存性の解析　チャネルの状態を規定する重要な因子の一つは膜電位である。イオンチャネルの多くは膜電位依存性を示すことが知られている。図4は、いろいろなイオンチャネルのホールセル電流の膜電位依存性を示したもので、膜電位を横軸に、電流の大きさを縦軸にとっている（電流－電位曲線、I-V プロット）。電流が0になるときの膜電位は、反転電位あるいは0電流電位と呼ばれ、チャネルのイオン選択性およびチャネルの両側のイオン濃度に依存している。たとえば、グルタミン酸AMPA受容体チャネルの反転電位は、図4Aでは約 0 mV だが、細胞外の Na^+ 濃度に依存しており、その関係はほぼNernst式に従う。反対に細胞内の K^+ 濃度に対してもNernst式に従った関係を

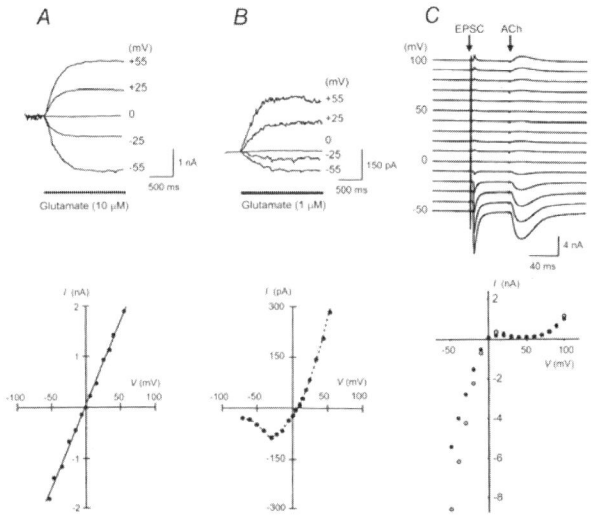

図4　受容体チャネルホールセル電流の膜電位依存性
各図とも上段は電流のサンプル記録を、下段はピーク応答の電流－電位曲線を示している。A. ラット小脳プルキンエ細胞のグルタミン酸 AMPA 受容体応答。B. ラット小脳顆粒細胞のグルタミン酸 NMDA 受容体電流の外向き整流応答。●、○は、それぞれ、0.5 および 1 μM のグルタミン酸に対する応答を示している。C. マウス顎下神経節ニューロンのニコチン性アセチルコリン受容体の内向き整流応答。○は節前線維刺激による興奮性シナプス電流（EPSC）を、●はアセチルコリンのイオン泳動的投与（ACh）に対する応答を表している。（AおよびB、文献87；C、文献10）

示す。しかし、陰イオンの濃度を変えても反転電位に変化が認められない。この様な実験からAMPA受容体チャネルは、アルカリカチオン選択的であるが、カチオン間の選択性が緩やかなチャネル（非選択的カチオンチャネル）であることが知られた。

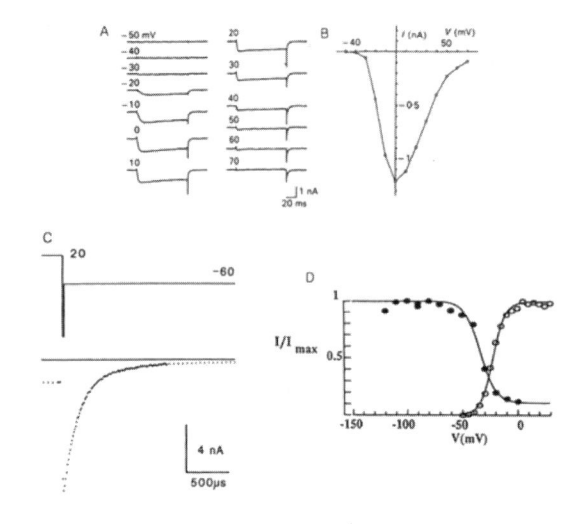

図5 Ca²⁺チャネル活動性の膜電位依存性
A. チック毛様体神経節杯状シナプス前終末の高電位活性型 Ca²⁺電流のサンプル記録。保持電位-80 mV、100 ms 脱分極パルスに対する応答。B. 同標本の Ca²⁺電流のピーク値の電流－電位曲線。C. チック後根神経ニューロンの Ca²⁺テール電流。保持電位-80 mV、+20 mV、10 ms パルスの後-60 mV に再分極させる（上段）。再分極に先行して-240 mV のパルスを 15 μs 与えることにより、細胞膜の放充電を促進し、容量性電流を最小にしている（supercharging 法）[8]。下段は、Ca²⁺電流応答を示している。D. ラット小脳プルキニェ細胞の高電位活性型 Ca²⁺電流の活性化（○）および不活性化（●）の膜電位依存性。保持電位-80 mV、テール電流の大きさを再分極後 0.3 ms から 0.4 ms の平均として求めた値を最大値に対する相対値としてプロットすることにより、活性化の膜電位依存性を求めた。不活性化の膜電位依存性は、保持電位-90 mV から 2 秒間のプレパルスを与えた後、-20 mV、12 ms パルスに対するピーク値を測定した。プレパルスの大きさを変化させ、最大電流値に対する相対値をプロットしている。実線はともに Boltzmann 関係に最適回帰した結果を示している（本文参照）。（A および B、文献 12；C、文献 48；D、文献 88）

図4B に示したグルタミン酸 NMDA 受容体チャネルも非選択的カチオンチャネルであるが、Ca²⁺に対する透過性が高いことが知られている。このチャネルの電流－電圧関係は、AMPA 受容体チャネルと異なり、直線的なオームの法則から大きくずれている。マイナス電流（細胞からみると細胞外から細胞内へ向かう電流、すなわち内向き電流）が-50 mV よりも負の電位（過分極電位）で著明に抑制される。この様な外向き整流特性が NMDA 受容体チャネルの特徴である。これとは反対に自律神経節細胞のニコチン性アセチルコリン受容体チャネル電流は、プラス電流（外向き電流）が抑制される内向き整流特性を示す（図4C）。

Na⁺チャネル、K⁺チャネル、Ca²⁺チャネルなどのように膜電位そのものがチャネルの開閉を決定しているものでは、ステップ状のパルスを用いて膜電位依存性が調べられることが多い。図5A は Ca²⁺チャネルホールセル電流の膜電位依存性を検討したものである。図5B はその電流－電位関係を示している。

<u>テール電流の解析</u>　電位依存性のチャネルにおいては、膜電位のステップ状の変化にともなって過渡的な電流（テール電流、tail current）が見られる。図5C は Ca²⁺チャネル電流のテール電流の一例を示したものである。たとえば-80 mV の保持電位から+20 mV にステップ状に電位を変化させたとき、ホールセル電流は、ほとんど流れない。これは、Ca²⁺チャネルの反転電位に近いために駆動電圧が小さいことに起因している。しかし、次に-60 mV に膜電位を変化させると一過性に大きな電流が流れるのが認められる。これは、駆動電圧が大きくなったために個々のチャネルを大きな電流が流れたことによる。しかし、チャネルそれぞれは、時間とともに確率的に閉じていく。チャネルが n 個の閉状態と 1 つの開状態しか有しないと仮定する。すなわち、

$$C_n \underset{\alpha_n}{\overset{\beta_n}{\rightleftharpoons}} \cdots \underset{\alpha_2}{\overset{\beta_2}{\rightleftharpoons}} C_2 \underset{\alpha_1}{\overset{\beta_1}{\rightleftharpoons}} C_1 \underset{\alpha_1}{\overset{\beta_1}{\rightleftharpoons}} O \qquad (5)$$

ここで開速度常数 $\alpha_1 \sim \alpha_n$、閉速度常数 $\beta_1 \sim \beta_n$ は膜電位の関数である。時刻 $t = 0$ に膜電位を-20 mV から-60 mV にステップ状に変化させたとすると、-60 mV においては Ca²⁺チャネルは活性化されないので、一度閉じたチャネルは再び開かない。すなわち β_1 が無視できるほど小さいので、チャ

ネルの開確率 $p(t)$ は、次の指数関数に従って減衰する。

$$p(t) = p(0)\, e^{-t/\tau} \tag{6}$$

$$\tau = \alpha_1^{-1} \tag{7}$$

ホールセル電流は、個々のチャネルを流れる電流の総和なので、テール電流の大きさは、指数関数に従って減衰することが予想される。Ca^{2+}チャネルの場合、テール電流の減衰はほぼ指数関数に従い[48]、その時定数の逆数から-60 mV の時の平均の閉速度定数を求めることができる。

図5Dは、ステップ電位の大きさを変えたときのテール電流の大きさをプロットしたものである。この時、単一チャネル電流の大きさが固定されているので、この関係は、チャネル開確率の膜電位依存性を表している。あてはめた曲線は Boltzmann の関係から求めたものである。すなわち、

$$I = I_{max}\,[1 + exp\{(V_h - V)/\beta\}]^{-1} \tag{8}$$

ここで、V_h は、チャネルの半分が活性化される電位を、β は傾斜因子と呼ばれる。チャネル分子の構造の変化にともなって、膜の内外に電荷の移動が生ずる。β と移動電荷 Z の間には次の関係がある[49]。

$$Z = \frac{kT}{e\beta} \doteqdot \frac{24}{\beta} \tag{9}$$

図5Dに示した Ca^{2+} チャネルにおいては、V_h は-22 mV、β は 5.8 mV で、13個の平均値から移動電荷の数は3個と推定される。

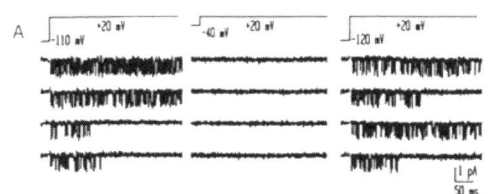

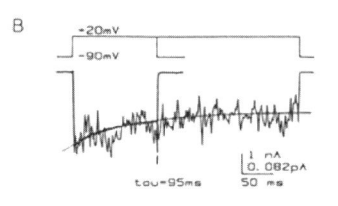

図6 Ca^{2+}チャネルの不活性化（文献89）
A. N型 Ca^{2+} チャネルの単一チャネル記録。最上段はそれぞれ電位コマンドプロトコールを示している。左上段の2つのトレースでは、脱分極中のチャネルの活動性に変化が認められないが、左下2段のトレースでは、脱分極直後にしかチャネルの開状態が認められない。この様な2～3種類のモードを行き来するのがN型 Ca^{2+} チャネルの特徴である[90,91]。脱分極電位に保持するとチャネルの開状態がほとんど認められない。B. N型 Ca^{2+} チャネルの単一チャネル活動のアンサンブル平均とホールセル電流。点線は、ホールセル電流を指数関数と定数項に最適回帰した結果を示している。

チャネルの不活性化 電位依存性チャネルには、膜電位に依存して不活性化するものが知られている。図6Aは、N型 Ca^{2+} チャネルの単一チャネルレベルでの不活性化を見たものである。個々のチャネル活動は確率的に振る舞うのでこれを加算平均することによりその時間依存性が明らかになる（アンサンブル平均、図6B）。これに対してホールセル電流はチャネル活動の空間平均を表している。アンサンブルとホールセル電流の時間依存性はほぼ一致している（図6B）。このことは、個々のチャネルが独立に確率的に開閉するという考えと矛盾しない。

チャネルの不活性化の速度は一般に膜電位に依存している。また、定常状態における不活性化の程度も膜電位に依存している。電流を測定しようとするパルスに先行する保持電位を変えることにより、定常状態における不活性化の膜電位依存性を Ca^{2+} チャネルについて調べたものを図5Dに示す。不活性化を示さない電流成分を I_c とすると、この関係は次の Boltzmann 式に従う。

$$I = I_c + I_{max}\,[1 + exp\{(V - V_h)/\beta\}]^{-1} \tag{10}$$

この例では、V_hは-34 mV、βは6.9 mVで、8個の平均値から得られた移動電荷数は2と推定される。

チャネルの活性化・不活性化にともなう電荷の移動は、ホールセル記録下で微小な電流として記録される（ゲート電流[50]）。活性化にともなうゲート電流はイオン電流に先行して認められる。ゲート電流を単独に取り出すには、イオン電流をチャネルブロッカーで抑制するか透過性のイオンを除去した状態で電位固定をする。直線性のイオン電流成分および容量電流成分を差し引くことにより、非対称的な容量電流成分として、ゲート電流が取り出される。ホールセルパッチ法によるゲート電流の解析は、心筋細胞のCa^{2+}チャネル[51]において報告されている。骨格筋培養細胞の興奮－収縮連関において、ゲート電流と同様の電荷の移動が観察される。この電荷の移動は、T管に存在するジヒドロピリジン受容体の構造変化に由来していることが示された[52]。

2．イオンチャネルのミクロの性質の解析

<u>シナプス電流の解析</u>　ホールセル電流を解析することにより、イオンチャネルのミクロの性質を解析することが可能である。前述したテール電流の解析はその一例だが、アセチルコリンチャネルなどの伝達物質によりゲートされるチャネルにおいては、シナプス電流を解析することによりチャネル開閉の動特性を知ることが可能である。

図7に示すように、伝達物質が開口放出された時点においてのアセチルコリン濃度はきわめて高いので、多くのチャネルがほぼ同期して開く。しかし、アセチルコリンは速やかにチャネル近傍から消失するので、一度閉じたチャネルは再び開かない。チャネルが閉状態と1つの開状態しか有しないと仮定すると、個々のチャネルが開き続ける時間は、指数関数に従って分布する。ホールセル電流は、個々のチャネルを流れる電流の総和なので、電流の大きさは、指数関数に従って減衰する。骨格筋の終板やカエルの交感神経節においては、シナプス電流の下降相はほぼ指数関数に従う[53-55]。この時の時定数は、アセチルコリンチャネルの平均開時間に相当する。しばしば、シナプス電流の下降相は複数の指数関数によく当てはまることがある。このようなチャネルはバースト状の活動を示し、チャネルブロックなどの複雑な動特性が想定される。時定数の大きい方は平均バースト時間に、小さい方はバースト中における平均開時間にそれぞれ等しい[56]。

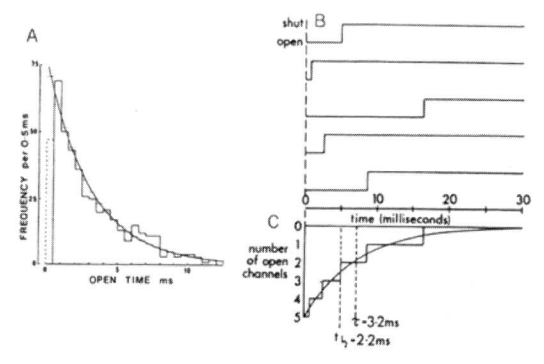

図7　シナプス電流下降相と単一チャネルの平均開時間の関係（文献56）
A. カエル骨格筋終盤のアセチルコリンチャネルの開時間ヒストグラム。実線は、最尤法から求めた指数関数分布である。B. シナプス間隙に放出されたアセチルコリンはきわめて速やかに消失するので、開口したチャネルは、一度閉じると再び開かない。それぞれのチャネルが開口している時間は、確率的に振る舞う。C. これらのアンサンブル平均がホールセル電流として測定される。すなわち、シナプス電流の下降相は指数関数に従う。

リガンド存在下に膜電位をステップ状に変化させると、テール電流のような過渡的な電流が認められる。骨格筋のアセチルコリンチャネルでは、この過渡性電流は指数関数に従い、その時定数は、その膜電位における平均開時間に等しい（voltage-jump analysis）[57-61]。自律神経節のアセチルコリンチャネルの場合、膜電位のステップ状の変化にともなう過渡性電流は、複数の指数関数によく当てはまる[62]。このことから、チャネルがバースト状の活動を示すことがわかる。また、

時定数の内、大きい方は平均バースト時間に、小さい方はバースト中における平均開時間にそれぞれ等しい。

<u>単一チャネル活動の測定</u>　小細胞のホールセル記録においては、細胞の膜容量が小さいため、バックグラウンドノイズが非常に小さい。この様な条件が満たされたとき、単一チャネルのステップ状の活動が拾えることがある[1, 19, 47]。

<u>ホールセルノイズ解析</u>　ある時点において開状態にあるチャネルの個数は確率的に変動するため、ホールセル電流は、ある平均値の周りで振動することが観察される。個々のチャネルの活動が開と閉の2相しかなく、かつ、開から閉、閉から開への移行がともに瞬間的であるという仮定のもとに、ホールセル電流の振動（ノイズ）を解析することにより、単一チャネルの性質を知ることができる[60, 63-65]。ノイズ解析法の詳細は、第6章を参照されたい。

3. イオンチャネルの構造、分布、機能の解析

<u>チャネル構造の解析</u>　イカの巨大神経においては、細胞内を蛋白分解酵素などで灌流することにより、Na^+チャネルの不活性化がみられなくなることが知られている[66-68]。これは、チャネルの細胞質側に不活性化に不可欠なドメインが存在し、これが蛋白分解酵素により加水分解されることによると考えられている。同様の酵素の限定分解を利用したチャネル構造の解析がホールセル記録法を用いることにより、小細胞についても試みられている[34, 69]。これらの実験においては、パッチ電極内液に蛋白分解酵素をいれて、ホールセル状態にすることにより、これを細胞内に投与することが試みられた。

また、Na^+チャネルの特定の部位に特異的な抗体をパッチ電極内にいれて、Na^+ホールセル電流を測定し、不活性化に関与しているドメインが同定された[70]。Na^+チャネルは、6回の膜貫通領域を持つ相似なアミノ酸配列が4つ繰り返す（リピートI～IV）一次構造を有することが知られている[3, 4, 71]。リピートIIIとIVの間の細胞内セグメントの20個のアミノ酸からなるペプチドに対する抗体により、ホールセル形成からの時間とともにNa^+電流の不活性化が遅延することが認められる。しかし、抗体と同時に抗原ペプチドをパッチ内液に入れると不活性化の遅延は認められなかった。このことから、抗体が Na^+チャネルの細胞内セグメントに結合することにより不活性化を阻害したものと解釈される。すなわち、リピートIIIとIVの間の細胞内セグメントが Na^+チャネルの不活性化に関与していることが、この実験から示唆された。

<u>チャネル分布の研究</u>　イオンチャネルが担っている細胞機能を解析する上において、チャネルの密度は重要な情報を提供する。例えば、副腎髄質細胞には、促進型、P型、N型の3種類の Ca^{2+}チャネルサブタイプが同定されており、その各々が薬理的に分離可能である。この細胞の Ca^{2+}チャネルを流入する Ca^{2+}イオンあたりの膜容量の増加を比較すると、促進型 Ca^{2+}チャネルはP型、N型よりも約5倍効率がよいことが示された。ホールセル記録下で細胞の膜容量の増加は開口分泌に対応することから、促進型Ca^{2+}チャネルが開口放出部位近傍に局在していることが示唆される[72]。

一般に、イオンチャネルの分布は局在していることが知られており、これは細胞機能と密接な関係がある。有毛細胞の Ca^{2+}流入にともなう Ca^{2+}依存性K^+電流は、パッチ電極からCa^{2+}キレータのEGTAを細胞内に投与することにより抑制を受けないのに対し、BAPTAを投与することにより抑制される[73]。EGTA と BAPTA の Ca^{2+}結合能はほぼ等しいが、BAPTAのほうが EGTA よりも Ca^{2+}と結合する速度が大きい。この実験結果は、Ca^{2+}依存性K^+チャネルが Ca^{2+}チャネルに近接して分布していることを示すものである[74-77]。

神経細胞は、極性を持つ細胞の代表的なものである。樹状突起の膜電位は、胞体に伝えられて統合され、軸索のinitial segmentにおける膜電位が閾値以上に達したときに活動電位が発生し、軸索を伝播する。シナプス終末に活動電位が到達することにより、伝達物質が放出され、シナプス後膜の膜電位を変化させる。神経細胞においては、胞体、樹状突起、シナプス終末それぞれからホールセル記録が試みられている（第8、10章参照）。例えば、大脳皮質ニューロンにおいては、胞体と樹状突起から同時にホールセル電流固定記録が試みられている[17]。胞体と樹状突起から活動電位が記録されるが、樹状突起においたパッチ電極内のNa$^+$チャネルブロッカーのQX314が拡散するにつれて、樹状突起の活動電位のみが減弱する。すなわち、樹状突起にもNa$^+$チャネルが存在しており、樹状突起に活動電位が伝播することが示された[78]。樹状突起の断片（dendrosome）からイオンチャネル活動を直接測定することにより、膜電位のコントロールをより厳密に行うことが可能になった[79]。神経終末は、一般に微小であるが、例外的に大型の終末に対して、ホールセル記録が適用できる。このようにして神経終末から、Ca^{2+}電流（図5A、B）、K$^+$電流、Na$^+$電流などが測定されている[12, 23, 32, 80, 81]。神経細胞が分化するときに突起の先端に成長円錐が形成される。このような成長円錐の大きなものにホールセル記録法が試みられている[82, 83]。胞体からホールセル記録をしながら、局所的に溶液を灌流する方法により、成長円錐のイオン電流が測定されている[84, 85]。

文献

1. Hamill, O.P., Marty, A., Neher, E., Sakmann, B. & Sigworth, F.J. (1981) Improved patch-clamp techniques for high-resolution current recording from cells and cell-free membrane patches. Pflugers Arch. 391, 85-100
2. Brown, A.M., Wilson, D.L. & Tsuda, Y. (1985) Voltage clamp and internal perfusion with suction-pipette method. In: Smith, T.G. Jr., Lecar, H., Redman, S.J. & Gage, P.W. (eds) Voltage and Patch Clamping with Microelectrodes. American Physiological Society, Bethesda, pp151-169
3. Hille, B. (1992) Ionic Channels of Excitable Membranes, 2nd edn. Sinauer, Sunderland
4. Nicholls, J.G., Martin, A.R. & Wallace, B.G. (1992) From Neuron to Brain, 3rd edn. Sinauer, Sunderland
5. Neher, E. & Marty, A. (1982) Discrete changes of cel membrane capacitance observed under conditions of enhanced secretion in bovine adrenal chromaffin cells. Proc. Nat. Acad. Sci. USA 79, 6712-6716
6. Marty, A. & Neher, E. (1983) Tight-seal whole-cell recording. In: Sakmann. B. & Neher, E. (eds) Single-Channel Recording. Plenum, New York, pp107-122
7. Marty, A. & Neher, E. (1995) Tight-seal whole-cell recording. In: Sakmann. B. & Neher, E. (eds) Single-Channel Recording, 2nd edn. Plenum, New York, pp31-52
8. Sherman-Gold, R. (ed) (2008) The Axon Guide, 3rd edn. MDS Analytical Technologies, Sunnyvale (http://www.pd.infn.it/~pascoli/Axon_Guide.pdf#search='The Axon Guide, 3rd edn.')
9. Edwards, F.A., Konnerth, A., Sakmann, B. & Takahashi, T. (1989) A thin slice preparation for patch clamp recordings from neurones of the mammalian central nervous system. Pflugers Arch. 414, 600-612
10. Yawo, H. (1989) Rectification of synaptic and acetylcholine currents in the mouse submandibular ganglion cells. J. Physiol. Lond. 417, 307-322
11. Yawo, H. (1999) Involvement of cGMP-dependent protein kinase in adrenergic potentiation of transmitter release from the calyx-type presynaptic terminal. J. Neurosci. 19, 5293-5300
12. Yawo, H. & Momiyama, A. (1993) Re-evaluation of calcium currents in pre-and postsynaptic neurones of the chick ciliary ganglion. J. Physiol. Lond. 460, 153-172
13. Blanton, M.G., Lo Turco, J.J. & Kriegstein, A.R. (1989) Whole cell recording from neurons in slices of reptilian and mammalian cerebral cortex. J. Neurosci. Meth. 30, 203-210
14. Coleman, P.A. & Miller, R.F. (1989) Measurement of passive membrane parameters with whole cell recording from neurons in the intact amphibian retina. J. Neurophysiol. 61, 218-230
15. Manabe, T., Renner, P. & Nicoll, R.A. (1992) Postsynaptic contribution to long-term potentiation revealed by the analysis of miniature synaptic currents. Nature 355, 50-55
16. Purves, D., Hadley, R.D. & Voyvodic, J.T. (1986) Dynamic changes in the dendritic geometry of individual neurons visualized over periods of up to three months in the superior cervical ganglion of living mice. J. Neurosci. 6, 1051-1060
17. Stuart, G.J., Dodt, H-U. & Sakmann, B. (1993) Patch-clamp recordings from the soma and dendrites of

neurons in brain slices using infrared video microscopy. Pflugers Arch. 423, 511-518
18. Armstrong, C.M. & Gilly, W.F. (1992) Access resistance and space clamp problems associated with whole-cell patch clamping. Methods Enzymol. 207, 100-122
19. Fenwick, E.M., Marty, A. & Neher, E. (1982) A patch-clamp study of bovine chromaffin cells and of their sensitivity to acetylcholine. J. Physiol. Lond. 331, 577-597
20. Neher, E. (1992) Correction for liquid junction potentials in patch clamp experiments. Methods enzymol. 207, 123-131
21. Malecot, C. O., Feindt, P. & Trautwein, W. (1988) Intracellular N-methyl-D-glucamine modifies the kinetics and voltage-dependence of the calcium current in guinea pig ventricular heart cells. Pflugers Arch. 411, 235-242
22. Forscher, P. & Oxford, G.S. (1985) Modulation of calcium channels by norepinephrine in internally dialyzed avian sensory neurons. J. Gen. Physiol. 85, 743-763
23. Borst, J.G.G., Helmehen, F. & Sakmann, B. (1995) Pre- and postsynaptic whole-cell recordings in the medial nucleus of the trapezoid body of the rat. J. Physiol. Lond. 489, 825-840
24. Jackson, M.B. (1992) Cable analysis with the whole-cell patch clamp, theory and experiment. Biophys. J. 61, 756-766
25. Jackson, M.B. (1993) Passive current flow and morphology in the terminal arborizations of the posterior pituitary. J. Neurophysiol. 69, 692-702
26. Llano, I., Marty, A., Armstrong, C.M. & Konnerth, A. (1991) Synaptic- and agonist-induced excitatory currents of purkinje cells in rat cerebellar slices. J. Physiol. Lond. 434, 183-213
27. Major, G., Evans, J.D. & Jack, J.J. (1993) Solutions for transients in arbitrary branching cables: I. voltage recording with a somatic shunt. Biophys. J. 65, 423-449
28. Gutfreund, Y., Yarom, Y. & Segev, I. (1995) Subthreshold oscillations and resonant frequency in guinea-pig cortical neurons: physiology and modeling. J. Physiol. 483, 621-640
29. Hutcheon, B. & Yarom, Y. (2000) Resonance, oscillation and the intrinsic frequency preferences of neurons. Trends. Neurosci. 23, 216-222
30. Puil, E., Gimbarzevsky, B. & Miura, R.M. (1986) Quantification of membrane properties of trigeminal root ganglion neurons in guinea pigs. J. Neurophysiol. 55, 995-1016
31. Llinas, R., Sugimori, M. & Simon, S.M. (1982) Transmission by presynaptic spike-like depolarization in the squid giant synapse. Proc. Natl. Acad. Sci. USA 79, 2415-2419
32. Hori, T. & Takahashi, T (2009) Mechanisms underlying short-term modulation of transmitter release by presynaptic depolarization. J. Physiol. 587, 2987-3000
33. Belles, B., Malecot, C.O. Hescheler, J. & Trautwein, W. (1988) "Run-down" of the Ca current during long whole-cell recordings in guinea pig heart cells, role of phosphorylation and intracellular calcium. Pflugers Arch. 411, 353-360
34. Hescheler, J. & Trautwein, W. (1988) Modification of L-type calcium current by intracellularly applied trypsin in guinea-pig ventricular myocytes. J. Physiol. Lond. 404, 259-274
35. Kameyama, M., Hescheler, J., Hofmann, F. & Trautwein, W. (1986) Modulation of Ca current during the phosphorylation cycle in the guinea pig heart. Pflugers Arch. 407, 123-128
36. Shuba, Y.M., Hesslinger, B., Trautwein, W., McDonald, T.F. & Pelzer, D. (1990) Whole-cell calcium current in guinea-pig ventricular myocytes dialysed with guanine nucleotides. J. Physiol. Lond. 424, 205-228
37. Horn, R. & Marty, A. (1988) Muscarinic activation of ionic currents measured by a new whole-cell recording method. J. Gen. Physiol. 92, 145-159
38. Beech, D.J. Bernheim, L., Mathie, A. & Hille, B. (1991) Intracelluar Ca^{2+} buffers disrupt muscarinic suppression of Ca^{2+} current and M current in rat sympathetic neurons. Proc. Nat. Acad. Sci. USA 88, 652-656
39. Neher, E. (1988) The influence of intracellular calcium concentration on degranulation of dialysed mast cells from rat peritoneum. J. Physiol. Lond. 395, 193-214
40. Neher, E. & Augustine, G.J. (1992) Calcium gradients and buffers in bovine chromaffin cells. J. Physiol. Lond. 450, 273-301
41. Bormann, J., Hamill, O.P. & Sakman, B. (1987) Mechanism of anion permeation through channels gated by glycine and gamma-aminobutyric acid in mouse cultured spinal neurones. J. Physiol. Lond. 385, 243-286
42. Cull-Candy, S.G. & Usowicz, M.M. (1987) Multiple-conductance channels activated by excitatory amino acids in cerebellar neurons. Nature 325, 525-528
43. Hamill, O.P. & Sakmann, B. (1981) Multiple conductance states of single acetylcholine receptor channels in embryonic muscle cells. Nature 294, 462-464
44. Hamill, O.P., Bormann, J. & Sakmann, B. (1983) Activation of multiple-conductance state chloride channels in spinal neurones by glycine and GABA. Nature 305, 805-808
45. Jahr, C. E., & Stevens, C.F. (1987) Glutamate activates multiple single channel conductances in hippocampal neurons. Nature 325, 522-525
46. Smith, S.M., Zorec, R. & McBurney, R.N. (1989) Conductance states activated by glycine and GABA in rat cultured spinal neurones. J. Membr. Biol. 108, 45-52
47. Takahashi, T. & Momiyama, A. (1991) Single-channel currents underlying glycinergic inhibitory postsynaptic responses in spinal neurons. Neuron 7, 965-969
48. Swandulla, D. & Armstrong, C.M. (1988) Fast-deactivationg calcium channels in chick sensory neurons. J. Gen. Physiol. 92, 197-218

49. Hille, B. (1984) Ionic Channels of Excitable Membranes. Sinauer, Sunderland
50. Armstrong, C.M. (1992) Voltage-dependent ion channels and their gating. Physiol. Rev. 72, S5-S13
51. Field, A.C., Hill, C. & Lamb, G.D. (1988) Asymmetric charge movement and calcium currents in ventricular myocytes of neonatal rat. J. Physiol. Lond. 406, 277-297
52. Adams, B.A., Tanabe, T., Mikami, A., Numa, S. & Beam, K.G. (1990) Intramembrane charge movement restored in dysgenic skeletal muscle by injection of dihydropyridine receptor cDNAs. Nature 346, 569-572
53. Kuba, K. & Nishi, S. (1979) Characteristics of fast excitatory postsynaptic current in bullfrog sympathetic ganglion cell. Effects of membrane potential, temperature and Ca ions. Pflugers Arch. 378, 205-212
54. Lipscombe, D. & Rang, H.P. (1988) Nicotinic receptors of frog ganglia resemble pharmacologically those of skeletal muscle. J. Neurosci. 8, 3258-3265
55. Magleby, K.L. & Stevens, C.F. (1972) The effect of voltage on the time course of end-plate currents. J. Physiol. Lond. 223, 151-171
56. Colquhoun, D. & Hawkes, A.G. (1983) The principles of the stochastic interpretation of ion-channel mechanisms. In: Sakmann. B. & Neher, E. (eds) Single-Channel Recording. Plenum, New York, pp135-175
57. Adams, P.R. (1977a) Relaxation experiments using bath-applied suberyldicholine. J. Physiol. Lond. 268, 271-289
58. Adams, P.R. (1977b) Voltage jump analysis of procaine action at frog end-plate. J. Physiol. Lond. 268, 291-318
59. Ascher, P., Large, W.A. & Rang, H.P. (1979) Studies on the mechanism of action of acetylcholine antagonists on rat parasympathetic ganglion cells. J. Physiol. Lond. 295, 139-170
60. Colquhoun, D., Dreyer, F. & Sheridan, R.E. (1979) The actions of tubocurarine at the frog neuromuscular junction. J. Physiol. Lond. 293, 247-284
61. Neher, E. & Sakmann, B. (1975) Voltage-dependence of drug-induced conductance in frog neuromuscular junction. Proc. Nat. Acad. Sci. USA 72, 2140-2144
62. Rang, H.P. (1981) The characteristics of synaptic currents and responses to acetylcholine of rat submandibular ganglion cells. J. Physiol. Lond. 311, 23-55
63. Anderson, C.R. & Stevens, C.F. (1973) Voltage clamp analysis of acetylcholine produced end-plate current fluctuations at frog neuromuscular junction. J. Physiol. Lond. 235, 655-691
64. Colquhoun, D. & Hawkes, A.G. (1977) Relaxation and fluctuations of membrane currents that flow through drug-operated channels. Proc. Roy. Soc. Lond. B 199, 231-262
65. Howe, J.R., Colquhoun, D. & Cull-Candy, S.G. (1988) On the kinetics of large-conductance glutamate-receptor ion channels in rat cerebellar granule neurons. Proc. Roy. Soc. Lond. B 233, 407-422
66. Armstrong, C.M., Bezanilla, F. M. & Rojas, E. (1973) Destruction of sodium conductance inactivation in squid axons perfused with pronase. J. Gen. Physiol. 62, 375-391
67. Oxford, G.S., Wu, C.H. & Narahashi, T. (1978) Removal of sodium channel inactivation in squid axons by N-bromoacetamide. J. Gen. Physiol. 71, 227-247
68. Wang, G.K., Brodwick, M.S. & Eaton, D.C. (1985) Removal of Na channel inactivation in squid axon by an oxidant chloramine-T. J. Gen. Physiol. 86, 289-302
69. Gonoi, T. & Hille, B. (1987) Gating of Na channels. Inactivation modifiers discriminate among models. J. Gen. Physiol. 89, 253-274
70. Vassilev, P.M., Scheuer, T. & Catterall, W.A. (1988) Identification of an intraacellular peptide segment involved in sodium channel inactivation. Science 241, 1658-1661
71. Catterall, W.A. (2000) From ionic currents to molecular mechanisms: the structure and function of voltage-gated sodium channels. Neuron 26, 13-25
72. Artalejo, C.R., Adams, M.E. & Fox, A.P. (1994) Three types of Ca^{2+} channel trigger secretion with different efficacies in chromaffin cells. Nature 367, 72-76
73. Roberts, W.M. (1993) Spatial calcium buffering in saccular hair cells. Nature 363, 74-76
74. Gola, M. & Crest, M. (1993) Colocalization of active K_{Ca} channels and Ca^{2+} channels within Ca^{2+} domains in Helix neurons. Neuron 10, 689-699
75. Lancaster, B. & Nicoll, R.A. (1978) Properties of two calcium-activated hyperpolarizations in rat hippocampal neurones. J. Physiol. Lond. 389, 187-203
76. Roberts, W.M., Jacobs, R.A. & Hudspeth, A.J. (1990) Colocalization of ion channels involved in frequency selectivity and synaptic transmission at presynaptic active zones of hair cells. J. Neurosci. 10, 3664-3684
77. Robitaille, R. Garcia, M.L., Kaczorowski, G.J. & Charlton, M.P. (1993) Functional colocalization of calcium and calcium-gated potassium channels in control of transmitter release. Neuron 11, 645-655
78. Stuart, G.J. & Sakmann, B. (1994) Active propagation of somatic action potentials into neocortical pyramidal cell dendrites. Nature 367, 69-72
79. Kavalali, E. T., Zhuo, M., Bito, H. & Tsien, R.W. (1997) Dendritic Ca^{2+} channels characterized by recordings from isolated hippocampal dendritic segments. Neuron 18, 651-663
80. Meir, A., Ginsborg, S., Butkevich, A., Kachalsky, S.B., Kaiserman, I., Ahdut, R., Demirgoren S. & Rahamimoff, R. (1999). Ion channels in presynaptic nerve terminals and control of transmitter release. Physiol. Rev. 79, 1019-1088
81. Geiger J.R.P. & Jonas, P. (2000) Dynamic control of presynaptic Ca^{2+} inflow by fast-inactivating K^+ channels in hippocampal mossy fiber boutons. Neuron 28, 927-939
82. Haydon, P.G. & Man-Son-Hing, H. (1988) Low- and high-voltage-activated calcium currents, their relationship to the site of neurotransmitter release in an identified neuron of Helisoma. Neuron 1, 919-927

83. Man-Son-Hing, H. & Haydon, P.G. (1992) Modulation of growth cone calcium current is mediated by a PTX-sensitive G protein. Neurosci. Lett. 137, 133-136
84. Gottmann, K., Roher, H. & Lux, H.D. (1991) Distribution of Ca^{2+} and Na^+ conductances during neuronal differentiation of chich DRG precursor cells. J. Neurosci. 11, 3371-3378
85. Streit, J. & Lux, H.D. (1989) Distribution of calcium currents in sprouting PC-12 cells. J. Neurosci. 9, 4190-4199
86. Thomas, P., Surprenant, A. & Almers, W. (1990) Cytosolic Ca^{2+}, exocytosis, and endocytosis in single melanotrophs of the rat pituitary. Neuron 5, 723-733
87. Kataoka, Y. & Ohmori, H. (1994) Activation of glutamate receptors in response to mambrane depolarization of hair cells isolated from chick cochlea. J. Physiol. Lond. 407, 403-414
88. Regan, L.J. (1991) Voltage-dependent calcium currents in Purkinje cells from rat cerebellar vermis. J. Neurosci. 11, 2259-2269
89. Plummer, M.R., Logothetis, D. E. & Hess, P. (1989) Elementary properties and pharmacological sensitivities of calcium channels in mammalian peripheral neurons. Neuron 2, 1453-1463
90. Delcour, A.H. & Tsien, R.W. (1993) Altered prevalence of gating modes in neurotransmitter inhibition of N-type calcium channels. Science 259, 980-984
91. Plummer, M.R. & Hess, P. (1991) Reversible uncoupling of inactivation in N-type calcium channels. Nature 351, 657-659

4章　穿孔パッチ法

I．穿孔パッチ法の概略

　パッチクランプ法の発達によって、興奮膜の電気活動の解析は急速に発展した。パッチクランプ法の1つであるホールセル記録法は、細胞外だけでなく細胞内のイオン組成を自由に変化させることができるため、目的のイオンチャネルのみを通る電流を解析することができ、また、細胞内に種々の薬物を投与できるので、広く使用されている。しかし、このようなホールセル状態は、細胞にとっては人工的な環境であり、細胞の正常な機能を損なう危険性をはらんでいる。ホールセル記録法でしばしば認められる電位依存性 Ca^{2+} チャネル電流の経時的減少（run-down）や[1]、細胞内セカンドメッセンジャーを介した応答の消失などは、ホールセル記録法の問題点である。このようなホールセル記録法の問題点は、ガラス電極直下の細胞膜を破ることによって生じる。通常、パッチクランプに用いるガラス電極中の電極内液の容積は、記録する細胞の容積よりもはるかに大きいので、細胞膜を破ることによって、チャネルの活性に必要な細胞質成分が洗い流される。もちろん、電極内液による細胞内灌流の速度は電極先端の大きさに依存するので、電極先端を小さくし、高抵抗のパッチ電極を用いた run-down の抑制も試みられたが[2]、シリーズ抵抗の補正が出来ないことや、一度破った電極先端膜が再び形成されやすいなどの問題が報告されている。また、チャネル活性に必要と思われる成分をあらかじめ電極内液に補うことにより、run-down 問題を解消しようという試みも行われているが、ホールセル状態にしたことで生じる問題を完全に解決することは困難である。細胞膜を破る際にかける強い陰圧によって細胞骨格が引っ張られてイオンチャネルの活性に影響が及ぶなどの問題もある。

　ホールセル記録法の欠点を補うべく、Lindau と Fernandez は ATP を含む電極内液を mast cell（肥満細胞）に適用し、ATP により活性化されるチャネルを利用して細胞内へ電気的にアクセスすることを可能とした[3]。パッチ膜に小孔をあけてホールセルからの記録を行うという考えは画期的であったが、パッチ膜の抵抗が十分に低下しないことや、ATP を用いた方法は他の細胞への汎用性がないことが問題であった。その後、Horn と Marty が、ガラス電極直下の細胞膜に抗生物質であるナイスタチン（nystatin）を用いて微小な穴（穿孔）をあけて、細胞からの膜電流を記録する方法を報告し、穿孔パッチ記録法（perforated patch recording）と命名した[4]。穿孔パッチ法では、細胞膜を破る代わりにパッチ膜にイオン透過性の高い小孔を形成することによって細胞内への電気的アクセスを可能にするため、細胞内環境が損なわれない利点がある。この方法の原理は、ナイスタチンが細胞膜に1価イオン透過性のチャネル（小孔）を形成することを利用したもので、mast cell での ATP を利用したものと基本原理は同じである。しかし、mast cell の場合と異なり、膜に特別な受容体が必要ないので、ほぼすべての細胞に穿孔パッチが適用できる様になった。ナイスタチンと同じく polyene 抗生物質（分子内に複数の炭素二重結合のある抗生物質）であるアンホテリシン B（amphotericin B）を用いると、アクセス抵抗が低くなることが報告されている[5]。

　ナイスタチンによって形成される小孔は、Na^+、K^+、Li^+、Cs^+、Cl^- などの1価イオンを選択的に透過させ、グルコースに対する透過性はほとんどない（Stokes-Einstein 半径約 4Å 以上の物質を通さない）。一方、アンホテリシン B はナイスタチンよりもやや大きい小孔を形成すると考えられ

ているが、いずれも Mg^{2+} や Ca^{2+} などの 2 価イオンと細胞内セカンドメッセンジャーなどの大きな分子は透過させない。すなわち、ナイスタチンおよびアンホテリシン B によって細胞膜に形成される小孔は、大きな分子は透過させないが、1 価イオンを通すことで細胞内への電気的アクセスを可能としている。従って、これらの抗生物質を用いて穿孔パッチを行うことで細胞内環境をより正常に近い状態に保って細胞の応答を記録出来る。なお、ナイスタチンによって形成される小孔はほとんど電位依存性を示さず、細胞外から与えたナイスタチンは細胞内には入らず、電極直下のパッチ膜から外側へ拡散しないと考えられている[6]。ナイスタチンとアンホテリシン B はともに環状構造をしており、それらが細胞膜に形成する小孔の構造に関しては Kleinberg と Finkelstein （1984）や Akaike と Harata（1994）の論文を参照されたい[7,8]。これらの環状抗生物質を可溶化するために DMSO やメタノールが用いられるが、より簡単に穿孔パッチを行うために、水溶性の β-エスシンを利用した穿孔パッチ法も開発されている[9]。

ナイスタチンやアンホテリシン B により形成される小孔は、陽イオンおよび陰イオンのどちらの 1 価イオンに対しても透過性を有するので、パッチ電極内液の Na^+、K^+ や Cl^- の濃度が、記録している細胞の 1 価イオン濃度に影響を与える。例えば、GABA やグリシンによる抑制性伝達物質応答は、細胞内 Cl^- 濃度に依存するので、一般的に用いられる KCl 濃度の高いパッチ電極内液では、静止膜電位付近における抑制性伝達物質の応答は脱分極性になり、細胞本来の抑制性伝達物質に対する応答がどの様なものであるかわからなかった。この問題を解決するために、1 価陽イオンに選択性が高く、陰イオン透過性のない小孔を形成するグラミシジンを用いた穿孔パッチ法が考案され[10,11]、細胞内 Cl^- 濃度制御機構に関する研究に貢献している。

II. ナイスタチン／アンホテリシン B 穿孔パッチ法

1. 従来法

穿孔パッチ法の実験手技の概要は、従来型のホールセルパッチ法と大きな違いはないが、主として培養細胞や急性単離細胞で使用され、スライスパッチなど陽圧をかけ続けながら電極を細胞にアクセスする必要がある場合には従来法はあまり使用されない。これは、ナイスタチン／アンホテリシン B 粒子が電極先端に存在するとタイトシール（ギガオームシール）の形成が難しくなるためである。ナイスタチンおよびアンホテリシン B を用いた穿孔パッチの手技はいずれも全く同じであるが、以下、アンホテリシン B の場合を例に、簡潔にプロトコールを紹介する。

① アンホテリシン B 溶液の調製と電極内液

アンホテリシン B（Sigma A-4888）に 1 mg あたり 10 μL の DMSO を加えて溶かし（必要であれば超音波洗浄機を用いる）、これをストック溶液とする。このストックは遮光して室温に保存し、パッチクランプを開始する直前に電極内液 1 mL あたりに 2〜4 μL 加え、超音波洗浄機で攪拌して溶かす（フィルターは通さない）。アンホテリシン B のストック溶液は実験日ごとに作り、アンホテリシン B を溶かした電極内液は 2 時間程度経過したら、新たに作りなおす。電極内液に添加する量は標本毎に適宜変更することが好ましい。

アンホテリシン B およびナイスタチンにより形成される穿孔は Cl^- イオンを通すが、細胞内にはその穿孔を通過できない陰イオンが存在するために、ドナン電位（Donnan potential）が生じることがある。従って、電極内液の Cl^- イオンは出来るだけ細胞内の濃度と等しくした方が良いと考えられる。Korn らは電極内液の組成として、55 mM CsCl、75 mM Cs_2SO_4、8 mM $MgCl_2$、10 mM HEPES

のように、Cl⁻イオンをナイスタチン穿孔を通れない陰イオンに置換して、Cl⁻濃度を下げることを推奨している[12, 13]。もちろん K⁺チャネルの研究を行う場合などでは Cs⁺を K⁺に置換して電極内液を作成する。

② 電極

パッチ電極は芯なしガラス管から作製し、パッチ電極先端をアンホテリシン B を含まない電極内液につけて、先端を満たす。その後、あらかじめ準備しておいた①電極内液をバックフィルし、電極先端の空気を指ではじいて抜き、すみやかに次のセルアタッチパッチを行う。これはアンホテリシン B 粒子が存在すると、細胞膜とパッチ電極の間にタイトシールを形成することが困難なためである。なお、芯入ガラス管で作製したガラス電極では、先端を電極内液に浸して溶液を満たすことができないので注意が必要である。

③ タイトシールおよび穿孔パッチ膜の形成

従来型のホールセルパッチやセルアタッチパッチと同様に、パッチ電極を細胞表面に接近させ、電極が細胞表面に到達した段階で僅かな陰圧をかけ（筆者らは注射筒で 0.2 mL 程度の陰圧をかけている）、電極内を目的の保持電位になる様に徐々にマイナスに移行させながら、タイトシール（1 GΩ 以上）を形成させる。タイトシールを形成する際の陰圧が強いと、記録途中でホールセルになることが多いようである。シールの形成後、静止電位付近の保持電位（−60 mV 位）で過分極パルスを加えながら電流をモニターすると、しだいに容量性電流が増大するのが認められる。これにより、アンホテリシン B チャネルがパッチ膜に形成されて細胞内への電気的アクセスが始まったことがわかる。通常、10 分程度待つとアクセス抵抗は一定になるが、ホールセル記録法よりやや高い値（10 - 30 MΩ 程度）となることが多い。

2．N-N 法

穿孔パッチ法では、パッチ電極先端をナイスタチンやアンホテリシン B を含まない溶液で満たした後、DMSO に溶解したナイスタチン等を電極内液で希釈したものをバックフィルすることが従来から行われている。一方、N-methyl-D-glucamine（NMDG）を用いてナイスタチンを可溶化するナイスタチン NMDG（N-N）法を八尾らは報告した[14]。この方法では、電極の先端までナイスタチン溶液を充填することができるため、タイトシール形成後速やかに穿孔パッチが形成される。また、陽圧をかけつつパッチ電極を細胞表面に近づけることができるので、細胞表面が付着物で覆われているような標本に対してもナイスタチン穿孔パッチ法が適用できる。

① NMDG-メタノール溶液の作成

あらかじめ N-methyl-D-glucamine（NMDG、Sigma M2004）0.1 M、メタンスルホン酸 0.1 M、フェノールレッド 0.01 M をメタノールに溶解し、フェノールレッドの色を指標に NMDG またはメタンスルホン酸で pH を 7 付近にあわせ、NMDG-メタノール溶液として−20°C で保存しておく。ナイスタチン 5 mg（Sigma N3503）を 1 mL の NMDG-メタノール溶液に溶解し、N-N ストック溶液として 4°C で保存する。この N-N ストック溶液は実験日毎に作るのが望ましい。

② パッチ電極内液

N-N ストック溶液 50 μL を 1.5 mL ポリエチレンチューブにとり、窒素ガスでメタノールを蒸発させて完全に乾燥させ、使用するパッチ電極内液を 1 mL 加えて良く振とうする。ナイスタチン濃度は、実験に応じて調整することが望ましい。パッチ電極へ充填する際には、必ずシリンジフィルター（0.22～0.45 μm）を通してから電極内へ充填する。ナイスタチンを含んだパッチ内液は 1～2 時間ごとに新鮮なものに取り替える。

③ タイトシールおよび穿孔パッチ膜の形成

通常のホールセルパッチと同様に、陽圧下にパッチ電極を細胞表面に接近させる。電極が細胞表面に到達し、ディンプル（細胞膜に接触した際にできるえくぼの様なくぼみ）を形成した段階で、わずかに陰圧に切り替え、保持電位を負電位側に移行させながら、タイトシールを形成する。過分極パルスを加えながら電流をモニターすると速やかに容量性電流が増大するのが認められる。すなわち、ナイスタチンチャネルが形成されて、細胞内に対して電気的にアクセスし始める。本法では、パッチ膜の穿孔がきわめて速く始まるので、タイトシール形成過程で容量性電流の増大が認められることがある。アクセス抵抗は徐々に低下し、20 分以内に安定する。陽圧をかけながらパッチ電極を細胞に近づける際に、細胞がパッチ内液に曝される。しかし、一過性にナイスタチンが形質膜に溶け込んでも、パッチ膜の外側では、液が速やかに洗い流されるために、細胞に対する影響はほとんどないと考えられる。

3. ナイスタチン／アンホテリシン B 穿孔パッチ法の応用例

穿孔パッチ法を用いることにより、ホールセルパッチ法を用いて記録すると急速に run-down する応答を安定して記録することが出来る。ナイスタチンやアンホテリシン B を用いた穿孔パッチ法は、1 価イオン以外の細胞内環境を生理的に保った状態で細胞の電気的応答を直接記録できる方法である。ここでは、穿孔パッチ法の応用例を、ホールセルパッチ記録法での記録と比較しながら紹介する。

（1）Ca^{2+} 依存性 K^+ 電流

ラット海馬 CA1 錐体細胞にカフェインを投与すると、細胞内 Ca^{2+} 貯蔵部位からライアノジン受容体を介した Ca^{2+} 放出が起こり、細胞内 Ca^{2+} 濃度の上昇に伴って Ca^{2+} 依存性 K^+ チャネルが活性化される[15]。図1に、急性単離したラット海馬 CA1 錐体細胞にホールセルパッチ法とナイスタチン穿孔パッチ法を適用して記録したカフェイン応答を示す。保持電位 –50 mV でカフェインを投与すると外向き電流が誘発されるが、ホールセルパッチ法でカフェインを繰り返し投与すると、この外向き電流は急速に減少した。一方、穿孔パッチ法を用いてカフェイン応答を記録すると、長時間にわたって安定した記録を行うことが出来る。従って、穿孔パッチ法を用いれば、種々の薬物の細胞内 Ca^{2+} の放出や Ca^{2+} 依存性 K^+ チャネルに対する作用の解析に利用できる。

同様に、ラット海馬 CA1 錐体細胞では、ムスカリン受容体によりホスホリパーゼ C→IP_3 生成→IP_3 受容体活性化というシグナル伝達経路を介して細胞内 Ca^{2+} 濃度が上昇し、Ca^{2+} 依存性 K^+ チャネルが活性化されることが知られており、この応答も穿孔パッチ法により安定して記録することができる[16]。

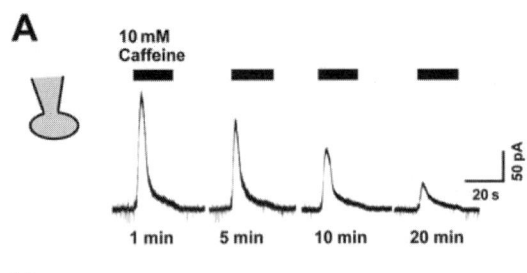

図1　海馬 CA1 錐体細胞のカフェイン応答
ホールセルパッチ記録法（A）とアンホテリシン B 穿孔パッチ法（B）で記録したカフェイン誘発外向き電流。トレース下の時間は、ホールセル法の場合はパッチ膜を破った直後からの時間、穿孔パッチの場合はセルアタッチパッチを形成した直後からの時間。保持電位は A と B ともに–50 mV。カフェインは Y-チューブ法により投与した[27]。

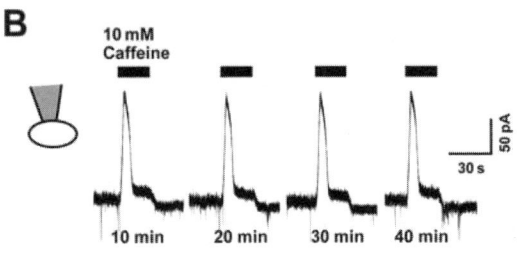

(2) 電位依存性 Ca^{2+} チャネル電流

ホールセル記録法を用いて電位依存性 Ca^{2+} チャネル電流の run-down を防ぐことは難しいが、穿孔パッチ法を用いることで解決可能である[17]。図2にラット心臓壁に存在する神経節から神経細胞を単離し[18]、ホールセル記録法とナイスタチン穿孔パッチ法で記録した Ca^{2+} チャネル電流を示す。神経節から単離した細胞は球形であるため膜電位は比較的コントロールしやすいと思われるが、穿孔パッチの場合はシリーズ抵抗が十分に下がってから記録を開始する必要がある。長いテイルカレント（末尾電流）が生じることがあるが、これは膜電位固定が十分に出来ていないことを示している。

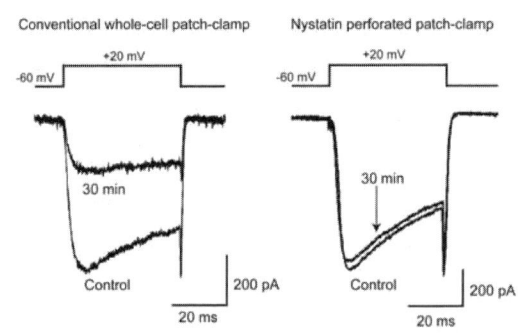

図2　ホールセルパッチ法と穿孔パッチ法で記録した Ca^{2+} チャネル電流
記録開始直後（Control）と 30 分後の記録を重ねて表示している。なお、記録は以下の条件で行った。ホールセル内液：90 mM Cs-methanesulfonate、50 mM CsCl、4 mM ATP-Mg、0.3 mM GTP-Na、1 mM $MgCl_2$、10 mM HEPES (pH=7.2)、穿孔パッチ内液：90 mM Cs-methanesulfonate、50 mM CsCl、1 mM $MgCl_2$、10 mM HEPES (pH=7.2、amphotericin B 200 mg/mL)、細胞外液：150 mM NDMG-Cl、5 mM CsCl、5 mM $CaCl_2$、1 mM $MgCl_2$、10 mM glucose、10 mM HEPES (pH=7.4)。細胞単離の条件等は文献を参照されたい[18]。

(3) ナイスタチン／アンホテリシン B 穿孔ベシクル

通常の穿孔パッチを作成した後、パッチ電極をゆっくりと細胞から離すことにより、穿孔ベシクルを形成することが出来る[19]。この方法を用いると、正常な細胞質を保持したまま outside-out パッチを作成でき、単一チャネル電流の解析が可能となる。図3に穿孔ベシクルの概略図を示す。

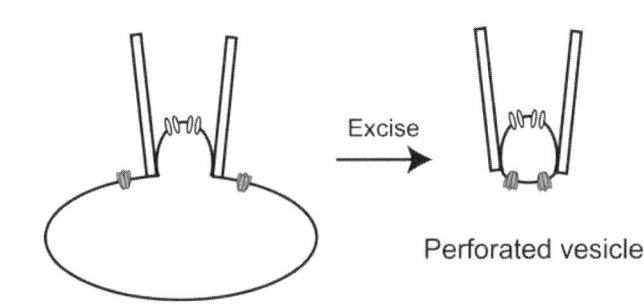

図3 穿孔ベシクルの模式図
安定した穿孔パッチを形成した後、パッチ電極をゆっくりと細胞から離すことによって穿孔ベシクルを形成することが出来る。

Ⅲ. β-エスシン穿孔パッチ法

　ナイスタチンやアンホテリシンBは水に溶けないため、実際の実験ではいったんDMSOやメタノールで可溶化しなければならない。有機溶媒を使用せずに穿孔パッチ法を行うために、サポニンの一つであるβ-エスシンを用いた穿孔パッチ法が開発された[9]。β-エスシンは水溶液中でも比較的安定であることから、いったんストック溶液を作ると、2週間程度は使用できる。一方、ナイスタチンやアンホテリシンBに比べて穿孔のサイズが大いために、電極内液に添加した蛍光色素 fluo-3（分子量 855）が細胞の中に流入することが知られている。従って、ナイスタチンやアンホテリシンBの場合に比べ、細胞内からより大きな分子が流出すると考えられるが、Ca^{2+}チャネル電流の run-down は著明に抑制されるので、穿孔パッチを簡便に行いたい場合には有益な手法であると考えられる。

　β-エスシン穿孔パッチでは、まず、β-エスシン（Sigma E-1378）の 25 mM ストック溶液を蒸留水で作成する。これを小分けにして冷凍庫で保存すれば 2 週間は利用可能である。電極内液 1 mL あたり、このストック溶液 2 μL 程度を加えて攪拌する。やや泡立つが、しばらくすると泡は消える。β-エスシンを含む電極内液は、フィルターを通さずにパッチ電極に充填してセルアタッチパッチを行う。このとき、β-エスシンはタイトシールの形成に殆ど影響がないと考えられているが、ナイスタチン／アンホテリシンBの従来法と同様に、芯なしガラス管から作成した電極の先端にはβ-エスシンを含まない電極内液を充填し、β-エスシンを含む電極内液はバックフィルする方が良いようである。これは、β-エスシンが膜を貫通し始めるとタイトシールを作るときの陰圧によってパッチ膜が破れることがあるからである。なお、ナイスタチン／アンホテリシンBと同様にβ-エスシンも光感受性があるので、出来るだけ遮光して操作する。

Ⅳ. グラミシジン穿孔パッチ法

1. グラミシジン穿孔パッチ法の原理

　グラミシジンは 15 個のアミノ酸からなる直鎖ペプチドで、グラミシジンが細胞膜内で β helix 構造をとり、それが連結すると膜を貫通する約 4Å のチャネルができる。すなわち、膜内でグラミシジン分子が head-to-head の 2 量体構造を形成することにより小孔となるため、ナイスタチンやアンホテリシンBに比べて小孔の形成が遅い。一方、グラミシジンを溶解する溶媒や超音波処理の有無によって小孔の形成率が異なるという報告もなされている[20]。そのため、穿孔が出来にくい場合は、内液にグラミシジンを溶かす際に超音波洗浄器を利用して攪拌したり、有機溶媒の量を変えるなどの工夫が有効かもしれない。グラミシジンで形成される小孔は、$H^+ > Cs^+ > Rb^+ > K^+ > Na^+$

> Li$^+$の順で1価の陽イオンに対して透過性が高く、陰イオンを通さない。このため、細胞内 Cl$^-$濃度を電極内液の Cl$^-$から隔離した状態で、イオンチャネル電流を記録することが出来る。一方、グラミシジンが形成するチャネルは Ca^{2+}などの2価イオンにより抑制されるので注意が必要である[21]。

2. グラミシジン穿孔パッチの手技

グラミシジン穿孔パッチ法を行う際には研究者によって様々な工夫が行われているが、ここでは、著者らがラット海馬や脊髄の培養神経細胞に適用しているグラミシジン穿孔パッチ記録の詳細を紹介する。

① グラミシジンストック溶液

グラミシジン（Sigma G-5002）1 mg あたり 50 μL DMSO を加えて溶かしたものをストックとして、冷凍庫に保管する。電極内液に溶かす直前に解凍し、使用後は再び冷凍する。著者らはこのストック溶液を2〜3日使用している。

② 電極内液

電極内液は KCl をベースとした組成とし、Cl$^-$濃度は 100〜150 mM としている。これはパッチ膜が破れて従来型のホールセル型になった場合に容易に判断できるからである。また、電極は芯なしガラス管から作成し、電極先端に使用する電極内液はグラミシジンを含まない溶液を用い、電極先端を浸して電極先端に溶液を満たす。電極にバックフィルする溶液には、1 mL あたり 5 μL 程度の①グラミシジンストック溶液を加え、超音波洗浄機を用いてグラミシジンを十分に溶かす。懸濁液となるが、フィルターを使用せずに、電極にバックフィルする。先端の空気は、電極を指で軽くはじくことで除去する。グラミシジンの濃度は穿孔の形成のしやすさ等から適宜変更して、使用する細胞での至適条件を決める必要がある。

なお、ラットやマウスの中枢神経細胞を研究対象とする場合、電極内液として K$^+$をベースとした溶液が用いられる。Cs$^+$をベースとした電極内液は、Cs$^+$が K$^+$-Cl$^-$-cotransporter の細胞内から細胞外への Cl$^-$輸送を抑制してしまうなどの理由であまり使用されない[22]。

③ タイトシールの形成

グラミシジン穿孔パッチの場合、記録途中でパッチ膜が破れて従来型のホールセル記録になることがしばしば観察される。これまでの著者らの経験から、タイトシールを形成する際の陰圧が強いと記録途中に従来型のホールセルになることが多いようである。そのため、電極先端が細胞に接触したら、弱い陰圧をかけながら徐々に保持電位を負電位側に移行させることによってギガオームシールを形成している。

④ 穿孔パッチ膜の形成

過分極パルスを加えながら電流をモニターすると、徐々に容量性電流が増大するのが認められるが、満足のいく電気生理学的記録を得るためには通常 20 分以上待つことが必要であり、その間電極のドリフト等に注意する。

3. グラミシジン穿孔パッチ記録法の応用例

グラミシジン穿孔パッチ記録法を用いると細胞内Cl^-濃度に依存する細胞本来の現象が観察可能となる。ここではその一例として、細胞本来のGABAおよびグリシン応答を記録した実験例を紹介する。

GABAやグリシンは中枢神経系における代表的な抑制性伝達物質であり、GABA受容体はGABA$_A$とGABA$_B$に分類される。このうちGABA$_A$受容体はCl^-チャネルを内蔵し、GABAとの結合によりCl^-チャネルが開く。GABA$_A$受容体は5つのサブユニットで構成されており、α1-6、β1-3、γ1-3、δ、ε、π、θとρ1-3の少なくとも19種類のサブユニットが知られている[23]。このうちρサブユニットは主として網膜に存在してGABA$_C$受容体と呼ばれることがある。GABA$_A$受容体と同様にストリキニーネ感受性グリシン受容体もCl^-チャネルを内蔵している。細胞膜のCl^-チャネルが開くと細胞内外の電気化学勾配（膜電位と細胞内外のCl^-濃度差）に依存してCl^-が移動する。図4上段はラット海馬培養細胞にグラミシジン穿孔パッチ法を適用し、膜電位を-50 mVに固定した際に観察されるGABAによる外向き電流である。これは、Cl^-イオンが細胞外から細胞内へ流入していることを示している。その後、このパッチ電極内に大きな陰圧を加えて電極直下の膜を破壊し、従来のホールセル様式にすると、GABAが誘発するCl^-電流は内向きになる。内向きのCl^-電流は、細胞内から外へのCl^-流出を意味する。すなわち、パッチ膜の破壊によって、電極内液中の高濃度のCl^-が細胞内に流入して細胞内Cl^-濃度を上昇させたことがわかる。この結果は、グラミシジンで形成される穿孔が、Cl^-を通過させていなかったことを証明している。

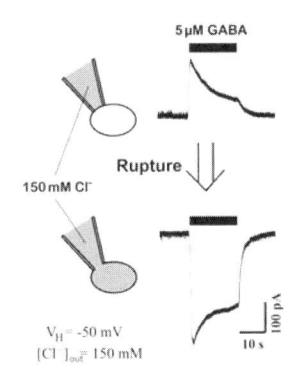

図4 グラミシジン穿孔パッチとホールセルパッチ記録法で記録したGABA誘発電流
保持電位-50 mV、パッチ電極内のCl^-濃度を150 mM、細胞外Cl^-濃度を150 mMとして記録した。
グラミシジン穿孔パッチでGABA応答を記録した後に、電極内に強い陰圧をかけて膜を破壊し、ホールセル記録とした。

グラミシジン穿孔法を用いて記録したCl^-電流を解析することで、細胞内Cl^-濃度を計測できる。図5Aはラット脊髄培養細胞におけるグリシン応答である。種々の電位におけるグリシン誘発電流の大きさを膜電位に対してプロットすると、グリシン誘発電流の逆転電位（reversal potential）が得られる。逆転電位はグリシン投与前後に与えた電圧ランプ波に対する電流応答の交点の膜電位によっても求められる（図5B）。GABAまたはグリシン応答の逆転電位は、Nernstの式より求めたCl^-の平衡電位に一致することから、細胞外液のCl^-濃度と測定で求めた逆転電位から細胞内のCl^-濃度を推定することが出来る。図5Bに示した実験では、Cl^-トランスポータを抑制するフロセミドによって逆転電位が脱分極側にシフトし、細胞内Cl^-濃度が増加したことがわかる。

このグラミシジン穿孔パッチ法の開発により、細胞内Cl^-濃度の制御に関する研究は急速に進み、(1) 成熟した中枢神経細胞では抑制性神経伝達物質として働くGABAやグリシンが、幼若期には細胞内Cl^-濃度が高いために、脱分極性であること[24, 25]、(2) 成熟期の神経細胞においても、障害を受けると細胞内Cl^-濃度が高くなること[26]、などが明らかとされている。

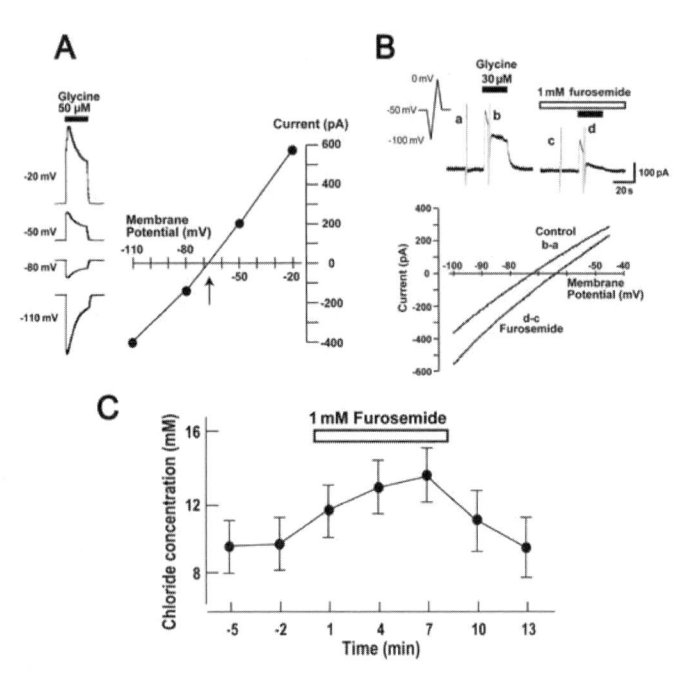

図5　グラミシジン穿孔パッチとホールセルパッチ記録法で記録したグリシン誘発電流
A. 種々の保持電位でグリシン誘発電流を記録した。矢印はグリシン誘発電流の逆転電位。 B. 保持電位−50 mV でグリシンを投与し、ランプ波（ramp 波）を用いてグリシン誘発電流の電流 電圧（I-V）関係を記録した。ランプ波はグリシン投与前とグリシン投与中に与え、その差からグリシン誘発電流の I-V 関係を求めた。Cl⁻トランスポータを抑制するフロセミドにより I-V 曲線が右に移動し、逆転電位（X 軸との交点）が脱分極側に移動した。C. フロセミドによる逆転電位の変化から、Nernst の式により細胞内 Cl⁻濃度の変化を求めた。

文 献

1. Belles, B., Malécot, C.O., Hescheler, J. & Trautwein, W. (1988) "Run-down" of the Ca current during long whole-cell recordings in guinea pig heart cells: role of phosphorylation and intracellular calcium. Pflugers Arch. 411, 353-360
2. Trussell, L. & Jackson, M.B. (1987) Dependence of an adenosine-activated potassium current on a GTP-binding protein in mammalian central neurons. J. Neurosci. 7, 3306-3316
3. Lindau, M. & Fernandez, M. (1986) IgE-mediated degranulation of mast cells does not require opening of ion channels. Nature 319, 150-153
4. Horn, R. & Marty, A. (1988) Muscarinic activation of ionic currents measured by a new whole-cell recording method. J. Gen. Physiol. 92, 145-159
5. Rae, J., Cooper, K., Gates, P. & Watsky, M. (1991) Low access resistance perforated patch recordings using amphotericin B. J. Neurosci. Methods 37, 15-26
6. Horn, R. (1991) Diffusion of nystatin in plasma membrane is inhibited by a glass-membrane seal. Biophys. J. 60, 329-333
7. Kleinberg, M.E. & Finkelstein, A. (1984) Single-length and double-length channels formed by nystatin in lipid bilayer Membranes. J. Memb. Biol. 80, 257-269
8. Akaike, N. & Harata, N. (1994) Nystatin perforated patch recording and its applications to analyses of intracellular mechanisms. Jpn. J. Physiol. 44, 433-473
9. Fan, J.S. & Palade, P. (1998) Perforated patch recording with β-escin. Pflugers Arch. 436, 1021-1023
10. Rhee, J.S., Ebihara, S. & Akaike, N. (1994) Gramicidin perforated patch-clamp technique reveals glycine-gated outward chloride current in dissociated nucleus solitarii neurons of the rat. J. Neurophysiol. 72, 1103-1108
11. Ebihara, S., Shirato, K., Harata, N. & Akaike, N. (1995) Gramicidin-perforated patch recording: GABA response in mammalian neurones with intact intracellular chloride. J. Physiol. (Lond.) 484, 77-86
12. Korn, S.J. & Horn, R. (1989) Influence of sodium-calcium exchange on calcium current rundown and the duration of calcium-dependent chloride currents in pituitary cells, studied with whole cell and perforated patch recording. J. Gen. Physiol. 94, 789-812

13. Korn, S.J., Marty, A., Connor, J.A. & Horn, R. (1991) Perforated patch recording. In: Conn, P.M. (ed) Methods in Neuronscience, vol 4. Academic, San Diego, pp364-373
14. Endo, K. & Yawo, H. (2000) μ-Opioid receptor inhibits N-type Ca^{2+} channels in the calyx presynaptic terminal of the embryonic chick ciliary ganglion. J. Physiol. (Lond.) 524, 769-781
15. Uneyama, H., Munakata, M. & Akaike, N (1993) Caffeine response in pyramidal neurons freshly dissociated from rat hippocampus. Brain Res. 604, 24-31
16. Wakamori, M., Hidaka, H. & Akaike, N. (1992) Hyperpolarizing muscarinic responses of freshly dissociated rat hippocampal CA1 neurons. J. Physiol. (Lond.) 463, 585-604
17. Korn, S.J. & Horn, R. (1989) Influence of sodium-calcium exchange on calcium current rundown and the duration of calcium-dependent chloride currents in pituitary cells, studied with whole cell and perforated patch recording. J. Gen. Physiol. 94, 789-812
18. Ishibashi, H., Umezu, M., Jang, I.S., Ito, Y. & Akaike, N. (2003) α1-Adrenoceptor-activated cation currents in neurones acutely isolated from rat cardiac parasympathetic ganglia. J. Physiol. (Lond.) 548, 111-120
19. Levitan, E.S. & Kramer, R.H. (1990) Neuropeptide modulation of single calcium and potassium channels detected with a new patch clamp configuration. Nature 348, 545-547
20. Kelkar, D.A. & Chattopadhyay, A. (2007) The gramicidin ion channel: A model membrane protein. Biochim. Biophys. Acta 1768, 2011-2025
21. Myers, V.B. & Haydon, D.A. (1972) Ion transfer across lipid membranes in the presence of gramicidin A. II. The ion selectivity. Biochim. Biophys. Acta 274, 313-322
22. Kakazu, Y., Akaike, N., Komiyama, S. & Nabekura, J. (1999) Regulation of intracellular chloride by cotransporters in developing lateral superior olive neurons. J. Neurosci. 19, 2843-2851
23. Olsen, R.W. & Sieghart, W. (2009) $GABA_A$ recpeotors: subtypes provide diversity of function and pharmacology. Neuropharmacology 56, 141-148
24. Kakazu, Y., Akaike, N., Komiyama, S. & Nabekura, J. (1999) Regulation of intracellular chloride by cotransporters in developing lateral superior olive neurons. J. Neurosci. 19, 2843-2851
25. Rivera, C., Voipio, J., Payne, J.A., Ruusuvuori, E., Lahtinen, H., Lamsa, K., Pirvola, U., Saarma, M. & Kaila, K. (1999) The K^+/Cl^- co-transporter KCC2 renders GABA hyperpolarizing during neuronal maturation. Nature. 397, 251-255
26. Nabekura, J., Ueno, T., Okabe, A., Furuta, A., Iwaki, T., Shimizu-Okabe, C., Fukuda, A. & Akaike, N. (2002) Reduction of KCC2 expression and $GABA_A$ receptor-mediated excitation after *in vivo* axonal injury. J. Neurosci. 22, 4412-4417
27. Murase, K., Ryu, P.D. & Randic, M. (1989) Excitatory and inhibitory amino acids and peptide-induced responses in acutely isolated rat spinal dorsal horn neurons. Neurosci. Lett. 103, 56-63

5章　単一チャネルデータの処理と解析法

I. はじめに　―単一チャネル電流とはなにか―

　機能中の1分子の動きを捕らえることは、科学計測における究極の技術である。一部の例外を除けば、多くの計測は分子集団に対して行われる。しかるのちに、統計力学の助けを借りて1分子の挙動を推定することになる。そうしてみると、間接的にではあれ、イオンチャネル1分子の挙動を実時間で観測できる技術は大したものである。ここで間接的というのは、我々が観ているものがチャネル1分子の構造変化ではなくて、その結果生じた電流変化であるという意味である。イオンチャネルの並はずれて高い酵素活性によって、チャネル1分子の活性化（開口）が、莫大な数のイオンの流れ（電流）に変換されるが故に、我々の目に観測可能となる。例えば、100 mVの膜電位下で 10 pS（ピコシーメンス；10^{-12}［アンペア/ボルト］）のコンダクタンスをもつチャネルが開いたときに流れる電流は 1 pA（10^{-12} アンペア）となる。電気素量（1.6×10^{-19} クーロン）で1価イオンの数に変換すれば、6.25×10^6、すなわち毎秒約6百万個のイオンの実効的な移動があることになる。チャネルはそもそも超高ゲインの電流生成変換器なのである。この値から単純にイオンの移動速度を割り出すと、約 160 nsec/channel となる。つまり平均160ナノ秒に1個の割合でイオンが移動する。もし超高速の電荷カウンターがあれば、チャネルを通過する電流を個々のイオン移動の離散的時系列として観測できるはずであり、イオン透過機構に関するより詳細な情報を得ることができるであろう。しかし実際には、電流増幅器の応答速度の制限のために、せいぜい 100 μsec 中に移動した電荷の積分量を電流として見ているに過ぎない。また同様の理由で、チャネル開閉の途中経過や高速の開閉そのものも充分には時間分解できない。そしてなにより、種々の背景雑音のために、微小で速い電流変化についてはお手上げの状態である。こうして、究極の技術といえども諸々の限界があるのだが、今までに知られている主要なチャネルは、幸いこれらの限界内でほぼ生理応答（細胞応答）との関連がついている。これから解説するデータ処理については、こうした限界を頭の隅に留めつつ、通常の研究室で実現可能な手法を中心に述べていきたい。

II. 実験手技　―ドリフト対策―

　単一チャネル電流の計測法には、脂質平面膜法とパッチクランプ法の2通りがあるが、詳しいことは他の文献[1, 2]を参照いただくことにして、ここではパッチクランプ法について簡単に解説する。最も基本的なモードは cell-attached mode (on-cell mode) で、次いで excised mode (inside-out、outside-out) があり、open cell-attached inside-out、perforated vesicle outside-out という新しい方法も開発されている。それぞれの手技および利点、欠点は第2章「パッチクランプ法総論」を参照していただきたい。いずれにしても、微小な単一チャネル電流を計測するので、1）背景雑音の減弱と、2）容量補正の2点が重要である。また whole-cell 記録に比べて格段に長い記録が要求されるので、3）ドリフトに対する対策も重要である。1）と2）については第2章「パッチクランプ法総論」で述べたので、ここでは3）についてのみ注意点をのべる。ただしアンプや電気系統のドリフトは問題外である。cell-attached mode の際に深刻なのが、マニピュレータのドリフトで

ある。これによってシール抵抗が変化してリーク電流やノイズのレベルが変動することがある。ドリフトの原因としては、顕微鏡ステージとマニピュレータの機械的ズレがあり、これはマニピュレータを、ステージあるいは顕微鏡本体にしっかり取付け、可能な限りヘッドステージの固定点から電極先端までの距離を短くすることで解決する。問題は油圧あるいは水圧マニピュレータを用いたときの、熱膨張に起因するドリフトである。当然熱膨張係数の小さい水圧式が優れており、発売当初は問題があったものの、現在のバージョン（成茂科学器械、Newport）は実用的な性能に向上している。より安定なのは機械式であろう。ただし手動式の場合、手を触れたときに大きなドリフトが生じてしまう欠点がある。そこでステッピングモータ（成茂科学器械）、サーボモータ（Newport、Eppendorf）あるいはピエゾ駆動（Sutter、Burleigh）のリモート制御方式が優れているが、高価なのが欠点である。予算が許せばこれをお勧めしたい。つぎに問題になるのが小容量のチェンバーを使った時に起こる溶液の蒸発である。一回の記録では問題にならないが、実験を繰り返すうちに溶液濃度が変化し、水面レベルの変化で補正容量にズレが生じる。適当に蒸留水を追加するのは適切な方法ではない。実験にもよるが、灌流するか、シリコンオイルを微量添加して水面上に油膜を作ることによって対処することができる。

III. データの記録と信号前処理
1. データの記録[*]

　一般的な測定のダイアグラムを図1に示す。Whole-cell 記録の場合にはデータはオンラインで刺激信号と同時に直接コンピュータのハードディスクに取り込むが、単一チャネル電流の測定ではデータ量が多いので、データレコーダに記録した後、オフラインで本格的なデータ解析を行うのが一般的である。例えば、チャネル開閉のキネティクスを解析する場合、一般に1000事象以上が要求されるが、平均1ミリ秒の開事象が平均1秒に1回生起するとすれば、10 kHzのサンプリングで1000秒間記録する必要がある。12ビットのA/Dコンバータを使用すれば、1サンプル当り2バイト必要なので、合計 $2 \times 1000 \times 10000 = 2 \times 10^7 = 20$ MB のメモリを消費することになる。ここまで極端ではないにしろ、1実験あたり数MBが必要とされるので、すべてをハードディスクに蓄えておくことは現実的ではない。しかしデータをすぐ解析するには同時にハードディスクにも記録しておく必要がある。そのために記録はデータレコーダとハードディスクの並列記録となる。前者はできるだけ高い周波数で記録し、後者は波形モニターを兼ねるので適当なフィルターをかけて記録して、予備解析が終わればディスクから消去するのが普通である。データレコーダへの記録に際して、できるだけ入力のダイナミックレンジ（通常±10 V）を有効に利用するように増幅器のゲインを調整しておく必要がある。

　データレコーダとしては、FM、PCM、DAT レコーダが使われるが、コストパフォーマンスの良い PCM タイプ（例えば Instrutech VR シリーズ）が最も良く使われているようである。

　この機種では周波数特性も 44 kHz あり実用上問題はない。多少面倒なのが、再生時にデータレコーダから目的の場所をサーチする手間である。しばしばコンピュータへの再取り込みが必要だからである。PCM レコーダでは、家庭用 VTR を記録器として使うので、一般的にはタイムカウンタを目安にして再生場所を探すことになる。再生位置の正確を期したい場合にはテープ上にタ

---

[*]本節でのデータ記録に関する記述は、最近のハードディスクの大容量化を考えるとやや時代遅れの感がある。しかし、A/D コンバータやソフトウェアの関係で古いコンピュータを使用している研究者のために従来の記述を残しておく。

イムコードを記録してサーチするのが最も良いが、これをサポートしている解析ソフトウェアは市販されていない。次善の策として、VTRかPCM変換器のインデックスマーカーを使うか、補助チャネルにトリガ信号を記録してこれを目安にコンピュータへの取り込みを開始することはできる。また適当に取り込みをしたあと、ソフトウェア的に再生したデータから必要な部分のみを選んで解析することもできる。ただし最近の記憶装置容量の飛躍的進歩により、すべてのデータを一旦ハードディスクに記録した後、必要なデータを各種の外付け記憶媒体（DVD、BD）に移して、解析時にこれを利用することが可能になってきた。このほうが解析の効率上有利なのは言うまでもない。

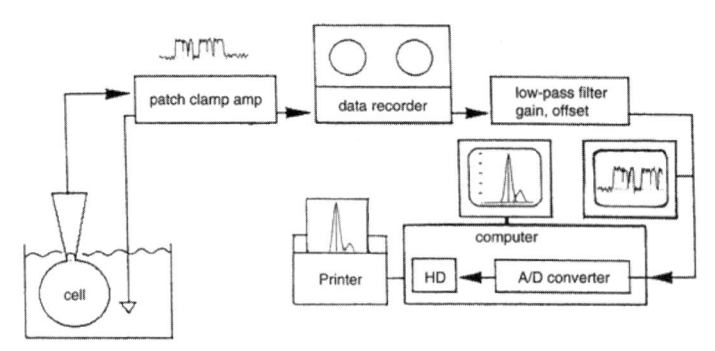

図1　単一チャネル電流の計測・解析のための一般的装置
パッチクランプアンプからの未処理出力はデータレコーダに入力されると同時に、レコーダのモニター出力からフィルターとA/Dコンバータを介してコンピュータのハードディスクに記録される。オフラインで解析するときは、同じ構成で記録テープを再生すればよい。

2．信号の前処理　－ゲイン調整とフィルター設定－

　データレコーダの再生信号を、A/Dコンバータを介してコンピュータに取り込む場合いくつか注意すべきことがある。すでにデータレコーダの項でも述べたが、出力電圧のレンジをできるだけ、A/Dコンバータの入力レンジ（通常±5〜10V）に合わせることである。一度A/D変換したものは、あとでいくら増幅しても精度は回復しない。もしテープ上に記録されたデータの電圧レンジがA/Dコンバータの入力レンジとマッチしていないときは、間にブースターアンプを挿入するか、プログラマブルA/Dコンバータの入力レンジをソフトウェア上で調節しておく。場合によってはオフセット電圧の調整が必要なこともある。

　しかし最も重要なのはローパスフィルターの設定である。これは2つの目的で使用される。まず、信号成分に含まれる高周波の雑音成分を取り除くためである。このときフィルターに要求される性能は、忠実な波形再現と急峻な遮断特性であるが、生体信号では前者が優先される。その意味で位相遅れ（これがあると波形が歪む）が少ない遅延平坦特性を有するベッセル（Bessel）フィルターが最適である。このフィルターの欠点は遮断特性が緩やかな点であるが、4〜8次（−24〜−48dB/oct）のものであれば使える。後（Ⅵ-1-b）に述べるように、フィルターの遮断周波数（信号が−3dB減衰する周波数)の決定は、信号の忠実な再現と雑音除去の妥協の中で判断すべき難しい問題である。ソフトウェアの中にはデジタル・ガウシアン（Gaussian）フィルターを備えたものもある。処理速度さえ問題なければ、高い周波数で取り込んだデータを何回でも処理できるので大変便利である。ガウシアンフィルターの特性は高次のベッセルフィルターとほぼ同様である。

　フィルターを使う第2の理由は、A/Dコンバータのサンプリングによって生じるエイリアシン

グを防ぐためである。信号成分の中にサンプリング周波数より高い周波数成分が含まれていると偽信号が発生する（エイリアシング）からである。標本化定理によれば、取り込みたい最高周波数の２倍のサンプリング周波数があれば元の信号を忠実に再現できる。逆に言えばサンプリング周波数はフィルターの遮断周波数の２倍という関係になっていればよい。しかし実際には遮断周波数で信号が完全に遮断されるわけではないので、フィルターを通過した信号を忠実に再現するには、少なくとも遮断周波数の５～１０倍のサンプリング周波数が必要になる。A/D コンバータの最高サンプリング周波数は製品によって違うので、この点も良く考慮して最終的な遮断周波数を決定しなければならない。ゲイン、オフセット調整つきのベッセルフィルターが販売されているので（Warner、Frequency Device、Dagan）、これを使えば、本稿で述べた信号前処理を一台の装置ですませることができて便利である。

Ⅳ．コンピュータ、解析ソフトウェア、A/D コンバータ

　コンピュータは使うべき解析ソフトウェアによって決定する。なんといっても IBM PC/AT 互換器（PC マシン）上で走るソフトウェア（pCLAMP (Axon)、PAT (Dagan)、ISO2 (MKF) など）が圧倒的に多い。以前の PC/AT 互換機はソフトウェアや A/D コンバータとの相性（ISA バスのタイミングのズレなど）でトラブルが多かったが、最近では名の通ったマザーボードを使用したものであれば、大丈夫のようである。MAC 上で動くソフトウェア TAC (Heka) も最近は Windows 版としてリリースされており、大勢は PC 互換機/Windows に移行した感がある。もしデータの２次加工を同一のマシン上で行うとすれば、Windows が快適に動く Core2Duo・CPU、4GBRAM、500GB 超の HD に DVD あるいは BD ドライブは用意したいところである。A/D コンバータは、当然ソフトウェアがサポートしているものを使うことになる。pCLAMP であれば Digidata (Axon)、もしくは LabmasterDMA (Scientific　Solution)、PAT であれば LabmasterDMA/DT2801A (DataTranslation)、LabPC+ (National Instruments) などが代表的であり、価格は 20～50 万円程度である。価格差は主に最高サンプリング周波数の違いを反映しているので、目的にあったものを選択する必要がある。すでに指摘したように観測したい周波数（遮断周波数）の最低５倍のサンプリング周波数を目安にするとよい。一般に A/D コンバータは、付属の D/A コンバータから刺激を発生しながら、入力波形をモニターし、同時にハードディスクに信号を書き込むので、高速データ転送のできる DMA (direct memory access) が可能なものが望ましい。ただし最近は、ソフトウェアとハードを一体化した形で購入するケースが増えている。例えば Axon 社の pCLAMP と Digidata（A/D、DA コンバータ）、あるいは HEKA 社の TAC と EPC シリーズ（多くはパッチクランプと A/D/DA コンバータが一体化されている）の組み合わせなどが代表的である。筆者は長らく pCLAMP と PAT を使用してきたが、これから示す解析例は主として後者によるものである。

Ⅴ．振幅解析

　単一チャネル電流の解析は一般に２段階からなる。すなわち振幅解析と開閉キネティクス（ゲーティング）の解析である。まず振幅の all point histogram 解析が出発点になる。横軸に電流値、縦軸に頻度をプロットしたものから３つの情報が得られる。１つは言うまでもなくチャネルコンダクタンスで、もうひとつはチャネルの開確率であり、最後にパッチ膜中のチャネル数の下限である。

1. コンダクタンスの推定

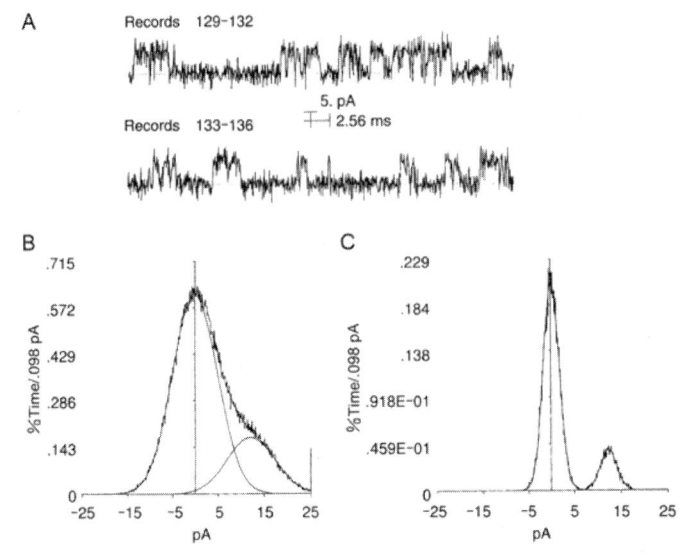

図2 単一チャネル電流の推定法
A. 単一チャネル電流の一例（平均値、12.49 pA）。B. 振幅ヒストグラムとガウス分布（滑らかな曲線）によるフィッティング（推定ピーク値＝12.09 pA）。C. Patlakの移動平均（8ポイント）処理後の振幅ヒストグラム（推定ピーク値＝12.3 pA）。この処理によって、ピークは明瞭に分離しているが、ピーク下の面積比は真の値から大きく外れることに注意。

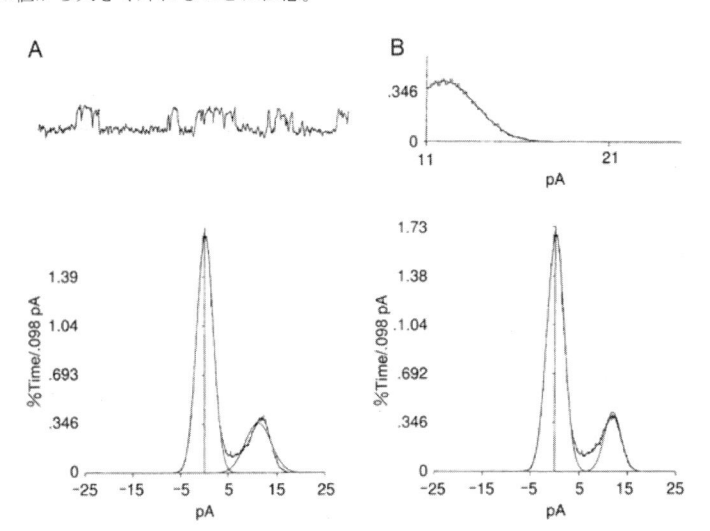

図3 振幅ヒストグラムのピークが正規（ガウス）分布でない場合のフィッティング
A. フィルターの遮断周波数（fc）が低すぎて、高速の開閉が十分に時間分解できていない記録例（上）とその振幅ヒストグラム（下）。ガウス分布による推定値が真値より大きくずれている。B. 処理領域を第2ピークの右肩に限定してフィッティングしたのち（上）、この推定値を固定して全体を再度フィッティングした例（下）。

　簡単にコンダクタンスを知りたいときは、ベースラインのピーク値を零点として、開電流のピーク値をカーソルで読めばよい。より定量的に解析したいときは、ガウス分布曲線でピーク値を推定する。通常複数個のピークを同時にガウス近似できるが、うまくいかないときは、明瞭なピークから順番に近似していけばよい。この方法は雑音レベルが高くてピークの視認が難しい時に

威力を発揮する（図2A、B）。問題なのは、高速の開閉があるときに、測定系の周波数限界のために、完全に閉じない、あるいは開ききらないようにみえる事象が多く混入する場合である。このとき、ピークの分布型は左右に非対称な歪み（skew）を含むものになり、ガウス曲線ではピークの推定値は真の値からずれてしまう（図3A）。この場合には、未分解の事象を含まない右肩のデータだけで近似を行うとよい（図3B）。しかしノイズレベルが大きくて、開閉のピークが大きく重なる場合は、ガウス近似でも正確にピーク値を推定することが難しい場合がある。そんなときには、なんらかの方法でノイズを軽減する必要がある。最も単純なのは、低域フィルターで高周波ノイズを除去する方法であるが、情報を失うことになるので、あとあとのゲーティングの解析を考えると望ましくない（ただし、ソフトウェア上でデジタルフィルターを施す場合はこの限りではない）。最も有効なのは、Patlakの移動平均である[3]。適当な幅の窓（データポイント数）を設定して移動平均すると、単なるall point histogramより明瞭なピークを持つヒストグラムが得られる（図2C）。このとき開閉の遷移点を含む移動平均値が、純粋な開または閉のみの平均値に対して大きな偏差を持つことを利用すれば、こうした特異な移動平均値はプログラム上で自動的に取り除くことができる。それでもピーク分離が困難な場合は、元のトレースを表示して、カーソルで確実な開あるいは閉の範囲を指定してその区間の平均値を求め、これを何度か繰り返して開閉の平均値を求めるしかない。

振幅解析から得られるチャネルコンダクタンスはもっぱらチャネルのイオン透過機構の解析に用いられる。例えばa）電位依存性、b）透過イオン濃度依存性、c）ブロッカー濃度依存性、あるいはd）ブロッキングの電位依存性などが得られる。これらの関係からイオン透過機構を解析する際の理論はEyringの絶対反応速度論が用いられる。即ち、チャネルを透過イオンやブロッカーに対するいくつかのエネルギー障壁で表現し、その山と谷の数や相対的位置とエネルギー値を上記の関係から推定するのである。詳しくは文献4を参照されたい。最近では、イオン透過部位のアミノ酸配列も明らかになりつつあるので、分子動力学を用いてイオン透過のプロセスをシミュレーションすることも可能になってきた。

2．開確率とチャネル数の推定

チャネルの開確率（Po）は、パッチに1個のチャネルのみが含まれている場合には、ガウス分布で近似した各ピーク下の面積の比率から容易に求めることができる。あるいはゲーティングの解析をしたときに、ソフトウェアが開時間と閉時間の総計を報告してくるのでそれを用いてもよい。複数個のチャネルが含まれる場合は、開確率が小さくかつチャネルの総数Nが分かっている場合にのみ $Po = 1 - Pc^{1/N}$ で求められる。ここでPcは総記録時間のうち閉状態が占める割合である。なぜならば、Pcはすべてのチャネルが同時に閉じている確率なので、1個のチャネルの閉確率をPc_iとすれば $Pc = Pc_i^N = (1 - Po)^N$ が成り立つからである。チャネル総数Nは、開確率が大きい場合には、同時に開口するチャネルの最大数と一致する。開確率が低くて同時開口事象が観察されないか極めて稀である場合には、ゲーティングの解析から平均開閉時間を推定して、何個のチャネルであるかを統計的に検定しなければならない。このとき平均開時間は直接求められるが、真の平均閉時間は、チャネルがN個の場合、見かけのそれの約N倍になると仮定できる。そうするとチャネルがN個の場合の同時開口確率の期待値が計算でき、N個のチャネルが含まれるという仮説が検定可能となる。勿論低い同時開口確率にみあう多数の事象数が必要である。例えば、開確率が0.01であれば2個のチャネルの同時開口確率は0.0001となり、少なくとも数千事象のデー

タがなければ信頼できる検定はできない[5]。逆に一旦、特定のチャネルのその条件下での平均開閉時間が分かれば、観測されるみかけの平均閉時間からチャネル数を推定することができる。あるいは、チャネルの同時開口頻度が2項分布に従うことを利用して推定することも可能である[6]。

VI. ゲーティングの解析

振幅解析はチャネルの定常的性質に関するものであるが、イオンチャネルの性質を決めるもう1つの重要なパラメータは各開閉状態間の遷移速度定数である。これらはチャネルの開確率を通してマクロな定常応答の大きさを決めるだけではなく、刺激変化に対するマクロな応答速度を支配する。速度定数は単一チャネル電流の開閉の持続時間（dwell time）の解析によって推定することができる。持続時間の解析は、1）開閉遷移の検出と、2）持続時間ヒストグラムの作成と解析、および3）反応モデルの決定の3つのステップからなる。

1. 開閉遷移の検出

a) 閾値レベルの設定

コンピュータ解析が普及する前は、チャートレコーダーのデータを人力で解析していたが、極めて時間がかかり不正確になる。しかし余程理想的な記録でないかぎり、自動化することも容易ではない。それは背景ノイズの混入、高速のopening、バーストでみられる高速のclosing、サブステートの存在、複数チャネルの同時openingなどによって訓練された研究者ですら状態の区別が困難な記録がままあるからである。ここではまず簡単な場合から順を追って説明する。最も一般的な手法は、適当な閾値レベルを設定して遷移を判別する方法であり、通常は振幅解析で求めた単一チャネルコンダクタンスの50%に閾値を設定する。これ以外のレベルに設定すると持続時間の推定に誤差が生じる。その理由は、開電流の波形が測定系の低域フィルター効果のために、完全な方形波ではなく、台形状に変形しているからである。50%以上では開時間が過小評価となり、50%以下では過大評価となる。閉時間についてはこれと逆になる。しかしこの方法では、しばしば見られるサブステートや高速の開閉を適切に検出することは困難で、大きな誤差を生じることがある（図4A）。これを軽減する有効な方法として、2レベル閾値法がある[7]。例えば閉レベルから25%と75%の2レベルに閾値を設定し、開、中間、閉の3状態に分類するわけである（図4B）。個々の持続時間の推定の正確さを多少犠牲にしてもはるかにメリットのある場合がある。

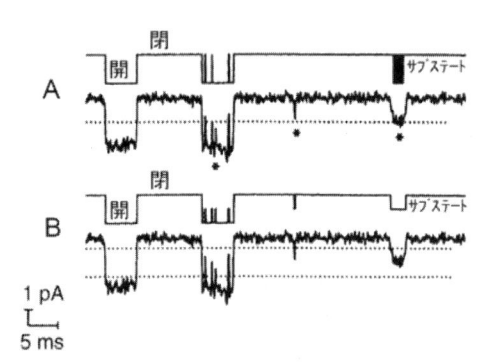

図4 2閾値レベル法による遷移検出の改善例
A. 一般的な1閾値レベル法（50%）による検出。上段は検出後の理想化されたトレースを示す。＊印の部分が未分解、サブステート、雑音による誤検出箇所を示す。B. 2閾法（25%と75%）による検出例。Aでの誤検出箇所はサブステートレベルに分離されている。文献7より。

b) 背景ノイズの軽減

実際に遷移検出で最も問題になるのは、高周波の背景ノイズである。具体的な例を見てみよう。図5Aはノイズ無しの理想的開閉をコンピュータで発生したものである。単一電流は12.5 pA、開閉平均時間はそれぞれ1.03 msと1.65 msに設定してある。これに2.5 pA (rms)のノイズを重畳したのが図5Bである。一見影響はなさそうであるが、50%閾値法で推定した平均開閉時間はそれぞ

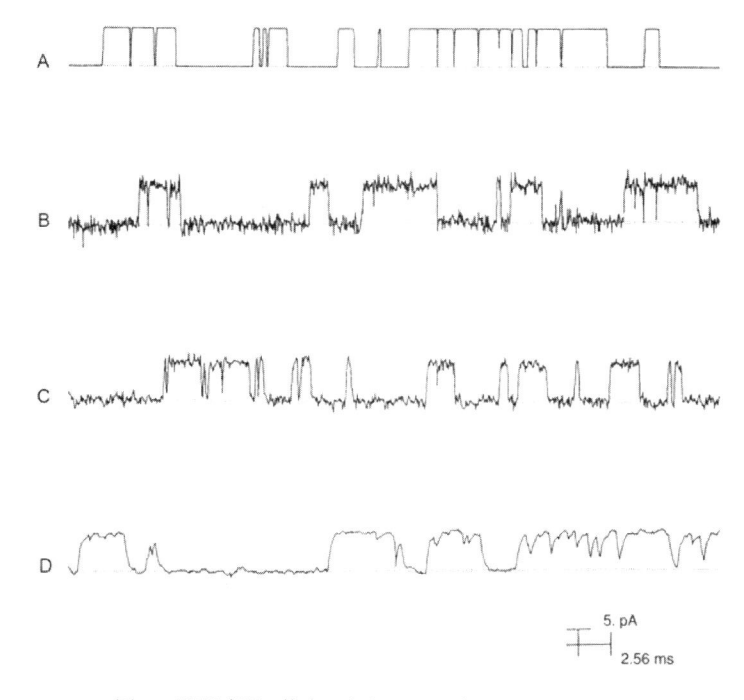

図5 開閉時間の推定に与えるノイズとフィルターの効果
A. コンピュータ出力した理想的開閉のトレース（単一チャネル電流＝1.30 pA, 平均開時間＝1.03 ms、平均閉時間＝1.65 ms、開確率＝0.38）。B. A にノイズ（rms＝0.25 pA）を重ねたもの（平均開時間＝0.607 ms、平均閉時間＝1.04 ms、開確率＝0.37）。C. B に適当な ガウシアンフィルター（偏差係数＝0.5）をかけたもの（平均開時間＝1.08 ms、平均閉時間＝1.85 ms、開確率＝0.37）。D. A に強いフィルター（偏差係数＝0.9）を掛けたもの（平均開時間＝1.95 ms、平均閉時間＝3.22 ms。開確率＝0.38）。カッコ内の値は推定値を示す。

れ 0.607 ms、1.04 ms となり真の値より約 40％小さな値になっている。そこでこのデータに適当なガウシアンフィルターをかけたのが図5Cで、このときの平均開閉時間は 1.08 ms と 1.85 ms になり、ほぼ真の値に復帰していることが分かる。ところが強くフィルターをかけすぎると原波形は大きく歪み、平均開閉時間も 1.95 ms と 3.22 ms となって真値の約2倍になっている（図5D）。持続時間の推定にいかにフィルターの設定が重要であるかがわかる。ではどのようにして適切にフィルターの遮断周波数を決めればよいのか？実際には次のようにする。ベースラインに対して、実際の開方向とは逆の方向にコンダクタンスレベル（−100％）を設定し、これに対して 50％閾値レベル（−50％）を設定する。この状態で遷移検出を行い、ノイズによるみかけの開事象が検出できなくなるまでフィルターの遮断周波数を下げる。こうしてノイズによる擬事象（false event、図5B）を防ぐことができる。言うまでもないが、この操作で高速開閉の未検出事象（missing event）が生じることも忘れてはならない（図5D）。解析の目的に応じて適当なところで妥協するしかない。False event があるときには平均開閉時間が2重に過小評価されることに注意したい。つまり多数の短寿命の擬開閉事象と、それらによって長い開閉事象が中断されるためである。これに対してmissing event があるときには開閉時間が過大評価されるが、missing した短い事象は後で述べる fitting によって外挿されるので false event と比べて誤差は少ない。

c）ベースラインの補正
　これまではベースラインのドリフトを考慮しなかったが、実際にはフィルターでは除去できな

い低周波のゆらぎやドリフトが混入する場合がある。そのためにせっかく設定した、閾値のレベルが意味をなさなくなる。これを自動的に補正する1つの方法として零クロス法がある[7]。まずミニマムレベルを設定して、徐々にレベルを上昇させ、零クロスの数が最大値になるところをベースラインとする。つまりノイズの平均値レベルを探しながらそれをベースラインとする。しかしこの方法は、長い開事象や頻回なバーストを含むデータでは必ずしも有効ではない。現在使われている一般的な方法では、一定の持続時間を有する閉事象の移動平均をとり直前の閉事象の平均値との間で重み付き平均を取ったものを新たなベースラインとする[8]。例えば、直前のベースラインが1 pAで、当該の閉レベルの移動平均値が2 pAの場合、その重みを0.1とすれば新たなベースラインは $1 \times 0.9 + 2 \times 0.1 = 1.1$ pA と計算される。多くのソフトウェアにはこうしたベースライン補正機能が付属しているので、状況に応じて利用できる。より精密な方法として time course fitting も提案されているが、かならずしも実用的ではない。興味がある方は文献[9]を参照されたい。

以上、事象検出の方法と注意点を紹介したが、いずれも完全ではない。最後の仕上げはやはり実験者が1つ1つの事象が正しく検出分類されているかを、目で見ながらチェックをして、アーチファクトを除去しなければならない。多くのソフトウェアにはこうした編集モードが付属している。

2. 開閉持続時間 (dwell time) の解析

a) dwell time histogram の作成

1で検出された各事象ごとの dwell time の系列は event list とよばれ、ASCII ファイルとして保存できる。次の段階はこの list を、横軸に dwell time、縦軸に事象数というヒストグラムに整理することである。このときヒストグラムの bin 幅は事象数に応じて適切に設定する。解析したい最小の dwell time の10～20%程度に設定すれば良いとされている。また、後の指数関数へのあてはめ (fitting) を考えると、50～100ビン程度が望ましい。そのためには最低1000事象程度のデータがほしいところである。ただしこの方法は、精々2成分の指数関数でそれらの時定数が1桁程度の違いしかない場合にのみ信頼できると考えるべきである。もし、3成分以上で、時定数の違いが2桁を越える場合は、短い成分から順に拡大してfitting するか、もしくは log-log あるいは log-square root プロット (図6) によって速い時定数成分を強調しなければ、指数関数への信頼できる fitting は期待できない。その場合でも、種々の制限があるので、詳し

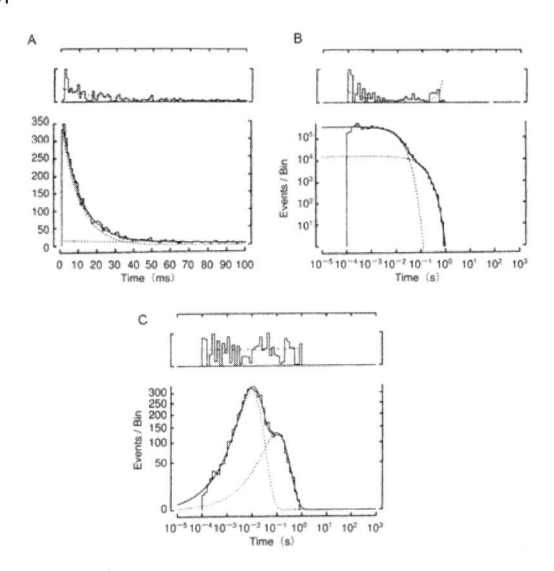

図6 開閉時間 (dwell time) ヒストグラムの様々なプロット法

A. 時定数10 ms (頻度＝70%) と100 ms (頻度30%) の分布をもつ5120のランダム事象を1 msきざみのビン幅で linear-linear プロットしたもの。上段は理論値(破線)からの偏差をあらわす。このプロットでは100 msの成分が過小に評価されてしまう。B. log-log プロット。ここではビン幅が対数スケールで増加していく。ただし縦軸には事象数を各ビン幅で除した値が用いられている。C. 軸は時間の対数、縦軸に事象数の平方根をプロットしたもの。上段の偏差が時間によらずほぼ一定になっていることに注意。文献10より。

くは文献 10 を参照されたい。

b) 指数関数への fitting

　チャネルの開閉反応はマルコフ連鎖過程とみなせるので、開閉持続時間の分布ヒストグラムは $f(t) = (1/\tau) \exp(-t/\tau)$ という確率密度関数で近似されると考えてよい。ここで f(t) は持続時間(t)の事象が出現する確率を表す確率密度関数で、τ は持続時間（寿命）の平均値に相当し、時定数と呼ばれる。これは次のように考えればよい。

　今、closed $\underset{\beta}{\overset{\alpha}{\rightleftarrows}}$ open という開閉反応を考えると、開状態の生存確率（寿命）F(t)について、 $dF(t)/dt = -\beta F(t)$ が成り立つ。これを積分すれば $F(t) = \exp(-\beta t)$ が得られる。言い換えると F(t) は開状態の寿命が t 以上である確率を表す。したがって寿命が t 以下である確率は、 $1 - \exp(-\beta t)$ となる。これから寿命が t である確率、即ち確率密度関数はこれを微分して $\beta \exp(-\beta t)$ となる。ここで $\beta \to 1/\tau$ と置き換えれば与式 $f(t) = (1/\tau) \exp(-t/\tau)$ を得る（＊追補 1 を参照）。閉状態の寿命についても全く同様に考えることができ、単に β を α に置き換えればよい。この例でもわかるように、その状態の平均寿命はそこから別の状態へ遷移する速度定数（一般的にはその和）の逆数になる。したがってこの反応モデルでは、ヒストグラムから時定数を求めれば速度定数が直接求められ、反応の性質が決定できる。

　コンダクタンスが区別できない閉（開）状態を複数個含むような反応では、一般に閉（開）状態のヒストグラムは状態数（n）に応じた複数の指数関数の重ね合わせとなり、理論曲線は $f(t) = \Sigma (a_i/\tau_i) \exp(-t/\tau_i)$ と書ける。ただし a_i は各成分の総事象数に比例する相対頻度で、$\Sigma a_i = 1$ となる。言い換えると a_i は各分布の面積の割合に相当する。これは例えば上記関数の i 成分（$f_i(t)$）のみについて 0 から ∞ まで積分した値（その状態の出現確率）が a_i になることによって容易に確認することができる。この例のようにヒストグラムが複数の指数関数から構成される場合には、各反応速度定数は、一般に τ_i と a_i から成るかなり複雑な関数となる。簡単な例は次節で紹介する。

　指数関数への fitting のアルゴリズムとしては Levenberg-Marquardt 法（非線形最小 2 乗法）[11] が実用的であるが、データが少なくてヒストグラムに空 bin があるようなときには誤差が大きくなる。この場合には最尤推定法（most likelihood method）[12] を使うほうが良い結果が得られる。ソフトウェアにはいずれを使うか選択できるものもあるが（pCLAMP. 6.0 以上）、前者が付属するものが多い。何個の成分で fitting するかは結果をみながら試行錯誤で決めるしかない。

（＊）　追補 1

　この微分方程式の解の導出と意味をもう少し丁寧に説明してみよう。まずゲートが時間 0 から t まで持続的に open している確率を F(t) として、更に Δt 後にも引き続いて open する確率 $F(t + \Delta t)$ を求めてみる。これは言い換えると t 秒間 open する確率に、引き続く Δt の間に close しない確率を乗じたものである（なぜならこれらの事象は独立だから）。さて Δt の間に close する確率は $\beta \Delta t$ なので、Δt の間に close しない確率は $1 - \beta \Delta t$ である。従って、

$$F(t + \Delta t) = F(t)(1 - \beta \Delta t)$$

が得られる。この式の右辺第一項を移項して両辺を Δt で割れば、

$$\{F(t + \Delta t) - F(t)\}/\Delta t = -\beta F(t)$$

となる。ここで $\Delta t \to 0$ とすれば、

$$dF(t)/dt = -\beta F(t)$$

となり、開寿命 $F(t)$ に関する微分方程式が得られる。これを積分すれば

$$F(t) = \exp(-\beta t)$$

となる（$F(0) = 1$ なので）。導出の過程からも分かるように $F(t)$ は開寿命が t 以上（>t）の確率をあらわす累積密度関数（確率分布関数）である。次に寿命が t になる確率関数 $f(t)$（確率密度関数と呼び、確率分布関数を微分して求められる）を求めるために開寿命が t 以下（≦t）の確率、$1 - F(t) = 1 - \exp(-\beta t)$ を微分して目的の次式が得られる。

$$f(t) = \beta \exp(-\beta t)$$

上記の微分方程式は、t 秒間 open したのち引き続く Δt の間に close する場合を考えて、その確率 $\beta \Delta t$ が、$-\{F(t + \Delta t) - F(t)\}$ に等しいとして直接導いた方が直感的にわかり易いかもしれない。これは再生のない生物集団の人口減少過程や、同位元素の半減崩壊過程を表す微分方程式と全く同型である。

3. 反応モデルの決定

Dwell time 解析の最終目標は、チャネルの開閉の反応モデルと各状態間の速度定数を決定することにある。先の dwell time histogram から得られた開閉各状態の時定数の数は、開閉各状態に含まれる状態数の最小値を与え、これが出発点となる。それらの状態を線形につなぐか環状にするか、あるいはその組合せにするかは容易には決められない。チャネルの性質や実験条件から試行錯誤的に決定するしかない。このとき良く使われるのが、シミュレーションを使った半経験的方法である。すなわち得られた状態数から適当な反応モデルを仮定し、dwell time histogram から得られた a_i と τ_i から速度定数を決定して、模擬的データを発生する。このデータから dwell time histogarm を作成して、実際のデータとの比較をして最も適合度の良いモデルを決定する[13]。反応モデルからチャネル電流のデータを発生するプログラム（CSIM）は Axon 社から販売されており、12 状態までのかなり複雑なシミュレーションをこなすことができる。ヒストグラムから得られる a_i、τ_i と反応モデルの速度定数との関係を解く一般的方法は Colquhoun らによって与えられている[14]。その解説は本稿の範囲を越えるので、ここではその原理を多少天下り的に要約する。

同一のコンダクタンスをもつ n 個の閉状態について考えると、閉状態の dwell time の確率密度関数は n 階の線形微分方程式に従う。これを直感的に分かり易く書き直すと、n 個の閉状態に関する 1 階の連立微分方程式になる。このとき連立微分方程式の係数（各状態間の遷移速度定数からなる）は n 次の正方行列を構成する（＊追補 2 参照）。さて n 階の線形微分方程式の一般解は $f(t) = \Sigma w_i \exp(-\lambda_i t)$ となる。ここで $\lambda_i = 1/\tau_i$ と置けば τ_i は前節で述べた時定数に相当する。λ_i は n 階微分方程式の特性方程式（$d^j f(t)/dt^j$ を λ^j に置き換えてつくられる n 次方程式）の根として求まり、w_i（ここでは $\Sigma w_i / \lambda_i = 1$）は初期値から決まる（行列表現の場合は λ_i は行列の固有値として求められる）。<u>これが、dwell time histogram が指数関数の線形和として近似できる数学的根拠である。</u>一般に状態数が 3 を越えると、λ_i と速度定数の関係は非常に複雑になり、行列法で解くのが効率的であるが、詳しくは文献を参照されたい[15]。ここでは、open channel blocking を表す簡単なモデルの解析例を紹介するにとどめる。

4. オープンチャネルブロッキングの解析例

解析するモデルは、

$$\text{closed} \underset{\beta}{\overset{\alpha}{\rightleftarrows}} \text{open} \underset{k^-}{\overset{C_B k^+}{\rightleftarrows}} \text{blocked}$$

である。ここで C_B はブロッカーの濃度を表す。この反応から得られる単一チャネル電流は、開状態のなかに短いブロッキングが挿入されたバースト状のトレースを示す。この反応では一般に closed state と blocked state のコンダクタンスの区別はつかないので、closed dwell time histogram は blocked state に起因する短い時定数 τ_B とバースト間の真の closed state に起因する長い時定数、

τ_c をもつはずである。これに対して open dwell time histogram は、時定数 (τ_o) の単一の指数関数になる。これらの時定数は、容易に $\tau_B = 1/k^-$、$\tau_c = 1/\alpha$、$\tau_o = 1/(\beta + C_B k^+)$ と求められる。これから closed dwell time のヒストグラムを近似する確率密度関数 f(t) は、前節を参考にして、f(t) = $a_1 k^- \exp(-k^- t) + a_2 \alpha \exp(-\alpha t)$ とかける。a_1 と a_2 はそれぞれ blocked state と closed state の存在確率（相対頻度）であるから、速度定数 β と $C_B k^+$ を用いて $a_1 = C_B k^+ / (\beta + C_B k^+)$、$a_2 = \beta / (\beta + C_B k^+)$ とかける。これらの関係から 4 つの速度定数（α、β、k^+、k^-）がすべて実験値から決定される（$\alpha = 1/\tau_c$、$\beta = a_2/\tau_o$、$k^+ = a_1/\tau_o C_B$、$k^- = 1/\tau_B$）。

ちなみに k^-/k^+ はブロッカーの解離定数（K_B）に相当する。また簡単な計算により、1 バースト当りの平均総開時間は $1/\beta$、平均総閉時間は $C_B/K_B \cdot \beta$ となる。これから、平均のバースト時間は、$(1 + C_B/K_B)/\beta$ と求められる[15]。

(＊) 追補2：Q 行列による解法

前出の反応モデルにおいて、open、blocked、closed の各状態の存在確率をそれぞれ O、B、C とすれば、その時間変化を表す微分方程式は以下のようになる。

$$dO/dt = -(\beta + C_B k^+)O + k^- B + \alpha C$$

$$dB/dt = C_B k^+ O - k^- B$$

$$dC/dt = \beta O - \alpha C$$

これを行列表現すれば

$$\begin{bmatrix} O' \\ B' \\ C' \end{bmatrix} = \begin{bmatrix} -(\beta + C_B k^+) & k^- & \alpha \\ C_B k^+ & -k^- & 0 \\ \beta & 0 & -\alpha \end{bmatrix} \begin{bmatrix} O \\ B \\ C \end{bmatrix}$$

となる。ここで右辺の列ベクトルを前に移動すると、行列は転置されて

$$\begin{bmatrix} O' \\ B' \\ C' \end{bmatrix} = \begin{bmatrix} O \\ B \\ C \end{bmatrix} \begin{bmatrix} -(\beta + C_B k^+) & C_B k^+ & \beta \\ k^- & -k^- & 0 \\ \alpha & 0 & -\alpha \end{bmatrix}$$

となる。この転置行列を特に **Q** 行列と呼ぶ。右辺の列ベクトルを **P** とすれば、上式は

$$dP(t)/dt = P(t) \cdot Q(t)$$

とまとめられる。ちなみにこの一般解は $P(t) = e^{Q(t)}$ である。あとは行列演算の常法に従って **Q** 行列（実際には –**Q**）の固有値（λ_i）を決めていくことになる。ここでは開と閉に分離された dwell time histogram との対応を取るために上記の **Q** 行列を、それぞれ開（O）と閉（B、C）に対応する小行列（**A**、**B**）に分離して（破線）、各々の固有値を固有方程式（|–**A** – λ**I**| = 0、|–**B** – λ**I**| = 0；ただし **I** は単位行列）から決定する。この例では **A** は 1 次行列、**B** は対角行列なので、計算するまでもなくそれぞれの固有値は、($\beta + C_B k^+$) および k^-、α となり先に求めた結果と一致することが分かる。この方法（**Q** 行列法）は、**Q** 行列さえ作れば複雑な反応モデルの解析にも使うことのできる一般的な手法である。そこで **Q** 行列の簡単な作り方を紹介する。

先の転置行列の対角要素を 0 とした行列

$$\begin{array}{c} & \begin{array}{ccc} O & B & C \end{array} \\ \begin{array}{c} O \\ B \\ C \end{array} = & \begin{bmatrix} 0 & C_B k^+ & \beta \\ k^- & 0 & 0 \\ \alpha & 0 & 0 \end{bmatrix} \end{array}$$

をよく眺めれば、i（行）から j（列）への遷移確率行列になることが分かる。また先の転置行列の対角要素は各状態の寿命（時定数）に負号をつけたものになっている、つまり各行の和はゼロになっている。言い換えると各行の対角要素は遷移行列（これは反応モデルから即座に構成できる）の行要素の和に負号をつけるだけで求められるわけである。複雑な行列の固有値の計算は適当なプログラムパッケージに任せるのが賢明である。

VII. おわりに

振幅解析までは比較的にスムースに進むが、dwell time の解析は非常に時間がかかるうえに、最後まで確信が持ちにくいというのが筆者の感想である。しかし一方でチャネル蛋白質の構造も次第に明かとなり、部位特異的突然変異によって自在に構造変化が導入できるようになってきた。そのときの微妙なコンダクタンスやゲーティングの変化を解析することによって分子レベルの本格的な構造機能連関の研究が可能になりつつある。その意味で単一チャネルデータ解析はますます重要になってきた。本稿が、これからイオンチャネルの構造機能連関を明らかにしようという研究者の方々に多少ともお役に立てば幸いである。

文献

1. Miller, C. (ed) (1986) Ion Channel Reconstitution. Plenum, New York
2. Sakmann, B. & Neher, E. (eds) (1995) Single-Channel Recording, 2nd edn. Plenum, New York
3. Patlak, J.B. (1988) Sodium channel subconductance levels measured with a new variance-mean analysis. J. Gen. Physiol. 92, 413-430
4. Hille, B. (1992) Ionic Channels of Excitable Membranes, 2nd edn. Sinauer, Sunderland
5. Colquhoun, D. & Hawkes, A.G. (1983) The principles of the stochastic interpretation of ion-channel mechanisms. In: Sakmann, B. & Neher, E. (eds) Single-Channel Recording. Plenum, New York, pp135-189
6. Sachs, F., Neil, J. & Barkakati, N. (1983) The automated analysis of data from single ionic channels. Pflugers Arch. 395, 331-340
7. Dempster, J. (1993) Computer Analysis

of Electrophysiological Signals. AcA/Demic Press, London, p167
8. Colquhoun, D. (1987) Practical analysis of single channel records. In: Standen, N.B., Gray, P.T.A. & Whitaker, M.J. (eds) Microelectrode Techniques. The Plymus Workshop Handbook. Company of Biologist Ltd., Cambrige, pp83-104
9. Sigworth, F.J. & Sine, S.M. (1987) Data transformations for improved display and fitting of single channel dwell time histograms. Biophys. J. 48, 149-158
10. Jackson, M.B. (1992) Stationary single-channel analysis. Method Enzymol. 207, 729-746
11. 中川徹、小柳義夫（1982）最小二乗法による実験データ解析. 東大出版会、東京
12. 粟屋隆（1991）データ解析 第2版. 学会出版センター、東京
13. French, R.J. & Wonderli, W.F. (1992) Software for acquision and analysis of ion channel data:choices, tasks, and strategies. Method Enzymol. 207, 711-728
14. Colquhoun, D. & Hawkes, A.G. (1981) On the stochstic properties of single ion channels. Proc. R. Soc, London B 211, 205-235
15. Colquhoun, D. & Hawkes, A.G. (1983) On the stochastic properties of bursts of single ion channel openings and clusters of bursts. Phil. Trans. R. Soc. London B 300, 1-59

6章　チャネルノイズ解析法

　細胞膜には複数種のイオンチャネルが分布し、細胞機能を様々な側面で担っている。イオンチャネルは1ミクロン平方（μm^2）あたり数個から数千個の密度で細胞膜上に存在する。これらのイオンチャネルは、膜電位パルスあるいはアゴニストの投与などによって活性化され、流れる電流はイオン電流として記録される。

　イオンチャネルの動態解析の手段として、今日ではpatch clamp法による単一チャネル電流記録に優る手段はない。単一チャネル記録によれば、チャネルのゲート特性、イオン選択特性そして単位伝導度も正確に知ることができる。しかし、単一チャネル記録はあくまでもパッチ膜に隔絶された数個のイオンチャネルからの記録であって、例えば1個の細胞全体に発現するイオンチャネルの総数を知ることは困難である。さらに、多くの場合S／N比が最適化された実験条件下での解析でもあり、実験条件はそれほど広い自由度を持たない。本稿で解説するチャネルノイズの解析は、少なくともチャネル総数の情報を得る点においては単一チャネル記録法に優るものである。さらに、小さな電流現象であって単一チャネル電流現象としては記録できない場合でも電流の揺らぎとしては観察できることもあり、古典的な手法であるノイズ解析法が未だに光を失わない理由でもある。

　神経生物学領域のノイズ解析は1950年代に始まる[1]。これは活動電位の発射頻度の揺らぎの解析である[2]。我々が本稿で取り扱う、イオンチャネルに起源を持つ電流雑音に生理学者が注目し始めたのは1970年前後からである。Katz & Miledi[3,4]によって神経筋接合部シナプスにおいてイオン電流の揺らぎが初めて取り扱われてからである。1972年に発表されたStevensの細胞電気雑音の考察[5]およびAnderson & Stevensによる1973年のAChチャネル電流雑音解析の論文[6]は高い論理性とデータの美しさから、当時非常に大きな影響を与えた。私自身、学部学生-大学院生の頃こうした論文に感銘を受け、いつか自分も同じような仕事をしたいと思ったものである。その頃の感銘を思い出しながら本稿では定常電流雑音の解析はStevens[5,6]に沿って説明し、非定常電流雑音の解析はその後のSigworth[7,8]を参考に進める。

I. 細胞膜の発生する背景ノイズ

　細胞膜は電気的には抵抗Rと容量Cの並列の等価回路として表現される。これはそれぞれ膜を横切って流れる電流の伝導系（イオンチャネル、イオントランスポータなど）と電流を流さない非伝導系としての脂質膜構造を反映したものである。それぞれが電気的な雑音を発生し、イオンチャネルの開閉に由来するいわゆるチャネルノイズに対して背景雑音となる。

　背景雑音として考慮すべきものは抵抗成分としての細胞膜が発生源となる熱雑音、イオンが膜を横切ることに対応するshotノイズ、1/fノイズなどである。この中で、shotノイズは相当に高い周波数帯域の現象であり、速くともmsecオーダーのチャネル開閉ノイズにはほとんど影響を与えないと考えられる。それに対して、1/fノイズはチャネル電流ノイズと周波数帯も強度も重なることから、時に深刻な背景雑音となる。

　1/fノイズはピンクノイズとも呼ばれ、様々な自然現象で頻繁に観察される。生体膜でも一時期その存在が注目されたが[9,10]、発生のメカニズムは不明のままである。

　熱雑音には細胞膜および測定機器からの影響がもっとも大きく反映する。熱雑音はJohnsonによ

って発見され、Nyquist によって数学的な表現が与えられたことから、Johnson ノイズとも呼ばれる。電流を流す全ての物体で生ずる電子の熱的な揺らぎに伴う非周期的な電流変動であり、(式2) あるいは（式3）の形式で表現される。

細胞膜をインピーダンス Z(f)として捉える時、抵抗 R を通って流れる電流はオームの法則に従う。しかしながら、容量 C を通って流れる電流には周波数（時間）依存性がある。すなわち、電圧 V が加わるとき、抵抗を通って流れる電流は V/R であるのに対して、容量を通って流れる電流は変動分を反映する $C\frac{dV}{dt}$ である。抵抗、容量を周波数応答特性を含めて表現すると、$Z_R = R, Z_C = \frac{j}{\omega C}$ である。ここで $j^2 = -1$ であり、$\omega = 2\pi f$ である。したがって、Z_R と Z_C の並列の系としての細胞膜インピーダンスは（式1）となる。

$$Z_m = \frac{1}{\frac{1}{Z_R} + \frac{1}{Z_C}} \qquad (1)$$
$$= \frac{R}{1+(\omega C R)^2}(1+j\omega C R)$$

さらに、膜インピーダンスに由来する電圧雑音の周波数成分を表すパワースペクトルは次のようになり、Nyquist の定理とも呼ばれる。

$$S_V(f) = 4kT \cdot \text{Re}(Z(f)) \qquad (2)$$

ここで、k、T はそれぞれ Boltzmann 定数、および絶対温度である。Re(Z(f))はインピーダンス Z(f) の実数成分を意味する。また（式3）は電流雑音のパワースペクトルである。

$$S_I(f) = 4kT \cdot \text{Re}(1/Z(f)) \qquad (3)$$

RC 回路としての細胞膜ではそれぞれ次のようになる。

$$S_V(f) = 4kT \cdot \frac{R}{1+(2\pi f \cdot RC)^2} \qquad (4)$$

$$S_I(f) = 4kT \cdot \frac{1}{R} \qquad (5)$$

したがって膜の抵抗 R が大きければ背景電流雑音（式 5）は小さく、この背景成分によるチャネルノイズへの影響も小さくなる。しかしここで注意すべき事は背景電圧雑音 σ_V^2 である。これは初段の増幅器特性に主に起因する雑音であり、電極回りのいわゆる浮遊容量 C_S によって容量性の電流雑音 σ_{Icap}^2 を発生し背景電流雑音を著しく大きくする事もある。この関係を強いて数式化すれば、（式6）のように理解できる。

$$\sqrt{\sigma_{Icap}^2} = C_S \frac{d\sqrt{\sigma_V^2}}{dt} \qquad (6)$$

II．定常状態でのチャネル電流ノイズの解析

Anderson & Stevens[6] はカエルの神経筋接合部（終板、End-plate）を用いて、膜電位固定下に ACh で生ずるイオン電流の揺らぎを詳細に検討した。ACh チャネルに由来する膜電位の揺らぎはそれ以前に Katz & Miledi[3,4] によって観察されており、100 pS 程度の単位伝導度を持つイオンチャネルの関与が考察されていた。Anderson & Stevens[6] は低濃度の ACh をあたえ、チャネル開確率を低く保った状態で電流雑音を解析した。膜電位固定下に ACh を電気泳動的に極微量神経筋接合部に与えると図1Bに示すように 120 nA の電流 μ_I が流れた。高い増幅度での観察によれば静止状態に比べて非常に大きな電流の揺らぎが観察される（図1A）。こうしたイオン電流の揺らぎから伝導度の分散（式7）を計算しその時の平均伝導度（式8）に対してプロットしたのが図2である。伝

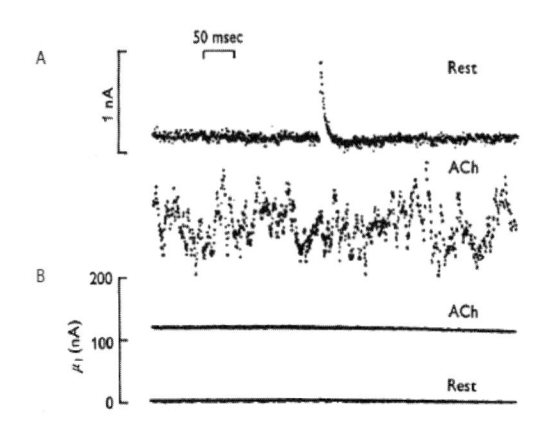

図1 膜電位固定下での ACh チャネル電流
Aの2本のトレースは静止状態 (rest) および ACh 投与 (ACh) に対応した電流の揺らぎの成分。静止状態の電流トレースには mEPC も記録されている。Bの2本のトレースはAに対応する、平均電流量を示す。カエル神経筋接合部。(Anderson & Stevens 1973)

導度の分散値と平均値は直線関係を示した。これは、チャネルの開確率が小さい ($p \ll 1$) ときの分散と平均値の関係である。すなわち、個々の ACh チャネルは開いた状態を確率 p でとり、閉じた状態を確率 1 − p で取るとき、二項分布の定理からチャネルの平均開確率は $\mu = p$ であり、開確率の分散は $\sigma^2 = p(1-p) \approx p$ となる。N個のチャネルの場合はそれぞれN倍した値となる。またチャネルの伝導度は平均電流量と $\mu_I = \mu_g(V - V_{eq})$ の関係にあり、電流の分散 σ_I^2 と伝導度の分散 σ_g^2 の間には $\sigma_I^2 = \sigma_g^2 \cdot (V - V_{eq})^2$ の関係がある。ここで、Vは膜電位であり V_{eq} は反転電位(平衡電位)とする。さらに、AChチャネルの単位伝導度を γ とするとき、伝導度の分散および伝導度の平均は、それぞれ(式7)、(式8)のようになるので、伝導度の分散値 σ_g^2 を平均伝導度 μ_g に対してプロットしたときのスロープは単位伝導度 γ を与える(式9、図2)。

$$\sigma_g^2 = \gamma^2 \cdot N \cdot p(1-p) \approx \gamma^2 \cdot N \cdot p \tag{7}$$

$$\mu_g = \gamma \cdot N \cdot p \tag{8}$$

$$\sigma_g^2 = \gamma \cdot \mu_g \tag{9}$$

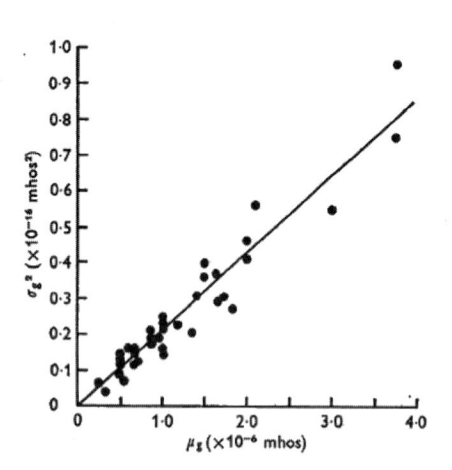

図2 伝導度分散値の平均値に対するプロット
−140 mV から +60 mV 間で記録した。スロープより求めた ACh 受容体チャネルの単一伝導度は 19 pS。(Anderson & Stevens 1973)

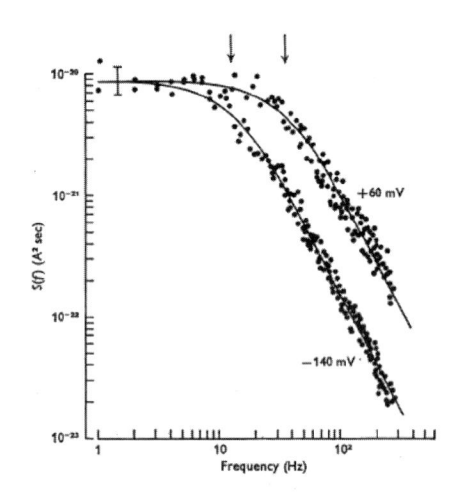

図3 ACh 電流ノイズとパワースペクトル
ローレンツ型のパワースペクトルを生じ、電流雑音を記録した電位に応じてコーナー周波数 (fc、矢印) が変わる。(Anderson & Stevens 1973)

Anderson & Stevens[6]は引き続いて、ACh電流雑音からパワースペクトルを求めた（図3）。これは、図1Aの電流雑音を高速フーリエ変換（Fast Fourier Transform、FFT）した結果として求めたものであり、低周波数領域では一定値 $S(0)$ をとり、そして周波数が高い領域では $1/f^2$ で減衰するスペクトル強度分布を持つ。ローレンツ型 Lorentzian と呼ばれるスペクトル形態である。低周波数領域のスペクトル強度の半分のスペクトル強度を与える周波数はコーナー周波数 f_c と呼ばれ、チャネルの開閉機構と密接な関係がある。Anderson & Stevens はACh チャネルのゲート機構を(式10)のように考え、f_c は α を用いて（式11）の様に定義した。

$$nT + R \underset{}{\overset{K}{\rightleftarrows}} TnR \underset{\alpha}{\overset{\beta}{\rightleftarrows}} TnR^* \qquad (10)$$

ここで、K は ACh と受容体結合の平衡定数であり、n は受容体当たり結合する ACh 分子数である。T は ACh 分子を示し、R は ACh 受容体、TnR および TnR* はそれぞれチャネルの閉状態および開状態である。α、β はそれぞれ開いている状態から閉じた状態、閉じた状態から開いた状態への状態間遷移の速度定数である。c を ACh 分子 T の濃度とした場合、平衡常数 K により n 個の ACh 分子が結合した閉状態のチャネル TnR は Kc^n の存在確率を持つ。したがって、このモデルでは閉状態から開状態への遷移速度は βKc^n となる。βKc^n が開状態から閉状態への遷移速度 α に対して著しく小さく無視できる条件では、コーナー周波数 f_c は（式11）となる。

$$f_C = \alpha/2\pi \qquad (11)$$

（式11）は関係式（式10）から求められたパワースペクトル関数（式12）による。

$$S_I(f) = \frac{S_I(0)}{1+(f/f_C)^2} = \frac{2\gamma\mu_I(V-V_{eq})/\alpha}{1+(2\pi f/\alpha)^2} \qquad (12)$$

Anderson & Stevens[6] は電流雑音パワースペクトルのコーナー周波数 f_c から求めた ACh チャネルの開状態から閉状態への速度定数 α を EPC（終板電流、End-plate Current）および mEPC（微小終板電流、miniature End-plate Current）の下降相の時定数の逆数から求めた速度定数と比較した（図4）。EPC および mEPC は速い立ち上がりとゆっくりとした下降相を持つ。Magleby & Stevens[11] によればこの下降相はチャネルの開状態から閉状態への遷移過程に対応したものであり、指数関数的な膜電位依存性を持つ。図4は ACh 電流ノイズ（□）、EPC（+）、mEPC（△）の独立した3つのソースから推定した速度定数が完全に一致することを示している。

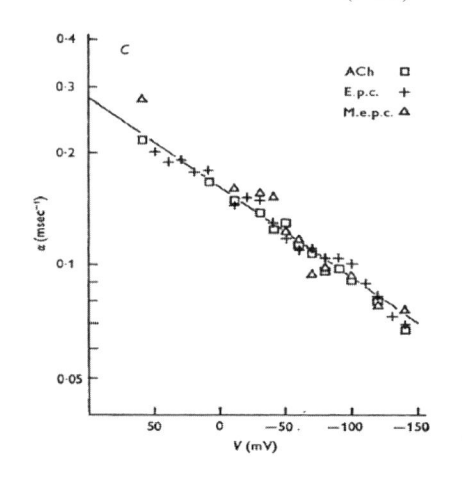

図4 ACh受容体の開状態から閉状態への状態間遷移速度定数の膜電位依存性
3種類の実験で得られた速度定数が同一の膜電位依存性を示す。AChノイズ（□）、終板電流（EPC、+）、微小終板電流（mEPC、△）からの推定。（Anderson & Stevens 1973）

さて（式12）は、FFTにより得られた電流雑音スペクトルを解析する上で基本的な関数である。その導入にはゲート機構に関する詳細なモデルが必要であり、単位伝導度 γ およびコーナー周波数 f_c から得られる速度定数 α の推定値は、次の項で説明するようにゲート機構モデルによって影響される。従って、実験データの評価には図4に示すように、独立した実験によるデータの整合性の検討が必要である。

III. Anderson&Stevensによる電流ノイズの確率過程としての取り扱い

終板シナプス間隙でのACh濃度をc（c = [T]）とする。また、ACh分子Tと受容体Rとの結合は充分速く常に平衡定数Kで現される平衡状態にあるとし、電流ノイズはTnRとTnR*間の状態間遷移によって生ずると仮定する（式10）。このとき、TnRはKc^nに比例した存在確率を持つことから、開状態への遷移速度はβKc^nとなる。開状態から閉状態への遷移速度はαである。初期条件（時刻 t = 0 でのチャネルの状態）が k（k = <u>O</u>pen 開状態または <u>C</u>losed 閉状態）であるとき、時刻tでチャネルが開いている確率を意味する条件付き確率 p(k|t)は次のように表現される（式13）。また、このモデルではチャネルの開確率が著しく小さい条件、すなわちβKc^nがαに比べて小さい状況を想定している。

$$\begin{aligned}\frac{dp(k|t)}{dt} &= \beta \cdot Kc^n - (\alpha + \beta \cdot Kc^n) \cdot p(k|t) \\ &= \beta \cdot Kc^n - \alpha \cdot p(k|t)\end{aligned} \quad (13)$$

ここで、k = o、c とする。

定常状態の開確率 p_∞ は条件付き確率 p(k|t)と次の関係がある。

$$p_\infty = p(o|\infty) = p(c|\infty) = \frac{\beta}{\alpha}Kc^n \quad (14)$$

（式13）をそれぞれ k = c、k = o について解くと、次のようになる。

p(c|t)では初期条件 p(c|0) = 0 により

$$p(c|t) = p_\infty(1-\exp(-\alpha t)) = \frac{\beta}{\alpha}Kc^n[1-\exp(-\alpha t)] \quad (15)$$

p(o|t)では p(o|0) = 1 により

$$\begin{aligned}p(o|t) &= p_\infty + (1-p_\infty)\exp(-\alpha t) \\ &= \frac{\beta}{\alpha}Kc^n + \exp(-\alpha t)\end{aligned} \quad (16)$$

こうした条件下に、1個のACh受容体チャネルが開状態と閉状態との間を揺らぐときに生ずる電流ノイズのスペクトルを推定する。N個のチャネルの場合はチャネル同士が独立した揺らぎをする限り1個での結果をN倍する事によって得られる。また定常状態では時間軸の原点が何処にあっても統計的性質は変わらない（エルゴード性と呼ばれる）ので、t = 0 の回りの揺らぎを考察する。

ここで問題にする電流ノイズは時間間隔Δtで標本化されているものである｛$\mu_1(t = j \cdot \Delta t)$、j = 1、2…、L｝。こうした時系列標本に対して平均値は個々の時間における標本値の和を標本の数Lで割った値である。

$$\begin{aligned}\langle\mu_1(t)\rangle &= \frac{\sum_j^L \mu_1(j\cdot\Delta t)}{L} \\ &= \mu_{1\infty} = p_\infty \gamma(V-V_{eq})\end{aligned} \quad (17)$$

自己相関関数$C_1(\tau)$は二つの時刻 t と t+τ における標本値の積の平均値として定義される。チャネル1個の電流の揺らぎの成分を$\Delta\mu_1(t) = \mu_1(t) - \mu_{1\infty}$と定義するとき、揺らぎの自己相関関数（$C_1(\tau)$）は次のようになる。

$$\begin{aligned}C_1(\tau) &= \langle\Delta\mu_1(0)\cdot\Delta\mu_1(\tau)\rangle = \langle\mu_1(0)\cdot\mu_1(\tau)\rangle - \mu_{1\infty}^2 \\ &= \gamma^2(V-V_{eq})^2\left[p_\infty \cdot p(o|\tau) - p_\infty^2\right]\end{aligned} \quad (18)$$

ここで $\langle \mu_1(0) \cdot \mu_1(\tau) \rangle = \gamma^2 (V-V_{eq})^2 p_\infty \cdot p(o|\tau)$ 、そして $\langle \mu_1(\tau) \rangle = \mu_{1\infty} = \gamma \cdot p_\infty (V-V_{eq})$ である。（式14）および（式16）式より（式18）は次のようになる。

$$C_1(\tau) = \gamma^2 (V-V_{eq})^2 \frac{\beta}{\alpha} Kc^n \cdot \exp(-\alpha \tau) \tag{19}$$

すでに述べたように、N個のチャネルから生ずる雑音は、個々のチャネルが独立して開閉する場合、1個のチャネルから生ずる雑音のN倍となる。したがって、N個のチャネルの場合の自己相関関数は（式19）のN倍である。N個のチャネルから生ずる電流雑音のパワースペクトル密度関数も（式19）をN倍しフーリエ変換することにより求められる（式20）。

フーリエ変換に際し、自己相関関数は偶関数であり、初期位相0の余弦関数で表現できることを用いて計算を簡略化する[12]。自己相関関数の様々な性質、特に偶関数であること、$\tau = 0$ の自己相関関数値は分散値に等しいこと、自己相関関数とパワースペクトルの関係などは、Lee[12] あるいは Bendat & Piersol[13] に詳しく議論されている。

$$\begin{aligned}
S_N(\omega) &= N \int_{-\infty}^{\infty} C_1(\tau) \cdot \exp(-j\omega \tau) d\tau \\
&= \gamma^2 (V-V_{eq})^2 \frac{\beta}{\alpha} Kc^n \cdot N \cdot \left[2\int_0^\infty \exp(-\alpha \tau) \cdot \cos(\omega \tau) d\tau \right] \\
&= \frac{2\gamma^2 (V-V_{eq})^2 \cdot \beta Kc^n \cdot N}{\alpha^2 + \omega^2} \\
&= \frac{2\gamma (V-V_{eq}) \cdot \frac{\mu_N}{\alpha}}{1 + \left(\frac{\omega}{\alpha}\right)^2} \\
&= \frac{2\gamma (V-V_{eq}) \cdot \frac{\mu_N}{\alpha}}{1 + \left(\frac{2\pi f}{\alpha}\right)^2} = S_I(f)
\end{aligned} \tag{20}$$

ここで μ_N はN個のチャネルを流れる ACh 電流の平均値である。

$$\mu_N = \gamma (V-V_{eq}) p_\infty \cdot N = \gamma (V-V_{eq}) \frac{\beta}{\alpha} Kc^n \cdot N \tag{21}$$

さらにN個のチャネルを流れる ACh 電流の分散値は（式22）となる。

$$\sigma_N^2 = N C_1(0) = N\gamma^2 (V-V_{eq})^2 \frac{\beta}{\alpha} Kc^n \tag{22}$$

したがって、N個のチャネルを流れる ACh 電流の分散と平均との関係が（式23）のように導かれる。

$$\sigma_N^2 = \gamma (V-V_{eq}) \mu_N \tag{23}$$

これは（式9）に等価である。

ただし、閉状態から開状態への遷移速度（βKc^n）が開状態から閉状態への遷移速度 α に比べて無視できない場合には（式13）から、$p_\infty = \beta K_c^n / (\alpha + \beta K_c^n)$ となる。p_∞ はもはや1に対して無視できる値ではなく、単位伝導度の評価においてもチャネルの定常状態での開確率（p_∞）の情報が必要となる。

Ⅳ. 定常状態での電流ノイズの一般的な取り扱い

　Anderson & Stevens[6]はチャネル開確率 p_∞ が非常に小さい条件下で定常状態の電流ノイズを解析した。その結果、分散と平均に直線関係が成り立ちモデルは単純化された。しかし、開確率 p_∞ が小さい条件は必ずしも常に成り立つことではない。したがって、チャネル開確率 p_∞ が1に対して無視できない場合を含めた、より一般的なゲートモデルについて以下に検討する。これは1個のゲート分子を想定した Hodgkin & Huxley 形式のモデルに基づいた解析であり、より多くのゲート分子を想定する場合でも、p_∞（式25）および条件付き確率 p(o|t)（式28）を、モデルに応じて多少改訂する事で対応できる一般性を持つ。

　ここで考察するモデルは次の条件下に成立する。

　　　　(i)　イオンチャネルは開状態と閉状態を持つ。
　　　　(ii)　開状態と閉状態とは速度定数（α, β）で状態間遷移する。
　　　　(iii)　個々のイオンチャネルの状態間遷移は共存する他のチャネルの動態による影響を受けない。

はじめに1個のイオンチャネルの動態を(i)および(ii)の条件の基に考察する。

$$\text{閉状態} \underset{\alpha}{\overset{\beta}{\rightleftarrows}} \text{開状態} \tag{24}$$

（式24）から定常状態ではチャネルの開催率 p_∞ と閉状態の確率 $1-p_\infty$ は次のように表現される。

$$p_\infty = \frac{\beta}{\alpha+\beta}, \quad 1-p_\infty = \frac{\alpha}{\alpha+\beta} \tag{25}$$

さらに開確率が時間の関数として変動するとき、（式24）からチャネルの開確率は確率微分方程式として次のようになる。

$$\frac{dp}{dt} = \beta - (\alpha+\beta)p \tag{26}$$

ここで時刻 t = 0 で開いている場合の条件付き確率を（式14）と同じように定義すると、

$$\begin{aligned} p(o|0) &= 1 \\ p(o|\infty) &= p_\infty \end{aligned} \tag{27}$$

また、p(o|t)は次のようになる。

$$p(o|t) = p_\infty + (1-p_\infty)\cdot\exp\{-(\alpha+\beta)t\} \tag{28}$$

次に1個のチャネルの定常状態での揺らぎを考察するために自己相関関数を定義する。

$$C_1(\tau) = \langle \Delta i(\tau)\cdot\Delta(t+\tau)\rangle \tag{29}$$

先に述べたように定常状態での時刻tの回りの自己相関関数は時刻0の回りの自己相関関数に等しい。さらに、単一チャネルを流れる平均電流量が $\mu_1 = \gamma(V-V_{eq})\cdot p_\infty$ であることから、

$$\begin{aligned} C_1(\tau) &= \langle \Delta i(0)\cdot\Delta i(\tau)\rangle \\ &= \langle (i(0)-\mu_1)\cdot(i(\tau)-\mu_1)\rangle \\ &= \langle i(0)i(\tau)\rangle - \mu_1^2 \\ &= \gamma^2(V-V_{eq})^2\{p_\infty\cdot p(o|\tau) - p_\infty^2\} \\ &= \gamma^2(V-V_{eq})^2\, p_\infty(1-p_\infty)\cdot\exp\{-(\alpha+\beta)\tau\} \end{aligned} \tag{30}$$

N個のチャネルの場合は第(iii)の条件、すなわちイオンチャネルの独立性から、$C_1(\tau)$のN倍として次のように求められる。

$$C_N(\tau) = N \cdot \gamma^2 (V - V_{eq})^2 p_\infty (1 - p_\infty) \cdot \exp\{-(\alpha + \beta)\tau\} \quad (31)$$

ここでN個のチャネルを流れる平均電流量を $\mu_N = N \cdot \mu_1$ とするとき、N個のチャネルで形成される電流の揺らぎのパワースペクトルは、$C_N(\tau)$（式31）から次のようになる。

$$\begin{aligned} S(f) &= \int_{-\infty}^{\infty} C_N(\tau) \cdot \exp(-j\omega\tau) d\tau \\ &= 2 \int_0^\infty C_N(\tau) \cdot \cos(\omega\tau) d\tau \quad (32) \\ &= 2N\gamma^2 (V - V_{eq})^2 p_\infty (1 - p_\infty) \int_0^\infty \exp\{-(\alpha + \beta)\tau\} \cdot \cos(\omega\tau) d\tau \end{aligned}$$

ここで $\omega = 2\pi f$ であることから、（式32）は、平均電流値 μ_N を用いて次のようになる。

$$\begin{aligned} S(f) &= \frac{2\mu_N^2 (1 - p_\infty) \tau_m}{N p_\infty [1 + (2\pi f \cdot \tau_m)^2]} \\ &= \frac{2N\gamma p_\infty (V - V_{eq}) \mu_N (1 - p_\infty) \cdot \tau_m}{N p_\infty [1 + (2\pi f \cdot \tau_m)^2]} \quad (33) \\ &= \frac{2\gamma (V - V_{eq}) \mu_N (1 - p_\infty) \cdot \tau_m}{1 + (2\pi f \cdot \tau_m)^2} \end{aligned}$$

ここで $\tau_m = \dfrac{1}{\alpha + \beta}$ である。これは1個のゲート分子mを想定した時のチャネル開閉の時定数である。（式33）のパワースペクトルからは、定常状態でのチャネルの開確率 p_∞ および平均電流量 μ_N を知る事が出来れば、単一電流伝導度 γ を推定することが出来る。なお τ_m はパワースペクトルのコーナー周波数 f_c からも $\tau_m = 1/(2\pi f_c)$ として推定することは出来る。

V. 非定常状態での電流ノイズの解析

チャネル開確率は通常一定値に維持されるのではなく、経時的に変化するのが一般的である。こうした状況下でも平均値と分散値の関係から単一チャネルの性質を推定することは可能である。Sigworth[7] は膜電位パルスに応じて開確率が増加しその後不活性化過程を反映して減少する Na チャネル電流に応用して 7 pS の単位伝導度をもつ Na チャネルがカエル有髄神経線維ランヴィエ絞輪におよそ 1000 個/μm^2 の密度で存在することを示した。

Na 電流には不活性化過程が存在することから、これまでの定常電流ノイズ解析の手法をそのまま当てはめることはで

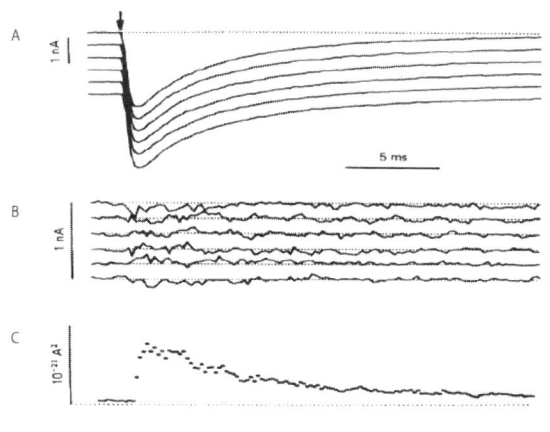

図5 Na チャネル電流の ensemble ノイズ
8本のトレースを単位として統計処理をすることで、平均値回りのNa電流揺らぎを検出した。Aは8本のトレースはNa チャネル電流。Bは平均値との差としての揺らぎの成分。Cは、各時点におけるNa電流の分散値。(Sigworth 1980)

きない。Sigworth は Na 電流の集合平均と平均値の算出に用いた個々の Na 電流トレースとの差分に含まれる揺らぎの成分に注目した。図5Aは Δt 時間間隔でサンプルした8本の Na 電流トレース $I_k(j)$、(k = 1、M) とこれら8本（M = 8）の電流の各時点 $t = \Delta t \cdot j$、（j = 1、L）での平均値 $\mu_j(j)$ を個々の Na 電流トレース$\{I_{jk}(j)\}$から対応する時点 j で差し引きする事で現れた揺らぎの成分（図5B）、および個々の時点で計算された電流の分散値である（図5C）。また、L は個々のトレースにおけるデータ数、すなわち図5の横幅に対応する点の数であり通常 500 あるいは 1000 程度の数である。各時点 j の平均値 μ_j および分散値 σ_j^2 を1組M個 (k = 1、M) のトレースから計算すると、これらは電流 $I_{jk}(t)$ の関数として次のようになる。

$$\mu_j(t) = \frac{1}{M}\sum_{k=1}^{M} I_{jk}(t) \tag{34}$$

$$\sigma_j^2 = \frac{1}{M-1}\sum_{k=1}^{M}\left[I_{jk}(t) - \mu_j(t)\right]^2 \tag{35}$$

これらの関数は、γ の単位伝導度を持つN個の Na チャネルから生ずる電流の平均値および分数値としてチャネルの開確率 p(t) を用いて以下のように表現される。

$$\mu_N(t) = N\,p(t)\gamma\left(V - V_{eq}\right) \tag{36}$$

$$\sigma_N(t)^2 = N\,p(t)\left[1 - p(t)\right]\gamma^2\left(V - V_{eq}\right)^2 \tag{37}$$

したがって、$\sigma_N(t)^2$ と $\mu_N(t)$ の比をとることにより次の関係式が得られ、分数値と平均値の各時点での比は p(t) の関数として変化する。

$$\frac{\sigma_N(t)^2}{\mu_N(t)} = \left(1 - p(t)\right)\gamma \cdot \left(V - V_{eq}\right) \tag{38}$$

これは、さらに平均電流量 $\mu_N(t)$ の関数として次のようにも変形できる。

$$\frac{\sigma_N(t)^2}{\mu_N(t)} = \gamma\left(V - V_{eq}\right) - \frac{\mu_N(t)}{N} \tag{39}$$

この関係式によって、分数値と平均電流量の比を各時点で平均電流量に対してプロットする事により単位電流量 γ(V − V_{eq}) そして単位伝導度 γ を推定することができる。また直線の傾きよりチャネル数 N を推定できる[14]。欠点は、平均電流量として現実に得られるデータはわずかに揺らぎを含むものであり、電流値が 0 レベルの上下に揺らぐ場合には（式39）は平均値が 0 を横切る時点で発散してしまうことである。電流の平均値が 0 にならないような充分な注意が応用に当たって必要である。

一方、分散値 $\sigma_N(t)^2$ を平均電流量 $\mu_N(t)$ の関数として次のように現すこともできる。

$$\sigma_N(t)^2 = \gamma\left(V - V_{eq}\right)\cdot\mu_N(t) - \frac{1}{N}\cdot\mu_N(t)^2 \tag{40}$$

これは二次曲線を与え分散は p(t) = 0.5 の時点で最大値となる。図6は（式40）によるプロットである。

定常状態でのノイズとは異なり非定常状態でのノイズ解析、特にここに示した ensemble noise 法（集合ノイズ法）による解析では、特別なゲートモデルを仮定する必要がなく、単純に二項分布に従うチャネルのゲート機構のみを条件とする。これは広く成り立つ条件であり、その結果、非定常状態でのノイズ解析は応用性の高い解析手法となっている。

最近、繰り返し誘発したシナプス電流を対象とした ensemble ノイズ解析が行われている。この

6章 チャネルノイズ解析法   83

とき記録されるシナプス電流の揺らぎにはシナプス前に起因する成分とシナプス後に起因する成分とがある。シナプス前の揺らぎ成分は、量子的な伝達物質放出機構によって発生する、すなわち伝達物質量の揺らぎを含む。したがってシナプス電流のノイズ解析には毎回の刺激に応じた神経伝達物質の一定量の放出が確保される安定した条件、あるいはシナプス前性の揺らぎを何らかの方法により補償する必要がある。シナプス後の揺らぎの成分は、これまで説明してきた論理で受容体チャネルの開閉による電流ノイズとして解析が可能である[19, 20]。

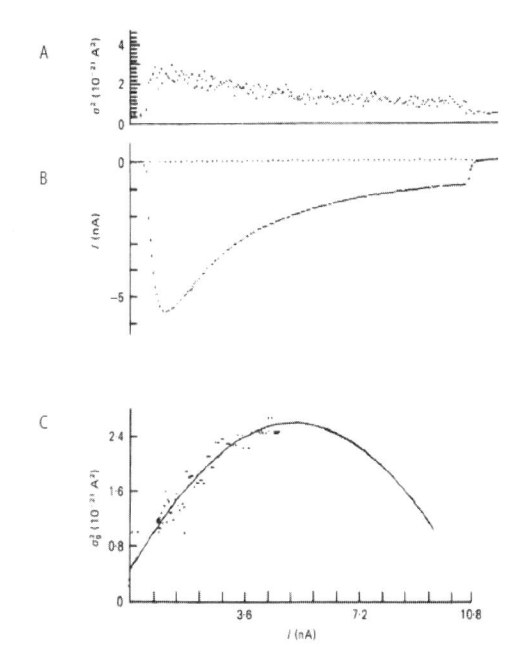

図6 Na 電流の分散（A）および平均電流量（B）と、平均値に対して各時点でプロットした分散値（C）上に凸の2次曲線で近似できる。単位 Na チャネル電流は −0.55 pA、Na チャネル数は 20,400 個と推定した。(Sigworth 1980)

VI. ノイズ解析の実際および記録・解析に際して注意すべき事

　生理学実験のほとんど全ては研究室のパーソナルコンピュータを用いて行われる今日、ノイズ解析を行うことはそれほど困難なことではない。パッチクランプ実験に用いるデータ入出力システムには様々なアプリケーションが付属しており、研究者のほんのわずかの意欲次第で本稿で解説した電流ノイズ解析はすぐにでも実行可能であろう。したがって、殊更に高速フーリエ変換[15]やパワースペクトル[12]、あるいは個々の計算処理の実際[13]を議論するのは本稿では意味がないと思う。むしろ実際の実験において行うノイズデータの収集・解析に当たって重要と思われることを挙げる。

　電流ノイズには解析の対象と考えるイオンチャネルに由来するノイズ以外にも様々な起源を持つノイズ σ_j^2 が混在している。

$$\sigma_I^2 = \sigma_{channel}^2 + \sum_j \sigma_j^2 \tag{41}$$

　こうした状況下においていかにして、解析すべきチャネルノイズを高い精度で抽出するかが問題である。特に、定常状態での電流ノイズの場合には一定の実験状況をデータサンプルの間維持する必要があり、気づかずに様々な揺らぎ成分の混入が起こりやすい。実験に用いる膜電位領域の選択、あるいは薬理学的な手法などを用いて対象外のイオンチャネル活動を抑え、可能な限り対象とするイオン電流のみを記録することが重要である。非定常状態での電流ノイズの場合はリーク電流等の増減、対象とするイオン電流の波形の変化などから、一連の電流記録が果たして同一の統計的性質を維持し続けているかに常に注意すべきである。様々な要因による分散値の増加

を評価するべきである[16]。可能な場合には、背景の電流ノイズ成分に由来する分散値を同定評価し、差し引ける事が望ましい。

つぎにA／D変換器によるデータ収集の速度と、データに含まれる周波数成分を注意深く評価する必要がある。A／D変換をサンプル時間間隔hで行うとき、その時系列データに含まれる周波数成分はNyquist周波数（式42）以下の周波数成分である。

$$f_{Nyquist} = \frac{1}{2 \cdot h} \quad (42)$$

つまり、$f_{Nyquist}$以上の周波数成分を持つ現象をA／D変換しても、正確な周波数成分としてサンプルできないばかりか、Nyquist周波数で折り返され、より低い周波数成分として現れる（折り返し現象、aliasing）。そして、パワースペクトルを乱してしまう。非定常状態の電流ノイズの場合には、不必要に分散値を増大させ最終的な単位伝導度あるいはチャネル数の推定を誤る可能性がある。

ノイズ解析の場合以上の理由から低域通過型フィルターによる余分の揺らぎ成分の除去は必須である。低域通過型フィルターには周波数領域と時間軸領域とで応答特性に違いがみられるので使用に際しては注意を要する場合がある。定常状態でのノイズ解析の場合、多くは周波数軸上でパワースペクトル解析する。この目的にはバターワース特性を持つフィルターを用いる。$f_{Nyquist}$以上の周波数成分をシャープに取り除くことができる。一方、非定常状態での解析は時間軸上で行われ、この場合にはベッセル特性を持つフィルターを用いる。バターワース特性のフィルターはステップ状の入力信号に対して立ち上がり立ち下がり時にシャープな棘を生ずるので好ましくない。またベッセル特性のフィルターは周波数軸上で観察すると遮断周波数付近がバターワース特性のフィルターに比べてなだらかであり、パワースペクトル観察には適さない場合もある。いずれのフィルターを用いる場合にも、電流現象の持つ時間依存性から予測される周波数特性を考慮し、A／D変換周波数を定め、Nyquist周波数近傍の遮断周波数特性を持つ低域通過型フィルターを使用する。

ノイズ解析によって得られる単一チャネル伝導度は、多くの場合パッチ記録による単一チャネル電流から求めた伝導度より小さな値となる[17]。これは記録系の限られた周波数応答特性によることが大きい。すなわちイオンチャネルの開閉で生ずる単一チャネル電流は速い立ち上がりと立ち下がりを持つ矩形波状の時間経過を示す。こうした単一チャネル電流事象が多数集まって電流ノイズを構成する[18]。また矩形波をパワースペクトル展開すると、次第にスペクトル密度は小さくなるものの繰り返し現れる周波数成分が無限に続く（Lee、1960）[12]。しかしながら、現実には限られた周波数応答特性を持つ測定器と上に述べたA／Dサンプルの特性から、高い周波数の揺らぎ成分の多くは失われてしまい、その分正当に評価されるべき分散値が小さく、単位伝導度の推定値も小さくなる。非定常状態でのノイズ電流の解析では特にチャネルのゲートモデルに依存しない分、得られた推定値に対する評価が難しい。定常状態での電流ノイズ、非定常状態での電流ノイズのいずれにおいても、巨視的な電流の解析から得られるチャネルの予想される性質（ゲートモデル）との比較（図4）、膜電位依存性、薬理学的特性など、最終的な評価は複数の判断基準で行えることが望ましい。

文献

1. Hagiwara, S. (1954) Analysis of interval fluctuation of the sensory nerve impulses. Jpn. J. Physiol. 4, 234-240
2. Verveen, A.A. & DeFelice, L.J. (1974) Membrane noise. Prog. Biophys. Mol. Biol. 28, 189-265

3. Katz, B. & Miledi, R. (1970) Membrane nise produced by acetylcholine. Nature 226, 962-963
4. Katz, B. & Miledi, R. (1970) Further observations on acetylcholine noise. Nature New Biol. 232, 124-126
5. Stevens, C.F. (1972) Inferences about membrane properties from electrical noise measurements. Biophys. J. 12, 1028-1047
6. Anderson, C.R. & Stevens, C.F. (1973) Voltage clamp analysis of acetylcholine produced end-plate current nuctuations at frog neuromuscular junction. J. Physiol. 235, 655-691
7. Sigworth, F.J. (1977) Na channels in nerve apparently have two conductance states. Nature 270, 265-267
8. Sigworth, F.J. (980) The variance of Na current fluctuations at the node of Ranvier. J. Physiol. 307, 97-129
9. Vervee, A.A. & Derksen, H.E. (1965) Fluctuations in membrane potential of axons and problem of coding. Kybernetik 2, 152-160
10. Poussart, D. (1971) Membrane current noise in lobster axon under voltage clamp. Biophys. J. 11, 211-234
11. Magleby, K.L. & Stevens, C.F. (1972) A quantitative description of end-plate currents. J. Physiol. 223, 173-197
12. Lee, Y.W. (1960) Statistical Theory of Communication. John Wiley & Sons, New York（不規則信号論．宮川，今井（訳）、東京大学出版会、東京）
13. Bendat, J.S. & Piersol, A.G. (1971) Random Data. Wiley-InterScience, New York（ランダムデータの統計的処理．得丸ほか（訳）、培風館、東京）
14. Ohmori, H., Yoshida, S. & Hagiwara, S. (1981) Single K^+ channel currents of anomalous rectification in cultured rat myotubes. Proc. Natl. Acad. Sci. USA 78, 4960-4964
15. Brigham, E.O. (1974) The Fast Fourier Transform. Prentice-Hall, New Jersey
16. Heinemann, S.H. & Conti, F. (1992) Nonstationary noise analysis and application to patch clamp recordings. In: Tverson, R. (ed) Methods Enzymol. vol. 207. Academic Press, San Diego
17. Hille, B. (1992) Ionic Channels of Excitable Membranes. Sinauer, Associates U.S.
18. Ohmori, H. (1981) Unitary current through sodium channel and anomalous rectifier channel estimated from transient current noise in the tunicate egg. J. Physiol. 311, 289-305
19. Robinson, H.P.C., Sahara, Y. & Kawai, N. (1991) Nonstationary fluctuation analysis and direct resolution of single channel currents at postsynaptic sites. Biophys. J. 59, 295-304
20. Traynelis, S.F. & Jaramillo, F. (1998) Getting the most out of noise in the central nervous system. Trends in Neurosci. 21, 137-145

7章 スライスパッチクランプ法

I. はじめに

　1976年にNeherとSakmannによって開発されたパッチクランプ法は、細胞膜表面の単一チャネル記録に用いられ、イオンチャネルの存在を証明するという画期的成果を生み出した。さらに1981年のHamillらのホールセルパッチクランプ法の開発により、細胞膜表面全体に存在するチャネルを通る全電流の測定や小型細胞からの記録が可能になった。しかしパッチクランプ法は、記録用電極を細胞に接着させてギガオーム（$10^9\,\Omega$）を超える密なシールを形成させる必要があるため、細胞膜を露出させた単離培養細胞に適用が制限されていた。その後、1989年にEdwardsらによってスライスパッチクランプ法が開発されると、スライス標本で局所神経回路の構造を保った状態の神経細胞から記録することが可能になり、中枢神経系におけるシナプス伝達とその修飾機構、さらには局所神経回路での信号伝達様式までも解析できるようになった。通常のスライスパッチクランプ法は細胞直視下で行うため、幼若動物から作製した薄いスライスにおいて有効な手段であるが、ブラインドスライスパッチクランプ法が開発されるに至ると、成熟動物の厚いスライスでも記録を行うことが可能となった。

　スライスパッチクランプ法は、樹状突起を広範に伸ばしている細胞から記録するためspace clampが十分にできないなど、培養細胞に比べて電気生理学的解析の厳密さにやや劣る面がある。しかし、シナプス電流を高い精度で記録できることのメリットは、そうした欠点を補って余りあるものがある。近年、シナプス前終末や樹状突起などからの記録が可能になったこと、また単一細胞RT-PCR法や各種イメージング技術との組み合わせ、caged化合物の適用、穿孔パッチ法、細胞内灌流法など研究目的に応じた技術的革新も次々と行われていることから、スライスパッチクランプ法は今後も強力な脳機能解析手段であり続けるものと考えられる。この章では、正立顕微鏡直視下でのスライスパッチクランプ法の基本的手技について概説するとともに、実際の適用例を紹介する。

II. スライスパッチクランプ法（ホールセル記録）の基本的手技

1. 概要

　パッチクランプ法の特徴として、電流固定法（current-clamp 記録）を用いた膜電位測定と電位固定法（voltage-clamp 記録）による電流測定の切り替えが比較的容易であることが挙げられる。Sharp electrodeによる細胞内記録とホールセル（全細胞）記録を比較したときの長所・短所を以下にまとめる。

	Sharp electrodeによる細胞内記録	ホールセル（whole cell）記録
長所	○ 細胞が記録内液で灌流されない ○ 厚いスライスや全動物標本での実験が比較的容易	○ 細胞を記録内液で灌流置換できる ○ 細胞内染色が容易 ○ 膜電位固定が良好 ○ 記録が安定

| 短所 | ○ 細胞内液を灌流できない
○ 細胞内染色に手間がかかる
○ 膜電位固定が困難
○ 記録が不安定 | ○ 細胞内が灌流されてしまう
○ 厚いスライスや成体（in vivo）での実験が困難（blind patch clampまたは2光子顕微鏡法を用いる必要がある） |

スライスパッチクランプ法を用いて解析可能な研究課題を以下に列挙する。

1. 細胞膜の電気生理学的性質
   基本的な膜特性（膜抵抗、膜容量など）
   電流通電に伴う活動電位発火（発火頻度など）
2. シナプス後電位（EPSP、IPSP）
   電気刺激により誘発されるPSP
3. 電位依存性イオンチャネル・ポンプの性質
   活性化・不活性化機構
   イオン透過性・イオン選択性・電位依存性
4. シナプス後電流（EPSC、IPSC）
   アゴニスト投与により誘発される受容体電流（整流性、イオン透過性）
   自発電流（spontaneous PSC）、微小電流（miniature PSC）
   電気刺激により誘発されるシナプス後電流
5. 穿孔パッチクランプ法
   細胞内機能分子を維持した条件でのシナプス伝達
   $GABA_A$受容体を介するシナプス電流（グラミシジン穿孔パッチ）
6. シナプス前終末からの記録（ただし、Calyx of Heldなど特殊な標本に限られる）
   シナプス前終末における電位依存性チャネル・各種受容体の性質
   シナプス後細胞との同時記録
7. 樹状突起からの記録
   樹状突起に発現する電位依存性チャネル・各種受容体の性質
   樹状突起へのシナプス伝達と樹状突起スパイクの解析
8. 複数細胞からの同時記録
   単一シナプス電流（unitary PSC）、単一シナプス電位（unitary PSP）
   局所神経回路におけるシナプス結合様式
9. バイオサイチン（biocytin）を用いた細胞染色（光学顕微鏡レベル〜電子顕微鏡レベル）
   記録した細胞の同定ならびに形態の観察（樹状突起、軸索、シナプス）
10. 免疫組織化学染色との併用
    特異的発現分子との関連性
11. イメージング技術との併用
    カルシウムイメージング法：細胞内カルシウム動態との同時記録
12. 分子生物学的手法との併用
    単一細胞RT-PCR：記録細胞における特異的機能分子との関連性
    遺伝子改変動物の利用：標的分子の機能探索

2．脳スライス標本の作製

スライスパッチクランプ記録の成否は、良質な脳スライス標本が作製できるか否かにかかっていると言っても過言ではない。ここでは、一般的なスライス作製手順を紹介するとともに、各過程での注意点を述べる。なお、以下の手順は幼若マウスを用いた場合について示してあるが、他の動物でも基本的に同じである。また、この章の最後で、成熟動物の脳スライス作製で問題となる点について述べる。

（1）準備

・Normal extracellular Ringer 液：脳スライス標本の保存時と記録時に用いる人工脳脊髄液。Ringer 液の組成例を以下に示す（mM）。

125 NaCl、2.5 KCl、2 $CaCl_2$、1 $MgCl_2$、26 $NaHCO_3$、1.25 NaH_2PO_4、11 glucose
（95% O_2、5% CO_2 の混合ガスでバブリングしてから使用する）

(注) $CaCl_2$, $MgCl_2$ は $NaHCO_3$ と反応して沈殿が発生するので、$NaHCO_3$ を十分に溶かした後、最後に $CaCl_2$、$MgCl_2$ を加える。

(注) 溶液組成は、実験の目的に合わせて調節する。適宜、文献を参照のこと。

(注) スライス作製中に起こる細胞死を減らすには、組織を冷却して細胞の酸素需要を下げることが有効である。スライス作製用チェンバーに入れる Ringer 液の温度上昇を防ぐため、氷ブロックもしくはシャーベット（混合ガスでバブルした Ringer 液で作製する）をあらかじめ準備しておく。より細胞死を防ぐため、modified Ringer 液を使う場合も多い（補足1を参照のこと）。

・スライス保存用チェンバーとして、小型ビーカーに normal Ringer 液を入れて、混合ガスでバブルしておく（図2参照）。

・脳のトリミングと薄切には両刃カミソリを用いる。カミソリ刃には油や接着剤が塗布してあり細胞に有害なので、使用前にアセトン：エタノール＝1：1の混合液を綿棒につけて丁寧に拭き取っておく。

・シャーレ（直径 100 mm）に氷を入れ、蓋をして氷冷 Ringer 液で湿らせた濾紙を乗せる（この濾紙の上で脳をトリミングする）。

（2）断頭、脳の摘出

・大脳の摘出手順（図1A）

断頭面の脊髄または延髄露出部からハサミを入れ、後頭骨 - 頭頂間骨を切り上げ、そのまま正中線に沿って嗅球のあたりまでハサミを進める（①）。次に頭蓋骨を前後で左右に切る（②、③）。ピンセットで頭蓋骨を観音開きにして（④）、スパーテルで脳を摘出する。

・小脳の摘出手順（図1B）

断頭面の側面にハサミを入れ、そのまま後頭骨 - 頭頂骨の側面にハサミを進める（①）。これを左右両側で行い、ピンセットで断頭面付近背側の骨をつかんで持ち上げ（②）、スパーテルで脳を摘出する。

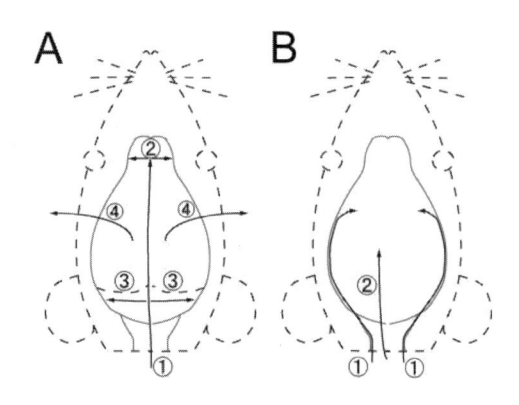

図1 マウスの頭蓋骨を切開する手順
A: 大脳の摘出例。B: 小脳の摘出例。
（加勢大輔博士による）

7章 スライスパッチクランプ法

（3）トリミングとマイクロスライサーへの固定

摘出した脳を氷冷 Ringer 液に入れて十分に冷やす（1～3分）。脳をトリミング用シャーレの上に乗せ、カミソリ刃で不要な部分を除去して脳のブロックを作る。このとき、脳を押し潰さないよう、刃を引いて切るように心がける。ブロックを再び氷冷 Ringer 液に移し、さらに3分程度冷やす。その後、脳ブロックに付着している Ringer 液を軽くふき取り、瞬間接着剤（薄く均等に塗っておく）を用いて、脳ブロックをスライス作製用チェンバー（あらかじめ冷やしておく）に固定する。なお、スライス薄切の際にブロックが不安定にならないよう、底面積と高さのバランスに気をつける。また、脊髄のように小さい組織やブロック状にトリミングし難い組織を薄切するために、Ringer 液に溶かした寒天をスライサー台上の脳にかけたり、寒天に脳組織を包埋したりする場合もある。

（4）脳スライスの作製

瞬間接着剤が固まるまで十分に待つ。脳ブロック固定が不十分な場合、薄切中にスライサーから外れたり、組織にひずみを生じたりする恐れがある。スライス作製用チェンバーを氷冷 Ringer 液で満たし、マイクロスライサーに固定する（常時 95% O_2、5% CO_2 でバブルする）。実験に使う領域はゆっくり、それ以外の場所はブロックをひずませない程度にやや速く切るようにして全体の時間を短縮するように努める。

スライス薄切時、実体顕微鏡で観察しながら以下の点に注意する。①脳ブロックがカミソリ刃に押されてひずんでいないか。②刃がぶれて振動していないか（刃が浸かっている液面が深すぎるとぶれ易くなる）。③刃の周辺から脳の断片が粉状に舞い上がってこないか。こうした現象が起きていなければ、実験に適したスライスが得られる。作製したスライスはスポイトで回収して、保存用チェンバーに静かに移す。

（5）脳スライスの保存

スライスは保存用チェンバーに1時間以上静置（室温または 30-32°C に保温）した後、実験に供する。スライス保存用チェンバーは、各研究室で様々な様式のものが工夫されている。一般に幼若動物から作製したスライスの場合、Ringer 液中に保存する水浸式システム（図2A）を用いる。また、湿潤な混合ガスで飽和させたチェンバーの中にスライスを置く様式（インターフェイス式）が使われることもある（図2B：補足2参照）。

（補足1）Modified Ringer 液について

スライス標本作製時に、Ringer 液の Na^+ と Ca^{2+} の濃度を低くした modified Ringer 液を使

A. Submerged chamber

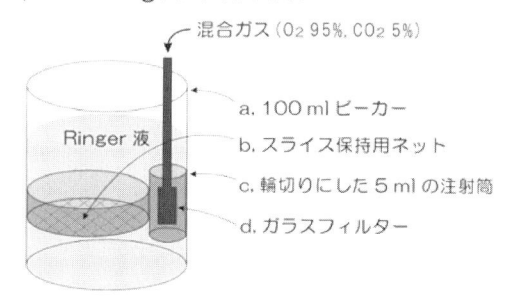

混合ガス(O_2 95%, CO_2 5%)
a. 100 ml ビーカー
b. スライス保持用ネット
c. 輪切りにした 5 ml の注射筒
d. ガラスフィルター

B. Interface chamber

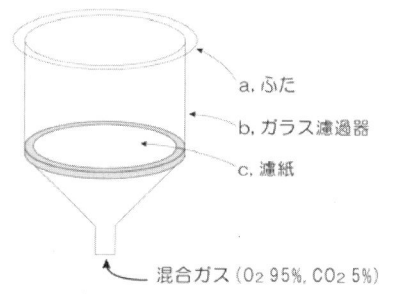

a. ふた
b. ガラス濾過器
c. 濾紙
混合ガス(O_2 95%, CO_2 5%)

図2 スライス保存チェンバーの例
A: 比較的簡単な水浸式チェンバー。スライス保持用ネットは、底をくり抜いた 35 mm プラスチック製ペトリ皿にガーゼを挟んで作る。このガーゼの上にスライスを静置する。B: インターフェイス式チェンバー。ガラスフィルター上に Ringer 液を濾紙が浸る程度入れる。濾紙の上に、半透膜セロハンにのせたスライスを置く。

う場合がある。細胞活動（活動電位の発生など）を抑制することで、薄切時の組織障害を減らす利点がある。Na^+は通常、スクロースもしくは塩化コリンと置換し、Ca^{2+}はMg^{2+}と置換する。組成例を以下に示す。混合ガス（95% O_2、5% CO_2）で十分にバブルした後、氷冷して（もしくはシャーベット状になるまで冷却して）用いる。

スクロース液（mM）：

234 sucrose、2.5 KCl、1.25 NaH_2PO_4、10 $MgSO_4$、0.5 $CaCl_2$、26 $NaHCO_3$、11 glucose

塩化コリン液：

120 Choline chloride、3 KCl、1.25 NaH_2PO_4、 28 $NaHCO_3$、8 $MgCl_2$、25 glucose

（補足2）成熟動物の脳スライス作製

　成熟動物での脳スライス作製における最大の問題点は、脳の摘出に時間を費やしてしまうことである。この問題を防ぐため、4℃ に冷やした modified Ringer 液を心臓から灌流して脳を十分に冷却した後、断頭・脳摘出を行う方法がある。この工程により、脳の摘出に少々時間を要しても細胞生存率が高くなる。また、一般に成熟動物の細胞は酸素需要が高い。インターフェイス式チェンバーを用いて酸素供給量を高く維持することにより、生存率が改善される場合がある。

3．電極内液の選択とその作製法

　電極内液組成の選択は非常に重要で、実験目的に即して調製する必要がある。後述の検討ポイントに基づき、適宜文献を参考にして適切な組成を選択する。比較的単純な電極内液組成（mM）の例を以下に示す。

　140 K-gluconate、5 KCl、0.2 EGTA、 2 $MgCl_2$、2 Na_2ATP、10 HEPES
　　　　　（KOH を用いて、pH を 7.3 に調節する）

（1）主要陽イオンの選択：K^+にするか Cs^+にするか？

　細胞内の主な陽イオンは K^+ である。したがって、current-clamp mode で正常細胞に近い条件で活動電位などの膜電位変動を記録したいときには、K^+を 140−150 mM 含む電極内液を用いる。しかし、K^+チャネル以外のチャネル機能を調べるために、voltage-clamp mode で膜電位を delayed rectifier K^+ channel の活性化閾値（約−20 mV）より脱分極側で保持したい場合にはしばしば問題が発生する。例えば、記録のベースに数百 pA から数 nA という巨大な K^+電流が交ざって、測定したい電流が記録レンジ外に飛び出してしまうケースなどである。たとえレンジ内に収まったとしても、その K^+電流（記録が安定しない場合が多い）は調べたい現象のノイズと考えるにはあまりにも大き過ぎる。この場合、K^+チャネルは透過しないがグルタミン酸受容体チャネルなどに関しては K^+とほぼ同等な透過性を示す Cs^+を用いると良い。

（2）主要陰イオンの選択

　最も一般的に使われる内液陰イオンは Cl^- である。この場合、液間電位 liquid junction potential が小さく（−4 mV 程度）、KCl や CsCl を溶かすだけなので作製も簡単である。しかし一方で、Cl^- 濃度が高くなるに従い、Cl^-の反転電位が 0 mV 方向にシフトしてしまうという問題がある。また、長時間の記録にはあまり適していないようである。したがって、安定して長時間記録したい場合や、current-clamp mode で IPSP を静止膜電位付近で過分極反応として観察したい場合には、グルコン酸（gluconate）やメタンスルホン酸（methanesulfonate）を主要陰イオンとして用い、Cl^-の濃度を 5−6 mM 程度まで下げるようにすると良い。

(3) 内液キレータ（EGTA、BAPTA）の選択

細胞内の2価イオン、特にCa^{2+}を制御するため、目的に応じてキレータを選択する。通常のvoltage-clamp modeで細胞内Ca^{2+}を変動させたくないときには10 mM程度のEGTAを電極内液に加えるが、細胞内に流入したCa^{2+}が生理機能を発揮できるような条件の下で実験したいときには、濃度を0.2 mM程度まで下げた内液を用いる。例えば、定常電流通電に対する発火応答を調べる際、10 mMのEGTAを用いると、活動電位に伴う流入Ca^{2+}がキレートされるため、afterhyperpolarizationに寄与するとされるCa^{2+}-activated K^+ channelがホールセル形成後EGTAの細胞内拡散によって時間とともに阻害され、神経細胞のspike frequency adaptationが変化していく。細胞の発火特性を安定して記録するには、EGTAの濃度を0.2 mM程度にすると良い。また逆に細胞内のCa^{2+}の上昇を素早くキレートしたい場合には、より速いキレータであるBAPTAを10–20 mMの濃度で用いる。

(4) 内液の浸透圧

細胞外液に用いるRinger液の浸透圧（通常300–310 mOsm/L）に合わせて、細胞内液は280–290 mOsm/Lの浸透圧となるよう調製する。記録の安定が悪い場合、しばしば細胞内外の浸透圧バランスが狂っていることがある（細胞が膨張しやすいなど）。したがって、内液を冷凍保存するときには、口にゴム製の"Oリング"が付いた気密性の高いプラスチックチューブを用いる。

4．脳スライス標本からのホールセル記録

(1) 細胞の観察

脳スライスは、混合ガス（95% O_2、5% CO_2）でバブルしたnormal Ringer液中に室温で保存する。1時間から1時間半後、スライスを記録用チェンバーに移して"グリッド（重し）"で固定する。グリッドは、U字型に折り曲げた直径1ミリのプラチナ棒をハンマーで叩いて平らにして、細いナイロン糸（ストッキングの最も細い糸がちょうど良い）をやや緩めに張って自作する（図3A）。

正立式微分干渉顕微鏡を用いて、ホールセル記録に適した細胞を選択する。その際、CCDカメラで取得したビデオ画像のコントラストを上げることにより、細胞を鮮明に観察できる（図4B）。スライス深部の細胞や成熟動物から作製したスライスで記録するには、IR-DIC（infra-red differential interference contrast）フィルターを用いることにより、細胞の同定が容易になる場合がある。

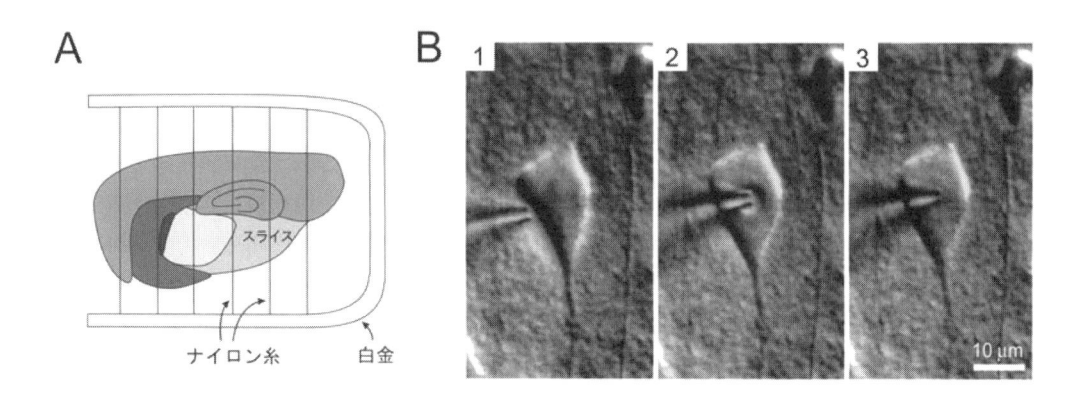

図3　脳スライス標本におけるパッチ電極ギガシール
A: 脳スライス標本の固定法。B: ギガシールを形成する方法（写真はマウス大脳皮質ニューロン）。1．陽圧で細胞上の組織片を吹き飛ばしながら、細胞にアプローチ、2．細胞にdimple "くぼみ"を作る、3．陽圧を解除すると細胞膜がパッチ電極に張り付いてくる。（井上剛博士による）

（2）電極内液の充填

初めに電極の先端を内液に浸すことで、毛細管現象を利用して先端側から内液を電極に少量充填する（この操作により、電極先端への気泡の混入を防ぐことができる）。次に先を細長く伸ばしたピペットチップもしくは細い注射針（またはマイクロフィル）を用いて、反対側から内液を電極に充填する。このとき、電極を指で軽く弾いて、混入した気泡を追い出しておく（小さな気泡が電極の先に残っていないかよく確認する）。充填量が多すぎると電極ホルダーまで電極内液が入ってしまうので注意する。

（3）細胞へのアプローチ

陽圧をかけた記録用電極を灌流液に投入する。テストパルス設定で 1 mV、10 ms のパルス波を与えながら電極抵抗を測定する（1 mV のステップパルスで 200 pA 流れたら 5 MΩ、500 pA 流れたら 2 MΩ になる）。細胞のサイズにもよるが、できれば電極抵抗 2–3 MΩ の電極を使用したい。パッチ電極に陽圧（~20 mHg）を付加した状態で記録したい細胞にアプローチし、細胞上を覆っている組織片を吹き飛ばす（図3 B-1）。

（4）ギガオームシールの形成

電極をさらに接近させると、細胞に dimple "くぼみ" ができて、電極の先端が細胞膜に到達していることが分かる（図3 B-2）。スライス上の細胞は周辺組織に固定されているため、一般に単層の培養細胞よりもパッチ電極を強く押し当てることができる。むしろ若干強めに押し当てることをお勧めする。細胞表面のくぼみが限局してできているときは、パッチ電極の先端と細胞膜の間に障害物がないことを示している。しかし、くぼみが広いときには、細胞片などが間に挟まっている場合があるので注意する。次に陽圧を解除すると、細胞膜が電極の先端に張り付いてくる。この段階でシール抵抗が大きく上昇するはずである（そのままギガオームシールができることもある）。そこで引き続き電極に弱く陰圧をかけることにより、ギガオームシールを形成することができる（図3 B-3）。

電極抵抗が 1 GΩ を超えたら、静止膜電位付近に電位を固定する。ギガオームシール形成に伴い一過性の電流が見えてくるが、これは電極の持つ浮遊容量をチャージするために流れる電極容量性の電流である。この容量性電流は、アンプ入力の飽和や速い時間経過の電流応答に歪みをもたらすなど記録に大きく影響する。したがって、この段階で容量値と時定数 τ を変化させて、浮遊容量の成分を補正しておく。

（5）ホールセル記録

ギガシールが形成されたら、陰圧を付加して細胞膜を穿孔（破断）する。穿孔に伴い、テストパルスへの応答として再び一過性の電流が観察されるようになる。これは電極と細胞間のシリーズレジスタンス（アクセス抵抗）を介して細胞の膜容量をチャージするときに流れる容量性電流で、電極の浮遊容量による容量性電流と比べて時間経過が遅い。電位固定記録を行う場合、この成分は非定常電流記録に影響するので補正しておく必要がある。容量値とシリーズレジスタンス値を変化させて、オシロスコープで観察される容量性電流をできる限り消去することで補正を行う。シリーズレジスタンス値が大きい場合には、シリーズレジスタンスによる電圧降下が記録上無視できなくなるので、シリーズレジスタンス補正率（%）を変えて補正電圧を設定し、誤差を少しでも減らすよう調整する。長時間に渡ってホールセル記録を行う場合には、記録中のシリーズレジスタンスを同時にモニターしておくことを習慣にしたい。シリーズレジスタンスは、しばしば実験中に変化してシナプス電流の振幅や波形に大きな影響を与える。シリーズレジスタンス

は、刺激パルスの後に 10〜20 ms の過分極パルス（−1〜−5 mV）を入れておくことにより、最初の素早い立ち上がりの容量成分として記録できる。

（6）神経刺激

　脳スライスでシナプス入力を観察する場合、神経細胞を刺激する電極として金属電極やガラス電極が広く使われている。金属電極には、単極性（monopolar）電極と双極性（bipolar）電極がある。ガラス電極は、記録用パッチ電極よりも先端がやや太くなるよう引いて作製した電極に、細胞外液を充填して使用する。いずれの場合も電気刺激を与えながら、刺激場所（スライス表面に軽く触れる程度）や刺激強度を変えて、目的のシナプス電流が誘発される場所を探す。電気刺激を定電流で行うか定電圧で行うかについては、意見が分かれる。刺激電極として金属電極を用い、刺激強度が弱い場合は定電圧でも問題はない。しかし、ガラス電極の場合は、（電極にゴミがつまるなどの要因で、実験中に電極抵抗が変化する可能性があるので）定電流刺激の方が望ましいと考えられる。

5．細胞染色法

　ホールセル記録した細胞の形態を観察するには、記録の際に使用する電極内液に標識物質を添加して細胞をラベルする必要がある。ルシファーイエロー（Lucifer yellow）などの蛍光色素や、バイオサイチンを用いる方法がある。最近では、様々な利点からバイオサイチンを用いる場合が多い。利点として例えば、①低分子量（MW=372.5）なので、細胞に注入された後はすみやかに細胞内に拡がり、軸索や樹状突起のように微細な細胞構造まで観察することが可能であること、②標本を長期間保存することができ、特定の組織処理をすれば電子顕微鏡用標本にすることも可能である、などが挙げられる。バイオサイチンを用いた細胞染色は、記録電極の内液にあらかじめバイオサイチン（5 mg/mL）を加えておくだけで良い。ホールセル記録後、パッチ電極を細胞から丁寧に離すことが重要である（乱暴に扱うと、記録した細胞が電極と一緒にスライスから離れてしまう）。細胞から無事に電極を離すことができたら、スポイトなどを用いてスライスを 4% paraformaldehyde を含む 0.1 M リン酸緩衝液に移し、一晩以上固定を行う（4ºC）。

　バイオサイチンで標識した細胞を可視化するには、アビジンとビオチンの選択的化学結合を利用した ABC（avidin-biotin-HRP complex）法を用いる。標識細胞は、HRP の基質である DAB（diaminobenzine tetrahydrochloride）を発色させて可視化する（図4）。なお、蛍光物質を用いて、バイオサイチンを可視化することも可能である。この場合、蛍光標識したストレプトアビジンを用いる。また、免疫組織化学と組み合わせることで、記録した細胞に発現するケミカルマーカーを調べることもできる(蛍光二重染色法)。さらに、蛍光ストレプトアビジンの濃度を下げることで、蛍光観察の後、通常の ABC 法を用いて細胞を可視化、長期保存用標本とし

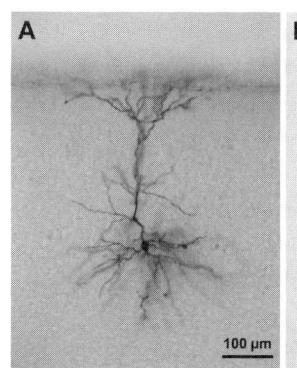

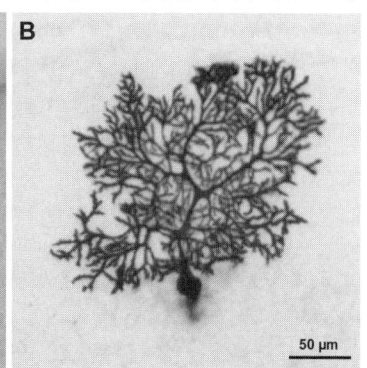

図4　バイオサイチン染色像
A: 大脳皮質錐体細胞。B: 小脳プルキンエ細胞。

て残すことも可能である（蛍光ストレプトアビジンに結合しなかったバイオサイチンが残っているため）（図5）。バイオサイチンの染色工程を以下に示す。

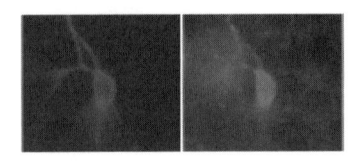

図5　蛍光二重染色法
A: 蛍光ストレプトアビジン染色像
B: パルブアルブミン抗体染色像
（平井康治博士による）

【一般的なバイオサイチン染色工程】

1) 切片を0.05 Mのリン酸緩衝生理食塩水（PBS）で洗う。（10分、2回）
2) 0.6 - 1%のH$_2$O$_2$を含むメタノール（またはPBS）につける。（30分）
3) PBSで洗う。（10分、3回）
4) アビジン/ビオチン/HRP複合体（1%）とTriton X-100（0.3 - 0.4%）を含むPBSにつける。（3時間）
5) PBSで洗う。（10分、2回）
6) 0.05 Mのトリス緩衝生理食塩水（TBS）で洗う。（10分、2回）
7) 0.01%のDABと0.3 - 1%のNickel ammonium sulfateを含むTBSにつける。（20 – 30分）
8) 上記のDAB/Nickel ammonium sulfate溶液に、H$_2$O$_2$を0.0003 - 0.01%になるように加える。（2 – 10分）
9) TBSで洗う。

全て反応は室温で行う。通常、培養プレートを用いて行っている。

細胞の形態を詳細に解析するため、固定したスライスの再薄切が必要となる場合がある（例えば、軸索や樹状突起の走行が複雑、高倍率の対物レンズの焦点距離が不十分な場合など）。こうした場合、ABC液処理の前にスライサーを用いてスライスを50 μm程度に薄切しておく。寒天またはゼラチンに包埋したスライスを4%寒天で作成したブロック上に置き再切するとよい。再薄切後、ABC法により可視化した大脳皮質非錐体細胞と、ニューロルシーダを用いて再構築した画像を図6に示す。再薄切により、軸索の走行や軸索上の神経終末（ブトン：bouton）が明瞭に観察できる（図6A）。

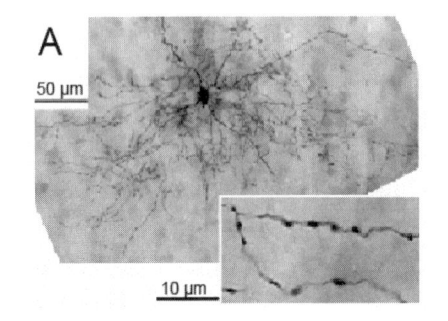

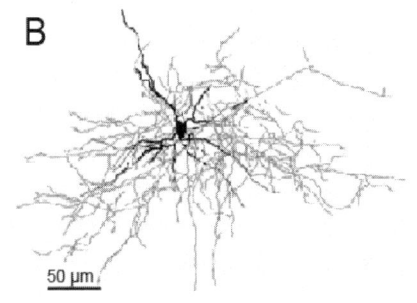

図6　大脳皮質非錐体細胞（fast spiking cell）のバイオサイチン染色像
A: スライスを50 μmに薄切した後、ABC法により可視化。軸索のboutonが×100の油浸レンズで明瞭に観察できる。B: ニューロルシーダによる再構築像。軸索を灰色、樹状突起を黒色で示す。

（補足）逆行性標識による神経細胞投射先同定法

スライスパッチクランプ記録においてバイオサイチンを充填した記録電極を用いると、局所回路内における神経細胞の軸索投射を追跡することができる。しかし、通常のスライス標本では、離れた脳領域への軸索投射を観察することは極めて困難である。目的とする脳領域に投射する神経細胞から選択的に記録を行うためには、あらかじめ投射先の脳領域に逆行性トレーサーを注入しておくと良い。トレーサーには、落斜蛍光顕微鏡で観察可能な蛍光物質が適している。Cholera toxin subunit Bや、蛍光ビーズなどを使用する。トレーサーは、ピコポンプによる圧注入、ハミルトンシリンジで直接注入、もしくは、ハミルトンシリンジにガラス管を電極様に引いてポリエチレンチューブに繋げたものを用いると、局所的に注入できるとともに注入部位の機械的損傷を最小限に抑える効果がある。トレーサーが目的部位に到達するまでの期間は注入部位から細胞投射先までの距離に依存するため、予備実験をして動物の適切な生存期間を検討する必要がある。蛍光顕微鏡で蛍光標識された細胞を選び、写真撮影を行った後、ホールセル記録を行う。このとき、バイオサイチンを充填した記録電極を用いると、実験後のバイオサイチン可視化により記録細胞の同定ならびに形態の解析も可能となる。強く蛍光標識された細胞は、ホールセル記録には適さないことが多い（微分干渉顕微鏡では、細胞が膨張しているように観察される）。また逆行標識された細胞に長時間に渡って励起光を照射することは、蛍光が退色するのみならず細胞自体にもダメージを与えるので避けるようにする。蛍光シグナルが明瞭で健康な細胞を短時間で選ぶことが重要である。

謝辞

この章は、生理学研究所トレーニングコース「スライスパッチクランプ法」のテキストに基づいて作成されました。このコースを実施してきた、生理学研究所の認知行動発達機構研究部門、神経シグナル研究部門、大脳神経回路論研究部門、脳形態解析研究部門のメンバーに深く感謝いたします。

8章 プレシナプス機構の
スライスパッチクランプ研究法

I. はじめに

　シナプスにおける伝達効率の調節は脳神経のはたらきの根幹をなしている。伝達効率の調節にはポストシナプスとプレシナプスの両方が関与しているが、プレシナプスに関する研究は比較的少なく、内容的にも間接的な記述に留まっているものが多い。その最大の理由はプレシナプスの構造が小さく、電気生理学的手法の適用が困難なことである。プレシナプスの研究は従来、ヤリイカの巨大シナプスを中心に展開されて、シナプス伝達の基本概念が確立された。しかし、哺乳動物中枢神経系には特有の伝達効率の調節機構があり、これを研究するためには哺乳動物脳脊髄組織の神経終末端からの記録が望まれる。脊髄薄切スライス法（図1A）[1]を発展させて1989年にスライスパッチクランプ法（図1B）が開発された後[2]、次の目標として浮上したのはシナプス前末端からの直視下パッチクランプ記録であった。1994年Leicester大学のForsytheはラット脳幹台形体核の細胞に入力する巨大シナプス前末端 the calyx of Heldからのホールセル記録に成功した[3]。ついでBorst & Sakmann（1995）、Takahashiら（1996）はシナプス前末端とシナプス後細胞からの同時ホールセル記録に成功した[4,5]。これにより、哺乳動物神経終末端の細胞内にアクセスして電気現象を解析することが可能となった。この章では、この方法を紹介する。

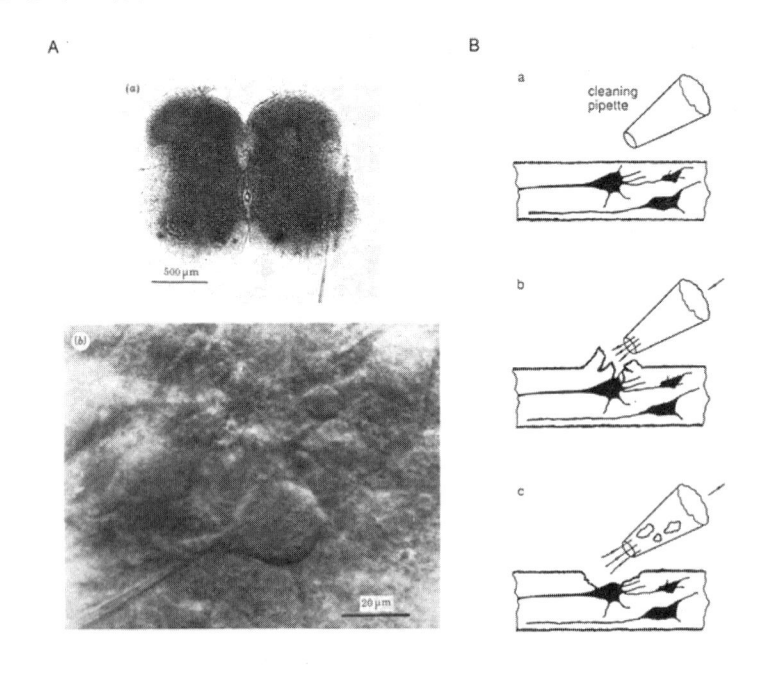

図1　スライス標本とスライスパッチクランプ
　A. 脊髄薄切スライス[1]、(a) 生後1日齢ラット腰髄スライス（厚さ130μm）、右下前角に微少電極。(b) 運動ニューロン。左下から微少電極が挿入されている。ノマルスキー顕微鏡×400。
　B. スライスパッチクランプ法[2]。ニューロンのクリーニング法。

II. 実験装置
1. 正立顕微鏡、鏡筒上下型

ツァイス、オリンパス、ニコン、ライカから発売されている。対物レンズは×40–×63 の水浸レンズを用いる。オリンパス（×60）とツァイス（×63）の対物レンズは互換性がある。オリンパスの対物レンズは作動距離が比較的長く、先端が細いため電極の形状の許容度が高い。ニコン（×60）は解像力が優れる（NA 1.0）が、先端の面積が広いために電極の形状と作業角度が制限される。焦点調節を手動で行う場合は、操作軸を手前（ニコン）または左右（ツァイス）に延長すると使いやすい。複数の電極を用いてプレポストの同時記録を行う際には焦点の電動操作オプションが便利である。赤外線光源や微分干渉装置により解像度は上がるが、通常のコンデンサーの中心を左右に僅かにずらし、波長域の狭い赤色フィルターを光路に置くだけでも、同等の解像度が得られる（図2）。接眼鏡筒に CCD カメラをとりつけてビデオモニターに像を写し、これを見ながら操作を行う。

図2 プレポスト同時記録
神経終末端 the calyx of Held（右）とシナプス後細胞（台形体内側核ニューロン、左）からのパッチクランプ同時記録。正立顕微鏡斜光照明（対物水浸レンズ×60）。

CCD カメラは汎用製品で足りるがモニターとの間にコントラスト増強装置（Argus、C2400 浜松フォトニクス）を入れると、より鮮明な像が得られる。モニターの解像度はアナログの白黒モニターが優れているが、最近は白黒のブラウン管モニターは入手しにくいため、パソコンの画像取り込みボードを介して、PC モニター上で観察する方法を取っている。アナログモニターに比べ、解像度はやや落ちるが、安価でかつノイズが軽減できる。プレシナプスは多くの場合、大部分がポストの細胞体の下に隠れているため、これを見逃さないためには焦点を上下させて探すことが必要である。水浸対物レンズが汚れて解像度が下がることがあり、注意が必要である。操作上、モニターの像はある程度大きいことが必要で、対物×60 に中間変倍×1.6 を加えて 1000 倍近くに拡大することが望ましい。

2. マニピュレータ

プレとポストからの同時記録ではドリフトのないマニピュレータが必要である。片側からの記録の場合ドリフトはある程度手動で補正しながら記録をとることが可能であるが、同時記録の場合、焦点深度の異なる 2 箇所のドリフトを手動でコントロールすることは困難である。現在使用に耐えるマニピュレータとしては、Luigs & Neumann の電動マニピュレータが挙げられる。マニピュレータのドリフトが全くない状態でも、電極と細胞の位置関係がずれることが、しばしばあるが、その原因の第1は空調、暖房による電極ホルダー部分の膨張収縮である。試みに少し暖めたハンダごてをホルダーに近づけてみると様子が分かる。ドリフトの程度はホルダーの種類によってかなり異なるので、ホルダーを選ぶことも大切である。University College London で製作販売されている電極ホルダーは比較的ドリフトが少ない。これらの要因を取り除いた後にも電極と細胞

間の位置は変化する。その一つの原因は浸透圧の変化で、細胞内ピペット内の浸透圧と細胞外の浸透圧の僅かな差によって細胞が伸縮するために生じる。この動きは通常ホールセル記録開始後数分から 10 分で安定するが、記録開始後の数分間はピペットの位置の微調整が必要となることがある。これらのドリフトはすべてアクセス抵抗の上昇につながり、記録の安定性を妨げる。

III. 実験の手順

1. スライス

プレからの記録を効率良く行うために最も重要なことは、いかにして良い状態のスライスを得るかということである。そのためにはまずスライサーの状態を良好に保つことが必要で、縦振動や、雑音を発するスライサーで良いスライスを作成することは不可能である。スライサーは堂阪、Leica などから市販されている。スライスパッチクランプ法、特にプレ、ポストからの同時記録ではスライス表層の細胞をどれだけ良い状態に保てるかが重要であるが、脳幹スライスの場合、堂阪のスライサーでは切る速度を極力遅くすることが望ましい。Leica 製では 0.4 mm/s 程度が最適である。

スライスはシャーベット状に凍らせた cutting solution の中で行うが、操作の途中で溶液を頻繁に交換すると、比較的良い結果が得られる。低温がよく保たれる他、スライスから放出されたグルタミン酸による細胞毒性が軽減されるためと推測している。また、スライスは、切った後に放置せず、直ちに 35–37°C の人工脳脊髄液に移して、速やかに回復させることが必要である。

2. 細胞の同定とクリーニング

脳幹横断スライスの中央に錐体交叉が認められるが、そのすぐ外側に台形体核（MNTB）の大型主細胞が同定される[6]。巨大シナプス前末端はこの細胞の縁にその一部が認められる。スライスの状態が悪く台形体主細胞がスライス表層に認められないような場合、シナプス前末端を同定することはきわめて困難である。かなり良いスライスの場合でも、生後 13–16 日のラットの場合、パッチ可能な前末端は一個体からの数枚のスライスの左右、裏表から 1–2 例見つかる程度である。ここでのパッチ可能サイズは幅 1.5–2.0 μm 程度を指しており、これより小さな前末端からの記録では高抵抗のピペットの使用を余儀なくされ、実験の可能性が大幅に制限を受けることになる。前末端を同定した後、先端約 10 μm のピペットからパフを与えて周辺の結合組織を除去する（図 1 B）。これによって、前末端の 3 次元的位置が把握出来ると共に、しばしばパッチ可能な部分が露出される。このクリーニングは生後 14 日（P14）以降のカリックスでは威力を発揮するが、ポストの細胞および、聴覚獲得以前の P7–10 のカリックスは大きく、かつ脆弱なのでクリーニングをせずに、陽圧をかけたピペットを細胞膜に押し付けて、型どおり dimple を確認してホールセル記録を行う。

3. プレポスト同時記録（図 2）

ポストのホールセル記録を確認後、近傍に待機していたプレのピペットを前末端にシールさせてホールセル記録を行う。前末端の構造が複雑であったり、予想外に小さい場合にはポストにシールしてしまうこともある。プレからのホールセル記録が成功すると、プレに細胞内通電して誘発した活動電位に応じてポストから EPSC が記録される。同時記録の場合大切なことはプレの電極液にグルタミン酸を 3 mM 程度入れておくことである。グルタミン酸が入っていない場合、EPSC

は時間とともに減少していく。逆に 100 mM のグルタミン酸をピペット内に負荷すると EPSC は時間と共に増大する。これは前末端内のグルタミン酸濃度がシナプス小胞内のグルタミン酸濃度に大きく影響することによる[7]。前末端内のグルタミン酸濃度は通常、数 mM と推定される。プレポスト同時記録ではまた、プレの活動電位をテトロドトキシン、K チャネルを細胞内 Cs とテトラエチルアンモニウムでブロックした後に Ca 電流を脱分極パルスや擬似活動電位で誘発して、それによる EPSC をポストから記録することが可能である。この実験で最も難しい点はアクセス抵抗を一定に保つことである。そのためポストの電極は通常 1–2 MΩ のものを用いアクセス抵抗を 3–5 MΩ に維持するように努める。プレの電極は先端サイズの制限があるので、条件はさらにきびしく 4–6 MΩ のものをアクセス抵抗 10 MΩ 前後に維持させることになる。しかし活動電位で EPSC を誘発する実験では 7–9 MΩ の電極が使用可能である。なお、ピペット内液の浸透圧を細胞外液（305–315 mOsm/kg）と同程度か、5–10 mOsm 程度高めにするとホールセル記録のアクセス抵抗が安定しやすい。

4．シナプス前末端灌流（図3）

ホールセル記録法の特色のひとつは、ピペット内の物質が拡散によって細胞内に投与されることである。Lucifer yellow のような低分子の蛍光色素をピペットに充填してホールセル記録を行うと色素は速やかに前終末端の隅々まで行き渡る。この利点を生かして、簡便な方法でピペット内を灌流する方法を紹介する[8]。この方法は、既に報告されているピペット灌流法を物質注入の目的に特化して簡便化したものである。ピペット内に挿入するチューブの先端素材にはガラス細管（直径 300 μm、PT-030、高尾製作所）を用い、チューブ導入部分には Eppendorf の yellow tip を加工して用いる。yellow tip は入手が容易で、加熱して細くしても十分な強度を保っている。yellow tip をアルコールランプで加熱加工し、直径 350–400 μm のプラスチック細管を作成する。細管部分の

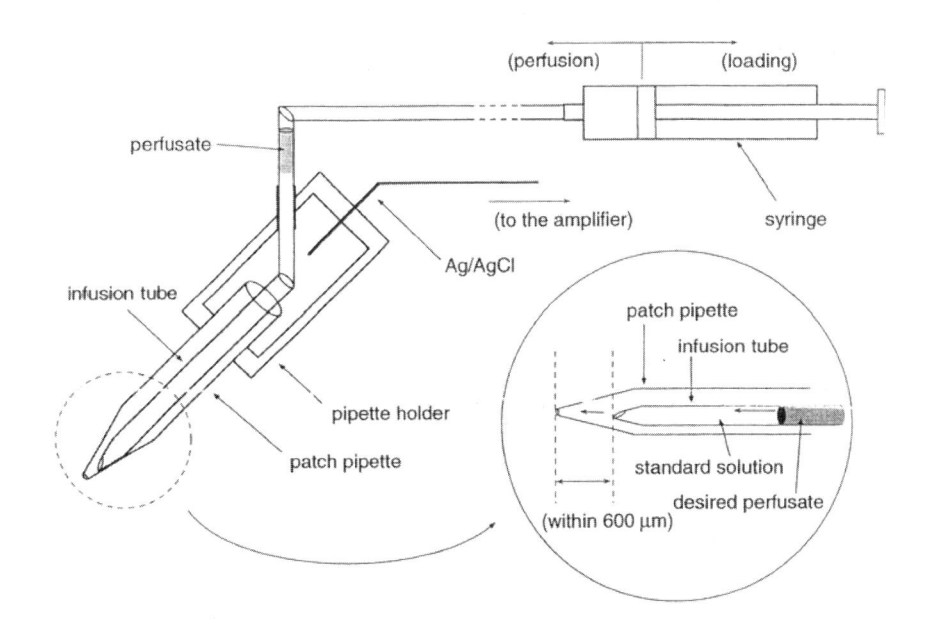

図3　パッチピペット内灌流システム

長さが 3-4 cm になるように剃刀で切断し、切断面から長さ 10 cm のガラス細管を 5-7 mm 挿入し、アルコールランプの炎で炙って接合部をシールする。これを Y 字型の電極ホルダーに挿入し、電極ホルダーごと電極プラーに固定し、ガラス細管の先端直径が 10-15 μm になるように加工する。ガラス細管の利点は、パッチ電極の先端近傍まで挿入することにより迅速な溶液交換が可能になることで、灌流チューブの先端を電極先端から 150-200 μm の位置まで挿入すると、分子量 200 前後の分子（グルコン酸、メタンスルホン酸等）であれば約 2 分、分子量 10 万のデキストランであれば 5 分程度でカリックス前末端内の濃度を最大値に到達させることができる。ピペット灌流の利点は、同一シナプス前末端において、コントロールとテストの比較が行えることで、コントロール記録の後、電磁バルブを介して灌流チューブ内に窒素ガス加圧（8-10 psi）を与えてチューブ内液をパッチピペット内に注入する。通常、パッチ内液の自然拡散による流出を防ぐために、チューブの先端をパッチ内液で満たしておく。また、パッチピペット内液は注入量の 1/10 以下にして、注入液の希釈を最小限にすることができる。また、高分子のペプチドはしばしばシールの妨げとなるが、そのような場合、ピペット灌流法を用いると、比較的容易に細胞内投与が行える。

5．シナプス前末端における Ca イメージング

パッチ電極から神経終末端内に Ca^{2+} 感受性蛍光試薬を注入して、Ca^{2+} イメージングを行うことができる。従来、神経終末端における Ca^{2+} イメージングの目的には AM 体の蛍光試薬が使われてきた。しかし神経終末端に直接色素を導入することによって、極めて良好な S/N 比の蛍光シグナルを得ることが出来る。Ca^{2+} 蛍光試薬 は Invitrogen 等からさまざまな種類が市販されているが、観察したい Ca^{2+} 濃度の範囲と蛍光測定装置が対応する波長に応じて、適切な試薬を選択することが肝要である。Fura-2 のような Kd 値の低い高親和性試薬では、簡易な測光装置で低濃度の Ca^{2+} を検出できる一方、Ca^{2+} 蛍光試薬の飽和が起こりやすく、また速いキネティックスのシグナルを検出できない。神経終末端の Ca^{2+} 濃度変化をより正確にモニターしたい場合は、Oregon Green BAPTA 5N など高 Kd 値の低親和性 Ca^{2+} 蛍光試薬を用い、サンプリング周波数の高い（>100 Hz）測光装置が必要である。神経終末端の Ca^{2+} 上昇は、シナプス前線維電気刺激による活動電位やパッチ電極への電流注入によって誘発する。また、この方法と組み合わせて、シナプス前末端内に caged Ca^{2+} を注入し、紫外光照射によって Ca^{2+} を上昇させ、後シナプス細胞から EPSC を記録することが可能である。

6．シナプス前末端からの膜容量測定

細胞膜の静電容量（膜容量）は膜面積に正比例する。したがって、神経終末端では、シナプス小胞のエキソサイトーシスは膜容量の増加につながり、小胞エンドサイトーシスは逆に膜容量の減少を引き起こす。膜容量測定法は、この原理を利用して、神経終末端における小胞動態を研究する有用な手段である。神経終末端における膜容量測定には、ホールセル膜電位固定モードで正弦波電位コマンドを入力し、出力される電流値から膜容量成分を抽出する方法（Lindau-Neher 法 [9]）が広く適用されている。HEKA 製の EPC シリーズ（EPC 9 以降）の amplifier と software lock-in amplifier（Patchmaster など）を組み合わせると、操作が非常に簡便である。また、小胞エキソサイトーシスとエンドサイトーシスはお互いに時間経過が異なるため、ピペット内液（あるいは細胞外液）に各種阻害剤を加えることにより、薬理学的に小胞エキソ・エンドサイトーシスの分子依存性を別々に検討できるという強力な利点がある [10]。しかしながら、一方で、この方法には、（1）脱

分極による電位依存性 Ca チャネルの開口時には測定を行うことができない、（2）signal-to-noise ratio に限界があり、少数の小胞エキソ・エンドサイトーシスを検出することは困難である、（3）脱分極刺激後（約 500 ミリ秒以内）に一過性の膜コンダクタンス変化に伴うアーチファクトが生じる[11]、という弱点がある。したがって、刺激中および刺激直後の膜動態をとらえることや、単一小胞エキソ・エンドサイトーシスの解析には適さない。これらの弱点を克服するためには、cell-attached mode での膜容量測定法[11]、あるいは、蛍光プローブ（FM dyes、Quantum dots、pH-sensitive GFP-tagged vesicle proteins など）を用いた光学的測定法を適用することになる。また、原理的には、Ca uncaging と膜容量測定を組み合わせると、エキソサイトーシスと同時に起こるエンドサイトーシスが解析可能となる。

IV. 他のシナプス前末端からの記録と calyx シナプスの展望

　海馬 CA3 錐体細胞に歯状回顆粒細胞から入力するいわゆる苔状繊維シナプスは大型シナプスとして知られる。Jonas のグループはこのシナプス前端からのパッチ記録に成功した[12]。しかし、プレとポストからの同時記録は、グルタミン酸負荷によっても解決しない run-down があって成功に至っていない。小脳籠細胞とプルキンエ細胞間の抑制性シナプス前末端も大型で、Robertson は前末端からのパッチ記録に成功した[13]。また、一次聴覚神経終末端 endbulb of Held からもホールセル記録が可能である（中村、未発表）。しかし、いずれの標本でもプレとポストの同時記録は成功していない。したがって、現在温血動物中枢シナプス前末端とプレポストからの同時ホールセル記録が可能なシナプスは現段階では the calyx of Held が唯一である。このシナプスは音源定位に関与する中継シナプスで、典型的な速いシナプスである。このシナプスは長期的可塑性機能を備えておらず、可塑性の誘導に重要な役割を持つ NMDA 受容体の発現は生後発達と共に低下し[14]、MNTB 領域における CaMKIIα 発現量は海馬の 1% 程度である（斉藤、未発表）。しかしこのシナプスは短期的可塑性機能、逆行性シナプス調節機能を備え、多種のプレシナプスレセプターを介する伝達調節機能を備えるなど、多くの中枢シナプスと共通の性質を持っている。

　このシナプスにおいて特筆すべきことは、個体発生に伴ってシナプスメカニズムに変化が見出されることである。げっ歯類は生後第 2 週の後半に音を感知するようになるが、この時期の前後に劇的な変化が認められる。この時期は髄鞘形成の時期に重なるため、2 週以降の記録は急激に困難になる。そのため、大多数の研究は聴覚獲得前の生後 8-10 日において行われ、様々な結論が下されているが、これらの多くは、聴覚獲得後のシナプスにおいて、再検討が必要であり、実際、聴覚獲得前に特異的な現象が、多数明らかになっている[16-18]。したがって、このシナプスはシナプスの生後発達の観点から、興味深いモデルを提供している。

　スライスパッチクランプ法は、ニューロンを可視化して、電気シグナルを記録する試みに始まり、シナプス前末端を可視化して、プレポストからの同時記録を行うところに到達した。次の目標は、シナプス前末端の分子を標識して動態を可視化し、電気シグナルとの関わりを明らかにすることと思われる。

文　献

1. Takahashi, T. (1978) Intracellular recording from visually identified motoneurons in rat spinal cord slices. Proc. Roy. Soc. London B. 202, 417-421
2. Edwards, F.A., Konnerth, A., Sakmann, B. & Takahashi, T. (1989) A thin slice preparation for patch clamp recordings from neurones of the mammalian central nervous system. Pflugers Arch. 414, 600-612
3. Forsythe, I.D. (1994) Direct patch recording from identified presynaptic terminals mediating glutamatergic EPSCs in the rat CNS, in vitro. J.

Physiol. 479, 381-387
4. Borst, J.G.G., Helmchen, F. & Sakmann, B. (1995) Pre- and postsynaptic whole-cell recordings in the medial nucleus of the trapezoid body of the rat. J. Physiol. 489, 825-840
5. Takahashi, T., Forsythe, I.D., Tsujimoto, T., Barnes-Davies, M., & Onodera, K. (1996) Presynaptic calcium current modulation by a metabotropic glutamate receptor. Science 274, 594-597
6. Forsythe, I.D. & Barnes-Davies, M. (1993). The binaural auditory pathway: excitatory amino acid receptors mediate dual time course excitatory postsynaptic currents in the rat medial nucleus of the trapezoid body. Proc. Roy. Soc. B 251, 151-157
7. Ishikawa, T., Sahara, Y. & Takahashi, T. (2002) A single packet of glutamate does not saturate postsynaptic AMPA receptors. Neuron 34, 613-621
8. Hori, T., Takai, Y. & Takahashi, T. (1999) Presynaptic mechanism for phorbol ester-induced synaptic potentiation. J. Neurosci. 19, 7262-7267
9. Lindau, M. & Neher, E. (1988) Patch-clamp techniques for time-resolved capacitance measurements in single cells. Pflügers Arch. 411, 137-146
10. Yamashita, T., Hige, T. & Takahashi, T. (2005) Vesicle endocytosis requires dynamin-dependent GTP hydrolysis at a fast CNS synapse. Science 307, 124-127
11. He, L., Wu, X.-S., Mohan, R. & Wu, L.-G. (2004) Two modes of fusion pore openings revealed by cell-attached recordings at a synapse, Nature 444, 102-105
12. Geiger, J.R.P. & Jonas, P. (2000) Dynamic control of presynaptic Ca^{2+} inflow by fast-inactivating K^+ channels in hippocampal mossy fiber boutons. Neuron 28, 927-939
13. Robertson, B. & Southan, A.P. (1998) Patch-clamp recordings from cerebellar basket cell bodies and their presynaptic terminals reveal an asymmetric distribution of voltage-gated potassium channels. J. Neurosci. 18, 948-955
14. Futai, K., Okada, M., Matsuyama, K. & Takahashi, T. (2001) High-fidelity transmission acquired via a developmental decrease in NMDA receptor expression at an auditory synapse. J. Neurosci. 21, 3342-3349
15. Iwasaki, S., Momiyama, A., Uchitel, O.D. & Takahashi, T. (2000) Developmental changes in calcium channel types mediating central synaptic transmission. J. Neurosci. 20, 59-65
16. Fedchyshyn, M.J., & Wang, L.Y. (2005) Developmental transformation of the release modality at the calyx of held synapse. J. Neurosci. 25, 4131-4140
17. Nakamura, T., Yamashita, T., Saitoh, N. & Takahashi, T. (2008) Developmental changes in calcium/calmodulin-dependent inactivation of calcium currents at the rat calyx of Held. J. Physiol. 586, 2253-2261
18. Yamashita, T., Eguchi, K., Saitoh, N., von Gersdorff, H. & Takahashi, T. (2010) Developmental shift to a mechanism of synaptic vesicle endocytosis requiring nanodomain Ca^{2+}. Nat. Neurosci. 13, 838-844

9章　スライスパッチによるシナプス可塑性解析法

Ⅰ．はじめに

　ホールセル記録をはじめとするパッチクランプ法は、従来の方法では検出が困難であった微小シナプス電流や単一チャネル電流などの記録を可能にしたが、初期の段階では、適用できる標本は神経筋接合部や培養細胞など比較的単純な系に限られていた。しかし、その後開発されたスライスパッチクランプ法では、中枢神経系のニューロンからホールセル記録あるいはシングルチャネル記録を行えるようになり、現在では中枢神経系のシナプス機能の解析には、必要不可欠の技術になっている。スライスでのパッチクランプ法には、ニューロンを高性能の顕微鏡で可視化しながら行う方法（可視化法：visualized method）と、実体顕微鏡などで細胞層を同定して、その中を盲目的に記録用パッチ電極を進めてギガオームシールを得るブラインド法（blind method）の二つがある。比較的薄いスライスに適用できる可視化法については、他章で詳しく説明されているので、本章では、従来より細胞内記録法や細胞外電位記録法が用いられているより厚い（400〜500ミクロン程度）スライスにも適用できるブラインド・スライスパッチクランプ法の概説とそれを適用したシナプス可塑性解析法について解説する。

　ブラインド法は、その名が示すとおり、目的とする細胞が見えない状態でホールセルおよびシングルチャネル記録を行えるのが最大の特色である。この方法は、2つのグループ[1,2]により独立に開発され、その後多くの研究室で中枢神経系の研究に盛んに応用されている[3-6]。一方、可視化法では、ニューロンを見ながら記録を行うため、より細かな操作が可能となるが、比較的薄いスライスの表面に近いニューロンから記録を得ることになるため、長時間よい状態で記録を続けることが難しく、シナプス可塑性の解析にはやや不向きなところがある。

Ⅱ．ブラインド法の特色

　スライス標本においてパッチクランプ法を適用する利点は、可視化法の場合と共通であるが、ここではブラインド法特有の利点について以下に述べる。

1) より厚い標本を使用できるため、標本作製の際の障害がより少なく、シナプス構築がより保たれた細胞での記録が可能となる。
2) スライス表面に近い細胞だけでなく、表面から100〜200ミクロン程度のスライスのかなり深い部分に位置する細胞からも記録できる。
3) 記録する細胞の周囲の結合組織をクリーニングする必要がないため、クリーニングの際に起こりうる樹状突起切断などの細胞への障害を避けることができる。
4) ギガオームシールを得る際に目的の細胞を直視する必要がないため高性能の顕微鏡は必要なく、通常の実体顕微鏡があれば十分であり、そのためより少ない費用で実験が可能となる。
5) 広い視野と操作領域が確保できるため、実験操作が比較的容易である。
6) ブラインド法のセットアップでは、パッチクランプ記録はもちろん、そのままの状態で、細胞外電位記録、細胞内記録ができる。また、ホールセル記録と細胞外電位記録を同時に行うことも容易である。

ブラインド法の欠点は、ホールセル記録法で一般に見られる細胞内成分の「washout」現象などのほかに、ブラインド法に特有の欠点として、細胞を直視下で同定しないことから、複数の種類の細胞が混在する組織では特定の種類の細胞からの記録が確実には行えないことがある。また、パッチ電極が細胞膜に接したかどうかを電極抵抗の変化だけでモニターするため、適当なギガオームシールを得られるようになるまでに多少の熟練を要する。この点に関しては、従来の細胞内記録法と類似の手技であるため、細胞内記録法の経験がある場合にはほとんど問題にはならない。

ブラインド法は、上記のような特長をもつことから、かなりの長時間にわたって安定した記録を保つことが可能で、しかも神経回路がかなり保存された状態での実験が可能になることから、長時間の安定した記録が要求されるシナプス可塑性の解析には、きわめて強力な武器となる。可視化法にもそれ特有の利点があるので、実験の内容に応じて、どちらの方法を選択するかが研究の成否を決定するきわめて重要な要素となる。

III. ブラインド法の実際

1) 組織：ブラインド法では細胞が直視下で同定できないことから、同じ種類の細胞が密集した組織が適している。ブラインド法が適用されている中枢神経系組織の主なものとして、海馬、大脳皮質、小脳などがあり、主にスライス標本が用いられているが、11章で述べられているように、*in vivo* の標本にも適用されている[7]。

2) 標本作製：基本的には薄切スライス標本の場合とほぼ同様である（7章参照）。通常、厚さ400〜500ミクロンのスライスを用いる。この程度の厚さのスライスの場合、チョッパーを用いて作製することもできるが、ホールセル記録ではスライサーを用いて作製したほうがより高い確率でシールを得ることができるようである。

3) 実験設備：パッチピペット作製および電流記録に要する機器は他のパッチクランプ法と同様である。実体顕微鏡に関しては、標本内の細胞層あるいは細胞集団を同定でき、記録電極をその近傍に誘導できる程度の性能を有するもので十分である。記録用チェンバーも特殊なものは不要で、それぞれの実験目的に適するものでよいが、標本を十分観察するためにはできればチェンバーの下方より照明できるものがよい。シナプス電流を記録する場合、操作領域が広いため、複数の刺激電極で入力線維を電気刺激することも容易である。パッチピペットの位置調節および細胞の検索には遠隔操作のできるマニピュレータが必要であり、一定距離をステップで前進させることのできるモータードライブのマニピュレータが望ましい。

4) 手技：パッチクランプ法の手技自体は他の章で詳しく述べられているものと同様であるためここでは省略する。通常、ピペットはシルガードコーティングしないが、必要な場合は、ピペットが組織のかなり深い部分まで進む場合もあるので、ピペットを進める際にシルガードが組織を圧迫しないようコーティングは必要最小限にとどめるようにする。

ブラインド法では細胞の検索とギガオームシールを得る過程のみが可視化法と異なるため、ここではその点についてのみ詳述することにする（図1）。

① パッチ電極の抵抗をオシロスコープでモニターすることにより、電極の先端が細胞膜に接触したかどうかを判断する。そのために、細胞内液を充填したパッチピペットをバスに入れ、パッチクランプ増幅器をボルテージクランプモードとし、振幅1ミリボルト、持続時間数10ミリ秒程度の矩形波を1秒に数回程度の頻度で与え、それに対応する電流をオシロスコープ上でモニターする。オームの法則よりパッチ電極の電気抵抗を計算できる。標準的な細胞内液を用い

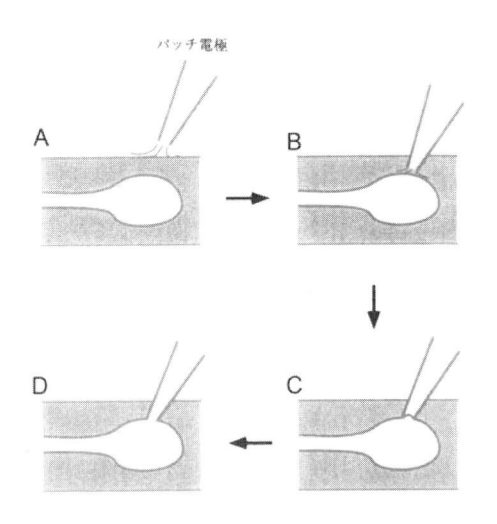

図1 ブラインド・パッチクランプ法によるホールセル記録の模式図
A：パッチ電極をスライスの直上まで進めたところ。パッチ電極にかなり強い陽圧をかけるため、電極内液が電極先端から噴射されている。
B：細胞層の中で電極を直進させ、細胞体に接触する直前。接触すると電極抵抗が上昇する。
C：電極抵抗が上昇した直後に、電極に弱い陰圧をかけ、ギガオームシールを得たところ。
D：さらに強い陰圧をかけてパッチを破り、ホールセルの状態になったところ。

た場合、4~8 MΩ程度の抵抗を持つ電極が本法には適している。カレントクランプモードでも同様に行えるが、以下ではボルテージクランプの場合についてのみ説明する。

② ギガオームシールを得るまでピペット内の圧力調節はすべて10 mL程度の大きさのシリンジを用いて行う。シリンジを使用することで、微妙な圧力の持続した調節が可能となる。通常のパッチクランプ法ではピペットに比較的低い陽圧をかけるが、ブラインド法ではかなり高い陽圧をかける点が特徴である。標準的なセットアップでは1~2 mL程度の空気を押し出して陽圧をかけるが、それぞれのセットアップで適当な圧力を経験的に決定する。次に、ピペットを細胞層のごく近傍まで移動させ、マニピュレータを用いて、電極抵抗をオシロスコープでモニターしながら、数ミクロンずつ前進させる（図1A）。この際、細胞層に平行に、あるいは、なるべく多くの細胞に接触するように記録電極の進行方向を調節しておくことが、より高い確率でギガオームシールを得るために必要である。

③ このようにパッチピペットを進行させると、ピペットがスライス表面に触れた瞬間、電流の大きなシフトが見られる。陽圧を維持しながら、さらにそのままピペットを進行させ、矩形波のモニター電流が減少する（つまり、ピペットの先端が細胞膜に接し電気抵抗が上昇する）まで続ける（図1B）。通常、スライスの表層近くに位置する細胞では持続して安定な記録を得ることが困難なため、最初の細胞はピペットにさらに強い陽圧をかけ破壊することもある。このようにモニター電流が減少した瞬間に、シリンジに急激に適度な陰圧をかけると、数秒から数10秒以内にギガオームシールが得られる（図1C）。スライスの状態が正常であれば、非常に高い確率で適当なシールを得ることができる。陰圧をかけるタイミングが遅れるとモニター電流がもとの大きさに戻ってしまい、それから陰圧をかけてもあまりよいシールが得られないことが多い。陰圧をかけてもギガオームシールが得られなかった場合には、ピペットを交換し少し部位を変え同じ操作を繰り返す。陰圧をかけなかった場合には繰り返し同じピペットを使うことができる。

④ ホールセル記録をする場合にはピペットに瞬間的に強い陰圧をかけてパッチを破るが、この際には口で圧力をかけるほうがうまくホールセルになるようである（図1D）。ブラインド法で得たパッチでもシングルチャネル記録を行うことが可能である。

Ⅳ. ブラインド法に必要な設備

シールド用ケージ（ファラデーケージ）

防振台：空気バネ式の性能の優れたものが望ましい。

実体顕微鏡：細胞層が十分観察できる程度のものでよい。細胞層がよく見えない場合にはシールを得る確率がかなり低くなる。

照明装置：パッチピペットの先端が十分見えるような照明が望ましい。

パッチクランプ増幅器

電気刺激装置

アイソレータ

オシロスコープ

データ記録解析用パーソナルコンピュータ

インターフェース

マニピュレータ：粗動マニピュレータの先端に、ピペットの進行方向に動く電動マニピュレータが必要で、ステップ状に電極を進められるものが望ましい（例、Newport、Actuator 850B）。マニピュレータにドリフトがあると、安定に長時間記録することができない。

Ⅴ. シナプス可塑性解析への応用

　シナプス伝達を解析する際にスライスパッチクランプ法を適用する利点は数多く存在する。ここでは、その利点の代表的なものを挙げていき、それぞれの応用例を示す。ここで紹介する以外にも多くの応用例が報告されている。

1）最大の利点は、従来の細胞内記録に比べ、ノイズレベルが非常に低くなったことであろう。これにより、これまで解析が困難であった自発性シナプス電流（spontaneous excitatory or inhibitory postsynaptic current: sEPSC or sIPSC）あるいは自発性微小シナプス電流（miniature EPSC or miniature IPSC: mEPSC or mIPSC）を記録・解析することが可能となった。これらを解析することにより、原則的には、その振幅からシナプス後細胞での伝達物質に対する感受性（ひとつのシナプス小胞から放出された伝達物質による応答）が評価でき、その発生頻度からシナプス前終末での伝達物質放出確率の推定が可能になる。ただし、このような解析には、これ以外の解釈も可能である場合もあるので常に注意が必要である。

① mEPSC（sEPSC）を利用したシナプス可塑性解析例：海馬 CA1 領域での興奮性シナプス伝達の長期増強（long-term potentiation: LTP）が、シナプス前終末での変化（伝達物質の放出確率の上昇）により発現するのか、シナプス後細胞での変化（伝達物質に対する感受性の増大）により発現するのかについては長い間、議論の対象になってきたが、この問題に対するひとつのアプローチとして、筆者らは、LTP 誘導の前後で mEPSC（sEPSC）の振幅と頻度を比較した[6]。mEPSC（sEPSC）の振幅が LTP の誘導あるいは NMDA 投与による短期増強の際に増大したことから、シナプス後細胞での変化が重要であることを示した（図2）。この結果は、最近の分子生物学的手法と形態学的手法を組み合わせた解析により支持されている。この解析法は、論文発表当時としては、世界初のものであったが、現在では、頻繁に用いられる標準的な方法となっている。

② ストロンチウムを用いた、刺激されているシナプス由来の sEPSC の解析例：上記の自発性の EPSC を用いた解析では、特に工夫しない限り、細胞全体のシナプスからの応答が平均的に出

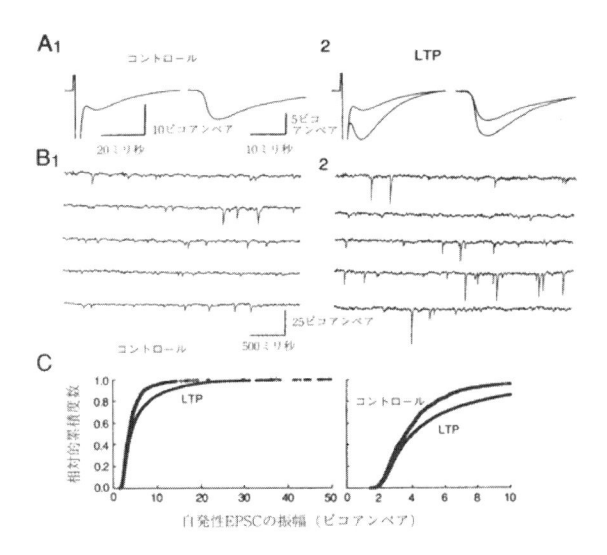

図2 海馬CA1領域のLTPに伴ってsEPSCの振幅が増大する（文献6を改変）
A1: LTP誘導前の、電気刺激により誘導されたEPSC（左）とsEPSCを平均したトレース（右）。
A2: LTP誘導後の、電気刺激により誘導されたEPSC（左）とsEPSCを平均したトレース（右）。
B1: LTP誘導前のsEPSC。
B2: LTP誘導後のsEPSC。LTP誘導後、誘導前にはほとんど見られなかった振幅の大きなsEPSCが出現している。
C: LTP誘導前後のsEPSCの振幅の累積度数分布図。LTP誘導後の分布が右にシフトしていることから、sEPSCの振幅が増大していることがわかる。コルモゴロフ-スミルノフ・テストにより有意差が見られる。

現するが、細胞外液にカルシウムイオンの代わりにストロンチウムを加えると、電気刺激により誘発されるEPSC（evoked EPSC）を構成する個々のEPSCが時間的にばらけて出現し、活性化しているシナプスからのsEPSCをかなり選択的に記録・解析できる[8]。この方法を用いて、海馬CA1領域でのLTPおよび長期抑圧（long-term depression: LTD）が、それぞれ、シナプス後細胞の伝達物質に対する感受性増大および感受性減少により維持されていることが報告されている[9]。

2）細胞へのアクセスがきわめてよくなったため、膜電位固定法が効率よく適用できることも大きな利点である。

① シナプス応答の電流−電圧関係がかなり正確に評価できる。これまでの細胞内電位記録では反転電位などを正確に求めることはできなかったし、ボルテージクランプによる細胞内電流記録も、プラス電位では十分にクランプできず、電流−電圧関係を十分正確に調べることは困難であった。しかし、ホールセル・パッチクランプ記録では、シナプス電流のような比較的速い応答についても、反転電位を決定するのに十分な程度のクランプが可能である。

② 時間経過がかなりゆっくりで振幅が大きいNMDA受容体シナプス応答は、これまでの細胞内電流記録では十分にクランプすることができず、応答の時間経過も正確に測定することができなかったが、ホールセル・パッチクランプ記録では、かなり正確に記録することが可能である。これにより、例えば、AMPA受容体シナプス応答とNMDA受容体シナプス応答の振幅の比を比較することで、どちらの成分が変化しているかを同定できる場合がある[10,11]。この方法は、論文発表当時としては、世界初のものであったが、現在では、頻繁に用いられる標準的な方法となっている。また、NMDA受容体成分を安定に長時間記録することが可能であるため、MK-801のような開口チャネルブロッカーを用いて、伝達物質放出確率を推定するというような実験も可能になる[5]（図3）。この方法も、論文発表当時は、3つの研究室がほぼ同時に独立に開発・応用した特殊な方法であったが、現在では、標準的な解析法となっている。

3）神経可塑性に伴う受容体チャネル活性変化を評価できる点も可塑性研究においては大きな意味をもつ。

① 単一チャネル記録法では直接的な評価が可能である。シナプス可塑性においては、神経伝達物

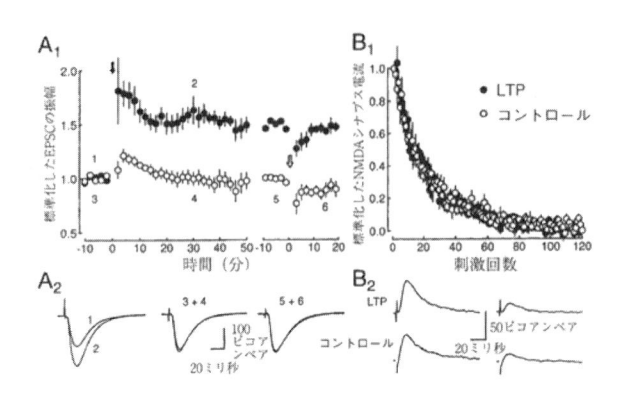

図3　MK-801を用いたLTPにおける神経伝達物質放出確率上昇の有無の検討（文献5を改変）

A1： 海馬スライスCA1領域で、独立した二つの入力を電気刺激し、ペアリング（黒矢印）により一方の入力（●）にLTPを誘導し、その後、1時間以上記録を続け、ホールセルによるLTP washout現象を利用してもう一方の入力（○）にはLTPが起こらないようにする。実際、2回目のペアリング（白矢印）でLTPは誘導されない。

A2： 実際に記録されたEPSCのサンプル・トレース。トレースの数字は、A1での数字の時刻を示している。

B1： NMDA受容体の開口チャネルブロッカーであるMK-801存在下でNMDA受容体シナプス応答を記録し、その減衰速度から伝達物質放出確率を比較する。放出確率が高いほど速く減衰するが、LTPの起こっている入力とコントロールのLTPが起こらない入力は、まったく同じ時間経過で減衰することから、LTPの発現は伝達物質の放出確率の上昇では説明できないことが示された。

B2： 実際に記録されたNMDA受容体シナプス応答のサンプル・トレース。左のトレースは、最初の6つのEPSCの平均で、右のトレースは、25回目周辺の6つのEPSCの平均を示している。

質受容体のリン酸化が重要な意味を持つが、例えば、AMPA受容体やNMDA受容体がリン酸化されたときに、その単一チャネル特性がどのように変化するかを検討することができる[12, 13]。

② non-stationary noise analysisでは、シナプス部位に存在し、実際に伝達物質により活性化さている受容体チャネルの単一チャネル特性を間接的に評価できる。中枢神経系のシナプスでは、通常は、シナプス部位に存在する受容体から直接単一チャネル記録をすることはきわめて困難なため、非定常状態でのシナプス電流のノイズ解析により、受容体チャネルの単一チャネル特性を推定することが行われる。この詳細については、本書の第6章「チャネルノイズ解析法」を参照されたい。海馬CA1領域でのLTPの発現がシナプス後細胞のAMPA受容体の単一チャネルコンダクタンスの上昇によることがこの方法により証明されている[14]。

VI. おわりに

ブラインド法の実際を詳述し、その有用性とシナプス可塑性解析への応用について述べた。薄切スライス標本を用いた可視化法は、細胞の同定を必要とする実験では絶大な威力を発揮するが、ニューロンの同定が不要で長時間にわたり安定な記録が要求されるような実験ではブラインド法のほうが優れた特性を示す。また、最近では、両者の長所を取り入れ、細胞を見ながらブラインド法のアプローチでシールを得る試みもなされ、よい結果が得られている。スライス標本を用いてパッチクランプ記録を行う場合には、実験計画の段階で、いずれの方法を用いるかを正しく判断することが、実験の成否を決定する重大な要素となる。シナプス可塑性の解析においては、スライスパッチクランプ法はすでに必要不可欠の技術となっており、現在のポストゲノムの時代でも、神経系の機能解析において、さらに重要な位置を占め続けることは間違いないであろう。

文献

1. Blanton, M.G., Lo Turco, J.J. & Kriegstein, A.R. (1989) Whole cell recording from neurons in slices of reptilian and mammalian cerebral cortex. J. Neurosci. Meth. 30, 203-210
2. Coleman, P.A. & Miller, R.F. (1989) Measurement of passive membrane parameters with whole-cell recording from neurons in intact amphibian retina. J.

Neurophysiol. 61, 218-230
3. Bekkers, J.M. & Stevens, C.F. (1990) Presynaptic mechanism for long-term potentiation in the hippocampus. Nature 346, 724-729
4. Malinow, R. & Tsien, R.W. (1990) Presynaptic enhancement shown by whole-cell recordings of long-term potentiation in hippocampal slices. Nature 346, 177-180
5. Manabe, T. & Nicoll, R.A. (1994) Long-term potentiation: evidence against an increase in transmitter release probability in the CA1 region of the hippocampus. Science 265, 1888-1892
6. Manabe, T., Renner, P. & Nicoll, R.A. (1992) Postsynaptic contribution to long-term potentiation revealed by the analysis of miniature synaptic currents. Nature 355, 50-55
7. Ferster, D. & Jagadeesh, B. (1992) EPSP-IPSP interactions in cat visual cortex studied with *in vivo* whole-cell patch recording. J. Neurosci. 12, 1262-1274
8. Dodge, F. A., Miledi, R. & Rahamimoff, R. (1969) Sr^{2+} and quantal release of transmitter at the neuromuscular junction. J. Physiol. 200, 267-284
9. Oliet, S.H.R., Malenka, R.C. & Nicoll, R.A. (1996) Bidirectional control of quantal size by synaptic activity in the hippocampus. Science 271, 1294-1297
10. Sakimura, K., Kutsuwada, T., Ito, I., Manabe, T., Takayama, C., Kushiya, E., Yagi, T., Aizawa, S., Inoue, Y., Sugiyama, H. & Mishina, M. (1995) Reduced hippocampal LTP and spatial learning in mice lacking NMDA receptor ε1 subunit. Nature 373, 151-155
11. Manabe, T., Aiba, A., Yamada, A., Ichise, T., Sakagami, H., Kondo, H. & Katsuki, M. (2000) Regulation of long-term potentiation by H-Ras through NMDA receptor phosphorylation. J. Neurosci. 20, 2504-2511
12. Derkach, V., Barria, A. & Soderling, T.R. (1999) Ca^{2+}/calmodulin-kinase II enhances channel conductance of α-amino-3-hydroxy-5-methyl-4-isoxazolepropionate type glutamate receptors. Proc. Natl. Acad. Sci. USA 96, 3269-3274
13. Yu, X.-M., Askalan, R., Keil II, G.J. & Salter, M.W. (1997) NMDA channel regulation by channel-associated protein tyrosine kinase Src. Science 275, 674-678
14. Benke, T.A., Lüthi, A., Isaac, J.T.R. & Collingridge, G.L. (1998) Modulation of AMPA receptor unitary conductance by synaptic activity. Nature 393, 793-797

１０章　樹状突起からのパッチクランプ記録

Ｉ．はじめに

　中枢ニューロンの樹状突起は、シナプス入力の受容・統合をはじめ、ニューロン機能の重要な役割を担っている。その詳細を明らかにするため、1970年代頃より、樹状突起から直接的に細胞内記録を行う試みが、スライス標本上の小脳プルキンエ細胞や大脳皮質・海馬の錐体細胞などを用いて行われてきた[1,2]。90年代に入ると、パッチクランプ法が樹状突起にも直接適用されるようになり、上記を含むいくつかの領域のニューロンにおいては、樹状突起の膜に存在する電位依存性イオンチャネルの特性や、それらの調節機構に関する知見が多数蓄積された[3,4]。遺伝子改変動物の使用に代表される分子生物学的手法の導入や、各種イメージングとの併用も良く行われるようになり、現在では、樹状突起の電気的特性がシナプス伝達へどのように関与するのか、ニューロン回路機能における役割は何かなど、盛んに議論されている[4,5]。

　このような背景から、樹状突起パッチクランプ（dendritic patch-clamp recording）の方法論は、技術そのものは細胞体へ適用する場合とほぼ同様なのだが、近年のプロトコール専門誌等でも従来のパッチクランプ法と独立して紹介されている[6]。そこで本章では、細胞体からのパッチクランプ記録は問題なくできるが、今後スライス標本を用いてニューロンの樹状突起から記録を取ってみたいと考えている方々を対象に、筆者の経験を基にいくつかのポイントを述べてみたい。

Ⅱ．標本作成

　急性脳スライス標本を用いて実験を行う場合、スライスが上手くできているかどうかで実験の成否が決まると言っても過言ではない。樹状突起から記録を行う場合、特に直視下で電極を適用しようとする場合は、スライス表面付近の樹状突起がよく見えているような、「きれいな」標本を作ることが必要になる。そのコツを以下に５つほど挙げてみた。

１．動物の週齢を選ぶ

　通常、ラットやマウスでは一般に生後１−２週の動物が適すると言われている。樹状突起から記録を行う場合も基本的には同様であるが、この時期の樹状突起は透明度が高く、よく見えないと感じるかも知れない。実験の目的にもよるが、３−５週齢くらいがスライス作成もさほど難しくなく、樹状突起もよく見える。

２．麻酔を深くかけすぎない

　脳を取り出す前に動物を深く麻酔することが多いが、麻酔にエーテルを用いた場合は、脳の毛細血管が拡張するので、心臓が完全に停止してしまわないうちに断頭（あるいは開頭して脳摘出）すると良い。心停止後に行うと、スライスに血球が残ってしまうことがあり、良い標本にならない。脳を取り出したとき、なんとなく全体にピンク色をしていたら注意を要する。

3. かき氷状のスライス作成用溶液で脳ブロックを冷やす

　幼弱動物を用いた場合を除いて、脳ブロックは Na^+ と Ca^{2+} をできるだけ除いた溶液に浸して切った方が良いと言われている。この専用の溶液は slicing solution あるいは cutting solution としてスライス実験一般に使われる場合が多い（組成は他章を参照されたい）。この溶液をかき氷状あるいはシャーベット状にしたものを別に用意しておき、切り始める前にスライス・チェンバーに充分量入れて、脳ブロックをよく冷やすと良い。但し、脳ブロックには直接氷を触れさせないように注意する。

4. マイクロ・スライサー振動刃の動作を設定する

　表面のきれいなスライスを作成するには、電動のマイクロ・スライサーを用いた方がよい。水平面より15度付近の角度が広く用いられており、均質のスライスを再現性良く作成するのに適しているようである。振動の頻度（frequency）や刃を進める速度は、スライスしたい脳の部位によって異なるが、細胞体からの記録を行う場合と比べて、頻度をやや高め、速度をやや遅めに設定すると良い。

5. 脳ブロックの向きに注意してスライスする

　脳ブロックは、記録したいニューロンの樹状突起の走行に沿って細胞体から樹状突起へと振動刃が進むような向きに、ステージに固定する。たとえば、海馬CA1野錐体細胞の尖塔樹状突起へ適用したい場合は、海馬体の背側～背尾側より刃が入るように置く（図1）。

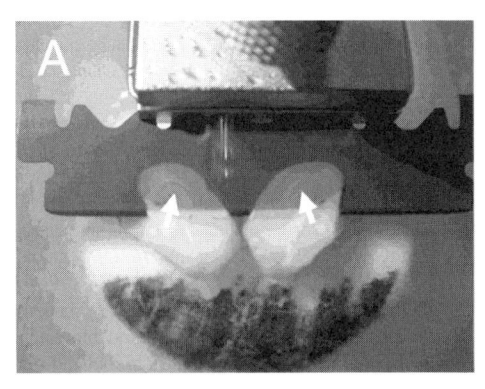

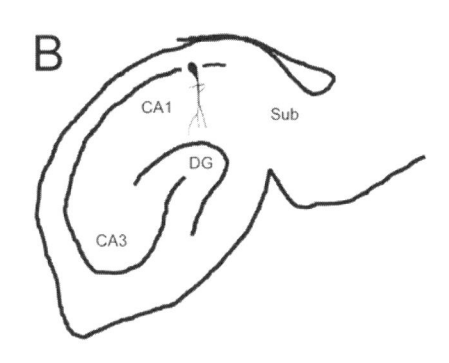

図1　脳ブロックの固定
　A．脳ブロックを途中まで切ったところ。左右の脳ブロックにおける海馬（矢印）の背尾側より振動刃が入っている。B．向かって右側のブロック表面に見えている海馬の模式図。CA1野の海馬台（Sub）寄りの領域に存在するニューロン（黒塗り）にとっては、細胞体から尖塔樹状突起へとほぼ樹状突起の走行に沿って振動刃が進むことになる。CA1、CA1野；CA3、CA3野；DG、歯状回；Sub、海馬台。

III. 電極の形状とピペット内液

　電極の先端は、細胞体用のものよりやや細めがよい。マウスの大脳皮質や海馬のニューロンを狙う場合、抵抗値は 130 mM の KCl を入れた電極で測定して、7-12 MΩ くらいである。シャンクは短く、形状は鈍角であるにこしたことはないが、電極先端をスライスの中へ差し入れたときに周囲を押さない程度にする。ブラインドパッチを行う場合は、形状はやや鋭角に、シャンクは長めにするが、電極抵抗はやはり 12 MΩ 程度に抑えた方がよい（図2）。

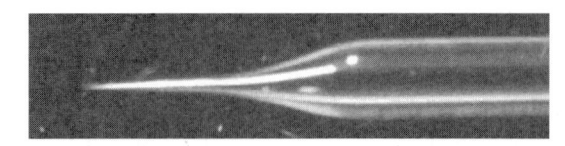

図2 ブラインドパッチも可能な電極の形状
外径 1.5 mm、内径 1.1 mm のボロシリケート・ガラス管（中芯入り）より作成した。

電位記録のみを行うときは、細胞内環境への影響を少なくするために、あえて先端のさらに細い電極（抵抗値 20 MΩ くらいまで）を用いることもある。その場合、アンプはいわゆるパッチクランプ用ではなく、ブリッジ・モードのある従来の微小電極用のものが適する。

細胞体に適用する場合と同様のピペット内液で、ホールセル、オン・セル記録が可能である。Fura-2 などの蛍光色素をピペットより注入してイメージングを行いたい場合は、色素の濃度を細胞体へ注入する場合よりやや高くしないと、細胞体まで良く染まらないことがある。

IV．記録

1．ニューロンの配置を見て実験に用いるスライスを選ぶ

樹状突起は、スライス作成後時間が経つにつれて見えにくくなるので、使えるスライスをいかに早く見抜くかが重要である。直視下に電極を適用する場合は、細胞体と樹状突起の幹がほぼ同じ焦点面にあって、しかも状態の良い絶好のニューロンが見つかるスライスであればベストである。しかし筆者の経験では、1 匹の動物からこのようなスライスがそう何枚も作れるものではない。効率よく実験するには、ニューロンがスライスに少し斜めに埋まっているように見えるスライスを選ぶと良いようである（図3）。スライスの上表面に細胞体が頭を出しており、焦点を下へおろしてゆ

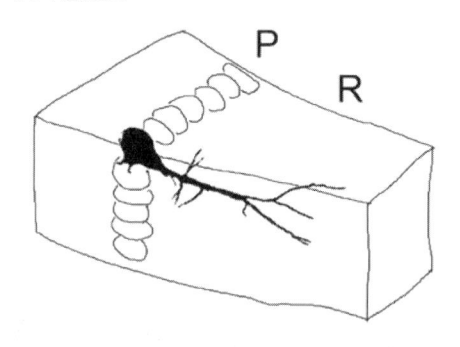

図3 樹状突起から効率よく記録できるニューロンの配置例
海馬スライス標本の一部と、その中の錐体細胞の配置（黒塗り）を模式的に表した。P、錐体細胞層; R、放線状層。

くと、樹状突起が近位から遠位へと順に見えてくるようなスライスである。樹状突起は、多かれ少なかれ 3 次元的に枝を伸ばしているので、このような位置のニューロンは傷ついた樹状突起が少ないと思われる。

2．陰影の深い樹状突起は避ける

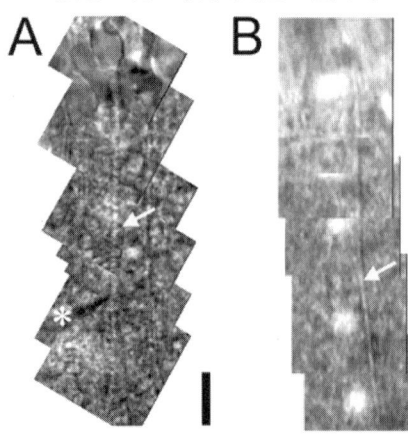

光学顕微鏡のカタログ等には、樹状突起がはっきり映っている写真が掲載されていることが多い。また、論文や教科書に写真などで記録部位を紹介する場合でも、どうしても樹状突起と電極の位置関係が明確に見えるように写真を撮る傾向にある。ところ

図4 ラット海馬 CA1 野ニューロンのノマルスキー微分干渉像
フォーカスをずらして撮影した数枚の像を重ねて示した。適用しやすい樹状突起（A）は陰影が薄い（矢印）。細胞体から約 80 μm のところに記録電極（＊）が見える。適用しにくい樹状突起（B）は陰影が濃く、木の枝のようにくっきり見える（矢印）。バーの長さは 20 μm。

が、実際にスライス標本のなかで記録を目的として樹状突起を探す場合、ノマルスキー微分干渉像でくっきり枝のように見えている樹状突起へは適用しにくいことが多い。これは、陰影が濃くみえる細胞体へは電極がシールしにくいのと同様の理由と思われ、必ずしも細胞の状態が悪いことを意味してはいない。見る人によって表現は様々であろうが、適用しやすい樹状突起は、透明のチューブように陰影が薄く見える（図4）。ブラインドパッチができるようであれば、はじめは樹状突起へブラインドでアプローチしてみたら良いかも知れない。オン・セル（cell-attached）あるいはホールセル状態になった後で電極の先端を見に行くと、様子が良く分かるからである。

3．細い樹状突起へは、むしろブラインドパッチ？

ニューロンの種類によっても異なるが、樹状突起の分枝（二次分枝以降）は直径が 1 μm に満たない場合もある。このような樹状突起をよく見るためには、対物レンズの倍率をさらに上げるか中間変倍レンズを追加する必要があるが、その結果、全体として像がぼやけ、対物レンズの作動距離（ワーキング・ディスタンス）も短くなる。樹状突起の特定の場所を狙う必要があれば直視下で行う以外にないが、単に二次分枝からホールセル（あるいはオン・セル）記録されれば良いのなら、ブラインドパッチを試みると良い。海馬のスライス標本などでは、60倍の対物レンズを用いても細い糸のようにしか見えない部位へ直視下で電極を当てても、うまくシールができないことが多い。しかしながらブラインドパッチでは、樹状突起の分枝の数が無数にあるためか、結果的に効率が良いようである。

V．樹状突起からのパッチクランプ記録の利点・欠点

細胞体と樹状突起の構造上の違いから、特にホールセル記録や穿孔パッチ記録には様々な特徴がある。得られた結果を正しく解釈し、また新たに実験を計画するためには、それらをあらかじめ念頭に置いておいたほうがよい。

1．局所的な現象が記録される

スライス標本上のニューロンでは、たとえ細胞体からの記録であっても細胞全体を電位固定する実験はかなり難しい。まして樹状突起へ適用されたピペットのみでは、たとえ Cs^+ 等をピペット内液に用いたとしても、細胞全体の電位固定記録はまず不可能と思ってよい。しかしながら、電極の直下付近だけが電位固定されると考えられるので、樹状突起に特有のコンダクタンスをホールセル状態でも比較的容易に分離できる。電流固定（カレント・クランプ）モードでの電位記録は、細胞全体の平均膜電位ではなく、電極直下の電位が記録されていると考えられる。直列抵抗が著しく上昇しない限り、いわゆるパッチクランプ用アンプでおそらく問題はないが、スパイク電位など早い現象を観察するには、従来の微小電極用アンプが適する。

2．ピペット内液による樹状突起内のダイアリシスが起こる

ピペット内液による細胞内灌流は、細胞体からのホールセル記録でも起こるが、樹状突起は局所容積が小さいため細胞体よりたやすく起こると考えられる。ピペットを介して薬物を細胞内へ注入した場合は速やかに薬効が現れ、しかも短時間なら薬物の作用部位は注入部位近辺にほぼ限局されるという利点がある。しかしながら、このことは本来の細胞内環境が局所的に速やかに失われていることも意味しており、電気生理学的な種々の特性はピペット内液と細胞外灌流液の組

成に依存したものと考えるべきであろう。この細胞内灌流の欠点を回避するため穿孔パッチ記録がよく用いられるが、記録可能な時間が抗生物質の活性に依存して短く、また直列抵抗はすぐ100 MΩ近くに達してしまう。電位記録をする場合、折衷案として、筆者は15－20 MΩ程度の電極を用いてホールセル記録をすることがある。薬液の投与実験には不向きであるが、直列抵抗は40－50 MΩ程度に抑えられ、細胞内電位の記録には充分である。

3．細胞内イオンが電極内へ移動しやすい

特に樹状突起の末梢や二次分枝にホールセル記録を適用した場合、おそらく細胞内に増加したと思われるイオンが、電極内へと動いてしまうことがある。たとえば、電気刺激等で誘発される細胞内Ca^{2+}濃度の上昇をCa^{2+}感受性色素の蛍光変化で検出しようとしたとき、樹状突起からだけでなく電極内の色素からも変化が見られる場合がある。このような場合、樹状突起での蛍光変化は、実際の細胞内Ca^{2+}濃度上昇のパターンを反映していないので、注意が必要である。

4．樹状突起の形態変化を引き起こす

樹状突起では、マニピュレーターのドリフトなどによる電極の移動が多少あっても先端が膜から外れることは少なく、シナプス応答などの記録中に膜の形状が変化しているのに気づくことはまれである。記録が長時間にわたると、記録部位の樹状突起が大きく腫脹することがあるが、これも電気生理学的記録のみでは兆候がみえにくく、何らかの方法で形態を確認して始めて気がつくことが多い。生理的機能の変化が形態の変化と密接に関係する場合もありうるので、極端に形態が変わってしまった場合は記録を中止し、原因を取り除くべきであろう。

VI．まとめ

樹状突起の機能に着目した研究には、これまで様々な記録・計測方法が取り入れられているが、その一つにパッチクランプ技術の応用があり、本章では特に脳スライス標本上のニューロンへ適用する際の要点を解説してきた。これらのノウハウは、さらに微細な構造である軸索やシナプス前終末から記録を行おうとする場合にも適用が可能と思われる。

樹状突起に発現している種々の機能分子の働きを解析し、シナプス入力の統合をはじめとした情報処理のメカニズムを明らかにしてゆくためには、パッチクランプ法が有効である。方法の利点・欠点をよく認識し、相補的な方法と組み合わせて実験を行うことによって、これまで適用が難しいとされていた領域のニューロンの樹状突起からも重要な知見が得られることが期待される。

文 献

1. 坪川宏（2000）樹状突起活動電位．脳の科学 22, 85-90
2. Johnston, D. & Narayanan, R. (2008) Active dendrites: colorful wings of the mysterious butterflies. Trends Neurosci. 31, 309-316
3. Stuart, G.J. & Palmer, L.M. (2006) Imaging membrane potential in dendrite and axons of single neurons. Eur. J. Physiol. 453, 403-410
4. Sjöström, P.J., Rancz, E.A., Roth, A. & Häusser, M. (2008) Dendritic excitability and synaptic plasticity. Physiol. Rev. 88, 769-840
5. Spruston, N. (2008) Pyramidal neurons: dendritic structure and synaptic integration. Nature Rev. 9, 206-221
6. Davie, J.T., Kole, M.H.P., Letzkus, J.J., Rancz, E.A., Spruston, N., Stuart, G.J. & Häusser, M. (2006) Dendritic patch-clamp recording. Nature protocols 1, 1235-1247

11章 *In vivo* ブラインドパッチ法

I. はじめに

　In vivo 標本は生理的条件下の神経活動や生理的な刺激に対する神経の応答を捉えるために必要不可欠な標本であり、従来から細胞外記録法や細胞内記録法を用いて単一神経の活動電位および膜電位変化が記録・解析され、現在まで多くの成果が得られてきた。しかしながら、これら従来の手法ではシナプス・チャネルレベルの研究を *in vivo* で行うことは難しく、例えば、GABA などの抑制性のシナプス応答が果たしてどのような生理的な刺激や条件で誘起され、如何なる応答を有効に抑制するかを実際に知ることは困難であった。微小電極を用いた細胞内記録法はシナプス電位の記録は可能であるが、標本の呼吸や脈動に伴う動きから安定した記録ができない場合が多く、シナプス応答を単離して記録することはできない。また、長時間の記録は大型の細胞に限られるなど適用される神経細胞も少ない。これらの問題を補うために細胞膜を吸引・密着させ、いわゆるギガ・オームシールを形成してシナプス応答やイオンチャネル電流を有効に単離して記録・解析するパッチクランプ法を *in vivo* 標本に適用する試みがなされてきた。1991年に Creutzfeldt らのグループがネコ大脳皮質視覚野からの記録法を報告[1]して以来、脊髄、視床、小脳、嗅球、大脳皮質聴覚野、体性感覚野、バレル皮質、運動野など様々な部位からの *in vivo* パッチクランプ法が開発された[2]。これらの報告には微小電極の代わりにパッチ電極を用い、不完全ではあるがシール抵抗を形成して電流固定下に膜電位変化のみを記録するものも多い。しかし、最近、*in vivo* 標本においても脊髄[3]、小脳[4]、大脳皮質聴覚野[5]などから良好なギガ・オームシールを形成して長時間安定した記録を行い、スライス標本など *vitro* の系と遜色なく電位固定下にシナプス電流を単離して定量解析することが可能となった。

　ここに紹介する *in vivo* ブラインドパッチ法は、組織表面から記録電極を刺入し、その抵抗値の変化を指標にブラインド（細胞が見えない状態）でギガ・オームシールを形成し、ホールセルクランプ法による電流固定下にシナプス電位や活動電位、電位固定下に興奮性および抑制性シナプス後電流を記録・解析するものである。非常に安定した長時間の記録が可能であり、得られるシナプス応答の S/N 比も良好で、スライスパッチ法から得られる応答と遜色はない。ブラインド法は細胞を視認する必要がないため、高額な顕微鏡などが不要であるなど比較的安価な設備投資で実験セットを組むことができる。また、記録部位周囲に広いワーキングスペースも得られ、組織表面のみならず深部からの記録が可能であるため、あらゆる神経細胞、また大型の動物をも対象にできると考えられる。何よりも生理的な刺激によって誘起されるシナプス電流の記録・解析ができるため、病態モデルや遺伝子操作動物の異常行動の成因をシナプスレベルで直接説明する上で極めて有用な手法である。本稿では著者らが研究を行っている脊髄後角、脳幹背側部、大脳皮質からの記録法（図1）を概説し、特に煩雑な手技を要する脊髄の露出法や要点と思われるところを詳しく述べる。

Ⅱ. 標本の作製
1. 麻酔と人工呼吸

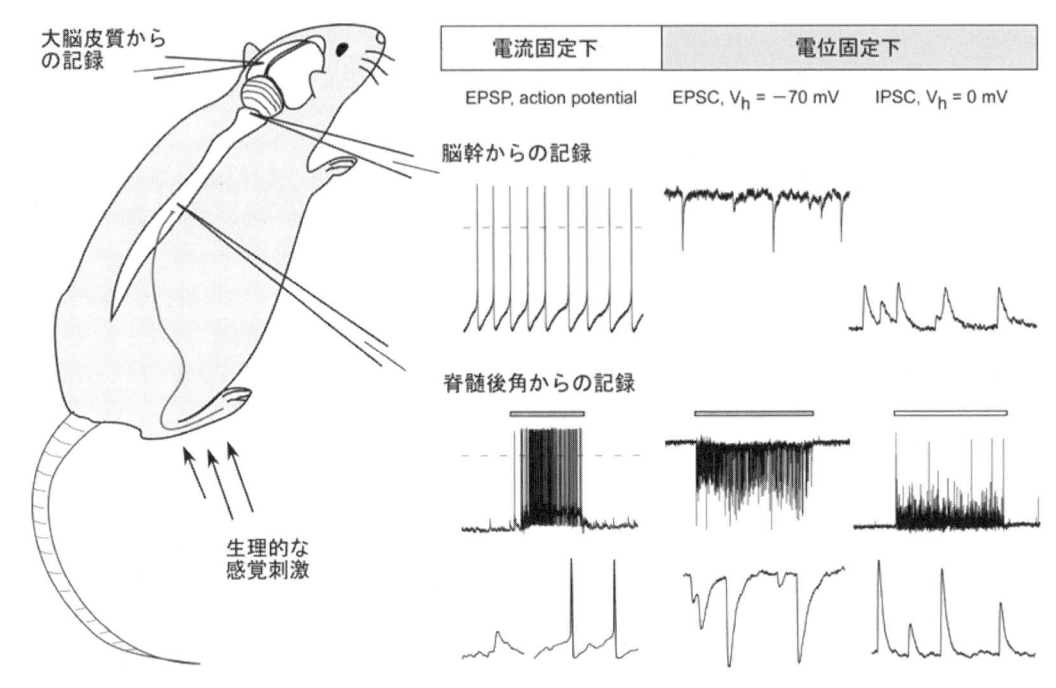

図1 脊髄、脳幹、大脳皮質からの in vivo パッチクランプ法により記録された活動電位およびシナプス応答
ブラインド法により組織表面から記録電極を刺入し目的とする神経からホールセルクランプ記録を行った。図中のトレースは脳幹青斑核から記録した自発性の活動電位、電位固定下に記録した自発性のEPSCとIPSC。また、脊髄後角細胞から記録した皮膚への痛み刺激によって発生した活動電位、誘起された振幅の大きなEPSC、触刺激によって誘起されたIPSCおよびそれぞれ時間軸を拡大したものを示している。得られるシナプス応答のS/N比は良好でスライス標本から得られるものと遜色はない。V_hは保持電位。スケールバーは省略した。

　ラット（7 - 15週齢）あるいはマウス（6 - 12週齢）の腹腔内にウレタン（1.2 - 1.5 g/kg）を投与して全身麻酔下におく。1回の投与により数分で麻酔が現れ、その効果は数時間持続する。実験中に皮膚などにpinch刺激を加えて体動が見られる場合には適宜、ウレタンを0.2 - 0.5 g/kg追加投与する。麻酔の失敗は極力さける。ウレタンを誤って皮下や筋肉に注射してしまった場合には、麻酔が効き始めるまでしばらく待つか、あるいは、新たに別の動物を用いた方が良い。安易な追加投与を行うと、皮下や筋肉に投与された麻酔薬が次第に吸収されて血中濃度が上昇し、呼吸抑制により動物が死に至ることが多い。血圧は一側の頚動脈にカニューレを挿入してモニタする。実験初期は血圧のモニタを必須にしていたが、慣れてくると後肢の足底や眼球の色および脊髄後正中静脈や小静脈の血球の流れが状態判断の目安となる。動物を45℃前後の加温パット上に腹臥位とし、直腸温をモニタする。また、背側頚部などの皮下に0.5 - 1 mLの生食を注射して補液とする。記録部位の振動が大きい場合には、呼吸に伴う胸郭の振動などを抑えるために人工呼吸下に気胸を行い、換気量を調節する。ただし、気胸を行うとそれに伴う出血や肺の損傷によりかえって状態を悪くするため注意が必要である。脊髄や大脳皮質から記録を行う場合には、人工呼吸・気胸なしでも1時間以上にわたる安定した記録が可能である。動物の状態を保つために呼吸管理が必要な場合、あるいは神経線維や神経核を電気刺激する際に運動ニューロンの発火を伴って体

動が生じて記録電極が細胞からはずれる場合には、人工呼吸下に筋弛緩薬等を投与する必要がある。この場合、マウスは 200 - 400 μL・150 - 250 /min の換気量・頻度で、ラットは 2 - 3 mL・100 - 130 /min で換気を行う。呼気終末 CO_2 をモニタして換気が適当であるか判断する。マウス用人工呼吸器には Hugo Sachs Elektronik 社製 Mini Vent ベンチレータ、ラット用には HARVARD 社製小動物ベンチレータ Model 683 などがある。脳幹から記録を行う場合には、脊髄や大脳に比して振動が大きいため、著者らは人工呼吸を行っている。

2．椎弓切除による脊髄の露出

著者らは後肢に加えた刺激に対する応答を解析しているため、腰膨大部の脊髄を露出する。腰部皮膚を正中に切開後、必要に応じてエピネフリン添加 0.5％キシロカイン液を棘突起の両側に局注して出血を抑える。傍脊柱筋などを切除し脊椎を露出し、脊髄を圧迫しないようにできるだけ刃先の細い骨剪刀(FST 社製 14077 など)を用いて椎弓切除を行う。Th11 - Th12 の下関節突起と上関節突起を両側離断し、Th12 棘突起を把持して棘間靱帯を取り除くと脊髄の一部が見えてく

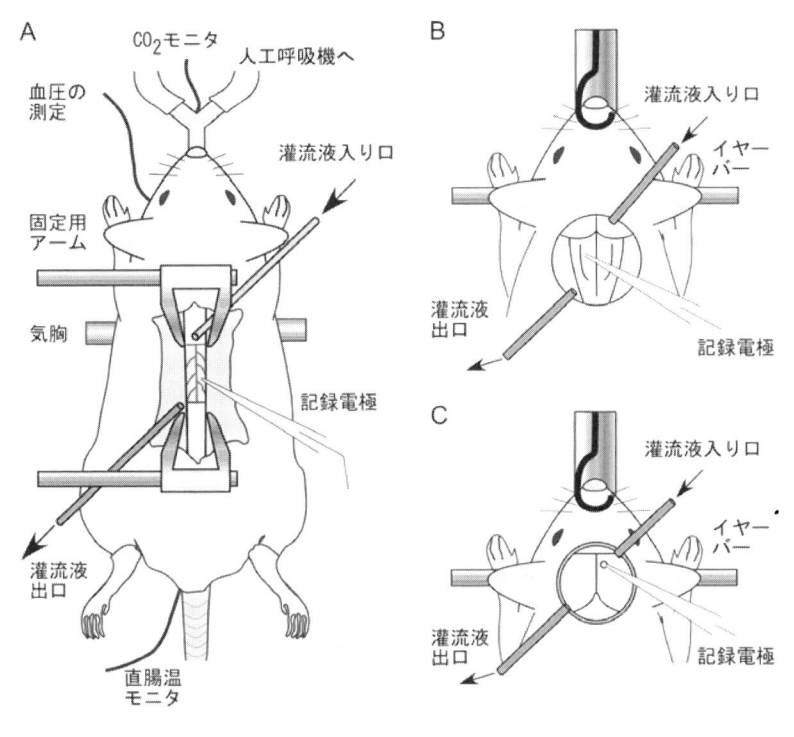

図2　脊髄、脳幹、大脳皮質からの記録のための in vivo 標本の模式図
A は椎弓切除により脊髄を、B は後頭部開頭後に小脳を一部除去して脳幹背側部を、C は大脳皮質表面を露出した。脊髄の固定装置はナリシゲ社製 STS、頭部の固定装置はナリシゲ社製 SR や SG などがある。

る。ここから髄腔内へ刃先を入れ、両側の椎弓根を順に切断していく。この場合必ず頭側から尾側に向かって切除していく。逆に尾側から頭側に向かって切除を行うと、椎弓根の切断が困難となり、棘突起を持ち上げた時に上関節突起が髄腔内へ落ち込み脊髄を損傷してしまうことがある。余分な椎弓の一部が残った場合には骨鉗子で取り除く。ラットとマウスは大きさが異なるために、それぞれ違うサイズの鋏を使用する。詳細は他書を参照されたい [6]。電動ドリルを用いて椎弓切除することも可能だが、かなりの時間を要する。Th12 - L2 と 3 髄節ほど椎弓を切除すると、腰膨大部が現れる。この状態で動物を固定装置にセットする。イヤーバーを用いて頭部を固定した後、椎骨（椎体）を両側から挟んで固定する（図2A）。

3. 脳幹背側部の露出

上述のウレタン麻酔下にイヤーバーを用いて頭部を定位固定装置にセットする。後頭部を正中に皮切し、歯科用の電動ドリルを用いて開頭する。著者らは小脳を一部除去し脳幹背側部を露出して青斑核から記録を行っている（図2B）。記録電極刺入のためのスペースを確保したら小脳の除去は必要最小限に留めて出血をできるだけ抑えることが重要である。小脳除去時の止血には、アビテンなどの吸収性の局所止血剤やスポンゼルなどの止血用ゼラチンスポンジを用いる。著者らの経験では脊髄や大脳皮質に比べて脳幹背側部の振動は大きい。従って、予め動物を人工呼吸下に置き、必要に応じて寒天などで脳幹表面を固定する。小脳を除去せずに背側部から脳幹へ記録電極をアプローチすることも可能であるが、著者らは脳幹背側部局所に薬物を投与して実験を行っているため、一部小脳を除去している。

4. 大脳皮質体性感覚野の露出

大脳皮質から記録を行うための標本作製は、椎弓切除や小脳除去などを伴う脊髄や脳幹からの記録に比べ容易である。頭部皮膚を切開して頭蓋を露出し、bregmaなどから目的とする記録部位を定位する。ラットでは2.5 mLの注射筒から切り出した円柱などをエポキシ樹脂系のボンドで頭蓋骨に固定し、脳表面灌流用のバスを作製する。歯科用ドリルを用いて記録電極刺入用の穴を開け、脳表面を露出させる（図2C）。

Ⅲ. パッチクランプ記録

まず、8-40倍の実体顕微鏡下に露出した脊髄、脳幹、大脳皮質表面のクモ膜と軟膜に微細鋏を用いて約1 mmのパッチ電極刺入用の窓を開ける。表面は38℃の酸素負荷したKrebs液で灌流し、薬物は同じラインから投与する。記録は浅層から深層まで、どの層の細胞からでも可能である。予め使用する同じ週齢の動物からスライス切片を作製して染色などを行い、目的とする層や神経核が記録部位の表面からどの深さに位置するかを確認しておく。著者らは記録電極刺入の角度、刺入部位も考慮して、痛みの入力を受ける脊髄後角浅層（表面から50-150 μm）、脳幹青斑核（表面より50-200 μm）、大脳皮質体性感覚野Ⅳ-Ⅴ層（表面より700-800 μm）から記録を行っている。また、記録電極にbiocytinやneurobiotinを添加して記録細胞を同定し（図3）、記録細胞の生理機能と形態との相関を調べることができる。Borosilicateガラスピペット（WPI社製、MTW150F-4）から、

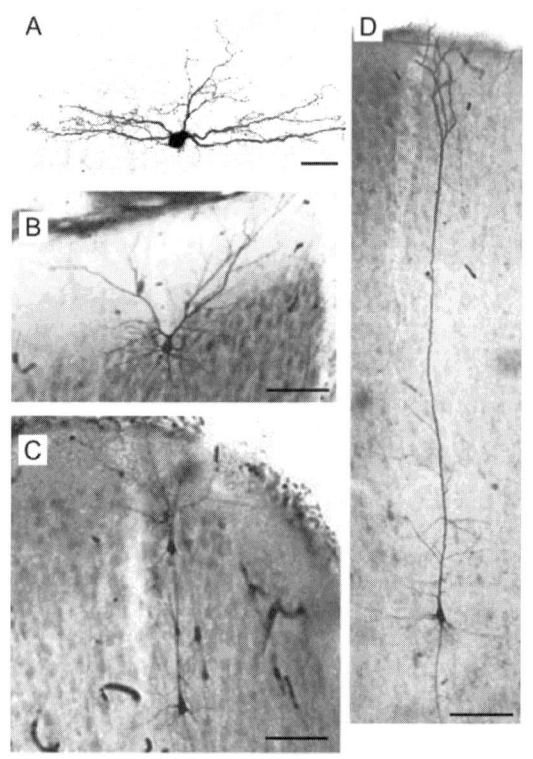

図3 記録細胞の形態
ブラインド法は記録細胞を視認できないが、電極にbiocytinなどを添加して記録細胞を染色することができる。Aは脊髄後角細胞。共焦点顕微鏡で観察したもの。B-Dは大脳皮質体性感覚野から記録した細胞。B-Dは文献7より改変。

プラー（Sutter 社製、P-97）を用いて一段引きでテーパーの長めの電極を作製する。これは刺入時に表層の細胞の損傷を少なくするためである。電極抵抗は通常の K-gluconate や Cs 内液を充填して約 10 MΩ のものを用いる。5 MΩ 程度の電極でも記録は可能であるが、脊髄後角浅層の細胞などのサイズの小さな細胞を長時間キープすることが困難である。水圧式のマイクロマニュピレータで記録電極を組織内へと刺入し、5 mV ステップに対する応答電流の変化を指標にギガ・シールを形成する、いわゆるブラインドパッチクランプ法によって記録を行う。記録電極が脊髄や脳などの組織表面に達すると、基線の揺れが確認される。この時のマニュピレータの目盛りを記録しておき、記録細胞の表面からの深さを求める。記録電極を目的とする層や神経核に一定の速度で刺入し、矩形波に対する電流が約 10%ほど減少した時、陽圧を解除する。状態の良い標本では、50%以上の確率でギガ・シールが形成できる。この状態で 1 - 2 分待つと、シール抵抗値が次第に上がり 5 - 20 GΩ の一定値に達する。陰圧を加えてパッチ膜を破り、細胞をホールセルクランプする。通常のパッチクランプ記録と同様に、電流固定下で興奮性シナプス後電位（EPSP）や活動電位、電位固定下で EPSC や IPSC が記録できる。同一細胞から最長 2 時間以上におよぶ記録が可能で、通常、1 日に 4 - 7 細胞から記録できる。

IV. 生理的感覚刺激によって誘起されるシナプス応答の記録

脊髄後角細胞を電流固定下に膜電位変化を記録すると、約−70 mV の静止電位を有し自発性の EPSP が観察される。記録を行っている髄節レベルの皮膚分節に pinch 刺激を加えると、振幅の大きな EPSP の発生頻度が著明に増大して加算され、活動電位の発生が観察された。次いで細胞を−70 mV の電位固定下に置くと自発性の EPSC が誘起され、同様に皮膚に pinch 刺激を加えると、EPSC の振幅と発生頻度が著明に増大した。一方、0 mV の電位固定下に IPSC を観察すると、多くの細胞は触刺激によって IPSC の発生頻度と振幅が著明に増大した。この様に生理的な感覚刺激によって誘起されたシナプス応答の振幅や発生頻度など詳細な解析ができ、シナプス応答をモダリティ別に分けて定量解析できる。脳幹青斑核および大脳皮質ニューロンからも同様に電流固定下で膜電位変化、電位固定下での EPSC や IPSC の記録ができる（図1 参照）。保持電位 0 mV で IPSC を記録するには、Cs 内液を用いる。

V. In vivo 標本への薬物の投与とその作用解析

In vivo 標本に予め確保しておいた大腿静脈などのラインから薬物を投与し、その影響をシナプスレベルで解析することができる。従って、行動薬理学的解析から得られた結果と併せてその作用機構の詳細をシナプスレベルで明らかにできる。また、局所に与えた薬物の作用も解析できる。図4 A に示すように脊髄後角から記録を行い、脊髄表面にグルタミン酸受容体 AMPA 受容体のアンタゴニストである CNQX を投与すると、投与後 30 秒ほどで自発性 EPSC が可逆的に完全に抑制された。灌流速度にも依存するが、組織表面より深さ 125 μm、250 μm の細胞に対して CNQX を投与すると、抑制効果の時定数はそれぞれ約 20 秒と 30 秒、その wash の時定数はそれぞれ約 150 秒、200 秒であった。その IC_{50} は約 2 μM であり[2]、スライス標本で用いる濃度とほぼ同値である。このように、浅層の細胞では薬物作用下に実験ができるため、図4 B-C に示すように、EPSC の AMPA 成分や NMDA 成分、IPSC を単離して解析できる。また、スペースクランプもスライス標本からの記録と同様に、ある程度良好であるため、EPSC の電流—電圧曲線も得ることができ、病態モデルなどにおける Ca^{2+} 透過性 AMPA 受容体の性質を調べることができる[8]。

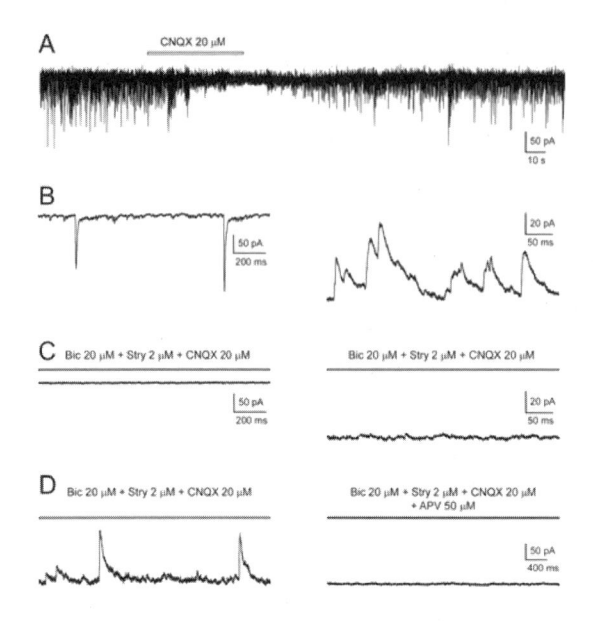

図4 脊髄表面より投与した薬物の作用と
単離して記録した各種シナプス電流
AはCNQXが可逆的に自発性EPSCを抑制したものを示す。Bは–70 mVで記録した自発性EPSC（左）と0 mVで記録した自発性IPSC（右）、Cは各種アンタゴニストによりEPSC（左）とIPSC（右）を抑制したもの。Dは+40 mVで記録したNMDA受容体を介したEPSC（左）。APVの追加投与で抑制された（右）。B - Dは文献8より改変。

VI．おわりに

　以上、脊髄、脳幹、大脳皮質からの in vivo ブラインドパッチクランプ法の実際を述べた。ブラインド法は組織表面のみならず深部からの記録も可能であるために、今後多様な様々な部位の神経からの記録法の開発が期待される。また、記録には実体顕微鏡のみを用いるために、広いワーキングスペースが得られることから、大型の動物へも適用できると考えられる。従って、齧歯類のみならず、タスクを学習させたサルなどに in vivo ブラインドパッチ法を適用し、霊長類における神経活動がシナプスレベルで詳細に研究されていくことが期待される。

文　献

1. Pei, X., Volgushev, M., Vidyasagar, T.R. & Creutzfeldt, O.D. (1991) Whole cell recording and conductance measurements in cat visual cortex *in-vivo*. Neuroreport 2, 485-488
2. Furue, H., Katafuchi, T. & Yoshimura, M. (2007) *In vivo* patch-clamp technique. In: Walz, W. (ed) Patch-Clamp Analysis: Advanced Techniques, 2nd edn. Humana Press Inc., Totowa
3. Furue, H., Narikawa, K., Kumamoto, E. & Yoshimura, M. (1999) Responsiveness of rat substantia gelatinosa neurons to mechanical but not thermal stimuli revealed by *in vivo* patch-clamp recording. J. Physiol. (London) 521, 529-535
4. Chadderton, P., Margrie, T.W. & Hausser, M. (2004) Integration of quanta in cerebellar granule cells during sensory processing. Nature 428, 856-860
5. Wehr, M. & Zador, A.M. (2005) Synaptic mechanisms of forward suppression in rat auditory cortex. Neuron 47, 437-445
6. 古江秀昌、園畑素樹、吉村　恵（2003）マウスおよびラット脊髄後角細胞からのin vivoパッチクランプ記録法．日本生理学雑誌 65, 315-321
7. 土井　篤、水野雅晴、古江秀昌、吉村　恵（2003）ラット大脳皮質体性感覚野からの in vivo パッチクランプ記録法．日本生理学雑誌 65, 322-329
8. Katano, T.*, Furue, H.*, Okuda-Ashitaka, E., Tagaya, M., Watanabe, M., Yoshimura, M. & Ito, S. (2008) N-ethylmaleimide-sensitive fusion protein (NSF) is involved in central sensitization in the spinal cord through GluR2 subunit composition switch after inflammation. Eur. J. Neurosci. 27, 3161-3170

12章　*In vivo* イメージングパッチクランプ法

I．はじめに

　脳内において、ニューロンが如何にして数千～数万のシナプス入力を統合して活動電位を出力するのか、そして、その単一ニューロン活動が神経回路の情報処理にどのように関わっているのかを明らかにすることは、脳科学／神経科学における最も重要な研究テーマの1つである。この問題に答えるためには、生きた動物個体の脳内において、特定のニューロンを同定し、その入出力関係を定量的に測定することが不可欠である。このような記録を可能にする方法として、*in vivo* ホールセルパッチクランプ法が開発され[1,2]、大脳皮質をはじめとする脳内の様々な領域において、単一ニューロン機能と神経回路機能の関係について数々の重要な発見がなされてきた[3-5]。前章で詳しく解説されているように、*in vivo* ブラインドパッチクランプ法は簡便な装置で、大脳皮質や脊髄だけでなく、海馬体や視床など深部脳部位からの記録も可能であるという利点がある。しかしながら、ニューロンを可視化せずに行うため、機能を調べたいニューロンから選択的に記録を行うことは原理的に不可能であり、かつ、細胞内のどの部分から記録を行ったのかを同定することも困難である。これらの困難を克服するために、2光子顕微鏡で目的のニューロンを可視化した上で、ホールセル記録を行う方法が開発された (two-photon targeted patch-clamp recording; TPTP法)[6]。この方法は、解析対象となる目的のニューロンに遺伝子工学（遺伝子組み換え動物やウィルスによる発現）を用いて蛍光タンパク質を発現させて2光子顕微鏡で個々のニューロンを可視化し、最適な記録を行うことを可能にするものである。ブラインド法に比べて成功率や記録の安定性が飛躍的に向上するだけでなく、細胞種特異的なプロモーターを用いることによって、特定のニューロンタイプや遺伝子改変を行ったニューロンから選択的に記録を行ってその機能を調べることができるという点がTPTP法の最大の特徴である。一方、野生型動物個体の脳内において、蛍光タンパク質を導入することなく、単一ニューロンを2光子イメージングによって可視化する方法が開発され、遺伝子組み換えなどの過程を経ることなく、目的のニューロンから選択的に記録を行う方法も確立された（shadow-patching法）[7]。これにより、動物個体内で効率よく安定なホールセル記録を行うことが可能になっただけでなく、電気穿孔法と組み合わせることで、動物個体内で単一ニューロン選択的に遺伝子導入を行うことも可能になった。これらの *in vivo* イメージングパッチクランプ法は、適用範囲が2光子顕微鏡で観察可能な領域（大脳皮質、小脳皮質、嗅球など）に限られるものの、マイナーな細胞種からの記録や樹状突起からの選択的記録、パッチクランプと樹状突起カルシウムイメージングの同時計測など、これまで困難であるとされてきた実験を可能にするという点で、高いポテンシャルを持つ方法である。

II．*In vivo* イメージングパッチクランプ法の実際

　実験を効率的に行い、科学的に意味のあるデータを得るためには、2光子イメージングやパッチクランプなどの技術的なこと以上に、手術手技の向上や麻酔レベルの適正な維持など、動物を常に良い状態に保つための努力を惜しまず、細心の注意を払うことが重要である。

1. 標本の作製

 In vivo イメージングパッチクランプ法における標本作製法は、基本的にブラインド法での方法と同じである。また、TPTP法では記録したい目的のニューロンにあらかじめ遺伝子を導入して蛍光タンパク質を発現させておく必要があるが、この方法については本稿では取り上げない。まず、麻酔下のラットもしくはマウスを2光子顕微鏡下に固定する必要がある。通常の脳定位固定装置（イヤバー、鼻押え金具）を用いる場合や、頭部固定板や固定バーによって頭蓋骨を直接固定する場合など、様々な方法があるが、より安定して強固に固定できる、顕微鏡の観察面と脳表面の位置合わせが容易であるなどの理由から、頭部固定板を頭蓋骨に直接固定する方法がよく用いられている。まず、ラットやマウスに麻酔をかけた後、頭皮を切開し、骨膜や筋肉、結合組織を丁寧に除去する。ここで、頭蓋骨表面に組織片などが残っていないことが、安定な固定に重要となる。次に、記録を行なう部位に頭部固定板を瞬間接着剤で固定し、まわりをデンタルセメントで補強する。マウスや若いラットではこれで十分安定に固定することができるが、成体ラットなど大きめの動物の場合は、デンタルセメントで補強する際に、アンカービスを用いることでより強固に固定できる。続いて、開頭術を行う。マイクロドリルを用いて少しずつ骨を削ることで、直径が1 - 3 mmの穴を開ける。骨からの出血がある場合は、ボーンワックスやスポンゼルなどを用いて直ちに止血し、また、ドリルによる熱発生で脳組織がダメージを受けないように、切削部位を頻繁にリンゲル液で冷やす。観察部位の骨が取り除けたら、細いニードル（30Gのシリンジニードルなど）とピンセットを用いて、硬膜を切開する。このとき脳表面には絶対に触れないように細心の注意を払う。表面が傷つけられてしまうと記録を行うことが困難になる。

 脳スライス標本や培養細胞などの *in vitro* における記録・イメージングと異なり、*in vivo* で大きな問題となるのが、拍動や呼吸による脳の動きである。観察部位によって程度の大小はあるものの、動物が生きている限り、脳の動きを完全に止めることは極めて難しく、特に、樹状突起スパインなどの微細構造を観察する際には重大な問題となる。そこで、動きのアーチファクトを低減する手段として、通常は1.5 - 3%程度のアガロースを脳表面に滴下し、カバーガラスで上から押さえるという方法が用いられる。多くの場合には、この方法によって、動きは1 - 2 μm以下にまで抑えることが可能である。

2. パッチクランプ電極・電極内液・顕微鏡

 In vivo パッチクランプに用いるガラス電極は、スライスパッチクランプで用いるものと大きな違いはない。筆者は、外径1.5 mm、内径0.86 mmのボロシリケート・ガラス管（中芯入り）を、プラーで多段引きしたシャンクの短いものを用いている。これは、2光子イメージングで可視化できる皮質表層での記録の際は、特に長いシャンクの細い電極を用いる必要がないためである。皮質でも深部（~500 μm）から記録を行ないたいときは、組織へのダメージを少なくするためにシャンクの長い電極を用いる必要があると思われる。電極抵抗は、細胞体からの記録の場合、細胞内液（133 mM K-MeSO$_3$、7.4 KCl、10 HEPES、3 MgATP、0.3 Na$_2$GTP、0.3 MgCl$_2$、pH 7.3）を用いた電極で4 - 7 MΩであり、樹状突起からの記録では、10 - 12 MΩ程度である。これらよりも高い抵抗の電極でもホールセル記録を行うことは可能であるが、アクセス抵抗が高くなるため、良い記録をとることが難しくなる。また、筆者の経験では、スライスパッチクランプでしばしば用いられる~2 MΩ程度の低い抵抗の電極では、電極にかかる圧力の微妙な調節が困難で（圧力調節の重要性は後述）、記録を取ることが難しくなる。電極内液も基本的にスライスパッチクランプで

用いられるものと同じ組成であり、実験内容によって最適なものを選択する必要がある（第26章参照）が、2光子顕微鏡で電極や細胞を可視化するために25 - 50 μM程度のAlexa dyeを加えておくことが必要となる。

　増幅器やマニピュレーターもスライスパッチクランプと同様のものが使用できる。イメージングパッチクランプ法の場合、イメージング中は顕微鏡を暗幕もしくは暗箱で覆う必要があるため、マニピュレーターは電動で遠隔操作できるものの方が望ましい。in vivo でニューロンを可視化する2光子顕微鏡は、現在、高感度検出器を搭載したものや、ビデオレート観察が可能なものなど様々な特徴をもつものが市販されているが、イメージングパッチクランプ法だけに限れば、以下の3つの条件を満たせばどのようなシステムでもよい。1）512×512程度の解像度で1 - 2 Hz以上のスピードで画像取得できること。2）2色以上の同時イメージングが可能なこと。3）顕微鏡もしくは試料ステージとフォーカスを電動で遠隔操作できること。1）と2）については現在市販のシステムの多くは条件を満たしているが、3）については特注での対応になることが多い。しかし、暗幕や暗箱で覆われた顕微鏡を手動で動かしながらイメージングをしつつ、パッチ電極を細胞に近づけて記録を行うのは、現実的にかなり困難であるため、ステージもしくは顕微鏡はマニピュレーターと同様、電動化して遠隔操作できるようにすることが望ましい。筆者の研究室では、Prairie Technologies社のUltima IVシステムおよびSutter Instruments社のMOMシステム（ともに電動顕微鏡）、Olympus社FV-1000システムとナリシゲ社電動ステージの組合せを用いている。

3. Two-photon targeted patching (TPTP)法

　TPTP法は、記録したいニューロンに蛍光タンパク質（GFP等）を発現させ、目的のニューロンを脳内で可視化して、その細胞から選択的にパッチクランプ記録を行う方法である。前述のとおり、この方法の最大の利点は、マイナーな細胞種からの記録を行なったり、遺伝子操作によって活動の変調を行った細胞から直接記録を行なうことが可能な点である。図1に、小脳皮質の抑制性介在ニューロン（ゴルジ細胞）から選択的に記録を行った例を示す。この介在ニューロンは、小脳皮質の主なニューロンであるプルキンエ細胞や顆粒細胞に比べると、細胞数や密度が少なく、ブラインド法では記録することが難しいニューロンである。大脳皮質においても、抑制性ニューロンと興奮性ニューロンを区別して選択的に記録を行った例[8]や、RNAiを用いて神経活動の変調を行ったニューロンから選択的に記録を行ってその機能を明らかにした例[9]など、従来法では極めて困難であった実験を容易に実現させることができている。ここ数年で、GENSATプロジェクト[10]などの網羅的遺伝子発現解析によって作出されたGFPマウスや、様々な細胞種特異的Cre発現マウスが作出されており、これらの動物を利用することで、ますますTPTP法の活用範囲が広がっていくことが期待される。

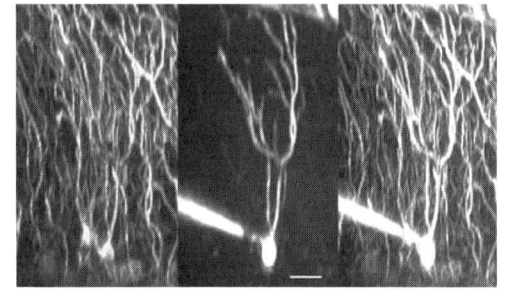

図1　TPTP法の適用例
小脳ゴルジ細胞特異的にGFPを発現するマウスを用いて、ゴルジ細胞を2光子顕微鏡によって観察し、選択的に記録を行った。（左）GFPの蛍光。（中）ホールセル記録したニューロン。（右）重ねあわせ。スケールバー：20 μm。

実際にTPTP法を行う手順は以下のとおりである。
1. 目的のニューロンに蛍光タンパク質を発現している動物を用意する。
2. 手術を行い、記録したいニューロンを2光子顕微鏡にて確認する。
3. ギガオームシール形成に問題となる電極先端への組織片付着を防ぐために、シリンジを用いて高い陽圧（~200 mbar）をかけて電極を皮質に刺し入れ、記録したいニューロンの付近まで到達したら直ちに圧力を下げる（~20 mbar）。このとき圧力モニターがあれば良いが、電極先端から出る色素の量を2光子イメージングすることで圧力を調節することができるので、モニターは必須ではない。
4. ニューロンと電極先端を同時に観察する。なお、筆者はGFPとAlexa594の組合せの場合、両方の色素を同時に観察するためのレーザー波長として、850 nmを用いている。ニューロンと電極先端が同程度のコントラストで観察できるように、電極にかける圧力を調節する。
5. 電極先端をニューロンに近づけていく。このとき、脳組織へのダメージを最小限に抑えるために、脳内での電極の移動はできるだけ電極の軸に沿った方向のみに制限し、皮質内で電極を上下左右に大きく動かさない（< 100 μm）。思った場所に電極先端を近づけられない場合は、一度電極を抜いて、3. からもう一度やり直す。電動の顕微鏡とマニピュレーターを用いれば、ニューロンの位置と電極の角度から計算して、かなり正確に位置合わせをすることが可能である[11]。
6. 電極先端がニューロンに接触したことを、2光子イメージングおよび矩形パルスの振幅変化をモニターして確認する。
7. 陽圧を開放してギガオームシールを形成した後、ホールセル記録にする。

　記録を良い状態に保つためのコツとしては、スライスパッチクランプで確立されていることについては基本的に同じであるが（第3章、第7章参照）、in vivoイメージングパッチクランプにおいては、まず、電極先端とニューロンの像をコントラスト良く観察するために、アプローチする際に微妙に圧力を調節することが重要である。スライスパッチではしばしばシリンジを使って圧力調節を行うが、筆者の経験では、口を使って圧力調節を行ったほうが微妙な調節がしやすい。また、電極刺入時に皮質が若干押されて、記録中に組織全体が徐々にドリフトするため、常に電極先端と細胞の位置を2光子イメージングによって確認し、最適な位置を保持することが必要となる。

4．Shadow-patching 法

　shadow-patching法も、2光子イメージングによってニューロンを可視化して選択的記録を行うという点ではTPTP法の一部といえるが、あらかじめニューロン内に蛍光分子を導入する必要がないという点が異なっている。脳内の細胞外領域に細胞内に取り込まれることのない蛍光色素（Alexa dyeなど）を注入することで、2光子顕微鏡によりニューロンの「影」を観察することが可能である（図2）。通常、パッチクランプ記録を行う際には、記録電

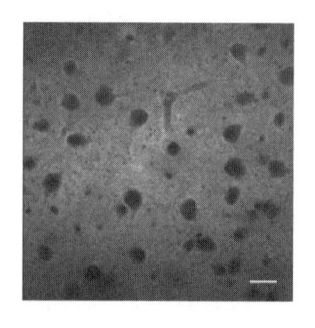

図2　「影」観察法
「影」観察法により可視化された、マウス大脳皮質第2/3層ニューロンのネガティブ像。蛍光色素（Alexa 594）をパッチクランプ電極より注入。皮質表面からの深さは約200 μm。スケールバー：20 μm。文献7より引用。

極に陽圧をかけておく必要があるので、電極内液に蛍光色素を含めるだけで、特に前もって色素を注入しておかなくても十分にニューロンを可視化することができる。

ニューロンの「影」を観察することにより、ニューロンの種類を同定することもできる（図3）。まず、記録をしたいニューロンが存在する脳部位のおおよその位置に電極を刺入する（大脳皮質第2／3層であれば脳表面から200 - 300 μm、小脳プルキンエ細胞層は150 - 200 μmなど）。次に、ニューロンの「影」を観察し、細胞体の大きさや形から細胞種を同定する。大脳皮質錐体細胞や小脳プルキンエ細胞などの投射ニューロンの細胞体は直径20 μm程度であり、抑制性の介在ニューロンは直径10 μmの小型のものが多い。また、大型の投射ニューロンは細胞体付近では太い樹状突起を持つため、さらに正確な同定が可能である。小脳皮質における細胞種（プルキンエ細胞、介在ニューロン）の同定率は100%であり、大脳皮質においては、錐体細胞（87%）、介在ニューロン（56%）であった。これらの値は、脳スライス標本を近赤外微分干渉顕微鏡法で観察した場合とほぼ同様の同定率である。2光子イメージングを行う際に問題となるのが、高いレーザーパワーで何度も走査することによる組織へのダメージである。しかしながら、「影」観察法に必要なレーザーパワーは、一般的にGFPなどを発現しているニューロンを観察する場合と同程度であり（脳表面から200 - 300 μmの深さで平均10 - 20 mW程度）、それより高いパワー、例えば50 mWで走査した場合でも、組織のダメージを示す兆候（細胞の形態変化や細胞内電位の変化）は観察されなかった。この理由の1つとして、細胞外領域に蛍光分子が存在するため、細胞内では強い蛍光発光によるダメージが少ないことが考えられる。

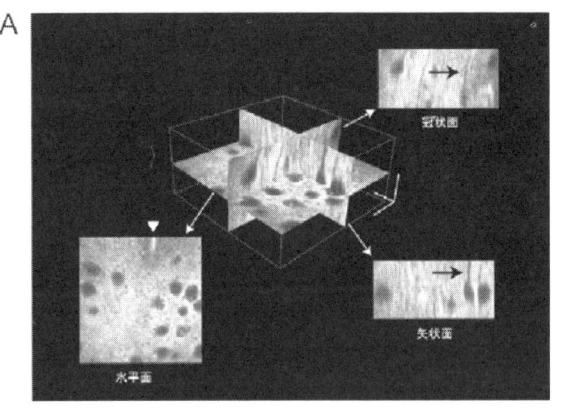

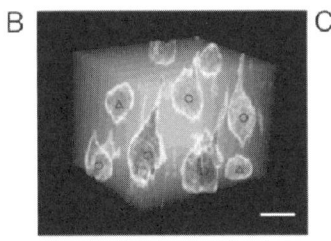

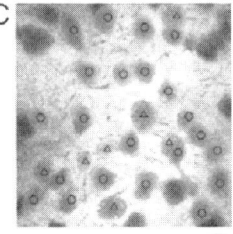

図3　個体脳内におけるニューロンの可視化と同定
A. マウス大脳皮質における「影」観察の三次元再構成像。矢じりは記録電極。ニューロンおよび電極先端を同時に可視化することができる。矢状面や冠状面において、錐体細胞の樹状突起が可視化できる（矢印）。B. 細胞種の同定。細胞体の大きさや形、脳表面方向に伸びる太い樹状突起の有無によって、興奮性の錐体細胞（○）か、抑制性の介在ニューロン（△）かを区別する。C. 一視野の中で同定された細胞の種類。スケールバーは全て20 μm。文献7を改変。

以上のように、脳の細胞外領域に蛍光分子を入れることで、ニューロンの影を観察し、そのニューロンを同定することが可能であることがわかった。一方、記録電極は内液の蛍光色素で可視化できるので、目的のニューロンの影に記録電極を近づけてパッチクランプ記録を行うことができる（図4）。手順としては、ニューロンを影で観察することを除いてはTPTP法と同様である。shadow-patching法を用いて、大脳皮質第2／3層の錐体細胞（図5A）や小脳プルキンエ細胞（図5B）などの投射ニューロンだけでなく、小型の介在ニューロン（図5C、D）からも選択的にホールセル記録を行うことが可能である。また、「影」観察時に必要な細胞外の蛍光分子は、記録中に拡散してなくなるため、記録後は記録電極から細胞内に入った蛍光分子により、ニューロン

の形態を高いコントラストで観察することができる。「影」観察の条件（レーザー強度や電極にかける圧力など）を最適化することで、脳内でのホールセル記録を 70%以上の成功率で行うことが可能となった。また、記録の良し悪しの指標である、アクセス抵抗は 20 MΩ 未満であり、脳スライス標本での記録と同程度の良い記録をとることができる。記録は多くの場合 30 分以上行うことが可能で、2 時間以上に渡って記録を維持することも難しくはない。

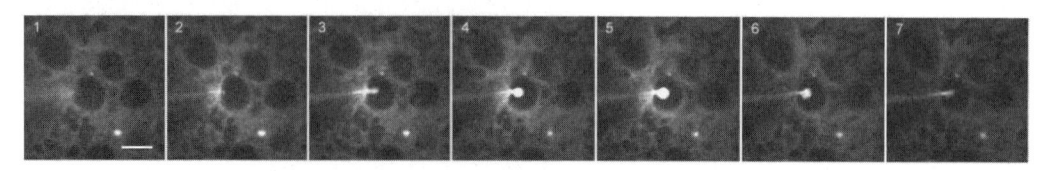

図4　Shadow-patching 法
ギガオームシール形成過程の連続写真（2.5 秒間隔、スケールバー：20 μm）。Alexa 594 を含む記録電極をラット小脳プルキンエ細胞の細胞体に近づけ（1）、細胞膜に対して押し付ける（2、3）。電極にかけた陽圧による dimple「えくぼ」が観察されたら（4、5）、陽圧を開放し、陰圧をかける（6）。これにより、ギガオームシールが形成され、同時に細胞外領域の蛍光色素は急速に拡散する（7）。文献 7 より引用。

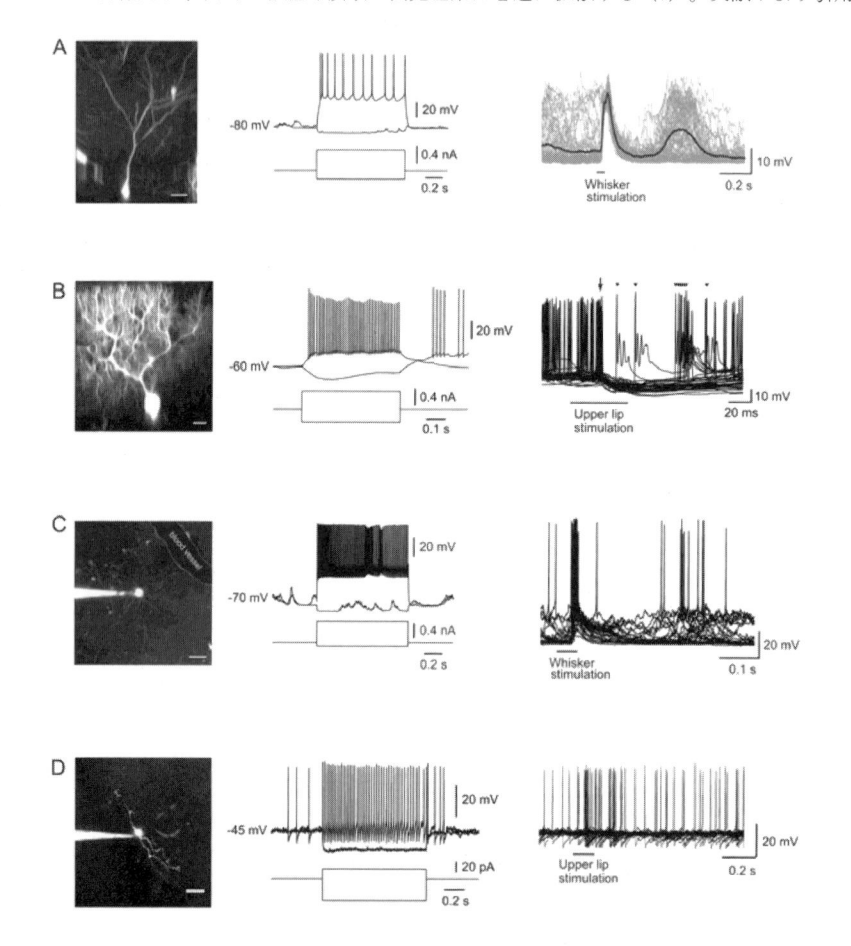

図5　マウス個体脳における大脳皮質および小脳皮質ニューロンの shadow-patching
（左）細胞形態の 2 光子励起顕微鏡による観察。スケールバー：20 μm。（中央）電流注入による活動電位の発生。（右）感覚刺激（髭への空気吹き付け刺激）によるニューロンの応答。A．大脳皮質第 2/3 層錐体細胞。B．小脳プルキンエ細胞。C．大脳皮質第 2/3 層介在ニューロン。D．小脳介在ニューロン。文献 7 より引用。

5. 個体脳内における単一ニューロンへの選択的電気穿孔法

単一細胞電気穿孔法は、ガラス電極を用いて個々のニューロンへ電圧パルスを与え、色素やプラスミドDNAの導入を行う方法である。「影」観察法を電気穿孔法に応用し、目的のニューロンを可視化して同定した後に、色素やプラスミドDNAを脳内の唯一つのニューロンへ導入することが可能である(図6)。「影」観察法を用いる利点としては、shadow-patching法と同様に、色素やDNAを導入したい細胞を脳内で可視化して同定することが可能であるということに加え、電気穿孔によって色素やDNAを導入する過程を可視化して最適な条件で行うことが可能であることが挙げられる。2光子顕微鏡で観察することにより、電極を最適な位置に配置し、色素導入後に余分な電圧パルスを与えることなくすぐさま終了することができるため、導入効率を最大限に高め、かつ、細胞に与えるダメージを最小限に抑えることができる。電気穿孔のマーカーとして蛍光色素Alexa 594と導入したいプラスミドDNA(蛍光タンパク質GFPをコードするプラスミドDNAなど)を内液に含むガラス電極の先端をニューロンに接触させ、電圧パルス(-15 – -10 V、100 Hz、1 sec)を与える。電気穿孔が成功したか否かは、マーカーであるAlexa 594の蛍光で確認できる。電気穿孔後に電極を抜き、動物を回復させて24 - 48時間後(用いる発現プロモーターによる)に、強いGFPの蛍光を確認することができ、樹状突起スパインなどの微細形態もはっきりと観察することができる。この単一ニューロン選択的遺伝子導入法の選択性は100%、すなわち、電気穿孔を行ったニューロンのみGFPの発現が得られる。また、遺伝子導入効率は約75%と、従来の他の外来遺伝子導入法と同等の導入効率を得ることも可能である。また、電気穿孔により遺伝子を導入したニューロンは、静止膜電位や活動電位の振幅、活動電位発生の閾値、自発活動全てにおいて、電気穿孔を行っていないニューロンと同様であった。電気穿孔後24時間後にGFPの発現が確認できたニューロン全てにおいて、1週間後に観察した際も安定にGFPの発現が確認された。すなわち、「影」観察法による電気穿孔法によって、ダメージを与えることなく脳内の1つ1つのニューロンに選択的かつ安定に外来遺伝子を導入することが可能である。

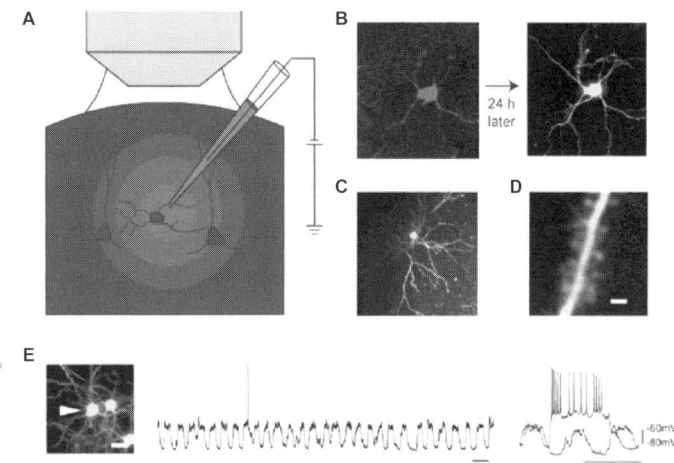

図6 個体脳における単一ニューロン選択的電気穿孔法
A. 蛍光色素(Alexa 594)およびプラスミドDNAを含むガラス電極を、目的のニューロンに近づけて電圧パルスを与える。B. マウス大脳皮質介在ニューロンへの選択的電気穿孔による蛍光タンパク質GFPの発現。電気穿孔が成功したかどうかを蛍光色素により確認し(左)、24時間後、GFPの発現が確認された。C. マウス大脳皮質錐体細胞への選択的電気穿孔によるGFPの発現。樹状突起スパインの形態もはっきりと観察できる(D)。E. 電気穿孔によりプラスミドDNAを導入し、GFPを発現させたニューロンからのホールセルパッチクランプ記録。静止膜電位、活動電位ともに、電気穿孔を行っていないニューロンと同じであり、電気穿孔による細胞活動への影響はほとんどないと考えられる。文献7より引用。

III. おわりに

　in vivo イメージングパッチクランプ法は、動物個体脳内において、ニューロンを可視化して同定した上で、ホールセル記録や単一細胞電気穿孔による色素や遺伝子の導入を行うことを可能にした。目的のニューロンから選択的に記録を行うことが可能になったことで、マイナーな細胞種からのホールセル記録など、これまでのブラインド法では難しかった実験が効率よく進められるようになってきている。加えて、これまで極めて困難であった、カルシウムイメージングとホールセルパッチクランプの同時記録や、シナプス可塑性の実験といった、長時間安定した記録を行う必要がある実験に特に威力を発揮すると期待される。これらの方法が、動物個体における2光子イメージングの普及とともに、今後、神経科学研究におけるスタンダードな手法の一つとなることを期待している。また、II. の冒頭でも述べたように、安定した良い記録を得るためには、イメージングやパッチクランプ技術に習熟することも大切ではあるが、いかに動物を良好な状態に保つかということが決定的に重要になる。動物愛護の観点からも、手術法や麻酔維持には常に細心の注意を払うことを忘れてはいけない。

文献

1. Jagadeesh, B., Gray, C.M. & Ferster, D. (1992) Visually evoked oscillations of membrane potential in cells of cat visual cortex. Science 257, 552-554
2. Margrie, T.W., Brecht, M. & Sakmann, B. (2002) In vivo, low-resistance, whole-cell recordings from neurons in the anaesthetized and awake mammalian brain. Pflugers Arch. 444, 491-498
3. Brecht, M., Schneider, M., Sakmann, B. & Margrie, T.W. (2004) Whisker movements evoked by stimulation of single pyramidal cells in rat motor cortex. Nature 427, 704-710
4. Chadderton, P., Margrie, T.W. & Häusser, M. (2004) Integration of quanta in cerebellar granule cells during sensory processing. Nature 428, 856-860
5. Crochet, S. & Petersen, C.C. (2006) Correlating whisker behavior with membrane potential in barrel cortex. Nat. Neurosci. 9, 608-610.
6. Margrie, T.W., Meyer, A.H., Caputi, A., Monyer, H., Hasan, M.T., Schaefer, A.T., Denk, W. & Brecht, M. (2003) Targeted whole-cell recordings in the mammalian brain in vivo. Neuron 39, 911-918
7. Kitamura, K., Judkewitz, B., Kano, M., Denk, W. & Häusser, M. (2008) Targeted patch-clamp recordings and single-cell electroporation of unlabeled neurons in vivo. Nat. Methods 5, 61-67
8. Liu, B.H., Li, P., Li, Y.T., Sun, Y.J., Yanagawa, Y., Obata, K., Zhang, L.I. & Tao, H.W. (2009) Visual receptive field structure of cortical inhibitory neurons revealed by two-photon imaging guided recording. J. Neurosci. 29, 10520-10532
9. Komai, S., Licznerski, P., Cetin, A., Waters, J., Denk, W., Brecht, M. & Osten, P. (2006) Postsynaptic excitability is necessary for strengthening of cortical sensory responses during experience-dependent development. Nat. Neurosci. 9, 1125-1133
10. Gong, S., Zheng, C., Doughty, M.L., Losos, K., Didkovsky, N., Schambra, U.B., Nowak, N.J., Joyner, A., Leblanc, G., Hatten, M.E. & Heintz N. (2003) A gene expression atlas of the central nervous system based on bacterial artificial chromosomes. Nature 425, 917-925
11. Judkewitz, B., Rizzi, M., Kitamura, K. & Häusser M. (2009) Targeted single-cell electroporation of mammalian neurons in vivo. Nat. Protoc. 4, 862-869

１３章　トランスポータ電流記録・解析法

Ｉ．はじめに

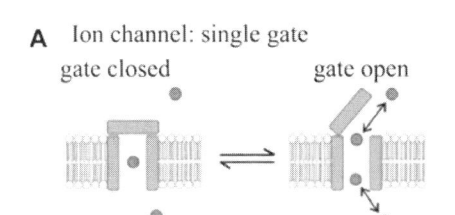

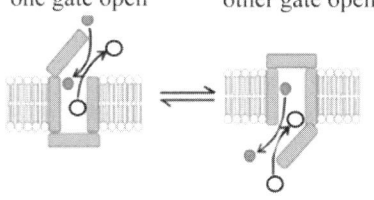

図１　イオンチャネルとイオンポンプ
A. イオンチャネルの場合はゲートが一つであり、ゲートが開くと選択的イオンが通過する。
B. イオンポンプの場合、ゲートは２つあり、同時に開くことはない。交互に開き、その度に一方のイオンは放出され、もう一方のイオンは結合する。（Gadsby et al.[3] より改変）

イオンチャネルの他に、イオンが膜を通過することで電流が発生するものに、イオン交換機構、ポンプ、トランスポータがある。その中で、ポンプはATP加水分解によるエネルギーを利用して、濃度勾配に逆らったイオンの移動を可能にし、電気化学ポテンシャルを作り出す。そうやって作り出された（主にNa^+の）電気化学ポテンシャルを利用して、トランスポータは物質の輸送を行っている。代表的な起電性トランスポータであるNa^+-K^+ポンプおよびNa^+-Ca^{2+}交換機構の電流測定は、単一心筋細胞におけるパッチクランプ法の技術によって可能になった[1, 2]。

通常、イオンの通路を開閉するゲートはイオンチャネルには１つ、ポンプには２つある。イオンチャネルの場合、ゲートが開くと選択的イオンが濃度勾配に従ってイオンの通路であるチャネルを通過する。それに比べて、ポンプの場合はゲートが交互に開閉することによって選択的イオンが濃度勾配に逆らって膜の反対側へ運ばれる（能動輸送）（図１）。

II．Na^+-K^+ポンプ電流
１．ポンプ電流

Na^+-K^+ポンプ電流は、細胞内Na^+と細胞外K^+イオンが３：２の比で交換されることによって生じる電流で、結果として１個のプラスイオン（Na^+）が外へ移動する外向き電流として現れる。その主なエネルギー源は一回転あたり１個のATPの加水分解である。イオンチャネルの場合、10^7 ions/秒の速さでイオンが通過するのに対し、２つのゲートが相互に開いて閉じるというポンプの場合（図２）、その割合は１秒間に100回程度で、かなり遅い。従って、１個のポンプによって発生する総電流はイオンチャネル電流に比べると、とても小さく、数アトアンペア程度である。しかしながら、動物細胞には往々にして数百万個のNa^+-K^+ポンプがあるので、それらが一斉に働かなくても定常状態のNa^+-K^+ポンプ電流を測定することができる[1, 4, 5]。細胞内に十分なATPおよびNa^+と細胞外K^+があり、図２が時計回りに働くと、広い膜電位領域で外向き電流が観察される[6]。Na^+-K^+ポンプの阻害薬ストロファンチジンによって阻害される定常的内向き電流が、逆向きNa^+-K^+ポンプ電流である（図３）。

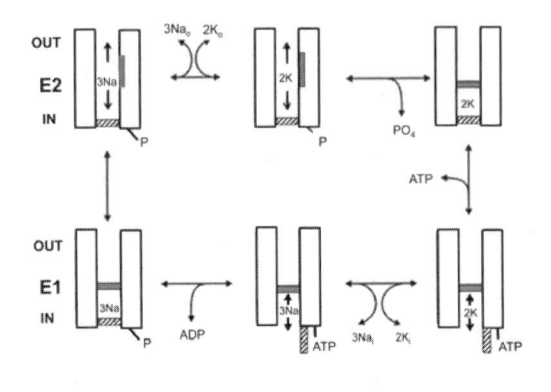

図2 Post-Albers の Na^+-K^+ ポンプモデル
細胞内（in）細胞外（out）を隔てる2つのゲートは互い違いに開き、同時には開かない。上段（E2）は上のゲートが開く場合、下段（E1）は下のゲートが開く場合を示す。また、両方のゲートが閉じて2個の K^+ あるいは3個の Na^+ がゲート内にふさがれている状態（右上および左下）を示す。これは、ゲート間で何らかの情報交換があって、片方のゲートがもう片方のゲートが閉まる前に開かないようになっていると考えられている。（Artigas & Gadsby[7] より改変）

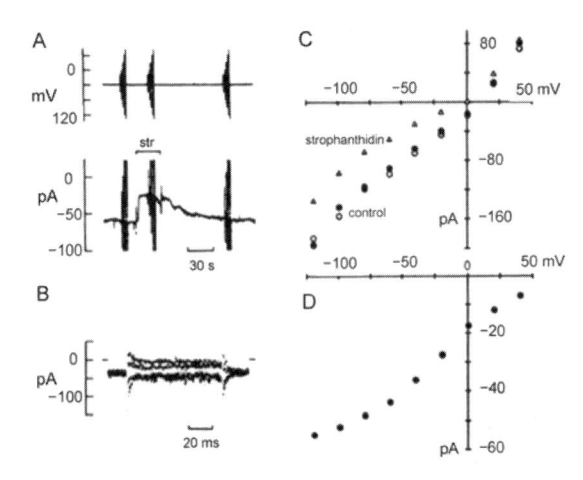

図3 逆向き Na^+-K^+ ポンプによる内向き電流
A. 膜電位（上、保持電位−40 mV）と膜電流（下）の記録。記録中の縦線は−120〜+40 mV の矩形波パルス（80 ms）を表す。0.5 mM ストロファンチジン（str）を作用させると内向き電流が阻害される。B．C. str 作用前、中、後の電流・電圧関係。 D. str 感受性の電流。細胞外液：ゼロ K^+、5 mM Ba^{2+} を含有。
細胞内液：145 mM K^+、5 mM MgATP、5 mM $Tris_2$ADP、5 mM phosphate
（Bahinski et al.[8] より）

2．ポンプ-チャネル電流

　ポンプとチャネルは全く異なるものだと考えられてきたが、構造的・機械的解析から同じ分子がポンプとチャネルの両方を兼ね備えることがわかってきた（総説[3, 9]を参照）。例えば、猛毒な海産毒の一つであるパリトキシン（palytxoin）が Na^+-K^+ ポンプに結合すると、Na^+-K^+ ポンプの2つのゲートが開閉の連動をしなくなり、図4のように、両方のゲートが同時に開いてイオンチャネルのように機能しうる。

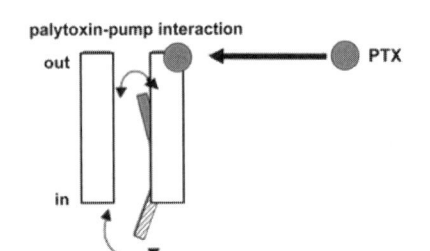

図4 パリトキシン（PTX）が結合したチャネル様 Na^+-K^+ ポンプ
2つのゲートが同時に開くことができる。
（Artigas & Gadsby[7] より改変）

　しかし、この場合も、2つのゲートは連動しないだけでポンプの生理学的性質は保っており、ATP がないとチャネルはうまく開かず、Na^+ イオンを K^+ イオンに置換すると、ポンプの場合と同様、K^+ イオンはチャネル内部に閉じ込められる形になってチャネルは閉じる（図5）。

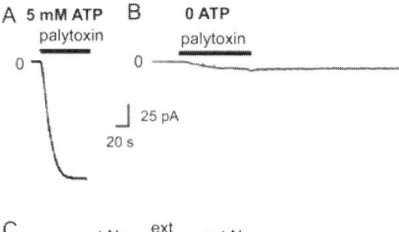

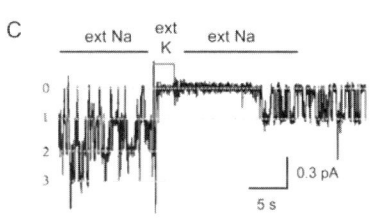

図5 パリトキシン（PTX）によって発生する Na⁺-K⁺ポンプーチャネル電流
A. Outside-out patch で外液 K⁺イオンがない場合、ATP存在下、パリトキシンによってポンプはイオンチャネル様になり、電流が発生する。B. ATP がないと、チャネル電流はとても小さい。C. 細胞外 Na⁺イオンを K⁺イオンに置換するとチャネルは閉じる。
（Gadsby et al.[9]、Artigas & Gadsby[10] より改変）

この他にも、嚢胞性線維症の原因遺伝子 CFTR（cystic fibrosis transmembrane conductance regulator）は ABC（ATP binding cassette）タンパクの一つであるが、他の ABC タンパクはトランスポータであるのに対し（ABC トランスポータ）、CFTR は唯一、Cl⁻チャネルとして機能する。細胞内の2箇所の ATP 結合部位に ATP が結合するとチャネルが開き、ATP が加水分解されると閉じる（図6）。CFTR 遺伝子に点変異が起こり、Cl⁻チャネルが機能変化すると嚢胞性線維症になる[11]。

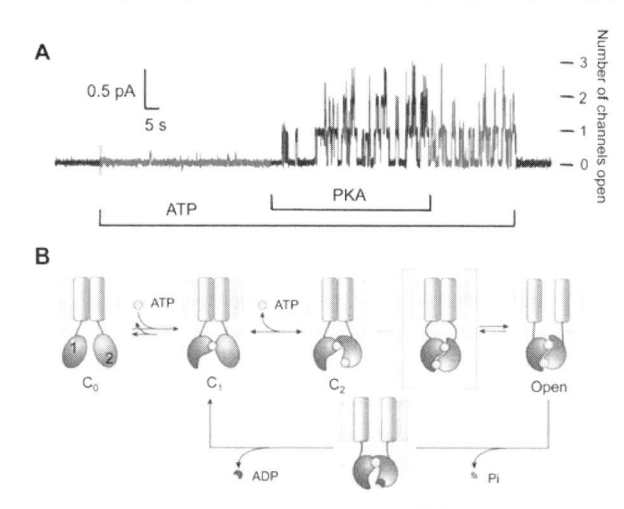

図6 CFTR チャネルの開閉
A. 心筋細胞でジャイアントパッチ電極を用いた excised patch の CFTR チャネル電流。ATP による CFTR チャネルの開口には PKA による regulatory (R)ドメインのリン酸化が必要である。開口チャネルの数は右に表示。(実験条件は Hwang et al.[12]を参照) B. リン酸化CFTRの2つのNBD(nucleotide binding domain)と ATP 結合—加水分解によるチャネル開閉サイクル。（R ドメインは省略）（Gadsby et al.[11] より）

Ⅲ. Na⁺-Ca²⁺交換電流

　Na⁺-Ca²⁺交換機構の電流もパッチ電極を用いて心筋で初めて観察された[2,13]。交換比は心筋では 3Na⁺ : 1Ca²⁺ であり、網膜の視細胞では 4Na⁺ : (1Ca²⁺+1K⁺) であり、起電性である。他のトランスポータ同様、Na⁺イオンが移動する方向に電流が流れる。Na⁺-Ca²⁺交換は特に心筋で重要な役割を担っており、通常は細胞内Ca²⁺レベルを維持するためのCa²⁺汲み出し機構として働くが（forward mode、内向き電流発生）、わずかではあるが脱分極時にCa²⁺流入も起こす（reverse mode、外向き電流発生）。

1. 内向き Na$^+$-Ca^{2+}交換電流

細胞内に Ca^{2+} を負荷し、細胞外に Na$^+$ を作用させると、3個の Na$^+$ が流入し、1個の Ca^{2+} が細胞外へ汲み出されるので、差し引き1個のプラスチャージの移動が内向き電流として記録できる（図7A）。細胞内液の遊離 Ca^{2+} が 570 nM となるような電極内液は、CaCl$_2$ 16 mM と BAPTA 20 mM で得られる[14-16]。電流はどの電位でも内向きとなり、負の電位が深くなるほど電流は大きくなる（図7 B-D）。Na$^+$-Ca^{2+} 交換電流であるかどうかは、Ni、Mn、La 等の金属イオンか、dichlorobenzamil 等のアミロライド誘導体や、KB-R7943、SN-6、SEA0400 など抑制剤、XIP のような抑制ペプチド（細胞内に負荷）で確認できる[17]。

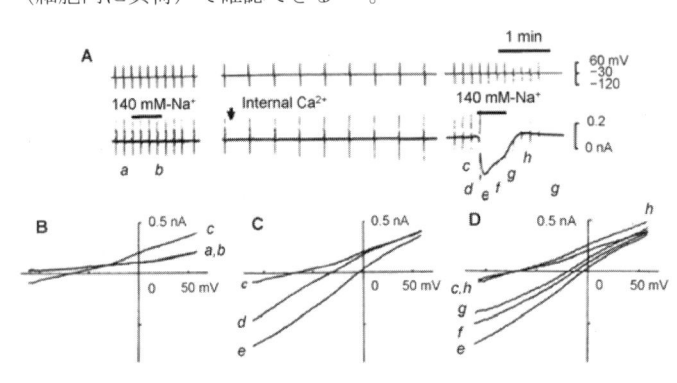

図7 内向き Na$^+$-Ca^{2+} 交換電流
A. 膜電位（上）と膜電流（下）の記録。保持電位 -30 mV、ランプ波を±90 mV を 10 あるいは 20 秒毎に加えている。細胞内液を遊離 Ca^{2+} 570 nM となる電極内液で灌流した後（矢印）、外液 140 mM Li$^+$ を Na$^+$ に置換すると Na$^+$-Ca^{2+} 交換による内向き電流が見られる。細胞外液：K$^+$ を Cs$^+$ で置換、Ca^{2+} は 1 mM、Ca^{2+} チャネル抑制剤、Na$^+$-K$^+$ ポンプ阻害剤を含む。B-D. それぞれの時点における電流・電圧曲線。(Kimura et al.[18] より)

2. 外向き Na$^+$-Ca^{2+} 交換電流

外向き交換電流は、細胞内に Na$^+$ を負荷し、細胞外に Ca^{2+} を作用させると出現する。細胞内の Ca^{2+} は全くのゼロであると Na$^+$-Ca^{2+} 交換は活性化されないので、140 nM 程度にする。細胞内の K$^+$ は Cs$^+$ に置換し、内向き交換電流のときと同様、Ca^{2+} チャネル抑制剤、Na$^+$-K$^+$ ポンプ阻害剤を外液に加え、細胞外 Ca^{2+} を瞬間投与すると外向き電流が発生し、電流の大きさは細胞外 Ca^{2+} 濃度に依存する（図8A、C）。Ca^{2+} 入り外液中での電流は、コントロール（無 Ca^{2+} 外液）に比べ、すべての膜電位で外向きであり、陽極側になるほど電流は大きい（図8B）。

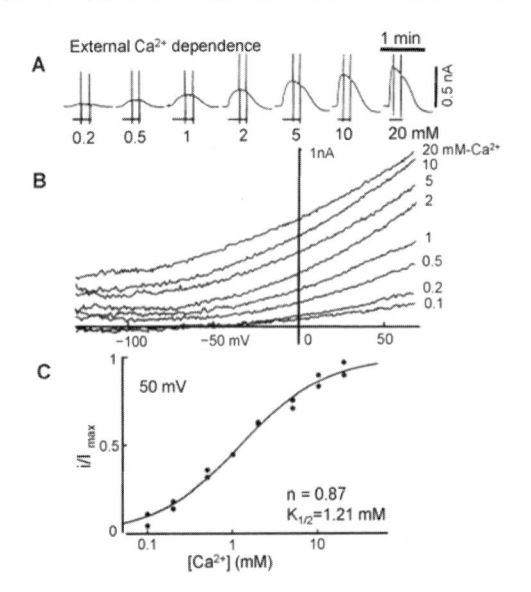

図8 外向き Na$^+$-Ca^{2+} 電流
A. 細胞外 Ca^{2+}（0.2-20 mM）を作用させた際の膜電流変化。縦線はランプ波に対する応答を示す。B. それぞれの濃度の細胞外 Ca^{2+} で出た外向き電流のピーク時における電流・電圧曲線。C. 外向き電流に対する Ca^{2+} の用量-作用曲線。20 mM Ca^{2+} で出た外向き電流の大きさを1とした場合の相対値で表している。ヒル係数 0.87、K$_{1/2}$ 値は 1.21 mM である。(Kimura et al.[18] より)

3. 両方向 Na^+-Ca^{2+}交換電流

Na^+-Ca^{2+}交換の逆転電位（E_{NaCa}）は次の式で表される。

$$E_{NaCa} = 3E_{Na} - 2E_{Ca}$$

E_{Na}、E_{Ca} はそれぞれ Na^+ イオン、Ca^{2+} イオンの平衡電位である。この式を使って計算してみると、例えば、細胞内 Ca^{2+} 250 nM、細胞外 Ca^{2+} 1 mM、細胞内 Na^+ 20 mM、細胞外 Na^+ 140 mM の時、交換電流の逆転電位は-68 mV である。逆転電位に保持電位をあわせると、そこでは交換電流は流れないので、細胞内の遊離 Ca^{2+} や Na^+ 濃度を一定に保つことができ、両方向に交換電位を測定することができる[19, 20]。

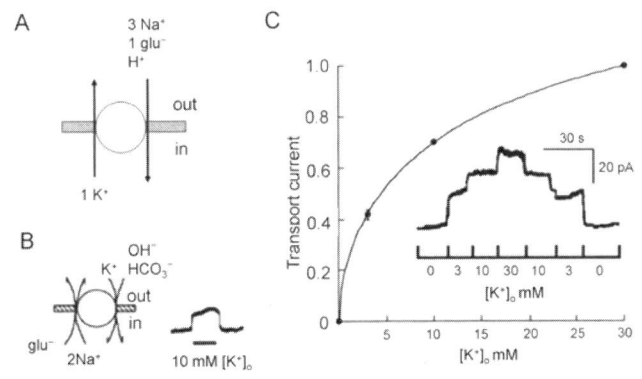

Ⅳ．グルタミン酸トランスポータ電流

神経伝達物質のトランスポータはシナプス小胞と細胞膜の両方にあるが、そのうち、細胞膜にあるグルタミン酸トランスポータは Na^+/K^+ 依存性トランスポータファミリーに属する。いくつかのアイソフォームが報告されており、大きく分けると神経型（EAAT3、EAAC1）、グリア型（GLT-1、GLAST）に分かれる。

グルタミン酸トランスポータは細胞外グルタミン酸濃度の調節にきわめて重要な役割を果たしていることが示されており、その機能および機能変化を観察する手段として、グルタミン酸トランスポータ電流を測定する方法がある[21]。

グルタミン酸トランスポータのストイキオメトリーとして、1個のグルタミン酸分子と3個の Na^+ イオン、および1個の H^+ イオンが同方向へ輸送され、逆方向へ1個の K^+ イオンが輸送されると考えられている。Cl^- イオンの透過性も可能性が報告されているが、いずれにせよ、総じて Na^+ イオン（あるいはグルタミン酸）が移動する方向へ電流が流れる。これは他の Na^+ イオン依存性の神経伝達物質トランスポータも同様である。通常は神経終末から放出されるグルタミン酸を取り込む際に働くが、虚血時等、細胞外の K^+ イオンが異常に高くなった場合には逆向きに作動する。どちらの方向のグルタミン酸トランスポータ電流も測定可能であり（図9 A、B）、逆向きグルタミン酸トランスポータの場合は、外液 K^+ イオンの濃度に依存してグルタミン酸が排出され（図9 C）、逆に通常モードの場合は外液グルタミン酸の濃度に依存して内向き電流が流れる[22]。

図9 グルタミン酸トランスポータ電流
A. 通常モードのグルタミン酸トランスポータとミクログリアで測定されたトランスポータ電流。B. 逆向きグルタミン酸トランスポータとミクログリアで測定されたトランスポータ電流。C. 逆向きグルタミン酸トランスポータ電流の外液$[K^+]_o$依存性。
電極内液（mM）：NaCl 90、L-glutamate 10、Na$_2$ATP 3、HEPES 5、CaCl$_2$ 1、MgCl$_2$ 4、EGTA 5、pH 7.3 with NMDG
細胞外液：Choline Cl 80-110、MgCl$_2$ 0.5、CaCl$_2$ 3、HEPES 5、glucose 15、BaCl$_2$ 6、ouabain 0.1、pH 7.5 with NMDG
（Noda et al.[22] より改変）

V．ドーパミン、ノルエピネフリン、GABA、その他のトランスポータ電流

他の神経伝達物質もグルタミン酸トランスポータと同様に Na^+ イオンと共に輸送されると考えられている。ドーパミントランスポータも電位依存性の電流が観察されており[23]、アンフェタミンはドーパミントランスポータを介して細胞内に取り込まれ（内向き電流）、続いて逆向きトランスポータによってドーパミンが排出される（外向き電流）と考えられている[24]。ノルエピネフリン（NE）トランスポータには、Na^+-K^+ポンプのように古典的トランスポータ・モード（T-モード）とイオンチャネル・モード（C-モード）が報告されている[25]。また、Cl^-/H^+交換ポンプ（CLC-Ec1）も CLC クロライドチャネル様であり[26]、単一チャネル電流が観察されている[27]。実験条件の詳細な情報は参考文献を照会されたい。

文献

1. Gadsby, D.C., Kimura, J. & Noma, A. (1985) Voltage dependence of Na/K pump current in isolated heart cells. Nature 315, 63-65
2. Kimura, J., Noma, A. & Irisawa, H. (1986) Na-Ca exchange current in mammalian heart cells. Nature 319, 596-597
3. Gadsby, D.C. (2009) Ion channels versus ion pumps: the principal difference, in principle. Nat. Rev. Mol. Cell Biol. 10, 344-352
4. Thomas, R.C. (1972) Electrogenic sodium pump in nerve and muscle cells. Physiol. Rev. 52, 563-594
5. Glitsch, H.G. (2001) Electrophysiology of the sodium-potassium-ATPase in cardiac cells. Physiol. Rev. 81, 1791-1826
6. Nakao, M. & Gadsby, D.C. (1986) Voltage dependence of Na translocation by the Na/K pump. Nature 323, 628-630
7. Artigas, P. & Gadsby, D.C. (2003) Na^+/K^+-pump ligands modulate gating of palytoxin-induced ion channels. Proc. Natl. Acad. Sci. USA 100, 501-505
8. Bahinski, A., Nakao, M. & Gadsby, D.C. (1988) Potassium translocation by the Na^+/K^+ pump is voltage insensitive. Proc. Natl. Acad. Sci. USA 85, 3412-3416
9. Gadsby, D.C., Takeuchi, A., Artigas, P. & Reyes, N. (2009) Peering into an ATPase ion pump with single-channel recordings. Philos. Trans. R. Soc. Lond. B Biol. Sci. 364, 229-238
10. Artigas, P. & Gadsby, D.C. (2002) Ion channel-like properties of the Na^+/K^+ pump. Ann. NY Acad. Sci. 976, 31-40
11. Gadsby, D.C., Vergani, P. & Csanády, L. (2006) The ABC protein turned chloride channel whose failure causes cystic fibrosis. Nature 440, 477-483
12. Hwang, T.C., Nagel, G., Nairn, A.C. & Gadsby, D.C. (1994) Regulation of the gating of cystic fibrosis transmembrane conductance regulator Cl channels by phosphorylation and ATP hydrolysis. Proc. Natl. Acad. Sci. USA 91, 4698-4702
13. Mechmann, S. & Pott, L. (1986) Identification of Na-Ca exchange current in single cardiac myocytes. Nature 319, 597-599
14. Fabiato, A. & Fabiato, F. (1979) Calculator programs for computing the composition of the solutions containing multiple metals and ligands used for experiments in skinned muscle cells. J. Physiol. (Paris) 75, 463-505
15. Tsien, R.Y. & Rink, T.J. (1980) Neutral carrier ion-selective microelectrodes for measurement of intracellular free calcium. Biochim. Biophys. Acta 599, 623-638
16. Tsien, R.Y. (1980) New calcium indicators and buffers with high selectivity against magnesium and protons: design, synthesis, and properties of prototype structures. Biochemistry 19, 2396-2404
17. Watanabe, Y., Koide, Y. & Kimura, J. (2006) Topics on the Na^+/Ca^{2+} exchanger: pharmacological characterization of Na^+/Ca^{2+} exchanger inhibitors. J. Pharmacol. Sci. 102, 7-16
18. Kimura, J., Miyamae, S. & Noma, A. (1987) Identification of sodium-calcium exchange current in single ventricular cells of guinea-pig. J. Physiol. 384, 199-222
19. Ehara, T., Matsuoka, S. & Noma, A. (1989) Measurement of reversal potential of Na^+/Ca^{2+} exchange current in single guinea-pig ventricular cells. J. Physiol. 410, 227-249
20. Yasui, K. & Kimura, J. (1990) Is potassium co-transported by the cardiac Na-Ca exchange? Pflugers Arch. 415, 513-515
21. Brew, H. & Attwell, D. (1987) Electrogenic glutamate uptake is a major current carrier in the membrane of axolotl retinal glial cells. Nature 327, 707-709 Erratum in: Nature (1987) 328, 742
22. Noda, M., Nakanishi, H. & Akaike, N. (1999) Glutamate release from microglia via glutamate transporter is enhanced by amyloid-beta peptide. Neuroscience 92, 1465-1474
23. Prasad, B.M. & Amara, S.G. (2001) The dopamine transporter in mesencephalic cultures is refractory to physiological changes in membrane voltage. J. Neurosci. 21, 7561-7567
24. Khoshbouei, H., Wang, H., Lechleiter, J.D., Javitch, J.A. & Galli, A. (2003) Amphetamine-induced dopamine efflux. A voltage-sensitive and intracellular Na^+-dependent mechanism. J. Biol. Chem. 278, 12070-12077
25. Galli, A., Blakely, R.D. & DeFelice, L.J. (1996) orepinephrine transporters have channel modes of conduction. Proc. Natl. Acad. Sci. USA 93, 8671-8676

26. Accardi, A. & Miller, C. (2004) Secondary active transport mediated by a prokaryotic homologue of ClC Cl⁻ channels. Nature 427, 803-807

27. Lísal, J. & Maduke, M. (2008) The ClC-0 chloride channel is a 'broken' Cl⁻/H⁺ antiporter. Nat. Struct. Mol. Biol. 15, 805-810

１４章　ジャイアントパッチ法と心筋マクロパッチ法

Ｉ．はじめに

　NeherとSakmannにより開発されたパッチクランプ法は様々な改良が加えられ、多くの分野に応用されてきた。しかしパッチ膜として得られる膜面積が小さいために、電流解析が困難な場合がある。例えば、Na^+-Ca^{2+}交換やNa^+-K^+ポンプなどのトランスポータは、そのturnover rateが小さいために、パッチ膜からの電流測定は困難であった。また心臓のCFTR-Cl^-電流など、チャネルの発現密度が低い場合はsingle channel記録は非常に困難であった。

　この問題点を克服する一つの方法が1989年にHilgemannにより開発されたジャイアントパッチ法である[1]。ジャイアントパッチ法の特色は、1) 大きな先端口径を有するパッチ電極を用いる。2) ギガオームシールを作成するためにガラス電極先端をミネラルオイル・パラフィルム混合物でコーティングする（"goop"と呼ばれている）。3) 心筋細胞においてはブレブ膜を用いることである。当初この方法は、心筋細胞ブレブ膜からのパッチとして開発され、その後アフリカツメガエル卵母細胞、培養細胞へと応用範囲が広がっている[2-4]。通常の方法に比べて大きなパッチ膜が得られるため、この方法には以下のような利点がある。1) 電流密度が低い小さいチャネルやトランスポータ解析が容易に行える。2) 抵抗が小さいので速い膜電位固定が得られる。3) 記録漕側のみならずピペット内の溶液を容易に交換できる。

　心筋細胞のジャイアントパッチ法は、心筋細胞から突出したブレブ膜からパッチ膜を形成する。このため、膜の性質が生理的細胞膜と異なる可能性が危惧されてきた。著者らは、心筋細胞の細胞膜から比較的大きなパッチ膜を作成し、トランスポータ電流を記録することに成功した（心筋マクロパッチ法）[5, 6]。この章では、心室筋細胞のブレブ膜からのジャイアントパッチと、アフリカツメガエル卵母細胞からのジャイアントパッチ法について概説し、次に心筋マクロパッチ法を紹介する。これらの手法は、通常のexcised patch法に比べて技術的にやや難しい方法ではあるが、誰でも習得可能である。

Ⅱ．単一心筋細胞"ブレブ"からのジャイアントパッチ

　心室筋細胞を高K^+、無Na^+液に保存すると、水泡様の球状膜（ブレブ bleb）が細胞から１〜数個突出してくる。このブレブから先端直径10~22 µmのピペットを用いてinside-outパッチを作成したのが、Hilgemannの最初のジャイアントパッチ法である[1, 7]（図１）。オリジナルの方法に比べ今では多くの点が改良されている。以下には改良されたジャイアントパッチ法の概略を示す。

１．ブレブの作成

　モルモット心室筋細胞の単離は通常のコラゲナーゼ処理により行い、特別な処理は必要としない。単離した細胞もしくは小組織片を blebbing solution（150 mM KCl、10 mM EGTA、2 mM $MgCl_2$、20 mM glucose、15 mM HEPES、pH=7.2/KOH）に入れて、冷蔵庫で一晩保存する。修正KB液（25 mM KCl、70 mM glutamate、10 mM KH_2PO_4、10 mM taurine、0.5 mM EGTA、11 mM glucose、10 mM

14章 ジャイアントパッチ法と心筋マクロパッチ法

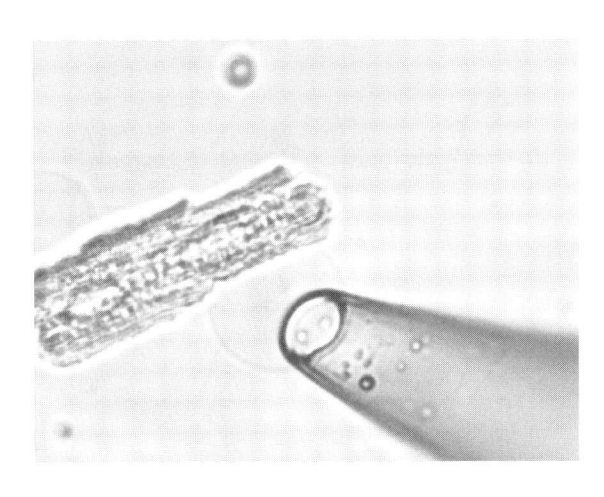

図1 モルモット心室筋細胞のブレブとジャイアントパッチ用ピペット（内径 18 μm）。ギガオームシールが形成された状態。

HEPES、pH=7.3/KOH）を用いるとより大きなブレブを作ることができる。図1の心室筋細胞には2つのブレブができている。数時間から6時間くらいでブレブは形成され始めるが、初期のブレブは小さく、またそのサイズとは関係なくシール形成はかなり困難である。ブレブは12～48時間実験に使用可能である。通常は細胞を単離した後に、blebbing solution に入れて冷蔵庫で一晩保存し、翌日に実験を行う。

ブレブができた心室筋細胞はその形態を保持している場合もあるし、また細胞自体が完全に崩れてしまっている場合もある。しかし記録される膜電流の性質には細胞形態による差はないようである。

2．ピペットの作成とコーティング

ジャイアントパッチのためには、外径が比較的大きく、壁が薄いガラス電極が望ましい。著者はヒルゲンベルグの borosilicate glass（O.D.=1.65mm、I.D.=1.32mm もしくは O.D.=2.0 mm、I.D.=1.4 mm）を使用し、良好な結果を得ている。

先端がきれいな広口径のパッチ電極を作成することは容易ではない。図2に作成方法を示す。最初に通常のパッチクランプに用いるのと同様な先端口径（約 2 μm）を有する電極を作成する（著者は成茂の微小電極作成器 PB-7 を使用）。このとき比較的"首の長い"電極を作成するとその後の操作が容易である。

マイクロフォージには比較的太い（約 0.5 mm）白金線、電流のオンオフをコントロールするフットスイッチ、白金線とピペットを三方向に移動するためのマニピュレータ2台を用意する。100倍の長作動対物レンズを使用すると、ピペット尖端の観察が容易になる。また、白金線は太いものを用いるほうが熱膨張による白金線の移動が少なく操作が容易である。また加熱し過ぎて白金線を焼き切ることが少ない。白金線の中央付近に、低融点の"soft glass"を接触させ、白金線を通電加熱することで、"soft glass"を溶かしコーティングする。soft glass としては鉛の含有量が比較的多い鉛ガラス、もしくは、ソーダガラスを用いる。著者は岩城硝子が提供しているヘマトクリット管（Chase 社製、soda lime glass）を用いている。

ピペットを作製するには以下の様な操作を行う。まず倒立顕微鏡下に、ピペット先端と白金線を近づける（図2左）。フットスイッチで電流をオンにし、白金線を熱する（図2中央）。このとき、白金線は膨張し、視野の中央に向かって移動する。通電する電圧は soft glass が溶ける程度か、少し低めに設定する。手動で白金線を右方向に移動させ、ピペット先端を soft glass の中に突き刺す。そして直ちにフットスイッチで電流をオフにする（図2右）。すると膨張した白金線が後退し、ピペットの先端が折れて、きれいな断面が得られる。先端口径が望む大きさになるまでこの操作を繰り返す。最後に先端を軽く heat polish する。

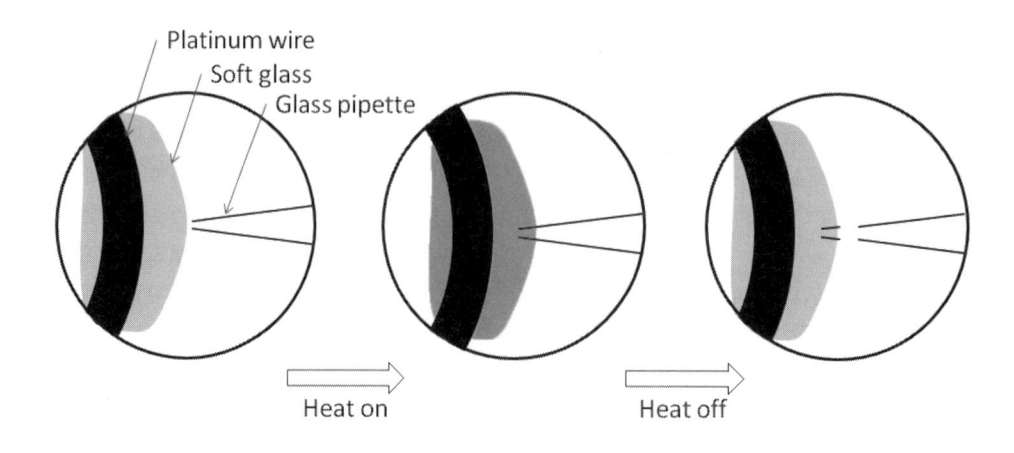

図2　ジャイアントパッチ用ピペットの作成方法

　白金線上の soft glass は頻回（数日毎）に交換する必要がある。古い soft glass を用いていると、ガラス電極が突き刺さらずに、表面で溶けてしまう。この方法は少し練習を要するが、ピペット先端が多少いびつであってもシール形成は可能であるので、先端の形状よりも、先端口径に重点をおいてピペットを作成するとよい。我々がこの方法を採用する以前は、ガラス電極を白金線上で（加熱せずに）削り、最後に heat polish して使用していた[7,8]。また著者は試したことはないが、Sutter 社などのプログラム可能なガラス電極作製装置を用いて、多段階で電極を引くことにより、広い口径を有しかつきれいな先端を有するパッチ電極を作製することができるようである[9]。

　次にピペット先端をコーティングするミネラルオイルとパラフィルム混合物の調製の仕方を説明する。ミネラルオイル（Sigma、light white oil M3516）と細かく切ったパラフィルム（American National Can™）を約 1：1 の比で混ぜる。加熱しながらガラス管または薬匙で、パラフィルムの固まりがなくなるまで混ぜる。できた混合物はカルチャーディッシュなどに分配して室温で保存する。少量のミネラルオイル・パラフィルム混合物をカルチャーディッシュの蓋などに取り、ミネラルオイルを少しずつ加えながら、ディスポーザルのプラスチック製ピペットなどを用いて混ぜて糊状にする。ミネラルオイルにはライト（Sigma、light white oil M3516）とヘビー（Sigma、heavy white oil、400-5）があるが、ライトミネラルオイルはシール形成を促進し、ヘビーミネラルオイルはできたパッチ膜を安定化する傾向がある。図3に示す様にピペットを持ち上げて薄い膜ができたところに電極先端を通すことでピペットをコーティングする。

　ライトミネラルオイルの量をさらに多くして粘度を下げた混合物を用いてもよい。この場合電極先端をその中に浸けるだけでコーティングは充分である。

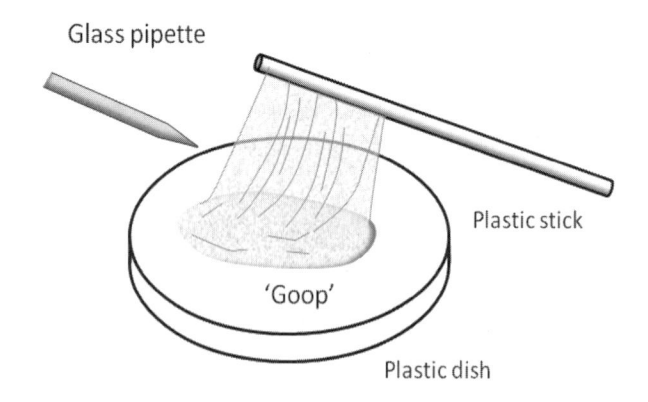

図3　ピペットコーティングの方法

次にフィルターを通したピペット内液をピペット後部から充填し、電極ホルダーに取り付ける。ピペットを記録漕液に入れる前に、電極後部と連結したチューブから注射器で陽圧を加えて、電極先端を覆っている混合物を取り除く。尖端口径が十分大きいと、ピペット内液が線上に噴き出すのが見える。

ピペット内液と記録漕溶液にはあらゆる液組成が可能であるが、ピペット内液に Ca^{2+} が存在した方がシール形成は容易である。さらに、両溶液とも少なくとも 10 mM 程度の Cl^- が存在しないとシール形成は非常に困難である。

3. ギガオームシールの作成

冷蔵保存した細胞をカルチャーディッシュまたはチャンバーに移し、しばらく放置する。パッチ電極の後部から弱い陽圧をかけながら、電極先端がブレブに触れるまでパッチ電極を移動する。多くの場合、ピペット先端から出る流束のためにブレブはピペットから離れていく。そのため、細胞がチャンバーの底にしっかりと付着していることが大切である。顕微鏡ステージに軽い振動を与えることで、底に付着している細胞を探すとよい。電極がブレブに触れた時に陰圧（約 5 cmH_2O）を加えると、多くの場合ギガオームシールは数秒で完成される。シール形成が困難な時には、陰圧を加えながらブレブ上で電極を移動してみてもよい。我々は、陽圧と陰圧のコントロールを、ピペット後端に接続したチューブを口で吸ったり、はいたりすることで行っている。

ブレブは動きやすく、またピペットがブレブに触れたときの電流変化は少ないので、ピペットがブレブに接触したタイミングを知ることは難しい。膜電流を音信号でモニターすると、微妙な電流変化を探知し易くなる。

ギガオームシール形成後はピペットを上方に移動するだけで inside-out patch が形成できる。しばしば vesicle が形成されて目的とする電流が記録できないことがある。この場合チャンバーに空気の小泡などが付着していれば、それに電極先端を一瞬触れさせることで、高率に vesicle を破ることができる。

ブレブが小さくシール形成が困難なときは、blebbing solution を 70~80% に希釈した溶液に細胞を移すと、数分でブレブは大きくなる。また記録漕液の Mg^{2+} 濃度を 5~8 mM 程度に増加させると、シール形成が容易になる傾向がある。

ブレブから outside-out patch を作成することは困難である。上述した vesicle を破る手技のとき、まれに outside-out patch を形成することがあるが、通常の outside-out patch 作成の方法は適応できない。

Ⅲ. アフリカツメガエル卵母細胞からのジャイアントパッチ

アフリカツメガエルの卵母細胞から、ブレブを作らずに直接、先端口径 20~35 μm のピペットを用いてパッチ膜を形成することが可能である[10, 11]。cRNA を注入し、蛋白を発現させることができれば、原則的にすべてのクローン化されたチャネルやトランスポータに応用可能である。以下には卵母細胞から giant inside-out patch を作成する方法を概説する。

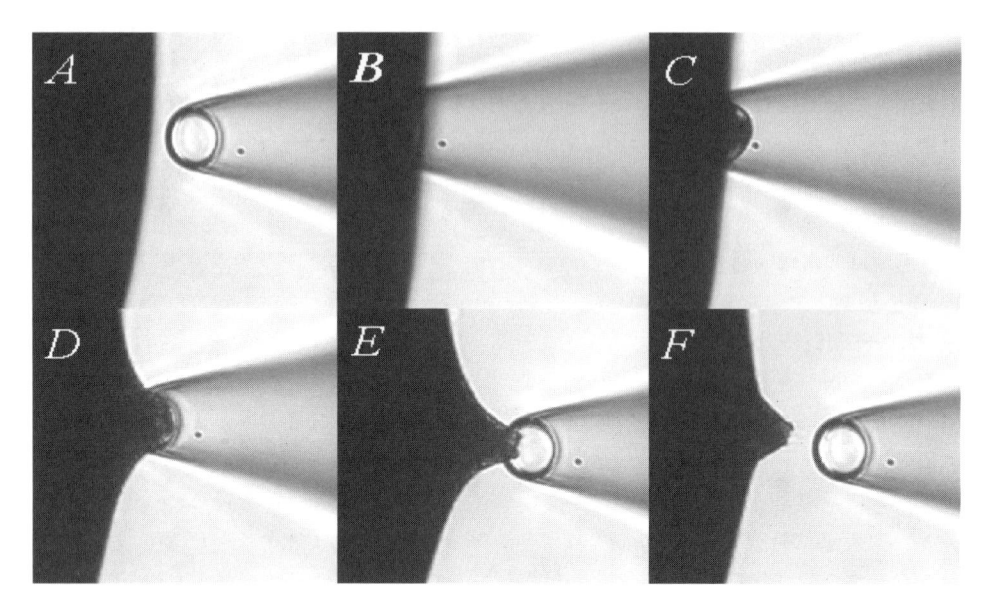

図4 卵母細胞からのジャイアントパッチ
左側の黒い部分が卵母細胞、右側がピペット（口径 24 μm）。

1．卵母細胞の準備

　卵母細胞の準備は通常の方法で行い特別な処理は必要としない。コラゲナーゼ処理等で follicle を剥離した卵母細胞を、高浸透圧液に移す。卵母細胞が収縮し vitelline 膜が可視できるようになったところでピンセットを用いて vitelline 膜を剥離する。vitelline 膜を剥離した卵母細胞は正常浸透圧の記録漕液に移す。我々が通常用いる記録漕液の組成は 100 mM KOH、100 mM MES or aspartate、20 mM HEPES、5 mM EGTA、5 mM Mg(OH)$_2$、pH=7.0/MES である。高浸透圧液は、この液に 200 mM mannitol を加えて作成する[10, 11]。

　細胞質側 Ca^{2+} の濃度を変える必要がある時には Ca^{2+} で活性化される Cl$^-$ 電流をできるだけ抑制する必要がある。100 μM niflumic acid または flufenamic acid をピペット内液に加え、さらに Cl$^-$ を MES（2-[N-Morpholino]ethanesulfonic acid, Sigma）もしくは aspartate で置換する。

2．ピッペトの作成とコーティング

　ピペットは前述した方法を用いて作成している。著者は通常 20~30 μm の口径のピペットを用いている。ピペット先端付近の形状は鋭角ではなく、なるべく平行に近い形のほうがシールは作りやすい。また先端は heat polish して少し丸みをつけた方がよい。ピペット先端を太くカットし、強く heat polish すると、ピペット先端が丸まった大きなピペットを作ることができるが、シール作成は難しい。

　コーティングはブレブの giant patch と同様に行う。ミネラルオイル・パラフィルム混合物中のライトミネラルオイルの比率を増やすことでシール形成は容易になる。しかしヘビーミネラルオイルを含む方が安定したパッチが得られる。さらに、少量の decane を加えることでシール形成が促進される場合もある。

3．パッチ作成

　卵母細胞には動物極（黒色）と植物極（白色）があるが、動物極側を実験に用いる。植物極側からジャイアントパッチを作成することはかなり困難である。陽圧を加えながら、卵母細胞に接するまでピペットを移動する。図4に卵母細胞とピペットの写真を示す。ピペットもしくは卵母細胞を移動して、ピペットを卵母細胞膜に押し当てる（図4B）。10 cmH$_2$O 程度の陰圧を加えて、通常1～5分でギガオームシールを作成する事ができる（図4C）。陰圧を加え続けなくても自然にシール抵抗が上がることもよくある。

　excised patch を作成するときには注意が必要である。ピペットを急速に持ち上げる方法は多くの場合失敗する。ピペット先端を観察しながら少しずつピペットを卵母細胞から離すことが大切である。また卵母細胞に対して直角にピペットを動かすよりも、45～60度角度をつけて離すと成功率が高い。ピペットを卵母細胞に平行に（写真で上下方向に）動かしても良い。ピペットが卵母細胞から離れるにつれて膜が伸展される（図4D）。ある程度までピペットを離すと、膜の一部が破れ、ゆっくりと卵母細胞膜が後退し（図4E）、inside out patch が形成される（図4F）。急いでピペットを動かさないことが大切である。

　作成された patch は多くの場合、15～60分間安定して電流記録ができる。vesicle を形成する確率は、ブレブからの giant patch に比べてかなり低い。vesicle ができた場合も、同様な方法で vesicle を破ることができる。

Ⅳ．心筋マクロパッチ法

　ブレブ膜ジャイアントパッチは、心筋細胞膜からではなくブレブからパッチ膜を形成する。そのためブレブ膜の性質が生理的細胞膜と異なることが危惧される。この問題を克服するために、著者らは比較的大きなパッチ膜を心筋細胞膜から作成する方法を考案し、トランスポータ電流を記録することに成功した（図5）[5, 6]。用いるピペット口径は3~8 μm で、成茂の2段階微小電極作成器（PB-7）で作成するか、ジャイアントパッチと同様の方法で作成する。ガラス電極はヒルゲンベルグの borosilicate glass（O.D.=2.0 mm、I.D.=1.4 mm）を用いた。ジャイアントパッチと異なり、ミネラルオイル・パラフィルム混合物でピペットをコーティングしてもシール形成は容易にならなかった。図5Aはモルモット心室筋細胞で、ギガオームシールを作成したところである。シール作成は通常の方法で行うが、加える陰圧はおおよそ5~10 cmH$_2$O と低くし、5分間程度待つことで、2~4 GΩ 程度のシール作成が可能である。陰圧解除後ピペットを持ち上げると、多くの場合細胞が一緒に持ち上がるので、excised パッチを作るのは困難である。細胞をもう一つのガラス管（我々は溶液交換のためにシータ管を使用）の近くまで移動させ、ガラス管から流れる溶液で細胞を吹き飛ばすと、inside-out patch をかなり高率に形成することができる（図5B-2）。また、流束で細胞が離れないときには、ガラス管に空気泡を送ることで細胞を吹き飛ばすことができる。我々はシータ管をピエゾトランスジューサーに固定し、ピエゾに電圧を加えることでシータ管を動かし、急速溶液交換を行った（図5B-3）。

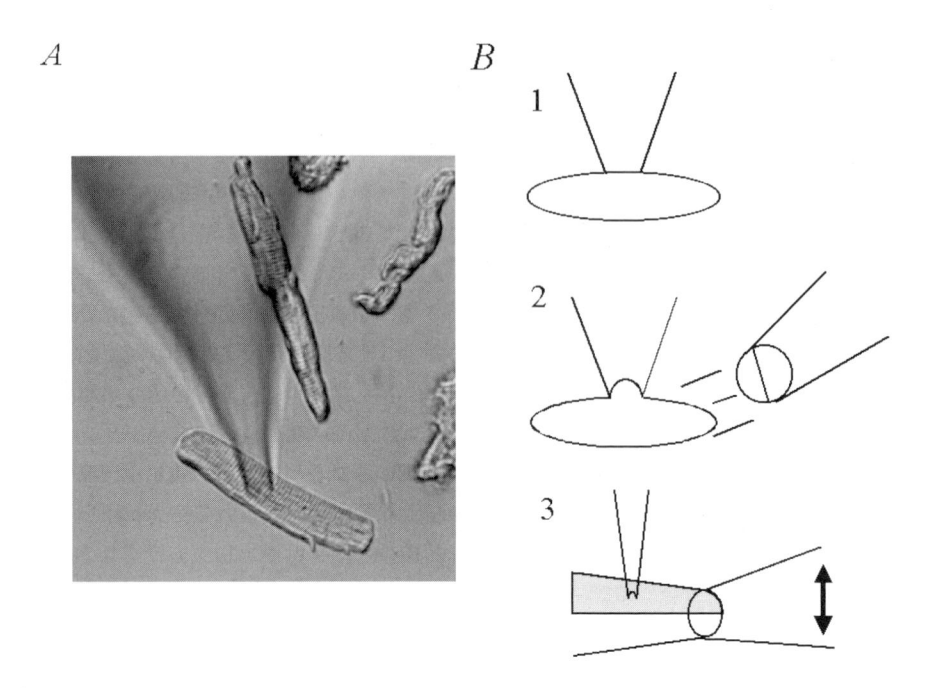

図5　心筋マクロパッチ法
A. モルモット心筋細胞とマクロパッチ用ピペット（口径7 μm）。B. マクロパッチ作成のプロセス。

この方法で、Na^+-Ca^{2+}交換電流、Na^+-K^+ポンプ電流、CFTR-Cl^-電流が記録できた。著者らが、ブレブ膜ジャイアントパッチと心筋マクロパッチで Na^+-Ca^{2+} 交換電流を比較したところでは、基本的な性質は同じであったが、電流のキネティクスには明らかな違いがあった[6]。ブレブ膜ジャイアントパッチはマクロパッチより大きなパッチ膜が得られるし、いったん習得すれば容易に inside-out patch を作ることができる。一方、マクロパッチ法はジャイアントパッチ法より成功率がかなり低い。

V. 培養細胞からのジャイアントパッチ

培養細胞にチャネル・トランスポータ遺伝子を発現させ、excised patch で電流解析をすることは広く行われている。著者が、培養細胞（HEK 293 cell、COS cell）に Na^+-Ca^{2+} 交換遺伝子（NCX1）を発現させた経験では、尖端口径~3 μm のピペットを用いて、通常の方法で容易に excised patch を作成し、NCX 電流を記録することが可能であった。チャネル・トランスポータの発現量が多い場合にはあえてジャイアントパッチ法を用いるメリットは少ない。しかし、より大きなパッチ膜を用いて、速い膜電位固定や速い溶液交換が必要な場合には、コーティングしたピペットを用いたジャイアントパッチ法は有用である[4]。この場合、ギガオームシール形成後に excised パッチを作成する工夫が必要になる。図5で示したように、溶液を細胞に拭きかけて細胞を吹き飛ばすと良い。

VI. 応用

ジャイアントパッチ法に他の実験手技を組み合わせることで、ジャイアントパッチ法の応用範囲が広がっている。以下にそのうちの幾つかを紹介する。詳細についてはそれぞれの引用文献を

参考にして欲しい。

1．ピペット内灌流

　ジャイアントパッチにピペット内灌流法を組み合わせると、ピペット内液を比較的速やかに交換することが可能である。ピペット内灌流法の実際については15章を参考にして欲しい。我々はSoejima & Noma[12]によるピペット内灌流装置をそのまま用いて、ジャイアントパッチで溶液交換を行った[13]。この場合、whole-cell電流記録時のピペット内灌流法に比べて、溶液を交換するための陰圧を低く設定する必要がある（4~6 cmH$_2$O）。しかし比較的太い溶液交換用チューブを用いることができるのと、そのチューブを膜近くに位置させることができるのでピペット内液の交換速度は速い。ピペット内に陽圧を加えて溶液を交換することも可能である[2]。

2．溶液の急速交換

　記録漕側の溶液を交換するには、いろいろな方法が考案され、また市販の装置もいくつかあるが、原則的にすべての方法がジャイアントパッチ法に適用できると思われる。著者らはピペット先端近くに位置した細いポリエチレンチューブから溶液を吹きかけることで溶液の交換を行った[7]。ポリエチレンチューブを3本用意し、それぞれのチューブからピペット先端に溶液を吹きかけることで約200 msで溶液交換することができる。また図5に示したようにピエゾトランスジューサーに固定したシータ管を電圧で駆動することで約30 ms以内の溶液交換が可能である[5]。Qin & Noma[14]の考案したoil-gate法を用いることも可能である[9]。パッチ膜が大きいため、速い溶液交換が可能であるが、一方でパッチ膜に流束が直接当たるとパッチ膜が破壊される危険が大きい。ピペットと流束の角度は注意して調整する必要がある。また、Caged化合物の光分解によるconcentration jumpと組み合わせることも可能である[15]。

3．パッチ膜組成の修飾

　チャネルやトランスポータ機能は組み込まれている脂質膜組成により修飾される。Collins & Hilgemann[16]は心室筋ブレブのジャイアントパッチにおいてphosphatidylserineの油滴をピペット先端付近に接触させることでNa$^+$-Ca^{2+}交換電流が増強されることを示した。おそらくphosphatidylserineがガラス表面とミネラルオイル・パラフィルム混合物を介してパッチ膜に拡散したと考えられる。この方法はいろいろな非水溶性物質を細胞膜に与えるのに応用できる。

4．Single-channel 記録

　ジャイアントパッチ法は、広いパッチ膜が得られるので、電流密度の低い膜電流の解析に応用できる。Gadsbyらは心室筋のブレブからCFTR-Cl$^-$電流のsingle-channel記録に成功している[17]。卵母細胞の発現系に利用すれば、発現量が少ない電流系のsingle-channel記録も可能である。

5．Fast voltage clamp

　ジャイアントパッチは、広い口径のピペットを用いるので直列抵抗が低い。そのため速い膜電位固定が可能である。HilgemannはNa$^+$-K$^+$ポンプの細胞外Na$^+$の結合に起因するチャージの移動をマイクロ秒の解像度で記録することに成功した[18]。この方法は他のチャネルやトランスポータにも応用できる[4]。

文 献

1. Hilgemann, D.W. (1989) Giant excised cardiac sarcolemmal membrane patches: sodium and sodium-calcium exchange currents. Pflugers Arch. 415, 247-249
2. Hilgemann, D.W. (1995) The giant membrane patch. In Sakmann, B., & Neher, E. (eds) Single-Channel Recording, 2nd edn. Plenum Press, New York, pp307-327
3. Hilgemann, D.W. & Lu, C.C. (1998) Giant membrane patches: improvements and applications. Methods Enzymol. 293, 267-280
4. Couey, J.J., Ryan, D.P., Glover, J.T., Dreixler, J.C., Young, J.B. & Houamed, K.M. (2002) Giant excised patch recordings of recombinant ion channel currents expressed in mammalian cells. Neurosci. Lett. 329, 17-20.
5. Fujioka, Y., Komeda, M. & Matsuoka, S. (2000) Stoichiometry of Na^+-Ca^{2+} exchange in inside-out patches excised from guinea-pig ventricular myocytes. J. Physiol. 523, 339-351
6. Fujioka, Y., Hiroe, K. & Matsuoka, S. (2000) Regulation kinetics of Na^+-Ca^{2+} exchange current in guinea-pig ventricular myocytes. J. Physiol. 529, 611-623
7. Collins, A., Somlyo, A.V. & Hilgemann, D.W. (1992) The giant cardiac membrane patch method: stimulation of outward Na^+-Ca^{2+} exchange current by MgATP. J. Physiol. 454, 27-57
8. Hilgemann, D.W., & Collins, A. (1992) Mechanism of cardiac Na^+-Ca^{2+} exchange current stimulation by MgATP: possible involvement of aminophospholipid translocase. J. Physiol. 454, 59-82
9. Doering, A.E. & Lederer, W.J. (1994) The action of Na^+ as a cofactor in the inhibition by cytoplasmic protons of the cardiac Na^+-Ca^{2+} exchanger in the guinea-pig. J. Physiol. 480, 9-20
10. Matsuoka, S., Nicoll, D.A., Reilly, R.F., Hilgemann, D.W. & Philipson, K.D. (1993) Initial localization of regulatory regions of the cardiac sarcolemmal Na^+-Ca^{2+} exchanger. Proc. Natl. Acad. Sci. USA 90, 3870-3874
11. Matsuoka, S., Nicoll, D.A., Hryshko, L.V., Levitsky, D.O., Weiss, J.N. & Philipson, K.D. (1995) Regulation of the cardiac Na^+-Ca^{2+} exchanger by Ca^{2+}. Mutational analysis of the Ca^{2+}-binding domain. J. Gen. Physiol. 105, 403-420
12. Soejima, M. & Noma, A. (1984) Mode of regulation of the ACh-sensitive K-channel by the muscarinic receptor in rabbit atrial cells. Pflugers Arch. 400, 424-431
13. Hilgemann, D.W., Matsuoka, S., Nagel, G.A. & Collins, A. (1992) Steady-state and dynamic properties of cardiac sodium-calcium exchange. Sodium-dependent inactivation. J. Gen. Physiol. 100, 905-932
14. Qin, D.Y. & Noma, A. (1988) A new oil-gate concentration jump technique applied to inside-out patch-clamp recording. Am. J. Physiol. 255, H980-H984
15. Friedrich, T., Bamberg, E., Nagel, G. (1996) Na^+,K^+-ATPase pump currents in giant excised patches activated by an ATP concentration jump. Biophys. J. 71, 2486-2500
16. Collins, A. & Hilgemann, D.W. (1993) A novel method for direct application of phospholipids to giant excised membrane patches in the study of sodium-calcium exchange and sodium channel currents. Pflugers Arch. 423, 347-355
17. Nagel, G., Hwang, T.C., Nastiuk, K.L., Nairn, A.C. & Gadsby, D.C. (1992) The protein kinase A-regulated cardiac Cl^- channel resembles the cystic fibrosis transmembrane conductance regulator. Nature 360, 81-84
18. Hilgemann, D.W. (1994) Channel-like function of the Na,K pump probed at microsecond resolution in giant membrane patches. Science 263, 1429-1432

１５章　細胞内灌流法

Ⅰ．はじめに

　全細胞型パッチ・クランプ法は単一細胞を対象とした本法の多くのヴァリエーションの中でも、標準法である[1]が、ピペット電極内と細胞内が物理的に交通し、ピペット内への細胞内液の流出が起るために観察したい電流が速やかに失活してしまうこと（washout効果）[2]があり、変法として perforated patch が開発されたりした[3]（第4章参照）。しかしながら、この欠点は、逆に細胞質とピペット内液を人為的に交換できるという利点でもあり、本法を用いて細胞内情報伝達に関する多くの研究が行われた。例えば、自律神経作動物質による心筋イオン・チャネルの調節機構などが、詳細に調べられた[4]。しかし、経時的に種々の物質を同一細胞の細胞質に投与または負荷することは不可能である。一方、細胞膜の一部をピペット先端に電気的に隔離してくる inside-out 法では、細胞内（実際には人工液で灌流される細胞膜内側）の環境を迅速かつ自由に変化させることができる。ところが、この inside-out 法で記録できる電気信号は細胞膜の微小な一部（数 μm^2）からであり、担体電流や channel density の低い、あるいは、非常に小さなコンダクタンスのチャネル電流の観察は不可能である。

　この２つのヴァリエーションの短所を補い合い、全細胞から電流を記録しつつ細胞質に生体物質を経時的に投与または負荷する方法として開発されたのが、細胞（電極）内灌流である[5-57]。本稿では主に具体的な手法を中心に解説する。

Ⅱ．歴史的背景

　細胞（電極）内灌流法は、パッチ電極を介して電圧（あるいは電流）固定を行っている単一細胞に電極内に入れた細いインレット・チューブを通じて種々の生体物質やイオンなどを灌流し、個々の細胞におけるチャネル電流やキャリア電流を指標とした情報伝達機構の研究に用いられてきた[5-57]。理論的にはパッチ・クランプ可能な標本には本法が適用できると考えられるが、今日まで研究に供されることが最も多かった心筋細胞を用いる実験方法をここでは紹介する。本法の開発は、最初、ウサギの単離心房筋細胞において cell-attached 法で単一チャネルを記録しながら、アセチルコリンを電極内に灌流し、ムスカリン性アセチルコリン受容体と共役するカリウム・チャネルの開口を観察するために行なわれた[6]。この副島と野間が考案した灌流デヴァイスを、松田と野間は、次に全細胞型パッチ・クランプ（後にこの組み合わせが主流となる）に応用し、細胞内のイオン組成を経時的に変えることにより、モルモット心室筋細胞でカルシウム電流の単離に成功した[7]。続いて Gadsby、木村、野間、入沢は inside-out 膜では記録困難な Na^+/K^+ ポンプや Na^+/Ca^{2+} 交換機構により運ばれる担体電流の記録に成功した[8,16]。さらに亀山、Trautwein、Fischmeister、Hartzell[10-15]らによりイオンなどの拡散による交換が容易なもののみならず、cyclic AMP や A キナーゼの触媒サブユニット（MW 112,000）などの分子量の大きなものも細胞内に投与されるようになった。また A キナーゼペプチド阻害剤（Walsh inhibitor）[58]など、元来、細胞内には存在しない物質も灌流投与することが可能であり、その応用範囲は多岐に亘ることになった。

III. 吸引パッチ電極

　細胞内灌流のためのパッチ電極には、borosilicate glass capillary（例えば Hilgenberg、Malsfeld、Germany、#1141165、内径 1.3 mm、外径 1.6 mm）を用いる。印加電圧を一定とする安定化電源を組み込んだ成茂社製 double step puller (RP-83) などで、2段引きして作成する。後述するようにインレット・チューブを電極内に入れるため、従来の全細胞型パッチ・クランプ用の電極に比べて先端がより急峻に tapering するような形状に作る（図1Aを参照）。したがって、第一回目に伸展する glass capillary の幅を若干短くして、伸展用のおもりを重いものに変更する。われわれは電極抵抗が 1 MΩ 前後のものを作成するが、当然ながら電極抵抗値が小さく、whole-cell clamp の状態で低い access resistance が得られ、それ故に細胞内灌流は効率よくおこなわれる。

IV. 電極内灌流用デヴァイス

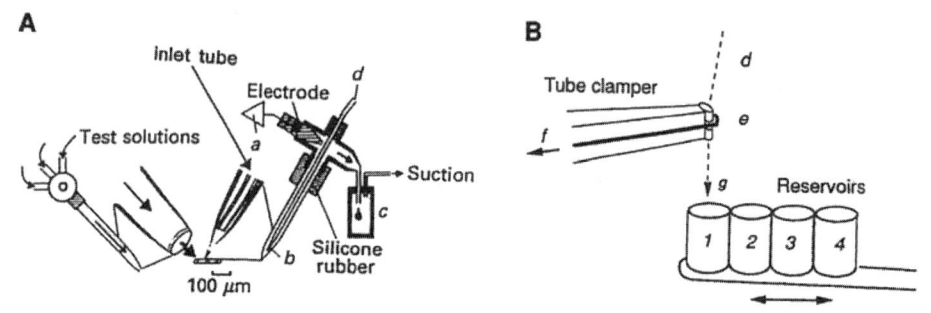

図1　細胞内灌流装置

A：細胞内灌流法を用いて実際に実験を行っているところの模式図。左部分に示す図はガラス電極を利用した rapid superfusion のシステム。おのおのの電極の先端部分を拡大して図中央に示す。右部分は灌流デヴァイスを示す。（文献32より改変）
B：流入チューブ・クランプ（左部分）と灌流液 reservoir 保持器（右部分）。詳細については文中の説明を参照のこと。

　灌流用デヴァイスは、図1A（右部分）に示すように十字架型をしており、各々の端部は、a 記録電極部、b 電極支持部とインレット・チューブ、c 排液チューブと排液槽、d 灌流液の reservoir とその流入チューブに接続している。流入チューブはステンレス・チューブを介して b に示すポリエチレン製のインレット・チューブに繋がっている。その先端部の径は図1A（中央）の拡大図にもあるように約 50 μm で、外径 2.5 mm のポリエチレン・チューブをアルコールランプで細く伸ばしたものを実体顕微鏡下で、通電した白金線上で加熱することにより二段引きして作成する。a の記録用電極には Ag/AgCl ペレットを用いており、短い電線で whole-cell amplifier のヘッド・ステージに接続する。c の排液チューブと排液槽は空気により絶縁されることになり、これによってデヴァイスにかかわる浮遊容量を大幅に減少することができ、またノイズ源を遮断することができる。

　灌流用デヴァイスは縦横 12 mm の十字架型ポリエチレン製ジョイント（図1A右の太い十字の部分）とシリコン・チューブを用いて自作するが、このときの重要なポイントは、各接続部に air leak を起こさないようにすることである。例えば d のシリコン流入チューブとステンレス・チューブは、ただ単に繋ぐだけでなく、air leak 防止のために接着剤などで固めることによりシールドを施す。

実験を始める前に、このデヴァイス全体をタイロード液で満たす。同じくタイロード液を満たしたパッチ電極を実体顕微鏡下で、このデヴァイスに装着する。このとき電極内に入るインレット・チューブの開口部が、図1A（中央）の拡大図にあるようにピペット先端に可能なかぎり近くなるようにする（200 μm 以内）。この距離が長くなると充分な細胞内灌流が得られない。ここでのポイントをまとめると

（1）パッチ電極の先端が急に細くなるような形状に作ること。
（2）インレット・チューブの先端を可能な限り細くすることである。

我々はインレット・チューブの先端を斜に切ることによって、より大きな開口部を得る工夫をしている。

V. 灌流液の交換デヴァイス（流入チューブ・クランプと灌流液 reservoir 保持器）

このようにして準備した灌流用デヴァイスは、充填したタイロード液が漏れないように排液チューブの部分でクリップ（われわれは血管クレンメを用いている）で止めてからマニピュレータのステージ上の電極ホルダーに直接、固定する。まず排液チューブと排液槽（c）を繋ぎ、次に記録電極（a）とアンプのヘッド・ステージを接続する。こうしてデヴァイスの安定を良くした後、灌流液の流入チューブをクランプの細孔（図1B e）を通してから、タコ糸を図1B f に示したように矢印の方向へ引っ張り、流入チューブ内の灌流液の動きを止めてから、その先端をあらかじめ希望する灌流液を入れた reservoir（g）の中に入れる。

第一番目の液は通常、タイロード液であり、膜接着型のシール作成に成功した後、はじめて二番目以降の reservoir 内の細胞内液と交換する。流入チューブを reservoir に入れるときに小さな気泡が入り込まないように細心の注意を払う。どんなに小さな気泡でもインレット・チューブの先端にトラップされてしまうと、もはや電極内灌流が不可能となる。図1B の下に示すように流入チューブ・クランプと灌流液 reservoir 支持器は、二つで一体のものである。各々粗動マニピュレータ（成茂製など）に固定しておき、灌流液の交換やシールをあげるために電極内陰圧を加えたいときには、クランプで流入チューブを固定してピペット内液が流動しないようにしてから reservoir の方を動かす。

すべての接続を終えたら、air leak がないか導通試験を行う。排液槽の drain 側の一端は通常のシールを作成するために使用する陰圧ポンプに接続してあるので、このバルブを徐々に開放してデヴァイスの内部に陰圧をかけると、最初に流入チューブを入れた reservoir から灌流液が吸引されて排液槽の方に移動し、図1A のように水滴状に流出してくるので、その交換された量を知ることができる。吸引圧は 10 - 20 cm・H_2O を用い、この条件では数十秒に一滴のリズムで灌流液が落ちる時、経験的に我々のデヴァイスでは一番良好な液の交換が得られる。

排液が突然に停止する原因としては、デヴァイスの中（とくにインレット・チューブの先端）での気泡のトラップがもっとも多い。逆に低い吸引圧でも速やかに灌流液が吸引される場合（例えば数秒に一滴などという早いリズムで灌流液が落ちるとき）は、インレット・チューブの先端が充分電極の先端に達していないか、灌流液が手前で漏出している（インレット・チューブとステンレス・チューブとの接続部が一番多い）ことが考えられる。いずれの場合においても実験は決してうまく行かないので、初めから灌流デヴァイスのセットをやり直す。

VI. ギガ・シールの作成

　導通試験で問題がなければ、陰圧を一旦解除した後、流入チューブ・クランプを再び固定してデヴァイス内の液の動きを停止し、いよいよパッチ電極を記録用 chamber に落とす。アクリル製の chamber は、倒立顕微鏡（Nikon TMD など）のステージ上に固定し、容積は 0.5 mL 程度で、底はカバー・ガラスにして単離細胞を観察できるようになっている。あらかじめ 36℃ に加温したタイロード液にて灌流する。われわれは細胞内の灌流が可及的速やかに行われることを期待して、比較的小さな単離心筋細胞を選ぶようにしている。パッチ電極を固定したマニピュレータと顕微鏡ステージを操作して細胞の中央にギガオーム・シールを作成する。このとき低い水圧の陰圧（10 - 20 cm・H_2O）でシールを完成するほど、細胞に対する障害が少ないためか実験の成功率は高い傾向にある。シールを完成すれば、一旦、ピペット内への陰圧を解除した後、灌流液の交換デヴァイスを操作して (d) の流入チューブ先端を希望する細胞内液の reservoir に移動する。ただし、シールをあげるときには電極内はタイロード液が充填されているので、このなかの mM オーダのカルシウムが次の細胞内液に少量でも混入するとその Ca^{2+} 濃度が上昇し、次にパッチ膜を破り全細胞型パッチ・クランプを始めると細胞は収縮して実験はうまく行かないことがある。したがって、我々は Ca^{2+} 濃度が nM レベルの低い細胞内液の reservoir へタイロード液を含む流入チューブを移動するときは、予め用意した同じ細胞内液を入れた他の reservoir 内（通常は図 1 B 2）で流入チューブ先端を充分洗ってから移すようにしている。次に、流入チューブ・クランプを弛めて、デヴァイス内液の動きが可能な状態にした後、徐々に陰圧（10 - 20 cm・H_2O）を加え、灌流液の交換を図る。導通試験のときと同様の要領で灌流の効率や液の交換の程度を知る。各々のデヴァイスによって異なるが、例えば排液槽で水滴を数えて4滴（これは我々のデヴァイスの場合）で完全に交換が終わるというような経験値を各自が知ることが大切である。電極内が、タイロード液から目的とする細胞内液に完全に置き代わったら、流入チューブ・クランプを再び固定し、陰圧が電極先端に直接かかるようにして、パッチ膜を破りパッチ・クランプ実験を始める。

ここで灌流実験の要点を復習しておくと、
（1）実験の成否は如何によいインレット・チューブを得るかということ。
（2）毎回、安定して良好な状態のデヴァイスのセットができること。
　　（繰り返し練習して体得する。）
（3）デヴァイスを実験漕に入れる前に必ず導通試験をすること。
（4）ギガ・シールと whole-cell mode 作成は可能な限り低い陰圧で行うこと。
（5）しばしばデヴァイス内の微細なゴミがインレット・チューブに詰まり灌流がストップしてしまうので、頻回に超音波洗浄をかけること。
（6）実験が終わればインレット・チューブやデヴァイス全体を大量の蒸留水で洗浄し、ホコリを避けて収納しておくこと。

VII. 細胞内灌流実験の実例

　図2の実験は、この細胞内灌流法を用いてクロライド（Cl^-）濃度を変化させることにより観察する電流がクロライド感受性であることを示す。標本は成熟モルモット単離心室筋細胞である。1989年の報告 [26, 59] 以来、この細胞には cAMP 依存性プロテインキナーゼによる燐酸化で活性化される Cl^- 電流が存在することが知られている。ここに示す実験では、アデニレート・サイクレー

スを直接活性化するフォルスコリン（Fsk）を用いて電流を活性化している。図2Aの実記録は、保持電位0 mVでの全細胞電流で、トレースの下に示すように初め電極内は24 mMのCl⁻溶液で充填しておく。Fskの投与により、0 mVでは約180 pAの外向き電流が誘発されることが分かる[1-2]。電流の活性化が定常状態に達した後、灌流法を用いて電極内を109 mM Cl⁻溶液に置換すると、保持電位では外向き電流は速やかに減少する[2-3]。その後Fskをwashoutすると電流レベルはさらに減少することが分かる[3-4]。

図2Bには、Aの1-4で記録した電流−電圧関係から得られたFsk誘発電流を各膜電位に対してプロットしている。中抜き丸（○）が電極内が24 mM Cl⁻の時、黒丸（●）が109 mM Cl⁻の時の関係を示す。その逆転電位は各々−40 mVと−2 mVであり、これらの値はCl⁻の濃度差からNernstの式で与えられる平衡電位に近い。したがって、もし細胞内のCl⁻濃度が電極内と平衡するとすれば、このとき誘発される電流がCl⁻によって運ばれていることが示唆される。

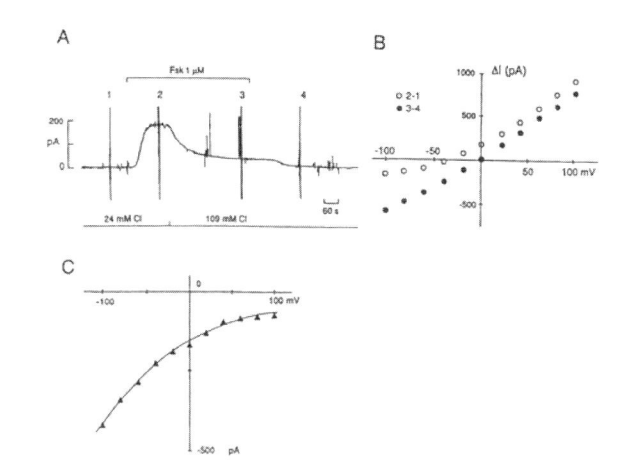

図2Cの黒三角（▲）は、図2Aの3と2の差、すなわち電極内Cl⁻濃度の増加による電流レベルの変化（差電流）を示す。濃度変化により、このタイプのCl⁻電流のみが影響を受け、かつ実験中に電流の活性レベルが変化しないと仮定すると、Goldmann-Hodgkin-Katzのconstant-field equationからこの時のCl⁻の透過性の指標であるP_{Cl}値と差電流△Iの関係は、

$$\triangle I = P_{Cl} E_m V F^2 \triangle [Cl]_i / RT \{1 - \exp(E_m F / RT)\}$$

で表されることになる[60]。E_mは膜電位、$\triangle[Cl]_i$はCl⁻濃度差（ここでは85 mM）である。F、R、Tは、各々ファラデー定数、ガス定数と絶対温度である。この式に実際の実験値をフィットさせると、細胞膜の容量を1 μF/cm²としてこの細胞は185 pFであったので、P_{Cl}値は8×10^{-8} cm/sと計算される。このように細胞内灌流法を用いて同一細胞内のイオン組成を変えることにより電流の種々の特性を調べることができる。

元来、細胞内には存在しない物質も、本法により細胞内に灌流投与することができる。図3の実験では、イソプロテレノール（Iso）によるβアドレナリン受容体刺激により活性化されるAキナーゼ依存性Cl⁻電流が、Aキナーゼ阻害剤（Walsh inhibitor、MW 2,221）[58]を細胞内投与することにより抑制され、したがって、チャネルの活性化にAキナーゼが必須であることを示している。興味深いことに阻害剤（図3AのPKI、100 μM）の存在下では、Cl⁻電流はIsoやFskの投与に対して全く反応せず、いわゆるmembrane-delimitedなGTP結合蛋白質による活性化はなく、Aキナ

ーゼのみに依存してこのタイプのCl⁻チャネルは調節されることが明らかである。

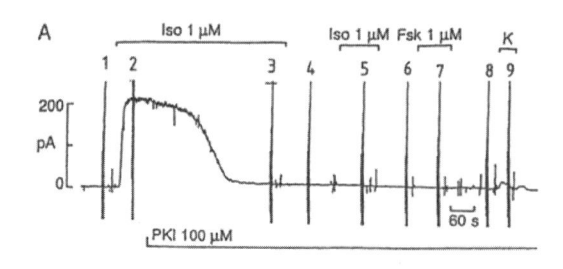

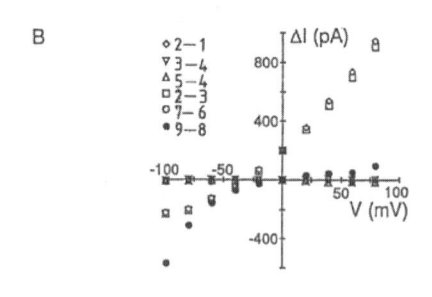

図3 細胞内灌流法によるAキナーゼ阻害剤細胞内投与の実験例
A：単離モルモット心室筋細胞から記録された全細胞クロライド電流。保持電位は0 mV。トレースの上には細胞外から投与されるイソプロテレノール（Iso）、フォルスコリン（Fsk）、さらに細胞外液への5 mM K⁺の添加を示す。トレース下には細胞内灌流により負荷されるAキナーゼ阻害剤（PKI）の投与を示す。
B：Aの1〜9で記録した電流−電圧関係から得られる種々の差電流を示す。PKIの細胞内投与前後で、クロライド電流は完全に抑制されている。細胞外のK⁺の添加により、内向きK⁺電流が活性化されている（9−8）。（文献42から改変）。

Ⅷ．おわりに

　パッチ・クランプ実験の多種多様な記録方法の内、細胞内灌流について、その手法を中心に紹介した。多くの実験ステップを細心の注意でクリアーして初めて成功する、非常に繊細な実験である。本解説が実験成功の一助となれば幸甚である。

文　献

1. Hamill, O.P., Marty, A., Neher, E., Sakmann, B. & Sigworth, F.J. (1981) Improved patch-clamp techniques for high-resolution current recording from cells and cell-free membrane patches. Pflugers Arch. 391, 85-100
2. Horie, M., Hwang, T.-C. & Gadsby, D.C. (1992) Pipette GTP is essential for receptor-mediated regulation of Cl⁻ current in dialyzed myocytes from guinea-pig ventricle. J. Physiol. 455, 235-246
3. Yawo, H. & Chuma, N. (1993) An improved method for perforated patch recording using nystatin-fluorescene mixture. Jpn. J. Physiol. 455, 235-246
4. Hartzell, H.C. (1988) Regulation of cardiac ion channels by catecholamines, acetylcholine and second messenger systems. Prog. Biophys. Mol. Biol. 52, 165-547
5. 小原正裕、亀山正樹、野間昭典、入沢　宏（1983）Giga-seal 吸引電極の作成と単一心筋細胞への応用．日本生理学会誌 45, 29-639
6. Soejima, M. & Noma, A. (1984) Mode of regulation of the ACh-sensitive K channel by the muscarinic receptor in rabbit atrial cells. Pflugers Arch. 400, 424-431
7. Matsuda, H. & Noma, A. (1984) Isolation of calcium current and its sensitivity to monovalent cations in dialysed ventricular cells of guinea-pig. J. Physiol. 357, 553-573
8. Gadsby, D.C., Kimura, J. & Noma, A. (1985) Voltage-dependence of Na/K pump current in isolated heart cells. Nature 315, 63-65
9. Sato, R., Noma, A., Kurachi, Y. & Irisawa, H. (1985) Effects of intracellular acidification on membrane currents in ventricular cells of the guinea pig. Circ. Res. 57, 553-561
10. Fischemeister, R. & Hartzell, H.C. (1986) Mechanism of action of acetylcholine on calcium current in single cells from frog venticle. J. Physiol. 376, 183-202
11. Kameyama, M., Hofmann, F. & Trautwein, W. (1985) On the mechanisms of β-adrenergic regulation of the Ca channel in the guinea-pig heart. Pflugers Arch. 405, 285-293
12. Hartzell, H.C. & Fischmeister, R. (1986) Opposite effects of cyclic GMP and cyclic AMP on Ca²⁺ current in single heart cells. Nature 323, 273-275
13. Hescheler, J., Kameyama, M. & Trautwein, W. (1986) On the mechanism of muscarinic inhibition of the cardiac Ca current. Pflugers Arch. 407, 182-189
14. Kameyama, M., Hescheler, J., Hofmann, F. & Trautwein, W. (1986) Modulation of Ca current during the phosphorylation cycle in guinea pig heart. Pflugers Arch. 407, 123-128
15. Kameyama, M., Hescheler, J., Mieskes, G. &

Trautwein, W. (1986) The protein-specific phosphatase 1 antagonizes the beta-adrenergic increase of the cardiac Ca current. Pflugers Arch. 407, 461-463
16. Kimura, J., Noma, A. & Irisawa, H. (1986) Na-Ca exchange current in mammalian hear cells. Nature 319, 596-597
17. Nakao, M. & Gadsby, D.C. (1986) Voltage dependence of Na translocation by the Na/K pump. Nature 323, 628-630
18. Fischmeister, R. & Hartzell, H.C. (1987) Cyclic guanosine 3',5'-monophosphate regulates the calcium current in single cells from frog venticle. J. Physiol. 387, 453-472
19. Hartzell, H.C. & Fischmeister, R. (1987) Effect of forskolin and acetylcholine on calcium current in single isolated cardiac myocytes. Mol. Parmacol. 32, 639-645
20. Hescheler, J., Kameyama, M., Trautwein, W., Mieskes, G. & Soling, H.-D. (1987) Regulation of the cardiac calcium channel by protein phosphatases. Eur. J. Biochem. 165, 261-266
21. Argibay, J.A., Fischmeister, R. & Hartzell, H.C. (1988) Inactivation, reactivation and pacing dependence of calcium current in frog cardiocytes: correlation with current density. J Physiol. 401, 201-226
22. Gilbert, M.P. & Fischmeister, R. (1988) Atrial natriuretic factor regulates the calcium current in frog isolated cardiac cells. Circ. Res. 62, 660-667
23. Hescheler, J. & Trautwein, W. (1988) Modification of L-type calcium current by intracellularly applied trypsin in guinea-pig ventricular myocytes. J. Physiol. 404, 259-274
24. Tseng, G.N. (1988) Calcium current restitution in mammalian ventrciular myocytes is modulated by intracellular calcium. Circ. Res. 63, 464-482
25. White, R.E. & Hartzell, H.C. (1988) Effects of intracellular free magnesium on calcium current in isolated cardiac myoctes. Science 239, 779-780
26. Bahinski, A., Nairn, A.C., Greengard, P. & Gadsby, D.C. (1989) Chloride conductance regulated by cyclic AMP-dependent protein kinase in cardiac myocytes. Nature 340, 718-721
27. Duchatelle-Gourdon, I., Hartzell, H.C. & Lagrutta, A.A. (1989) Modulation of the delayed rectifier potassium current in frog cardiomyocytes by beta-adrenergic agonists and magnesium. J. Physiol. 415, 251-274
28. Fischmeister, R. & Shrier, A. (1989) Interactive effects of isoprenaline, forskolin, and acetylcholine on Ca^{2+} current in frog ventricular myocytes. J. Physiol. 417, 231-239
29. Gadsby, D.C. & Nakao, M. (1989) Steady-state current-voltage relationship of the Na/K pump in guinea-pig ventricular myocytes. J. Gen. Physiol. 94, 511-537
30. Hagiwara, N. & Irisawa, H. (1989) Modulation by intracellular Ca^{2+} of the hyperpolarization-activated inward current in rabbit single sino-atrial node cells. J. Physiol. 409, 121-141
31. Hartzell, H.C. & White, R.E. (1989) Effects of magnesium on inactivation of the voltage-gated calcium current in cardiac myocytes. J. Gen. Physiol. 94, 745-767
32. Horie, M. & Irisawa, H. (1989) Dual effects of intracellular magnesium on muscarinic potassium channel current in single guinea-pig atrial cells. J. Physiol. 408, 313-332
33. Levi, R.C., Alloatti, G. & Fischmeister, R. (1989) Cyclic GMP regulates the Ca-channel current in guinea pig ventricular myocytes. Pflugers Arch. 413, 685-687
34. Matsuoka, S., Ehara, T. & Noma, A. (1990) Chloride-sensitive nature of the adrenaline-induced current in guinea-pig cardiac myocytes. J. Physiol. 425, 579-598
35. Nakao, M. & Gadsby, D.C. (1989) [Na] and [K] dependence of Na/K pump current-voltage relationships in guinea-pig ventricular myocytes. J. Gen. Physiol. 94, 539-565
36. Ono, K. & Trautwein, W. (1991) Potentiation by cyclic GMP of beta-adrenergic effect on Ca^{2+} current in guinea-pig ventricular cells. J. Physiol. 443, 387-404
37. Parson, T.D., Lagrutta, A., White, R.E. & Hartzell, H.C. (1991) Regulation of Ca^{2+} current in frog ventricular cardiomyocytes by 5'-guanylylimidodiphosphate and acetylcholine. J. Physiol. 432, 593-620
38. Duchatelle-Gourdon, I., Lagrutta, A.A., Hartzell, H.C. (1991) Effects of Mg^{2+} on beta-adrenergic stimulated delayed rectifier potassium current in frog atrial myocytes. J. Physiol. 435, 333-347
39. Tareen, F.M., Ono, K., Noma, A. & Ehara, T. (1991) β-Adrenergic and muscarinic regulation of the chloride current in guinea-pig ventricular cells. J. Physiol. 440, 225-241
40. Tseng, G.N. (1991) Different effects of intracellular Ca and protein kinase C on cardiac T and L Ca currents. Am. J. Physiol. 261, H364-H379
41. Hartzell, H.C. & Budnitz, D. (1992) Differences in effects of forskolin and an analog on calcium currents in cardiac myocytes suggest intra- and extracellular sites of action. Mol. Pharmacol. 41, 880-885
42. Hwang, T.-C., Horie, M., Nairn, A.C. & Gadsby, D.C. (1992) Roles of GTP-binding proteins in the regulation of cardiac chloride conductnace. J. Gen. Physiol. 99, 465-489
43. Ono, K., Tareen, F.M., Yoshida, A. & Noma, A. (1992) Synergistic action of cyclic GMP on catecholamine-induced chloride current in guinea-pig ventricular cells. J. Physiol. 453, 647-661
44. Tseng, G.N. (1992) Cell swelling increases membrane conductance of cardiac cells: evidebce for a volume-sensitive Cl channel. Am. J. Physiol. 262, C1056-C1068
45. Frace, A. & Hartzell, H.C. (1993) Opposite effects of phosphatase inhibitors on L-type calcium and delayed rectifier currents in frog cardiac myocytes. J. Physiol. 472, 305-326
46. Hanf, R., Li, Y., Szabo, G. & Fischmeister, R. (1993) Agonist-indepedent effects of muscarinic antagonists on Ca^{2+} and K^+ currents in frog and rat cardiac cells. J. Physiol. 461, 743-765.
47. Hwang, T.-C., Horie, M. & Gadsby, D.C. (1993) Functionally distinct phpspho-forms underlie

incremental activation of protein kinase-regulated Cl⁻ conductance in mammalian heart. J. Gen. Physiol. 101, 629-650

48. Parsons, T.D. & Hartzell, H.C. (1993) Regulation of Ca^{2+} current in frog ventricular cardiomyocytes by guanosine 5'-triphosphate analogues and isoproterenol. J. Gen. Physiol. 102, 525-549
49. Oliva, C., Cohen, I.S. & Mathias, R.T. (1988) Calculation of time constant for intracellular diffusion in whole cell patch clamp configuraiton. Biophys. J. 54, 791-799
50. Tang, J.M., Wang, J., Quandt, F.N. & Eisenberg, R.S. (1990) Perfusing pipettes. Pflugers Arch. 416, 347-350
51. Lee, K.S., Akaike, N. & Brown, A.M. (1980) The suction pipette method for internal perfusion and voltage clamp of small excitable cells. J. Neurosci. Meth. 2, 51-78
52. Velumian, A.A., Zhang, L. & Carlen, P.L. (1993) A simple method for internal perfusion of mammalian central nervous system neurones in brain slices with multiple solution changes. J. Neurosci. Meth. 48, 131-139
53. Lapointe, J.-Y. & Szabo, G. (1987) A novel holder allowing internal perfusion of patch-clamp pipettes. Pflugers Arch. 410, 212-216
54. Byerly, L. & Yazejian, B. (1986) Intracellular factors for the maintenance of calcium currents in perfused neurones from the snail, *Lymnaea stagnalis*. J. Physiol. 370, 631-650
55. Verrecchia, F., Duthe, F., Duval, S., Duchatelle, I., Sarrouilhe, D. & Herve, J.C. (1999) ATP counteracts the rundown of gap junctional channels of rat ventricular myocytes by promoting protein phosphorylation. J. Physiol. 516, 447-459
56. Alpert, L.A., Fozzard, H.A., Hanck, D.A. & Makielski, J.C. (1989) Is there a second external lidocaine binding site on mammalian cardiac cells? Am. J. Physiol. 257, H79-H84
57. Hattori, K., Akaike, N., Oomura, Y. & Kuraoka, S. (1984) Internal perfusion studies demonstrating GABA-induced chloride responses in frog primary afferent neurons. Am. J. Physiol. 246, C259-C265
58. Cheng, H.C., Kemp, B.E., Pearson, R.B., Smith, A.J., Miconi, L., Van Patten, S.M. & Walsh, D.A. (1986) A potent synthetic peptide inhibitor of the cAMP-dependent protein kinase. J. Biol. Chem. 261, 989-992
59. Harvey, R.D. & Hume, J.R. (1989) Autonomic regulation of a chloride current in heart. Science 244, 983-985.
60. Hille, B. (1984) Ionic Channels of Excitable Membranes. Sinauer Associates Inc., Sunderland, pp226-248

第16章　チャネル分子研究のための脂質平面膜法

Ⅰ．はじめに

　脂質平面膜法とは、生体膜の代わりに、人工的に形成した脂質二重層にチャネルを埋め込みその機能を電気生理学的に測定するものである[1]。パッチクランプ法という in situ のチャネルを簡便に測定する方法があるのに、なぜわざわざチャネルを人工的な環境にさらさなければならないのか。その理由こそが脂質平面膜法の存在意義である。

　イオンチャネル研究のために脂質平面膜法を適用する理由は大きく3つに分けられる。その理由の第1は技術的なもので、パッチクランプ法では解剖学的な理由などでアクセスが困難なチャネルを対象とするとき、第2はチャネルの構造機能相関研究を深めるために単純な再構成系で実験を行う必要のある場合、第3はパッチクランプ法ではそもそも実験が不可能な場合である。

　いわゆるアクセス不能チャネルとは、細胞小器官上のチャネルはもとより、細胞膜上でも解剖学的にパッチクランプが困難な場所にあるものを指す。シナプス前膜などの微小な構造物、極性を持った細胞の特定の膜、などである。また高抵抗のシールが得られないような膜上のチャネル、例えば上皮細胞の刷子縁膜上のチャネルや、電気器官上のニコチン性アセチルコリン受容体のようにチャネル密度が高すぎるものは広義のアクセス不能チャネルの範疇にはいる。この範疇をもっと広げれば細菌由来のチャネルも含まれる。最近では大腸菌パッチクランプ法[2]が確立してきているように、いずれの場合もパッチクランプが不可能というわけではない。

　イオンチャネル分子の基本的な機構（イオン透過・ゲーティング）や詳細な構造機能相関を研究するためにはチャネル分子そのものの性質、分子機構をできるだけ単純でコントロールされた系で実験・解析する必要がある。脂質平面膜法ではチャネルを化学的に明確に限定された系に再構成でき、チャネル電流を測定できる[1]。究極的には水、塩類、リン脂質、チャネルという純粋な系が実現する。また、いったんチャネルが膜に組み込まれて活性を示せば、その後の実験条件を選ばない。高いイオン濃度、膜電位（たとえば±400 mV）などの条件下で、通常見えないような小さなコンダクタンスのチャネルを捉えることも可能である。一旦単純な系が確立すれば、他の膜蛋白質などをさらに加えてシステムを再構成し、生体膜のある側面を再現することができる。

　パッチクランプ法で不可能な実験とは、チャネルの活動の場である脂質二重層の組成を変える必要がある場合である[3]。パッチクランプ法は in situ あるいは培養細胞発現系での実験だから生体膜上の様々な分子が共存する。パッチ膜上でもチャネル分子以外の膜蛋白質が全く存在しないという状況は実現困難である。一方、脂質平面膜法では膜脂質の組成をかなり自由に変えることができる。これによって、パッチクランプ法という複雑な系では研究が困難な領域（膜の流動性や表面電荷などの物理化学的なチャネルに対する影響だけでなく、チャネルと他の膜内分子との直接的な相互作用など）に踏み込むことができる。

　脂質平面膜法は最近になって新しい時代に入ったと言えるかもしれない。その契機はいうまでもなくKcsAカリウムチャネルの結晶化成功というチャネル研究にとって世紀の大躍進が約10年前にあったことである[4,5]。KcsAチャネルは放線菌由来のチャネルであり、チャネル機能の測定には脂質平面膜が不可欠である[6]。チャネルの構造と機能を両面から攻められるKcsAチャネル

が研究対象として多くのグループで使われ始めた。さらに KcsA チャネルがその蛋白質としての安定性から他のさまざまな分光学的測定の対象となり、新しいチャネル研究の流れが出てきた[7-14]。このような研究トレンドの中で、脂質平面膜法は他では得難いダイナミック情報を一分子レベルで得られるという点が改めて注目されている。このような流れの中にあって脂質平面膜法自体も新しい方法が開発されつつある。本稿ではチャネル分子研究の最先端につながる基盤技術である脂質平面膜法について、最新の動向も含め現在の標準的方法から最先端の領域までカバーしたい。

本章の構成は、前半（Ⅲまで）で平面膜法の基本的な手技と原理を記述した。ここまでの知識で平面膜法をとりあえず始めることができる。これらの手技は極めて簡単にみえるが、ここまでの過程をとおして安定でリーク電流の少ない脂質平面膜が形成できるようになることが第一の目標点である。Ⅳで系を改善するための指針としての原理を示し、Ⅴでチャネル蛋白質の再構成法を記述した。Ⅵではノイズ低減のみならず平面膜にかかわるエレクトロニクスの基礎を示した。Ⅶで平面膜法によるイオンチャネル研究の成果については簡単に示した。

Ⅱ．脂質平面膜法とは：単分子層・シャボン玉・再構成

微小電極を細胞に刺入するという実験は古典的な電気生理学実験の日常であったが、刺入に際してなにがしかの抵抗を感じる。生体膜の実体や構造が明らかでなかった時代の生理学者たちは、膜にどのようなイメージを持ったのだろうか。もちろん現在では膜の構造が明らかになっているが、膜のより具体的なイメージをつかむために、出来上がった膜を眺めるのではなく、自分で作ってみるというのは有効な手段である。古くフランクリンの時代にさかのぼると、彼はオリーブオイルを池の表面に一滴たらし、水面上を広く広がっていく様子を観察した。この広がりの面積から厚さを求め、これが一分子の大きさを反映していると想像した。時代は下って、Langmuir は水面上に両親媒性分子をたらし、これを水平方向から圧縮することで表面圧をコントロールして単分子層を形成した[15]。さらにこの状態でリン脂質をガラス表面に多層に（多層の二重膜）張り付けることに成功した（Langmuir-Blodgett film）[16]。Mueller は細胞膜を壊したものを小さな穴に吹きかけ、膜を形成することに成功した[17]。その膜は初めは光の干渉縞が見え、可視光の波長程度の厚さを持っているが、次第に光を反射せず黒くなってくる。数 10 nm 程度の厚さになったことを示す。これが脂質平面膜法の起源であり、当初黒膜（black lipid membrane）と呼ばれた。このパイオニアの時期に日本人の研究者（花井哲也博士[18]、高木雅行博士[19]）が深くかかわったことを記憶にとどめたい。この短い歴史的記述の筋道の中に読み取れるものは、新しい"構造"をつくることを通して膜を理解しようという意思である。この精神は脂質平面膜法に連綿と受け継がれている。

脂質平面膜法では小さな穴に膜を張る。穴をつくる素材やその表面処理、また穴の形状の改善によって今では安定な脂質平面膜を比較的簡単に形成することができる。出来上がった膜は生体膜と同様の基本構造をもつ。脂質平面膜は

水 ─ | 親水性頭部 － 疎水性尾部 | ─ 有機溶媒 ─ | 疎水性尾部 － 親水性頭部 | ─ 水
　　　　　　リン脂質　　　　　　　　　　　　　　　　　　リン脂質

と、細胞膜とほぼ同じ構成である。両親媒性物質として生体由来リン脂質、あるいは合成リン脂質が主に使われている。生体分子と少し異なるのは中心に有機溶媒の層が含まれていることで

ある（後述）。脂質二重膜としてもっと日常的なものはシャボン玉である。両親媒性分子として洗剤が使われる。シャボン玉の内外は

空気｜疎水性尾部－親水性頭部｜水｜親水性頭部－疎水性尾部｜空気

という構造で、脂質平面膜の構造はシャボン玉膜の裏返しである(図1)。シャボン玉の場合にも脂質平面膜と同じように中心に水の層がある。シャボン玉が空気中で安定に存在するなら、脂質平面膜が水中で安定に存在するのも不思議ではない。

シャボン玉が虹色に見えるのは中心の水層での可視光の干渉縞である[20]。この厚さはしたがって可視光の波長程度であることが分かる。実際、シャボン玉ができてから時間が経過すると、シャボン玉の上部に色のない領域が丸く現れそれが下に広がっていく。中心に挟まれた水が下に流れ、頂部の水層が薄くなって可視光を干渉できないからである。同じことが脂質平面膜でも起こる。シャボン玉はいつかは壊れる準安定状態であり、この点でも脂質平面膜と共通である。

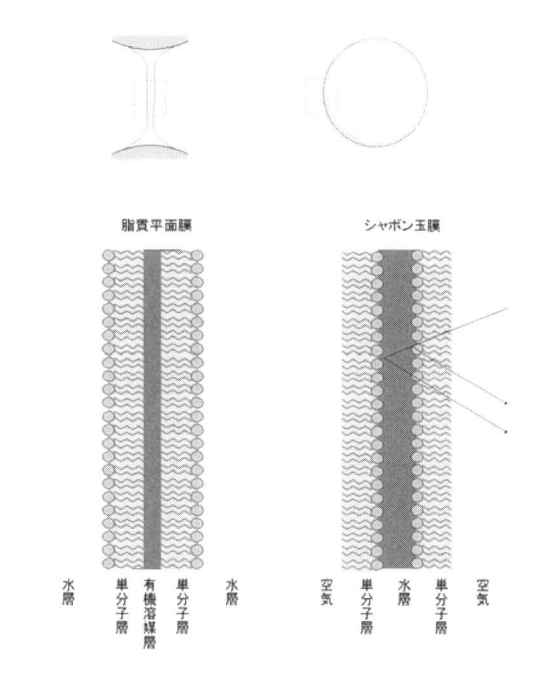

図1　脂質平面膜とシャボン玉膜
小孔に張った脂質平面膜の拡大図とシャボン玉の膜構造。

脂質平面膜はこのような物理化学的な発想で作られ始めた。実際その後開発された張り合わせ法というものは2枚の単分子膜を張り合わせて脂質二重膜をつくる技術[21]であり、Langmuir-Blodgett膜のアイデアを再現したものと言える。これらの手技を基礎にして、膜蛋白質の反応場としての脂質平面膜法が発展した。

まず取り扱いが簡単な膜輸送抗生物質のイオン輸送特性などが研究されてきた[22]。これらの研究の中で特筆すべきことはグラミシジンやアラメシチンで単一チャネル電流が初めて記録されたことであり、1960年代に遡る[23,24]。一分子測定法のパイオニアである。Neher自身この実験を経験した[25]ことが後のパッチクランプ法の開発につながった[26]。

70年代後半から細胞膜上のチャネル蛋白質を脂質平面膜に再構成する技術が発展した[27]。生化学の標準的手法である膜蛋白質のリポソームへの再構成法を利用し、チャネル再構成リポソームを脂質平面膜に膜融合を介して取り込ませる（図2）。チェンバーの一方のコンパートメントに大量のチャネル含有リポソームがあったとしても、脂質平面膜に膜融合したリポソーム上にあったチャネルだけが測定対象となる。平面膜上のチャネル活動に加えて、膜融合自体も脂質平面膜法の研究対象となった[28]。様々な蛋白を平面膜に取り込み、特定の膜機能を再構成する研究も進

められている[29]。

約10年前、チャネル結晶構造の解明が原核生物のチャネルで成功したことにともない、原核生物のチャネルが注目を浴び、これらのチャネルの機能解析に不可欠な脂質平面膜法に研究者が集まってきた。特定の蛋白質（ここではKcsAチャネル）に対象を絞ってあらゆる手法を投入する、という生物学で何度かあった研究の潮流がここでも再現されている。

脂質平面膜法で単一チャネル電流が"発見"され、その後さまざまな展開が見られたが、その最先端では物理化学的原理を組み立て、道具を設計・実装し、概念を組み立てるという、広い意味での"構造"をつくることが重ねられてきた。そのような黎明期のエネルギーが最近の脂質平面膜法の周辺で再び起こりつつある。

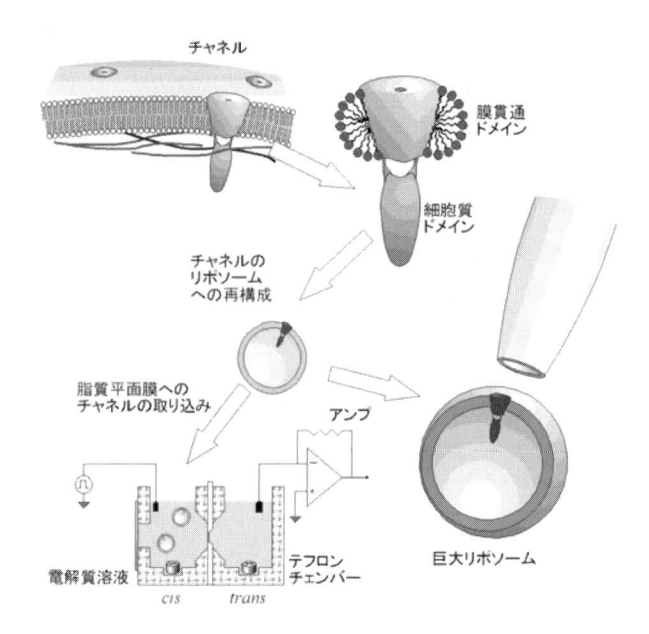

図2　脂質平面膜法とリポソームパッチ法
チャネル蛋白質を対象としたときの標準的方法。細胞からチャネル蛋白質を抽出・精製し、可溶化チャネル蛋白質をリポソームに再構成する。これを膜融合により脂質平面膜に取り込ませる。リポソームは巨大化してリポソームパッチ法を行うこともできる。

III. 脂質平面膜法

脂質平面膜法の基本はチェンバー法である[1, 30]。電解質溶液で満たした2つのコンパートメントを、100 μm程度の穴をあけた隔壁で分け、この穴に有機溶媒にとかしたリン脂質を主成分とする液体を塗布し、脂質二重膜を形成させる。この膜になんらかの方法でチャネルなどを再構成し、2つのコンパートメント間に電圧固定法によって負荷した膜電位下でチャネルなどの電流を測定する。チェンバー法で自由に脂質平面膜を張れるようになることが平面膜法の第一歩である。

1. チェンバー法

脂質平面膜を形成するにはペインティング法と張り合わせ法という2つの方法がある。ペインティング法がすべての基本となるものである。テフロンなどの疎水性物質で作った2つのコンパートメントからなるチェンバーに数mL以下の塩溶液を満たし、コンパートメント間に直径数10 μmから数100 μmの平面膜を再現性よく形成できる。ペインティング法と張り合わせ法に共通なチェンバーの作り方からはじめる。

A．チェンバー

チェンバーはテフロンブロックを切り出したものである。ここに紹介する方法では2つのコンパートメントの隔壁をテフロン板でつくり、これをディスポーザブルとし、隔壁にその都度、平面膜を張るための穴を穿つ。このような方法をとる理由は以下のようなものである。平面膜の張りやすさと安定性に最も重要なものは隔壁の素材と穴の形状である。テフロンは疎水性の高い最もすぐれた素材であるが、機械的強度は決して高くなく、微妙な形状の穴は何度も使うと形が崩れていく。また穴の周辺は実験操作によって最も汚染が激しい。以下の方法によれば簡単に理想的な形状の穴を作ることができる。

1) 穴の作り方

穴の作り方のうち削り取り法を詳しく記述する（図3A）[31]。

① 洗浄したテフロン板（厚さ 0.5 mm～1 mm）を適当な大きさ（約 1 cm×1 cm）に切り出す。

② ステンレス棒（直径3 mmのステンレス棒の先端を開口角が90°になるように円錐形に削り、その後、表面ができるだけ平滑になるように磨く。ごく先端までシャープでなければならない。）をガスバーナ（細い炎に絞れるもの：PRINCE ピエゾガスバーナ GB-2001）であたためる。

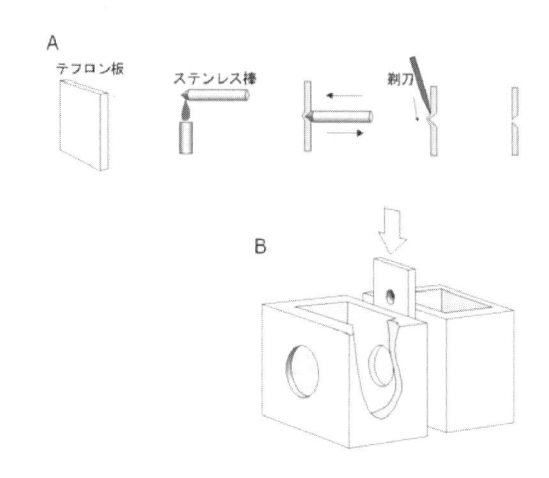

図3　脂質平面膜チェンバー法
穴の作り方と平面膜チェンバーの組み立て。A．テフロン隔壁への穴の作り方。B．隔壁のテフロンチェンバーへの挟みこみ。

③ ステンレス棒をテフロン板に強く押し付け、他側にわずかにふくらみができるところまで進める。

④ ステンレス棒をはずすと、表面が平滑な円錐状の穴ができる。

⑤ 他側の膨らみを剃刀で切り取る。この時の加減で直径30 μmから数100 μmまで自由な大きさのものを作ることができる。穴の形状は真円でなければならない。穴のエッジは極めてシャープである。直径を記録しておく。

⑥ クロロホルム／メタノールで洗う。

「削り取り法」は後述するペインティング法、張り合わせ法、パンチアウト法、すべてに適用できる。この「削り取り法」の特徴は穴と隔壁に対する以下の要件を満たしていることである。i) 小浮遊容量、ii) 小アクセス抵抗、iii) 膜の安定性、iv) 少誘電損失。隔壁が薄すぎると浮遊容量が大きくなってしまう。この方法による浮遊容量は5 pF以下である。一方、厚すぎると穴の長さの分、アクセス抵抗（平面膜と直列に存在する抵抗）が高くなる。2つの点を解決したのがこの穴で、隔壁が厚いため機械的強度が大きく、開口角度が大きいためアクセス抵抗が小さい。従って非攪拌層が小さく、ベシクルなどチャネルのサンプルが平面膜表面に接近しやすい。さらにエッジがシャープであるため薄膜化を促進し、膜が安定である。隔壁の素材であるテフロンは誘電損失が少ない。

2）チェンバーの組み立て法

① チェンバーのデザイン（図3B）
② テフロンチェンバーの隔壁が当たる所に真空グリース（シリコングリース、ダウ コーニング）を適量塗る。電気的なリークがないように注意する。膜観察用窓の周囲にも真空グリースを塗る。
③ 隔壁をチェンバーに挟みこみ、チェンバーをねじで固定する。カバーグラスを窓に張り付ける。チェンバーの容量は 1.5 mL である。
④ 組み立てたチェンバーをファラディボックス内に固定する。

B．平面膜形成法

1）リン脂質溶液

膜形成用として、脂質を有機溶媒（アルカン［飽和炭化水素：デカン、ヘキサデカン、ヘキサンなど］を使うことが多い）に分散したもの（脂質溶液）を使う。リン脂質濃度は通常 4~40 mg/mL とする。

目的によって純粋なリン脂質を使う場合と混合リン脂質を使う場合がある。単一の分子種を使った方が実験の解釈が容易である。事実、平面膜では合成リン脂質であるジフィタノイルホスファチジルコリンを使ったデータが蓄積している。ジフィタノイルホスファチジルコリン（DPhPC、分子量：846.26、図4、Avanti Polar Lipids, Inc.）は分岐した飽和アシル基をもち、純度が高く化学的に安定である[32]。

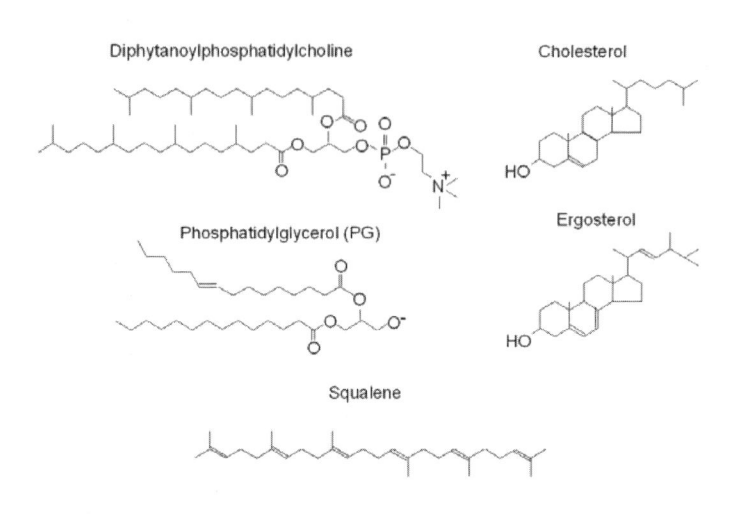

図4　脂質平面膜で使う分子の化学構造

細菌などでは PE［ホスファチジルエタノラミン］が膜の主成分である。チャネルが本来発現している細胞の脂質組成を再現することが第一歩である。

膜に正味の表面陰電荷をもたせるためにホスファチジルセリン（PS）を加えた混合物を使うことも多い（例えば PC：PS = 1：1、PE：PS = 1：1）。KcsA カリウムチャネルはその活性に PG［ホスファチジルグリセロール］などの陰電荷をもったリン脂質の存在が不可欠である[3]。一方、チャネルの中には（例えばニコチン性アセチルコリン受容体）チャネル活性維持のためにリン脂質だけでなくコレステロールを必要とするものがある。アソレクチン（製品名：L-α-phosphatidylcholine type IV-s）は大豆抽出物で PC をはじめ生体膜のすべての脂質成分を含む。

2）ペインティング法

微量のリン脂質溶液を疎水性素材でできた穴に塗布すると、両親媒性分子であるリン脂質が水と有機溶媒の界面に配向し、単分子層となる。2枚の単分子層の間から有機溶媒が排除されると単分子層が接近して脂質二重層を形成する。ペインティング法の場合、有機溶媒は通常デカンを

使う。リン脂質溶液を穴に塗布する際に筆を使っていたことからペインティング法と呼ばれるが、私達は泡吹き付け法を使っている。

① −20℃で保存したリン脂質溶液のクロロホルム（リン脂質は粉体かクロロホルム溶液として販売されている）を窒素ガスで完全に気化し乾固したあと、デカンを加える（20 mg/mL デカン）。
② プレコーティング：穴のまわりに両側から少量（2 μL）のリン脂質溶液を塗布し、窒素ガス流下で乾燥させる。
③ 塩溶液をチェンバーに満たす。攪拌子の付近に気泡があるとスムースに回転しないので取り除いておく。
④ 各コンパートメントを銀−塩化銀電極（銀塩化銀合金、In Vivo Metric）あるいは塩橋を介してアンプに接続する。電位バランスをとる。
⑤ 清潔なピペットにごく少量（10 μL 以下）のリン脂質溶液を付け、孔の下に先端を持っていき、先端からの吹き出した泡が孔を覆うようにしてゆっくり通過させる（図5A）。

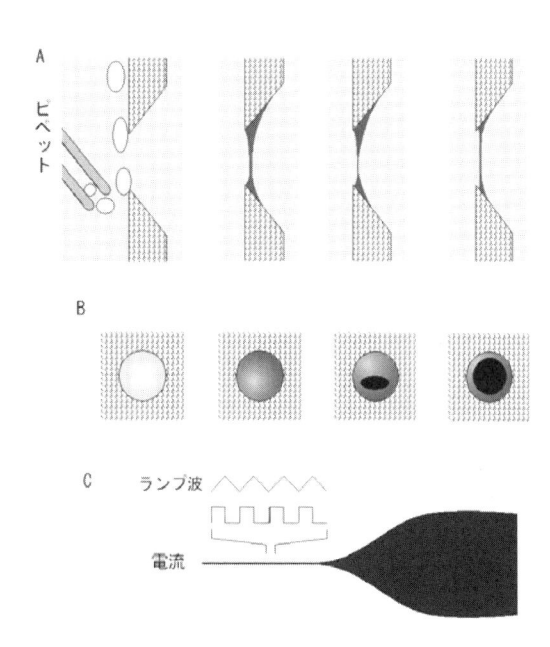

図5　ペインティング法（泡吹き付け法）による膜形成過程
A. 穴の断面図。B. 穴の正面図。膜面からの反射光を実体顕微鏡で観察すると膜形成過程は、i) リン脂質溶液を塗布した直後、虹色の膜（グラジエント）がみえる。ii) 下部に黒い楕円の領域ができこれがほぼ全体に広がる。iii) まわりのドーナツ状の環状バルク相が虹色に見えその中に黒い円形の二重層がみえる。境界部は明瞭である。C. ランプ波電位に対する電流応答。電流が矩形波になるのは膜抵抗と膜容量が大きいからである。膜形成過程に対応した電流値増大の時間経過は膜容量の増大を意味する。

⑥ 電圧固定モードでランプ波を負荷し、膜容量を経時的にモニターする。i) 抵抗の増大でリン脂質溶液が穴を塞いだことがわかり、ii) 膜容量増大で薄膜化が進んでいることが確認できる。容量は速やかに増大し、飽和レベルに達する（図5C）。膜が厚いと光の干渉縞が虹色に見える。膜の薄膜化は光学的に黒膜化として観察できる。（25〜50 Å の厚さの二重膜は周囲の厚い部分［環状バルク相］に比べ光をほとんど反射しないので黒く見える。図5B）
⑦ 孔に比して小さな面積の黒膜しか形成されないことがあるが、何度か破って張るうちに黒膜の占める割合が次第に大きくなって安定な膜となる。
⑧ 大量のリン脂質溶液が塗布された場合は薄膜化が進まないことがある。その場合、泡を強く吹き付け膜を破る。この形状の孔を使う限り薄膜化が始まるのも、黒膜の面積が安定するまでの時間も速やかである。膜電位の印加は薄膜化を促進する。
⑨ 膜抵抗と膜容量をチェックする。膜抵抗は 100 GΩ 以上。黒膜の直径と膜容量から特性膜容量（単位面積当たりの静電容量）が計算できる。溶媒がデカンのとき特性膜容量は 0.3〜0.6 μF/cm^2 である。薄膜化したものが再び厚くなることがあるから膜容量が安定していることを確かめる。

C．張り合わせ法

張り合わせ法は Langmuir-Blodgett 法 [16] という単分子層重層技術を平面膜形成のために応用したものである [19, 21]。気－液界面に形成された単分子層を穴をあけた疎水性単体の両側に2枚相対させて、有機溶媒を含まない二分子膜（無溶媒膜）を形成することが当初のアイデアであった。ペインティング法にない利点は非対称組成の膜が形成できることである。リン脂質分子の膜内フリップ・フロップ速度は極めて遅いので非対称性は長時間維持される [33]。

Langmuir-Blodgett 法：水溶液の表面にリン脂質溶液を滴下し放置すると、揮発性の高い有機溶媒（ヘキサンなど）が気化したあと気－液界面に単分子層が形成される。単分子層に表面張力を負荷した状態で、固体の担体（親水性あるいは疎水性）が気－液界面を通過すると単分子層は配向をそろえたまま担体の表面に移行する。気－液界面を何回か上下させることによって単分子層は向きをそろえて表面に重畳する。

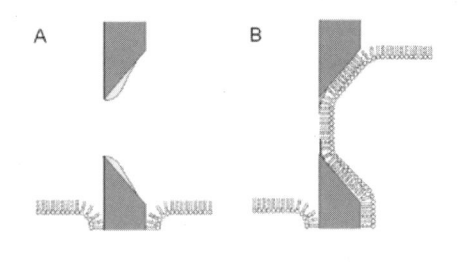

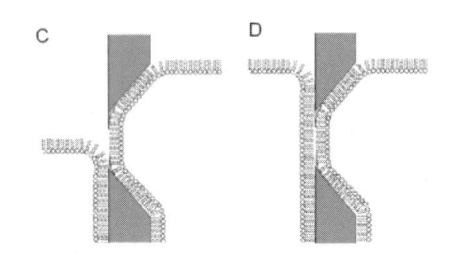

図6 張り合わせ法
A. チェンバーの両側には異なる種類の脂質が単分子層を形成している。プレコートしたスクアレン（灰色で示す）は穴の付近にとどまる。B. チェンバーの一方に緩衝液を加えて行き、液面が穴を通過するようにする。スクアレンがあるため、穴から溶液が他側に洩れ出ず、単分子膜が穴を越えて他側にひろがらない。C. 他方の液面も上げる。D. 非対称二重膜の形成。スクアレンが環状バルク相を形成する。

① プレコート：疎水性の高いスクアレン（図6A）を有機溶媒（ヘキサン）で希釈し、穴の両側からプレコートする。
② 塩溶液をチェンバー両側の穴の下のレベルまで満たし、銀塩化銀電極あるいは塩橋を介しアンプに接続する。
③ リン脂質溶液（4 mg/mL ヘキサン）を両側に 50 μL 加える。リン脂質溶液の方が水溶液より比重が小さいので表面に分布する。
④ 数分間放置。溶媒が気化して気－液界面に単分子層が形成される（図6A）。
⑤ 電圧固定モードでランプ波を負荷し、膜容量を経時的にモニターする。
⑥ チェンバーの両側に溶液を加え水位を上げ、穴を通過させる（図6B-D）。膜がただちに形成されるのが電気容量の経時的変化として捉えられる。
⑦ 膜が形成されないときは液面の上下を何度か繰り返す。

張り合わせ法で形成されるいわゆる無溶媒膜では特性膜容量が $0.6〜0.8\ \mu F/cm^2$ であり、これは生体膜の特性膜容量に近く、2枚の単分子層にはさまれた有機溶媒層がほとんど存在しないということを示す。ペインティング法で形成される溶媒含有膜（$0.3〜0.6\ \mu F/cm^2$）に比べ薄い。

2．ピペット法

チェンバー法で穴の大きさを 30 μm 以下にすることは容易ではない。薄膜化が困難になるためである。脂質平面膜をガラスピペット先端に張ることにより平面膜面積を小さくしてノイズを低

第16章 チャネル分子研究のための脂質平面膜法

減させることができる。通常、パッチクランプ法よりも大きな直径10 μm程度の先端径のピペットを目指す。ピペット先端がこのサイズになると電極抵抗あるいはアクセス抵抗を数10 kΩ程度まで低くすることができるので、パッチクランプ法よりも原理的に低いノイズレベルを実現できる。いかに小さな平面膜を簡単にかつ安定に形成できるかが実験上の最大のポイントである。しかし膜面積が小さいと、その中にチャネル分子を取り込む確率も低くなる。もちろんこの点はパッチクランプ法でも小さな先端のピペットでパッチクランプを行えば、チャネルにヒットする確率が下がるのと同じことである。ただ、ピペット法では、形成された膜にチャネル含有ベシクルを膜融合させるにはターゲットとなる膜面積が小さく、現実的でない。チャネルがすでに膜に取り込まれた状態のものをパッチクランプする。

ピペット法のもう1つの特徴は急速溶液置換など、パッチクランプ法と同等の実験オプションが広がることである。なおピペット法の中にはパンチアウト法、ティップ・ディップ法、リポソームパッチ法があるが、この中で急速灌流が可能なのはティップ・ディップ法とリポソームパッチ法だけである。

A．パンチアウト法

ペインティング法でチェンバーに張った大きな膜（チェンバー膜）をパッチガラス電極で"パッチクランプ"するのがこの方法である[34]。両側溶液へ自由にアクセス可能というチェンバー法の利点と、ピペット法の高分解能という利点をあわせ持ったものである。チャネルを大量に膜に組み込むことができると、巨視的電流と平行して単一チャネル記録ができる。ここで使うピペットは通常のパッチクランプ法のものと次の二点で異なる。先端の直径が30 μm程度の大きいものを用いることと、ピペットガラス表面をシリコン処理し疎水性にすることである。

1）ガラスピペットの作り方

① パイレックスガラス管（例えば、サミットメディカル、外径1.4 mm）を強酸、クロロホルム／メタノールで洗う（器具洗浄法参照）。

② マイクロフォージ（成茂）の白金フィラメントをパイレックスガラスでできるだけ厚くコートする。毎日、新たにコートしなければならない（図7 A）。

③ ガラス管を引く。通常の白金フィラメントを使うと金属蒸着が著しく、膜形成時にいわゆるシール抵抗を十分高くすることができないことがある。レーザープラーならこの問題は生じない（B）。

④ フィラメントを赤くならない程度に暖め、ガラス管の直径が30 μmあるいは10 μmのところでフィラメントのガラスコートに接触させる（C）。

⑤ フィラメントのスイッチを切るとフィラメン

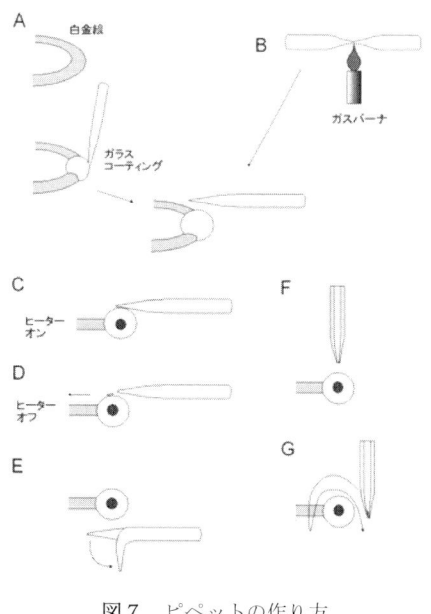

図7　ピペットの作り方

トの収縮により位置がずれ、張力が発生して、ガラス管の接触部位の上端で直角に割れる（D）。先端開口部は真円でなければならない。

⑥ ガラスピペットの先端をわずかにヒートポリッシュする（E）。
⑦ trioctylsilane をベンジンで希釈し 10% 溶液とする。
⑧ ガラスピペットの先端にシリコン液を満たし、先端から弱く熱したフィラメントで暖め表面をシリコン化する（F）。
⑨ 先端から約 1 cm のところで直角に曲げる（G）。
⑩ クロロホルム／メタノールで洗う。

2）パンチアウト法の設定

① ガラスピペットを圧負荷用の側孔を持った通常のパッチクランプ用電極ホルダーにセットする。ピペットはチェンバーの *trans* 側におき電位バランスを取る（図 8）。
② 実体顕微鏡で、穴を透してピペットの先端を見ながら穴の後方に持ってくる。
③ ペインティング法でチェンバー膜（比較的大きな膜：500 µm 以上）を張る。これによって電極間に抵抗が発生するが、膜容量のためノイズは大きい。
④ 平面膜を透してピペットの先端を見ながら、環状バルク相にピペットの先端を入れ、数分間放置する。これはピペット先端付近を脂質になじませるコンディショニングである。穴をプレコーティングすることに相当する（図 8 A）。

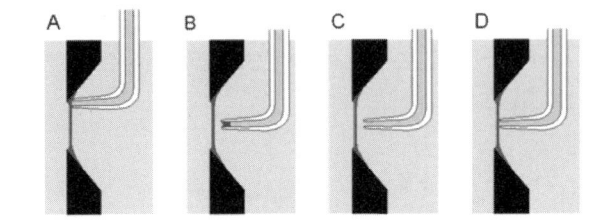

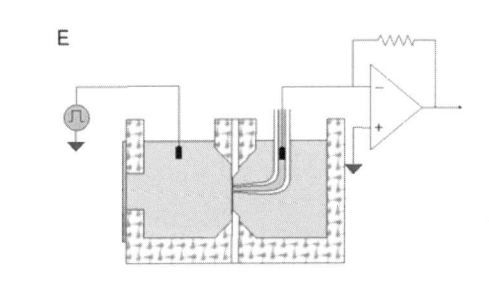

図 8　パンチアウト法

⑤ 先端をバルク相から抜き、圧をかけて先端に詰まったリン脂質溶液を除く（B、C）。
⑥ チェンバー膜の二重層部分にパッチする。電極先端をチェンバー膜に接触すると同時にパッチ膜が形成される（D）。このことは電流ノイズが突然減少することでわかる。コンディショニングが不十分なときはチェンバー膜が破れる。
⑦ ピペット先端の膜はくり返し形成できる。これには、i) ピペットへの圧負荷により破り、ii) チェンバー膜から引き抜き、iii) 引き抜く時、ピペット上に必ず膜が形成されるのでこれを破る、iv) 再びパッチする。

表面を疎水性にしたピペットは脂質平面膜を破らずにその先端を自由に通過できる。もちろん通過時に先端に膜が張られるがピペット内に陽圧をかけてパッチ膜を破れば対側コンパートメントに到達できる。このことは膜形成後にも電極バランスを確認できるなどさまざまな利点がある。

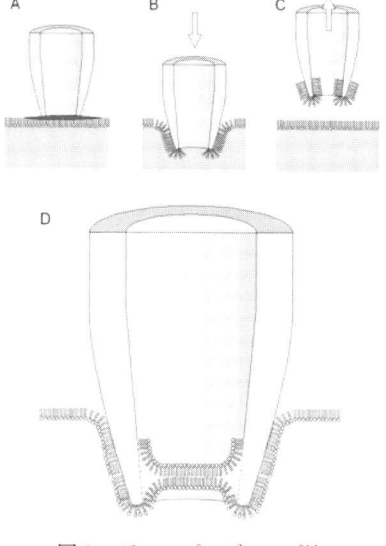

B. ティップ・ディップ法

ティップ・ディップ法とは小さな面積の平面膜をガラスピペットの先端に形成する方法である[35-37]。ピペット先端を単分子層を通過させて膜を形成することからこの名称がついた。従来のティップ・ディップ法ではパッチクランプに使う高抵抗のピペットをそのまま用いた。

改良ティップ・ディップ法

平面膜形成に対する考察とパンチアウト法の経験から、安定な膜を形成するために膜と支持体との関係は疎水性相互作用のほうがより好ましいことが予想される。そこで我々は直径約 10 μm のガラスピペットの先端を疎水性処理し平面膜を形成することを試みた[38, 39]。ピペットの作製法はパンチアウト法と同じである。ただし、先端の直径はパンチアウト法よりも小さなもの（約10 μm）でも膜形成が可能で、このときノイズを最小限に抑えられる。

この方法で作製したピペットの特徴は先端部のガラスの厚さが 1 μm 以上と十分厚いので静電容量に対する寄与が小さい。

① ガラスビーカーに満たした塩溶液（5 mL）の表面にリン脂質溶液（DPhPC 20~40 mg/mL ヘキサデカン）5 μL を加える。気－液界面に単層が展開する。ヘキサデカンは揮発しにくく、レンズ状、あるいはガラス壁に接してバルクとして存在する。
② ガラスピペットを圧負荷用の側孔を持った通常のパッチクランプ用電極ホルダー（E.W. Wright）にセットする。
③ 直径 10 μm のガラス電極の先端をヘキサデカン層に留める（図9 A）。プレコーティング。
④ 先端に詰まったヘキサデカン層を押し出し、単分子膜とヘキサデンを含んだ層を通過させる（B）。しばしば大量のヘキサデカンのため二重膜は形成できない。その場合ヘキサデカン層を押し出した後、空気中の引き上げる（C）。これを繰り返す。
⑤ 二重層ができ始めるとその後は何度でも膜が形成される。シール抵抗は 1 TΩ（10^{12} Ω）に達する（D）。

図9　ティップ・ディップ法

この方法では、気－液界面に展開した単層の上に有機溶媒が常に存在するのでチャネル蛋白は直接空気に暴露しない。またガラス壁との接点で環状バルク相が二重層を支え、疎水性相互作用による高いシール抵抗（1 TΩ = 1000 GΩ に達する）と低い電極抵抗（約 10 kΩ）のため最高の周波数帯域の記録ができる。一旦膜が形成されると長時間安定な膜が得られる。

この方法による膜形成過程はペインティング法と同様である。直径 30 μm 以上のピペットでは膜形成における薄膜化過程の容量増大が観察できる。ピペット先端の直径と膜容量の測定から明らかに環状バルク相が存在するといえる。ペインティング法ではデカン以外の有機溶媒を使うと薄膜化しないことがあるが、この方法では有機溶媒による膜形成の差は認められない。

ティップ・ディップ法では膜面積が小さいため二重膜が形成されたことを確認するのは光学的にも電気的にも難しい。電極先端が大き目のもの（30 μm）なら薄膜化に伴う容量増大を観察することができる。また十分大きな膜電位（400 mV）を負荷すると膜が不安定になることから二重膜が形成されていることを確認できる。井出らの方法はティップ・ディップ法のピペット先端を大きくしたものと考えられる[40]。

C．リポソームパッチ法

脂質平面膜法の代わりにリポソームをパッチクランプすることで、平面膜法にないさまざまな利点を使うことができる[41, 42]。他の平面膜法と質的に異なるのは、脂質二重層に有機溶媒層が含まれないことである。

リポソームパッチ法のためにさまざまな試みが行われてきたが、そもそも細胞骨格のないリポソームは強度が低く、安定にギガシールまでもっていくことが難しかった。最近では次のような方法により安定なリポソームパッチを行うことができるようになった。

1）GUV（giant unilamellar vesicle）の作成法

GUV 作成法を図に示す（図１０）。使用する脂質は L-α-phosphatidylcholine type IV-s である。この名称は誤解を与えるもので、実際には PC が 30%程度しか含有されていない混合リン脂質である。GUV 形成は低イオン強度電解質溶液中で進む。直径数 10 μm のものができる。

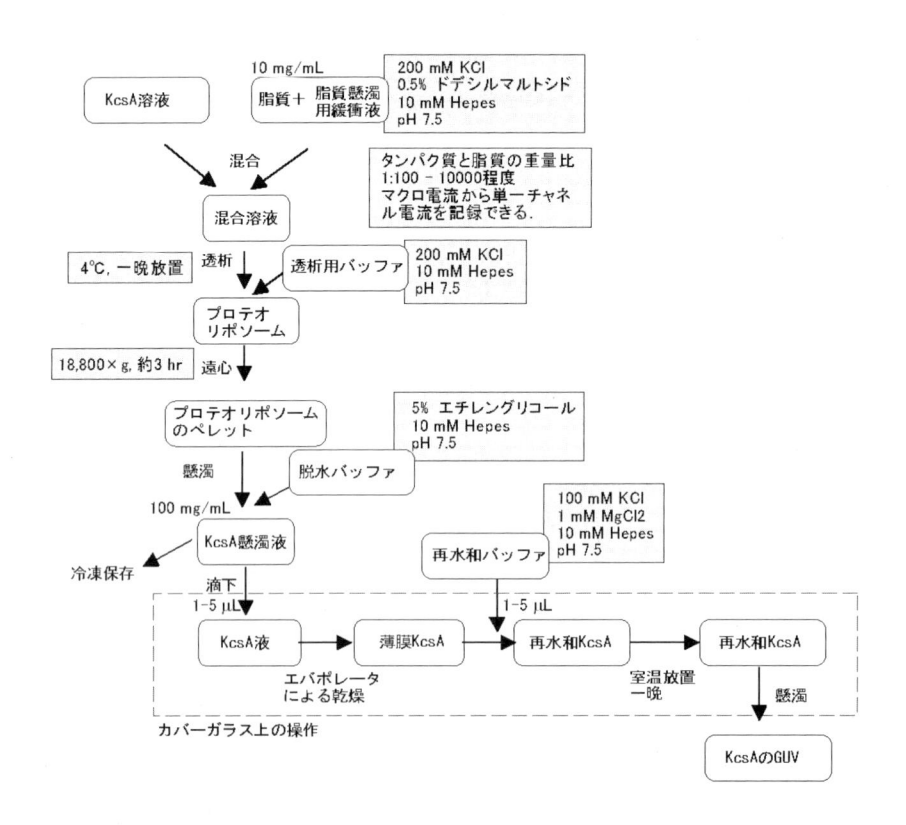

図１０　GUV の作製法

2）リポソームパッチ

GUV を顕微鏡上のチェンバーに加え、通常のパッチクランプ法と同様に実験を行う（図１１）。このとき、ガラス電極先端は疎水性処理をする。ギガシールに達すれば、パッチピペットを引き抜き、excised パッチとする。

この方法は KcsA チャネルに適用されており、上記の脂質組成ですべての実験が行われてきた。リポソームの脂質組成がギガシールの可否を決めるので、今後さらに至適で汎用的な条件を模索する必要がある。

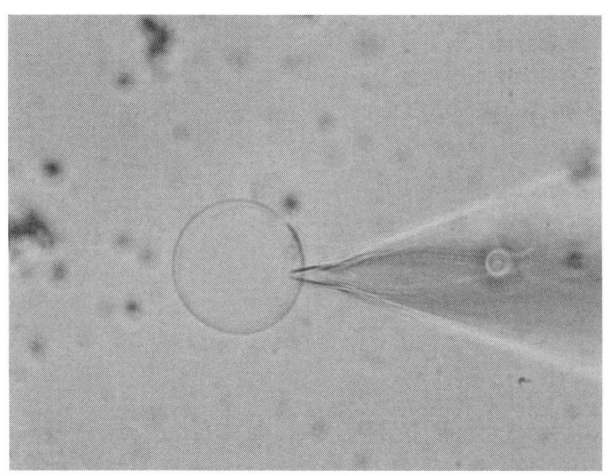

図１１　リポソームパッチ（Iwamoto & Oiki 未発表データ）

3．脂質平面膜法の比較

リポソームパッチ法を含めた脂質平面膜法の比較を表１に示す。

表１．脂質平面膜法の比較

		手技の簡便性	ノイズレベル	膜安定性	溶媒含有	灌流	サンプル準備
チェンバー法	ペインティング法	容易	大	最良	有	遅い	容易
	張り合わせ法	やや困難	中	安定	無	遅い	容易
ピペット法	Punch-out法	比較的容易	中	安定	有	遅い	容易
	改良tip-dip法	やや困難	小	安定	有	困難	容易
	リポソームパッチ法	やや困難	小	やや不安定	無	容易・速い	やや煩雑

4．クリーンな系の確立

平面膜は界面活性剤を嫌う。両親媒性の界面活性剤が膜を撹乱するからである。ひとたび界面活性剤を使うと取り除くのは容易ではないので、界面活性剤を含まない系を確立することが必要である。器具洗浄法は強酸とクロロホルム／メタノールでおこなう。最近では強酸の代わりにピラニア溶液もよく使われる。私達の基本的な方針は、「できる限り器具はディスポーザブルに、それ以外は化学的に安定なテフロンやガラスで作り強力に洗浄」である。クリーンにすればするほど膜は安定になる。以下のような系では膜は高電圧にも耐えられ極めて安定である。

ピラニア（piranha）溶液

体積比が過酸化水素水（31%）：濃硫酸＝3：7の混合溶液を熱したもの。有機物と爆発的に反応する。強酸では全く反応しないテフロンがピラニア液では溶けてしまう。危険を伴うので使用するときは細心の注意を払われたい。ここではあえて取り扱いなどについては記載しない。各自検討していただきたい。

器具洗浄法

① テフロンチェンバーの真空グリースをティッシュペーパーで拭う。
② テフロンチェンバー、ガラス器具などを流水下で洗浄（塩を除く）。
③ クロロホルム／メタノール（2：1、v/v）中で超音波洗浄15分。
④ 強酸（濃硝酸：濃硫酸＝1：3）中に7日放置。
⑤ 流水で4時間水洗後、2回蒸留水で数回洗う。
⑥ 乾燥。
⑦ クロロホルム／メタノール中で超音波洗浄15分。
⑧ 乾燥。

リン脂質

高純度（99%）リン脂質が Avanti（Avanti Polar-Lipids, Inc.）などからクロロホルム溶液として手にはいる。これをさらに精製して使うこともある。以下の操作に使用する有機溶媒は純度の高い高速液体クロマトグラフィー用のものである。脂質の基本的な取り扱いについては「脂質研究法」[43]を参照のこと。

イオン交換クロマトグラフィーによるリン脂質精製法[43]

この方法による脂質分離の原理は第一義的にはイオン性グループの交換に基づくが、水酸基のような非イオン性グループに基づく極性の差もまた影響をおよぼす。

① ジエチルアミノエチル（DEAE）－セルロースを脱気した氷酢酸に混和し、一夜放置する。
② 直径2 cmのカラムに約20 cmの高さに充填。
③ カラムを3-5ベッド容のメタノール、クロロホルム／メタノール（1：1）、クロロホルムで順次洗浄する。
④ リン脂質のクロロホルム溶液をカラムに注入。
⑤ 3-5ベッド容のクロロホルムで洗浄。
⑥ 特定のリン脂質に対応した溶出溶媒で溶出。PCの場合クロロホルム：メタノール（9：1）、PEの場合クロロホルム：メタノール（7：3）で溶出。溶出の有無は、i）フィルター紙上に数滴滴下し、ii）溶媒を乾燥させる。iii）よう素ガスを満たした密閉容器にいれ、iv）褐色に変色すること、で確かめる。
⑦ 薄層（TLC Aluminium Sheets、Silica gel 60 F254 pre-coated、Merck）クロマトグラフィーで溶出したリン脂質の純度をチェックする。
⑧ 溶出した液を窒素ガスで溶媒気化後、乾燥重量を計り、クロロホルムを加え、一定濃度にする。
⑨ 一回使用量をガラスバイアルに分注し、窒素ガスで満たす。–70°C凍結保存。

塩の精製
有機物の不純物を熱処理で除く。
① 塩の粉末をるつぼに入れ、電気炉（ADVANTEC KL-160）で500℃、24時間処理する。
② 固まった塩を乳鉢で粉末にする。
③ デシケータに保存する。

IV. 平面膜の物理化学

平面膜の物理化学を知ることによって、より再現性の高い、コントロールされた実験を行うことができる[1, 44, 45]。このような知識を基に安定な膜形成や膜融合のための多くの技術が開発されてきた。

1. 平面膜の構造と形成

平面膜の構造は、疎水性の材料でできた穴に接した環状のバルク相（リン脂質と大量の有機溶媒からなる）とそれに支えられた脂質二重層からなる（図12）。環状バルク相と脂質二重層は一定の接触角をもち、その境界は光学的にはっきり区別できる。いわゆる脂質二重層とは2枚の単分子膜とそれに挟まれた有機溶媒層をさす。脂質二重層の厚さを規定するものは、i) リン脂質分子のアシル基の長さ、ii) コレステロールの有無（コレステロールを含むと膜は厚くなる）、iii) 有機溶媒層の厚さ（使用する有機溶媒分子が長いほど有機溶媒層は薄い）、の3つである。もちろん生体膜に有機溶媒層は存在しないが、脂質二重層にチャネルなど膜蛋白質が再構成されると、膜蛋白質周辺の有機溶媒層は排除され、膜蛋白質にとっては生体膜と区別できない環境となる。

パッチクランプでのシール（ガラスピペットと生体膜の接点）に相当するものが環

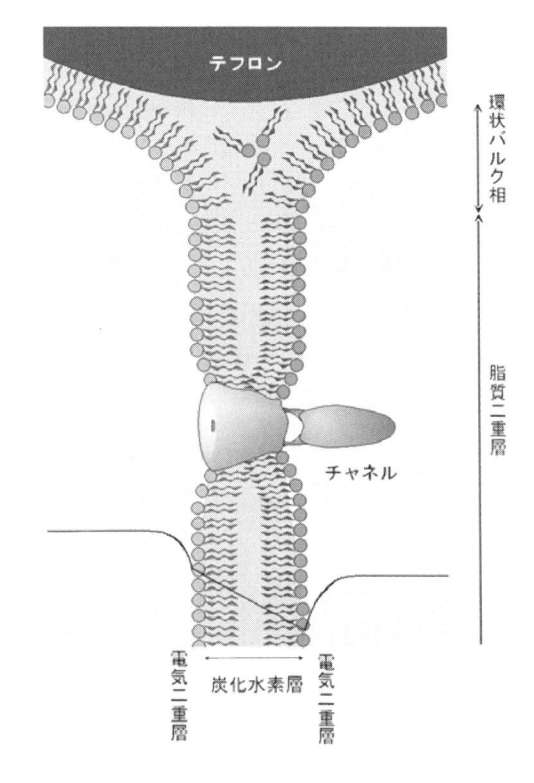

図12 脂質平面膜の各相

状バルク相である。環状バルク相と二重層の2つの相は化学平衡にある。量的には環状バルク相が圧倒的であるから、これが二重層の安定性と物理化学的性質を規定している。両親媒性であるリン脂質分子はある濃度以上ではミセルを形成する（臨界ミセル濃度）[46]。この濃度以上でないと二重層は形成されない。事実、環状バルク相に逆相ミセルとして存在する。

ペインティング法での薄膜化過程は次のように考えられている。疎水性担体の穴に塗布された脂質溶液はバルクとして存在し、この時静電容量に対する寄与はない。脂質溶液中のリン脂質分子は次第に脂質相と水との界面だけでなく穴近傍の疎水性担体と水との界面へも移行し、単層に

配向する。脂質溶液バルク相の有機溶媒は疎水性担体の表面を移行することによって2枚の単分子層の間から排除され、膜は薄くなる。薄膜化の駆動力は、初期のPlateau-Gibbs境界吸引力、中、後期のvan der Waals力である。更に膜が薄くなると単分子膜間の立体障害による反発力がバランスし、一定の厚さに落ち着く。わずかに残った有機溶媒相と2枚の単分子層で脂質二重層を形成する[1, 47]。

ペインティング法での薄膜化過程と張り合わせ法での膜形成過程は基本的に同じ原理が働いている。無溶媒膜の形成過程において単分子膜には有機溶媒を含まない(ヘキサンの揮発性は高い)が、プレコーティングに使ったスクアレンが張り合わせ過程で一旦2枚の単分子層の間に入り込み、薄膜化することが光学的に観察されている。形成された膜の物理化学的性質も溶媒含有膜と、いわゆる"無"溶媒膜とは同じである。環状バルク相のない平面膜はあり得ない。

2. 静電膜容量

脂質平面膜法では膜面積と、必要なら厚さもコントロールできる。平面膜の実験において、膜容量の測定は平面膜の構造と安定性を反映する重要な情報である。電気的に測定した膜容量と光学的に測定した膜面積とから特性膜容量（C_m）が求まる。

$$C_m = C_t / A_m \qquad (1)$$

C_t は全容量、A_m は膜面積である（有機溶媒を含まない2分子膜の特性膜容量は 0.8 μF/cm², 生体膜は 1.0 μF/cm² である）。特性膜容量は主に膜の厚さと炭化水素層の誘電率によって決まる。これを幾何学的特性膜容量（C_g）と呼ぶ。

$$C_g = \varepsilon_o \varepsilon_{hc} / d_{hc} \qquad (2)$$

ε_o は真空の誘電率、ε_{hc} は炭化水素の比誘電率、d_{hc} は炭化水素層の厚さである。ここで炭化水素層の厚さとは、リン脂質分子の炭化水素鎖の長さと有機溶媒層の厚さを含むものである（図12）。脂質分子アシル基とヘキサデカンなどの炭化水素の動的な振る舞いは同じなので、均一の相として一定の比誘電率 $\varepsilon_{hc} = 2$ をとる。

これに加えて、二重層表面の電気二重層（C_{dl} : Gouy-Chapman-Stern 層）[48]も特性膜容量にかかわる。この2つは直列の容量だから C_m は次のようになる。

$$\frac{1}{C_m} = \frac{1}{C_g} + \frac{2}{C_{dl}} \qquad (3)$$

C_{dl} も式(2)と同様の式で表現できる。ただし、このとき ε_{dl} は電気二重層の比誘電率、d_{dl} はデバイの長さで、表面電荷密度とイオン強度に依存する。

特性膜容量は使用した有機溶媒分子種によって決まる。ペインティング法の場合、有機溶媒として常にデカンを使うので、測定した膜容量は膜面積の変動をあらわす。同一の穴を使用しても二重膜の占める割合は一定ではなく、膜容量は膜を張るごとに変動する。穴の70~80%を二重膜が占めるという状態が安定である。あまりにも容量が小さいものは環状バルク相が大きすぎて二重膜面積が不安定である。穴の面積にくらべて二重膜の面積の方が大きい場合はチェンバー両側の

水位が等しくなく、膜が水圧差でふくらんでいると考えられる。これも不安定である。
　膜容量は電位に依存して変化する。電位の絶対値が大きいと電縮のため環状バルク相と二重膜相の接触角が変化し、環状バルク相が退縮し二重膜の面積が広がることによる。

$$\Delta F_V = -\frac{\varepsilon_0 \varepsilon}{2d} V^2 \qquad (4)$$

ΔF_V は電位 V による自由エネルギーの変化である。

3. 溶媒含有膜と無溶媒膜

　溶媒含有膜と無溶媒膜の間には質的な差があるわけではなく、形成された膜の特性膜容量は使用する有機溶媒に依存する。実際、張り合わせ法で形成された膜であっても、プレコーティングに使う有機溶媒がヘキサデカンの場合はスクアレンの場合よりも特性膜容量はやや低い値をとる。
　溶媒含有膜と無溶媒膜でチャネル活性に差があるという報告はない。チャネルを平面膜に組み込む膜融合に関しては無溶媒膜のほうが困難であるのでペインティング法の方が頻繁に使われている。

4. 脂質組成

　荷電脂質（PS、PI［ホスファチジルイノシトール］、PG など）を加えることによる表面電荷密度の変化は静電膜容量を変化させるだけではない。さらに大きな効果は表面電荷によって膜近傍でのイオンの局所濃度が変化し、単一チャネル電流に影響を与える[49, 50]。もし脂質組成が非対称であれば膜の両側で発生する表面電位が異なり、チャネルの電位依存性ゲーティング特性がシフトしてしまう。
　脂質組成によって相転移温度は異なる[51]。相転移温度の上下で膜の物理的性質が変化するのでチャネルの活性に影響する。
　リン脂質は頭部の化学的特性と尾部の長さ・二重結合だけでなく、頭部と尾部の相対的な大きさが重要な意味を持つ（図13）。リン脂質分子は集合体として特徴的な構造をとる。例えば PC は頭部と尾部が同等の幅を持っているために全体として円柱状の形状を持つので二重膜相（L_α）をとりやすい。一方、PE は頭部が小さい円錐形でヘキサゴナル相（H_{II}）をとる。この

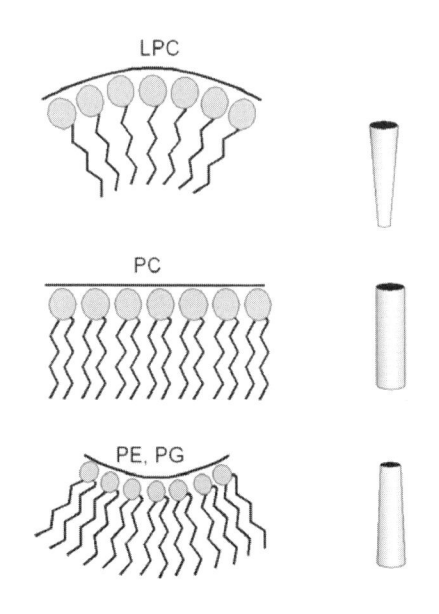

図13　リン脂質分子の形と自己組織化構造
炭化水素鎖が一本のリゾ PC はコーン型、PC（LPC）は円柱型、PE、PG は頭部が小さいので逆コーン型である。

ような構造の多型性は単分子層の局所的な曲率が大きく影響する膜融合などの現象に重要な役割を担うが、平面膜を作る上でほとんど問題にならない（図12）。

V. 膜蛋白再構成法

1. 膜蛋白質の精製とリポソームへの再構成

　チャネル蛋白質の精製については多くの報告がある[1, 52]。ここではKcsAカリウムチャネルを例にして、チャネル蛋白質の精製とリポソームへの再構成について図14に示す。この場合、KcsAチャネルのN末端にhistidine tagをつけて精製を行っている。再構成されたKcsAチャネルは膜内のオリエンテーションが一定（細胞質ドメインをリポソーム内部に）である。再構成用溶液に非電解質を加えることによりリポソーム内を高浸透圧にし、膜融合を促進する。チャネル蛋白質と脂質の量比を変化させることで、脂質平面膜に組み込まれたときに単一チャネル電流記録を測定するのか、巨視的電流を測定するのかを決めることができる。

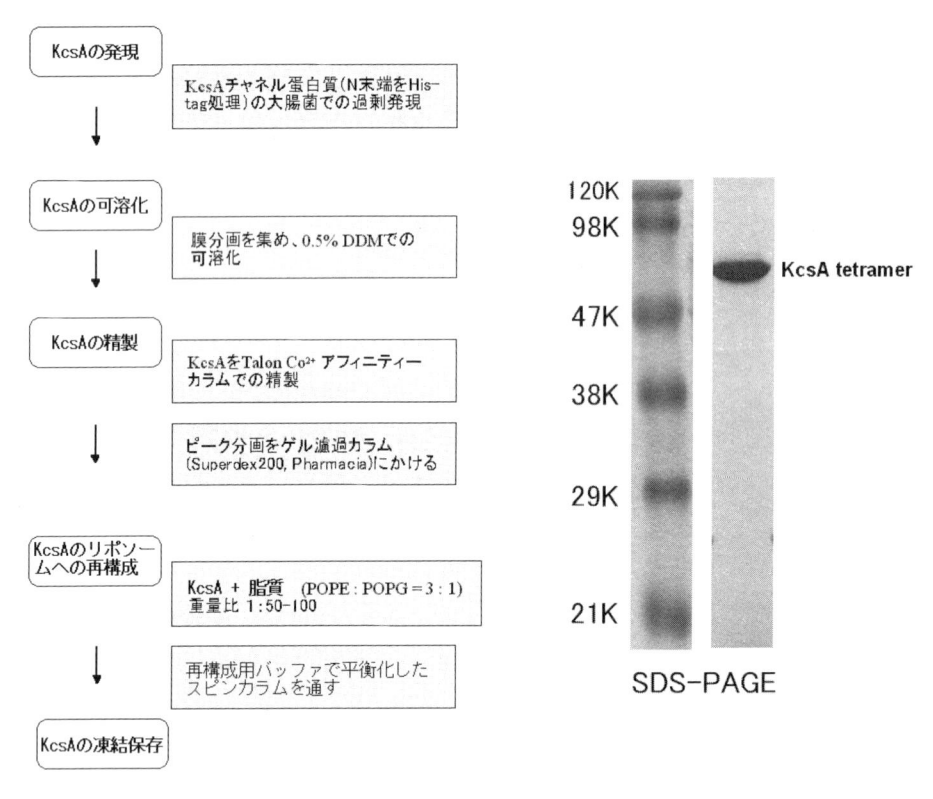

図14　KcsAカリウムチャネル蛋白質の精製とリポソームへの再構成

2. 膜融合による脂質平面膜への再構成

　膜蛋白質を脂質平面膜に組み込むとき、チェンバーのコンパートメントの名称を操作上定義しておくとわかりやすい。手前のコンパートメントを *cis* 側、他側を *trans* 側と呼ぶ。操作のし易い *cis* 側に膜蛋白やベシクルを加えることが多い。

　平面膜にチャネル蛋白質を組み込むために膜融合法が最もよく使われる[1, 28, 53]。チャネルの膜分画やリポソーム膜上での配向が平面膜への膜融合後も保たれる。膜分画の場合チャネルは精製されていないが、チャネル分子に対して実験操作上もっともマイルドな処理ですむ。ホモジェナイズすら不必要な膜分画もある。

第16章 チャネル分子研究のための脂質平面膜法

膜融合を促進する条件は次のようなものである。i) 浸透圧差（ベシクル内に水が流入するような条件）、ii) ベシクルが溶質に対して透過性が高いこと（イオンチャネルを含んだベシクルの方が含まないものより融合しやすい。）、iii) 平面膜のリン脂質組成に酸性リン脂質が含まれていること（酸性リン脂質［PS、PI］はカルシウム（$[Ca^{2+}]_{cis}$：1~10 mM）を介してベシクルを平面膜に強く結合させ融合の確率を高める。ただしイオン透過の解釈において表面電荷の影響を考慮する必要がある。）、iv) 平面膜のリン脂質組成にPEが含まれていること（PEは脂質平面膜中で非二重膜（ヘキサゴナル相）構造を取る。）、v) 溶媒含有膜（溶媒含有の方が無溶媒膜より融合しやすい。）、vi) 撹はん（非撹はん層を小さくし、ベシクルが平面膜に接近し易くする。）、vii) 平面膜のごく近傍からベシクルを吹き付ける。

i)とii)は必須である。これらの条件は膜の組成や構造変化によって膜の不安定性をもたらしこれが膜融合を促進する。

A．膜融合法

膜融合にはベシクル内溶液と *trans* 側溶液の間に浸透圧濃度差が存在することが不可欠である。これだけで膜融合が起こることもしばしばであり、ベシクル含有溶液を脂質平面膜に吹き付けるだけで膜融合しチャネル電流が観察される。この条件で膜融合しないのなら次のようにコンパートメント間にも浸透圧濃度差を負荷する。

① 対称溶液条件で平面膜形成後、高濃度塩あるいは非電解質溶液を *cis* 側に加え、膜の両側に浸透圧濃度差をつける。浸透圧濃度差3：1位からはじめる。なお、ベシクル内浸透圧濃度よりも *trans* 側 の方が低張でなければならない。
② 膜分画や精製蛋白の再構成ベシクルを加える。ベシクル内浸透圧が *cis* 溶液よりも高ければベシクルは体積膨張をおこし、膜融合しやすくなる。このときスターラーを回した状態で、できるだけ膜の近傍に加える。膜のごく近傍（数 10 μm）からベシクルを吹き付けると効率がよい。加えるべき膜蛋白量は0.2~50 μg/mLである。
③ 撹はんする。膜融合に撹はんは不可欠である。
④ ときどき膜容量をチェックせよ。ベシクルの添加により膜容量が小さくなることがある。

ベシクルが平面膜に融合したことは、電流の突然のジャンプとそれに引き続くコンダクタンスの遷移、あるいは次々に起こる電流のステップでわかる。1個のベシクルが一分子のチャネルしか含んでいないという保証はない。また膜融合が次々と起こることもある。1個だけのベシクルを再現性よく融合させるような条件を試行錯誤の中で選ばなければならない。

脂質平面膜法で実験的に最もコントロール困難な過程がこの膜融合過程である。同じサンプルを同じ条件で脂質平面膜に加えているのに、ほとんど融合が起こらないことがある。このような場合、つぎのような方法を試みる価値がある。

圧吹き付け法

パンチアウト法のピペットにリポソーム含有溶液を満たし、ピペット先端を脂質平面膜から数10 μmまで近づける。短時間の圧パルスをかけ、脂質平面膜に吹き付ける。短時間のパルスなら膜は破れず、ベシクルが平面膜により接近でき、融合を促進する[31]。

B. 融合の停止

　撹はんをやめるだけで膜融合は停止するが、完全に膜融合を停止させるには、i）ベシクルを除く、ii）cis 側のカルシウムを除く、iii）浸透圧を平衡にする。cis 側を灌流すればすべての条件は満たされる。単に cis 側への EGTA の添加によって、あるいは trans 側への高浸透圧溶液の添加により融合は停止する。

C. 膜融合機序

　脂質二分子膜には、膜蛋白の関与なしにそれ自体の性質として膜融合する能力があるということは以前から知られていたが、その機序が次のようなものであることが明らかになったのは最近のことである[54]。膜融合は i）膜張力負荷時、あるいは ii）膜が高い曲率を持った時に、2枚のリン脂質膜が近接して疎水性相互作用によって起こる。張力や変形によってリン脂質の親水性頭部間の距離が離れ、その下に存在する炭化水素の疎水性部分が露出すると、2枚の膜の間に疎水性相互作用による吸引力が働いて速やかに接近・融合する。膜融合の基本過程は脂質相互作用である。融合促進膜蛋白の役割は、2枚の膜を高い曲率に変形させ疎水性相互作用を促すものである。膜融合は半融合という過程を経る（図15）。2枚の二重膜のうち相対する2枚の単層膜が消失し、1枚の二重膜ができる。融合に先立つ融合ポアはこの半融合した二重膜に形成され、その実体は膜蛋白ではなく脂質自身であるといわれている。最近ではこれらの膜融合過程がコンピュータシミュレーションで再現されつつある。

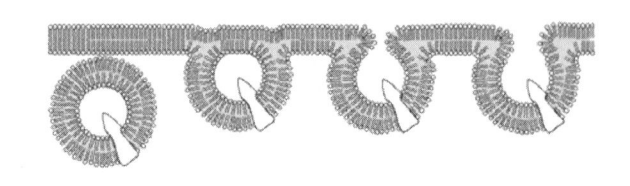

図15　ベシクルの平面膜への膜融合
生体膜での膜融合過程と同様の過程で進む。異なるのは膜融合を促進する蛋白質が存在しないことである。

　膜張力増大のために平面膜では浸透圧差を利用する。ベシクルが平面膜に結合すると、ベシクル内と trans 側との浸透圧差で平面膜とベシクルの2枚の膜を経て水が流入し、ベシクル内圧が上昇する。体積膨張による膜張力の増大により膜融合が起こると考えられている。ここでベシクル上のチャネルの有無がベシクル内圧上昇の程度を規定する。もしベシクルがチャネルを含まないリポソームであるとベシクル内静水圧の上昇に従って水は cis 側へ流出する（図16A 左の白矢印）。cis 側からベシクル内へ十分な量の浸透圧溶質を流入させるようなチャネルが存在すれば（図16B 黒矢印）体積膨張は促進する。trans 側からの水流入によるベシクル内溶質濃度の希釈がおさえられるからである。

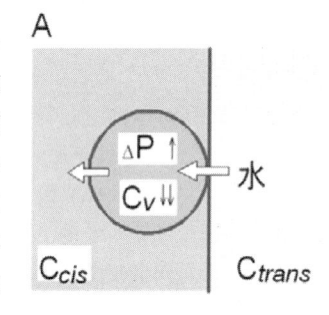

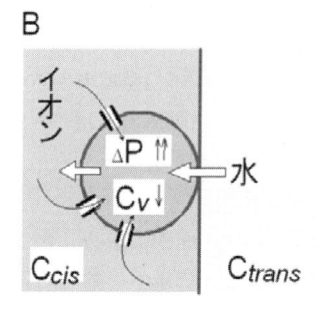

図16　ベシクルの平面膜への膜融合

　溶媒含有膜と無溶媒膜での膜融合の頻度の差は膜の変形能の差によるものであろう。溶媒含有膜は膜の厚さの変化が起こり易く、局所的に"えくぼ"やレンズ（二分子膜の間に有機溶媒が蓄積しレンズ状になったもの）などの異なる曲率を持った膜が存在する。平面膜系では膜融合のた

めに膜張力の増大という一方の原理のみを意識的にコントロールしてきたが、溶媒含有膜の方が融合しやすいという事実はもうひとつの原理である膜の曲率を無意識のうちに制御していたことになる。

D．平面膜でのチャネル蛋白質の配向とそのコントロール

　膜融合を経て組み込まれた膜蛋白質の配向はベシクル内での配向によって決まる。例えば、小胞体を生化学的に取り出すと膜蛋白質の配向は inside-out（細胞質側が外に向く）であるので、cis 側にベシクルを加えると再構成されたチャネルは cis 側に細胞質領域を向ける。リポソームは一般にベシクルより融合しにくい。またリポソーム上の膜蛋白の配向はランダムであることが多いが、KcsA チャネルのようにほぼ完全に同一の向きに配向するチャネルもある。このような場合、膜融合過程を経ても KcsA チャネルは同一の配向にそろうので、脂質平面膜で巨視的電流記録が可能となる。

　チャネルが脂質平面膜に再構成され実験を進める過程で、脂質平面膜が破れてしまうことがある。このとき脂質平面膜を張りなおすのは一瞬でできる。しかしすでに添加したチャネル蛋白質、あるいはベシクルが穴の周辺に存在しているので膜を張りなおすとき、これらのチャネルが平面膜に取り込まれることがある。そうするとそれまで膜の一方から膜融合過程によって同一の配向で再構成されていたものがもはや維持されなくなり、両方向の配向のチャネルが出現する。

E．溶液条件による機能チャネルの配向コントロール

　脂質平面膜法は通常、両溶液が同一の組成で行われることが多い。一方、チャネルの中にはリガンド作動性チャネルなど、その活性が膜の一方の環境でコントロールされるものも多い。KcsA チャネルを例に取ると、細胞質側の pH が酸性のときにチャネルが活性化する。したがって、KcsA チャネルがたとえ脂質平面膜上でランダムな配向をしていたとしても、溶液の一方のみを酸性にすれば、これによって活性をもつチャネルはすべて一方向の配向のものに限ることができる。

3．ナイスタチン法

　脂質平面膜法で実験の律速段階となるのはベシクル融合過程などのチャネル組込み段階である。ベシクルのサンプルによる差、同一のサンプル内の不均一性などによって融合されやすさに大きな差があることが知られている。ベシクルに含まれるチャネルの種類によっても融合のしやすさが異なる。

　これまでに、この律速段階をコントロールするための工夫がさまざま提案されてきた。Woodbury と Miller[55]はナイスタチン法という明快な方法を開発した（図１７）。

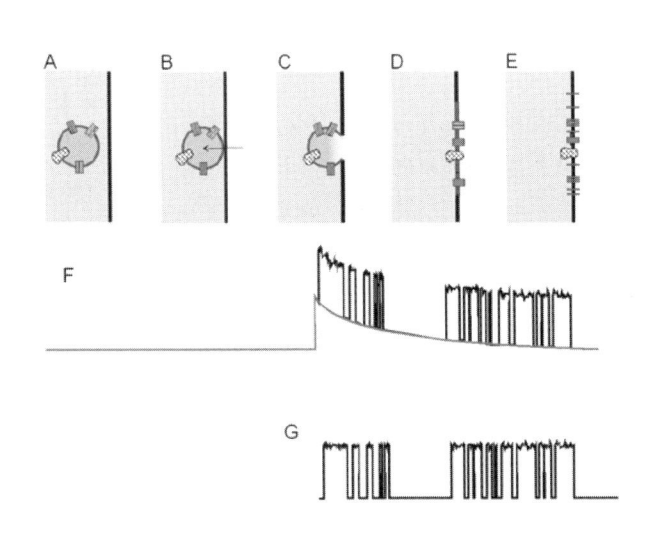

図１７　ナイスタチン法によるベシクル融合の促進

これはすべてのベシクルにあらかじめナイスタチン・チャネルを組込み、個々のベシクルの融合しやすさを均一化すると同時に、膜融合現象を電気的にリアルタイムで観察できるようにしたものである。その原理は、ナイスタチン・チャネルの3つの特性をうまく利用している。i) ナイスタチンは疎水性の高い低分子のポリエンであり、膜相に移行しやすい。ii) ナイスタチン・チャネルはカチオンもアニオンも透過させる（ややアニオンに選択的）[56]ため大量の溶質を輸送でき、ベシクル内圧を増大できる。iii) ナイスタチン・チャネルはステロールを含まない膜では活性を維持できない。エルゴステロールをベシクルにのみ含ませ、平面膜には含ませないというのがこの方法の要点である[57]。

ステロール：コレステロール、エルゴステロールなど（図4）。エルゴステロールの方がナイスタチン・チャネルの活性を維持しやすい。ナイスタチン分子がオリゴマー（10量体）となってチャネルを形成する際に"糊"の役目をしているといわれている。

1個のベシクルが平面膜に膜融合すると、すでに開いているナイスタチン・チャネルを流れるイオン電流が基線からのジャンプとして直ちに現れる（ナイスタチン・チャネルの単一チャネルコンダクタンスは通常のイオン環境では小さいので巨視的電流として観察される）（図17C、F）。融合後、ベシクル膜成分として存在したエルゴステロールが、組成の異なる平面膜の方に2次元拡散し、希釈されるに従ってチャネル活性は次第に消失していく（図17E、F：ナイスタチン・チャネル活性の消失はゆっくりした電流の緩和消失過程として観察される）。このような電流のジャンプとその後の減衰過程がベシクルの平面膜への融合過程を可視化していることになる。

一方、ベシクルに目的とするチャネルが組み込まれている場合には、ナイスタチン・チャネルによる集合電流の上に、開閉を示す単一チャネル電流が認められる。ナイスタチン・チャネルの活性消失後もチャネル蛋白は活性を持続する。

従来、チャネル活動が観察できない場合、膜融合していないのかチャネル自体に問題があるのか判断がつかなかった。この方法によって膜融合過程が可視化されたため、チャネルに問題があるかどうかは明らかである。

ナイスタチン含有リポソームの作製（図18）
① リン脂質組成（モルパーセント）：PE 50%、PC 10%、PS 20%、エルゴステロール 20%。
② リン脂質 1 mg/100 μL クロロホルムに 2 μL のナイスタチンストック溶液（10 μg）を加える。
③ 窒素ガスで溶媒を飛ばした後、NaCl 溶液 0.2 mL を加える。
④ ソニケーション（バス）10~100秒。ソニ

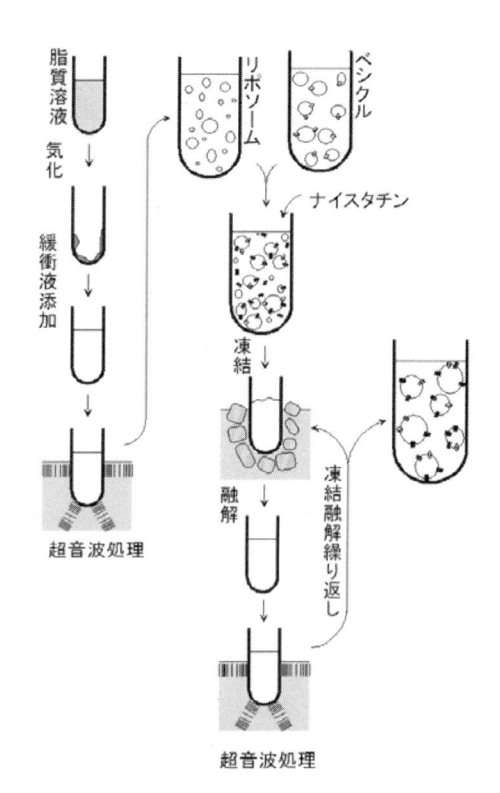

図18　ナイスタチン含有リポソームの作製法

第16章 チャネル分子研究のための脂質平面膜法

ケーター（ブランソン、Sonifier II）の破砕ホーンを溶液に浸す方法では金属の混入が避けられない。バスソニケーション（カップ型破砕ホーン）が望ましい。このときソニケーターのバスの水位と試験管内の液面を合わせる[45]。
⑤ リポソームをドライアイス／エタノールで凍結。
⑥ 使用直前に解凍し、5~15秒ソニケーション。（大きな単層リポソームを作るため）

リポソーム溶液に加えるナイスタチンの最終濃度は50 μg/mLである。リポソーム膜上で活動するナイスタチン・チャネル数は溶液中のナイスタチン濃度に強く依存し、そのHill係数はオリゴマーの化学量論（10量体）に対応する。濃度が少し低いとチャネルを形成しないし、高すぎるとカチオン選択性チャネルが形成される（double-sided action[56]）。困ったことにこのチャネルはエルゴステロール依存性ではない。至適濃度は50~60 μg/mLである。

一方、ナイスタチンがリポソームに均一に分布すれば、1個のリポソームが融合することによって発生する電流値からリポソームの大きさが予想できる。リポソームの大きさの分布は最後のソニケーション時間に反比例する。

ナイスタチン法の問題点は、ニコチン性アセチルコリン受容体のようにチャネル活性にコレステロールが不可欠なチャネルには使えないことである[58]。平面膜にコレステロールを含ませるとベシクル融合後、ナイスタチン・チャネル活性が消失しないからである。

4. 直接挿入法

チャネル形成物質の多くは両親媒性の小分子（ペプチド[38,59,60]、ポリエン[56]など）であるので水相から容易に膜相に移行する。多くの種類が知られているチャネル形成毒素蛋白[61]（コリシン[62]、αヘモライシン[63]、など）の中には大きな蛋白分子のものもあるが、そもそも水相から膜相に移行できるように特殊化した機能が分子デザインされている。膜への組込みの際に大規模な構造変化が起こるものもある[62]。組み込まれるチャネルの向きは一定である。したがってこれらのチャネルの研究は比較的容易で、チャネル電流が観察されるかどうかは毒素が膜をヒットする確率の問題である（膜面積と濃度による）。

以上のチャネル形成毒素は、水溶液にいったんは放出されてから膜を標的として挿入される。一方、その蛋白質が翻訳されて以来、膜環境下にある膜蛋白質を可溶化し、そのままの状態で脂質平面膜に取り込ませることがある。可溶化した膜蛋白がどのようにして水相から膜相に移行するのか。膜蛋白質はその膜貫通部分を界面活性剤が覆うことによって水溶液中に存在するのであり、これが平面膜に組み込まれるには界面活性剤が脂質に置き代わる必要がある。どのような過程をたどっているのか明らかではない。ちなみに真核生物では生合成されたごく限られた特定の蛋白が翻訳後膜透過という過程をとるが、それにはシャペロンなど多くの蛋白が関わってモルテングロビュール構造などを介して進むといわれている。界面活性剤で可溶化された蛋白と同一に議論することはできない。

ミトコンドリア電位依存性アニオンチャネルのように直接挿入法での研究が確立したものはよいが、新しいチャネル蛋白に対しては直接挿入法と並行して、リポソームへ一旦再構成してから膜融合過程を経て平面膜に組み込む方法を行っておく必要がある。

5．単層展開法（図19）

　チャネルを単分子層中に存在させ、これを二重膜を張り合わせる過程で脂質平面膜に取り込ませる方法である。

① 通常の張り合わせ法に使うリン脂質溶液（4 mg/mL ヘキサン）を水面上に添加し、気－液界面に単分子層を形成する。
② チェンバーの cis 側にベシクルを加える。
③ 両側の水位を上げ平面膜を張る。チャネル分子を含んだ単層膜の部分が穴を通過することを期待する。

　この方法は張り合わせ法やティップ・ディップ法に適用できる。両親媒性のリン脂質は、水中でミセルを作るのと同様に、ポテンシャルの谷間である気－液界面に吸着し単分子層を形成する。ベシクルを形成するリン脂質も自発的に気－液界面に単層展開する。ベシクルに組み込まれていた膜蛋白も単分子層のなかに埋めこまれるが膜蛋白のオリエンテーションはランダムである。張り合わせ法ではこの単層を張り合わせればよい。この方法ではチャネル蛋白が空気に暴露することによって変性する可能性がないとはいえない。しかし組込み方法の選択肢の一つとして、他の方法が有効でないときに利用できる。例えばニコチン性アセチルコリン受容体はリポソームに再構成しても脂質平面膜にはほとんど取り込まれない。このような場合、本法が使われる。

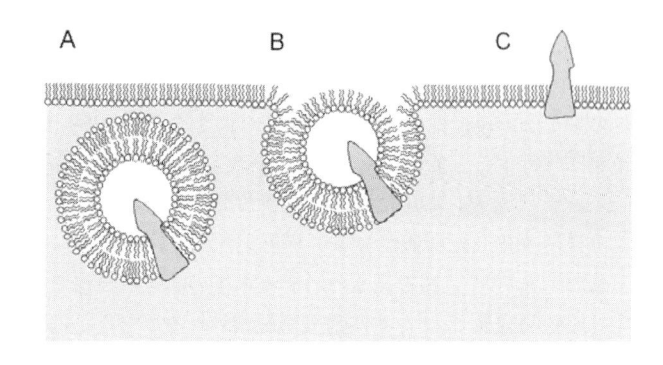

図19　ベシクルの単分子膜への取り込み

VI．平面膜系のエレクトロニクス

　脂質平面膜法では通常 cis 側をグランドとする。チャネル添加など cis 側への操作が多く、膜へのダメージが小さい。膜電位の参照電極側をどう定義するかに関してはチャネルがどちら向きに膜に配向するかを考慮して決める。

　細胞小器官のための膜電位の定義は、細胞小器官の内腔側を基準にして測定する。これは細胞膜電位が細胞外を基準にして測定することとトポロジカルに対応し、細胞膜との連続性で首尾一貫した定義となる。例えば right-side-out の ER が cis 側から膜融合すると内腔は trans 側に面する。最近、ミトコンドリアなどに関して膜電位が改めて定義された。

　平面膜系のノイズは平面膜面積が大きく、大静電容量をもつことに起因する（例えば、直径 200 μm、特性膜容量 0.3 μF/cm^2 のとき約 100 pF）。特に膜面積が大きいとき音のピックアップによる低周波ノイズが派生する。機械的なノイズや音のノイズはいずれも溶液が振動して平面膜がゆれ、膜面積（膜容量）がわずかに変化することによる。通常のシールドケージではなく、密閉したファ

ラディボックスを用いる。厚い素材（密度の高い鉛など）を使い防音材でボックスを覆う。

この章ではパッチクランプでは問題にならないが、平面膜系ではじめて問題になる点について述べたい[26, 31, 64]。

バックグラウンド電流ノイズの最小化

パッチクランプアンプは高感度電流電圧変換器であり、その測定対象が pA レベルであるため、さまざまなノイズ源を考慮する必要がある。中でもオペアンプの入力である FET（Field effect transistor）に起因するノイズが重要である。

ギガオームシールパッチクランプ法で問題となる、ヘッドステージ・フィードバック抵抗（50 GΩ）やシール抵抗に起因する熱雑音電流は平面膜記録では取るに足らない。平面膜法におけるバックグラウンドノイズは主に、大きな平面膜容量を介して電位固定することによる電位ノイズに起因する。これは

$$I = C\frac{dV}{dt} \tag{5}$$

の関係を思いおこせば直感的に理解できる。特に電位の高周波数のゆらぎは大きな電流ノイズとしてあらわれるので重大である。ノイズ源のスペクトル密度は帯域と容量の2乗に比例して大きくなるので、膜容量の大きな平面膜では記録帯域が制限される。具体的な電位ノイズ源は：1）パッチクランプアンプの FET（電界効果型トランジスタ）入力、2）電位コマンド回路、3）アクセス抵抗、である。

アクセス抵抗[65]：電極からチャネルまでの間に直列に介在する以下の成分である；電極-電解質界面、塩橋、緩衝溶液、膜近傍の幾何学的形状。直流抵抗とも呼ぶ。このうち膜近傍の幾何学的形状による抵抗が制御しうる主な要素である。ピペットを使うのにくらべチェンバーを使う平面膜の実験ではアクセス抵抗は極めて低く、通常数 kΩ から数 10 kΩ である。

A. 入力電位ノイズ

ヘッドステージ入力電位ノイズは、全入力容量 C_t を介して電流ノイズを発生させる。そのスペクトル密度 $S^2_{i(f)}$ はオームの法則に従い次のようになる。

$$S^2_{i(f)} = \frac{e_n^2}{X_c^2} \tag{6}$$

e_n はヘッドステージ入力の電位 rms ノイズ（V/√Hz）、X_C は平面膜の容量性リアクタンスである。容量性リアクタンスは

$$1/(2\pi f C_t) \tag{7}$$

f は周波数、また

$$C_t = C_b + C_s + C_{FET} \fallingdotseq C_b \tag{8}$$

C_b は平面膜容量、C_s は浮遊容量、C_{FET} は FET 入力容量である。

$$S_{i(f)}^2 = e_n^2 (2\pi f C_b)^2 \qquad (9)$$

内部電位のノイズは平面膜に相当する大きさの容量をアンプに接続することにより簡単に評価できる。

　電位の外部コマンド、特にコンピュータからのＤ／Ａ出力を使うときはそのノイズに注意する必要がある。

B．アクセス抵抗熱電位ノイズ

　アクセス抵抗 (R_a)[65] における熱電位ノイズを電位固定するときに発生する電流ノイズは、そのスペクトル密度が次のようになる。

$$S_{i(f)}^2 = 4kT \, \text{Re}\{Y(f)\} \qquad (10)$$

k はボルツマン定数、T は絶対温度、$\text{Re}\{Y(f)\}$ は、直列な R_a と C_b のアドミッタンスの実部（コンダクタンス）である。これは

$$\text{Re}\{Y(f)\} = \frac{(2\pi f C_b)^2 R_a}{1+(2\pi f C_b R_a)^2} \qquad (11)$$

一定の帯域において R_a の下限では

$$\text{Re}\{Y(f)\} = R_a (2\pi f C_b)^2 \qquad (12)$$

となり、式(7)と同様の形となる。すなわちヘッドステージの内部雑音と、直列の膜容量とアクセス抵抗で発生する電位雑音は同等に表現できる。R_a の上限では

$$\text{Re}\{Y(f)\} = 1/R_a \qquad (13)$$

となる。R_a に対する依存性が線型から逆数型へ移行する際、ノイズの最大値があらわれる。

C．ノイズの評価

　$S_{i(f)}^2$ を一定の帯域で積分すると電流分散値が求まる。図２０は電流ノイズ（peak-to-peak 値）のアクセス抵抗と膜容量に対する依存性である。直流から 1 kHz の帯域における値を示している。ノイズはアンプの入力電位ノイズの成分（式(9)、ただし e_n ＝ 6 nV/√Hz）とアクセス抵抗における電位ノイズの成分（式(10)）の和として示している。アクセス抵抗が数 kΩ 以上ではアンプ入力ノイズの寄与はほとんど無視でき、アクセス抵抗電位ノイズが主なノイズ源となってくる。ノイズを下げるにはアクセス抵抗、膜容量のいずれを下げても効果がある。しかし膜面積が大きい方が膜融合の効率が高いのでアクセス抵抗を減少させることがノイズ減少のための現実的な手段となる。ただし膜容量が 100 pF 以上になるとアクセス抵抗 1 MΩ 以下でもノイズの極大値が現われるので、このような抵抗値は避けるべきである。アクセス抵抗と膜容量のノイズに与える定量的な相互関係は等高線図（図２０B）から明らかである。パッチクランプで使われる数 MΩ、数 pF の時と同等のノイズレベルは、アクセス抵抗が数 kΩ であれば膜容量が数 10 pF でも実現できる。

以上の考察を総合して、ノイズを小さくするための方法は次のようなものである。1）平面膜容量の減少。2）内部電位ノイズの低いアンプを使う。3）低ノイズ電位コマンド源を使う。4）アクセス抵抗を小さくする。5）チェンバーとくに隔壁の素材を選ぶ。

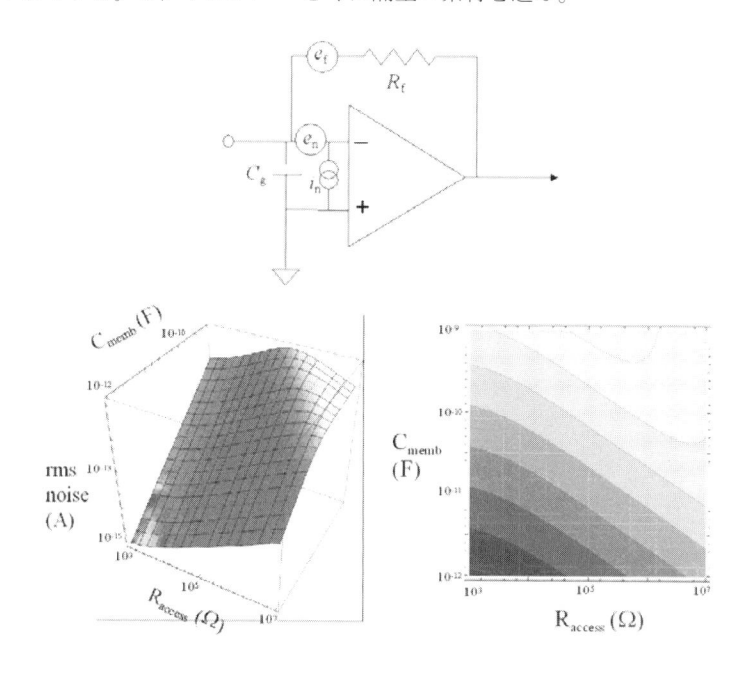

図２０　オペアンプ回路のノイズ源とノイズ評価

D．ランプ電位

電位コマンド源からのノイズの例としてランプ電位に起因するノイズを挙げる。膜面積の大きな平面膜にランプ電位をDAコンバータからかけると大きなノイズが発生する。通常使われているDAコンバータは12 bitのものが多く、これで大きな電位を速やかに掃引するとデジタル量子化ノイズのため容量性電流が発生するためである。ランプ電位を微細にみると、細かいステップ電位が多数発生していることになり、これに対する膜の容量性電流が見えているのである。従ってこのノイズはランダムではなく、厳密にはノイズとは言えない。これを解決するためにDAコンバータからの電位出力に低域通過フィルターを通すという対策もあるが、そうすると電位応答に遅れが生じる。外部からアナログのファンクションジェネレータを使うというのが一つ、もうひとつの対策が高精度のデジタルファンクションジェネレータ（たとえば64 bit）を使うことである。

Ⅶ．チャネル電流記録

新規のチャネルを脂質平面膜法で測定できるように確立するにはある程度の時間が必要である。しかしそれがいったん確立すれば、通常のパッチクランプ法では実現できないさまざまな実験が可能となる。チャネル分子の本質的機能であるイオン透過とゲーティングについて一分子測定をもっとも効率よく実験ができる。「単一チャネル法は、通常の生理学の世界を越えた化学物理の世界に足を踏みいれるに十分な威力を持っている」[66]。２つの例を示したい。

1. チャネル形成毒素

チャネル形成毒素という物質が生物界のさまざまなところで出現する。分子量1000程度の簡単なものから大きな蛋白質まで広く分布する。その作用様式は水溶液中に放出されたものがターゲット細胞の細胞膜に取り込まれそこでチャネル活性を示すことで細胞毒性を発揮する。多くの場合、陽イオン選択性チャネルなどを形成して細胞の静止膜電位を維持できなくする。ここではその1つである海綿から抽出されたpolytheonamide B（pTB）について紹介したい。

このチャネルは48残基のペプチドであり、その構成アミノ酸はD体とL体が交互に並び、しかも異常アミノ酸を多く含む非リボソーム性の分子である。D体とL体の交互構造は過去にgramicidin が知られている。gramicidin A（gA）channel は β-ヘリックスという特異な構造を形成し、内腔が4Åのポアを形成する。一価陽イオン選択性を示すチャネルである。pTB がチャネルを形成することは容易に想像がつくが、実際、脂質平面膜で低濃度でチャネル活性を観察することができた[61]。gA チャネルと同じように一価陽イオン選択性を示した。gA チャネルは2量体を形成して膜を貫通する長さのポアとなる。一方、pTB チャネルは単一分子で膜を貫通するに十分な長さがあり、実際、Hill 係数などから一分子でチャネル活性を示すことが明らかになった。gA チャネルは対称な2量体だから電流-電圧曲線も対称となる。一方、pTB チャネルはわずかながら整流性があることが明らかになった。またチェンバーの一方のコンパートメントに pTB を加えると、完全に向きをそろえて膜内に挿入されることが整流性などの結果から明らかになった。この結果、大量に加えると巨視的電流を記録することができる。これにより電位依存性ゲーティングを示すことが明らかになった。

細胞毒性との関係で新しい機構が明らかになった。pTB は膜の一方から一方向に挿入されると膜外には出ていかない。これは長時間記録で電流-電圧曲線の整流性が不変であることから明らかになった。

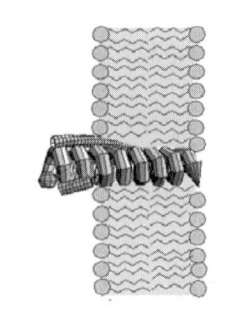

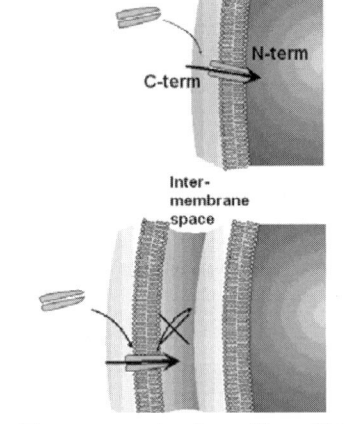

図21　pTB チャネルの膜への挿入様式
N末端から膜に挿入される。はじめに遭遇する膜に挿入したら水溶液相に出てこないので、2枚目の膜には到達しない。文献61図3より改変。

2. KcsA チャネル

現在もっとも活発に研究されているチャネルの一つが KcsA カリウムチャネルである。KcsA チャネルは放線菌由来のチャネル蛋白質で、アミノ酸残基が160と短く、ホモ4量体でチャネル活性を示す。細胞質ドメインに pH センサーがあり、酸性 pH でゲーティングが起こる。立体構造をもとに様々な機能との関連で実験が進められた。通常のチェンバー法とリポソームパッチ法により詳細なチャネル機能が解析されてきた。たとえば Chakrapani らはリポソームパッチ法で pH ジ

ャンプ実験を行い、ゲーティングキネティクスを詳細に解析した[42]。

リン脂質によってチャネル活性が制御されていることが明らかになった。このチャネルは他のカリウムチャネルと同様、不活性化をしめす。選択性フィルター近傍の残基を置換することによって不活性化の起こらないチャネルが得られている。一方、pH依存性を消失させるような変異型も得られた。これらにより、活性化ゲート、不活性化ゲートを単一チャネル電流として独立に捉える事ができるようになった。チャネル研究のゴールドスタンダードである脂質平面膜法など単一チャネル電流記録を中心に、コンピュータシミュレーション[67]、分光学[7]、X線解析[12]など最先端の技術が集約され、イオン選択・透過機構、ゲーティングについて研究が進められている[68]。

VIII. 今後の展望

技術的にはこの数年間のうちに平面膜法において大きな進歩があった。従来問題とされてきた大量チャネル再構成による巨視的電流測定など、かなりの程度克服されている。どんなチャネルに対しても適用できるまでには至っていないが、少なくともKcsAチャネルに関しては同一の膜配向を持ったチャネル蛋白を小さな膜面積に大量に組み込むことが可能である。この結果、平面膜で電位依存性チャネルの巨視的振る舞いを記録した例も報告されている。これによって巨視的レベルで過渡的な電位依存性活性化過程やゲート電流を捉えることができるであろう。

本稿で再構成という言葉はほとんどの場合、チャネル蛋白質を脂質平面膜に取り込み機能を発現させる、という意味で使われている。再構成という言葉の発展形として脂質平面膜法では次のような研究方向が考えられる。ひとつは、チャネルが脂質平面膜に取り込まれても機能を発揮しないという状況を脂質の条件などをさぐりつつ機能の再構成を目指すという方向である。もうひとつは単一のチャネル分子種だけでなく、様々な膜蛋白質を再構成して細胞膜の特定の機能を再現するシステムを構築するという方向である。

チャネル研究のフロンティアを探るためのよりクリーンな系として、脂質平面膜法は今後もユニークな情報をもたらしてくれるであろう。

文 献

1. Miller, C. (1986) Ion Channel Reconstitution. Plenum Press, New York
2. Yoshimura, K., Nomura, T. & Sokabe, M. (2004) Loss-of-function mutations at the rim of the funnel of mechanosensitive channel MscL. Biophys. J. 86, 2113-2120
3. Heginbotham, L., Kolmakova-Partensky, L. & Miller, C. (1998) Functional reconstitution of a prokaryotic K$^+$ channel. J. Gen. Physiol. 111, 741-749
4. Doyle, D.A., Morais Cabral, J., Pfuetzner, R.A., Kuo, A., Gulbis, J.M., Cohen, S.L., Chait, B.T. & MacKinnon, R. (1998) The structure of the potassium channel: molecular basis of K$^+$ conduction and selectivity. Science 280, 69-77
5. 老木成稔 (1998) Kチャネルの結晶構造に至る道：K選択性透過を担うポア構造. 蛋白質核酸酵素 43, 1990-1997
6. LeMasurier, M., Heginbotham, L. & Miller, C. (2001) KcsA: it's a potassium channel. J. Gen. Physiol. 118, 303-314
7. Perozo, E., Cortes, D.M. & Cuello, L.G. (1998) Three-dimensional architecture and gating mechanism of a K$^+$ channel studied by EPR spectroscopy. Nat. Struct. Biol. 5, 459-469
8. Takeuchi, K., Takahashi, H., Kawano, S. & Shimada, I. (2007) Identification and characterization of the slowly exchanging pH-dependent conformational rearrangement in KcsA. J. Biol. Chem. 282, 15179-15186
9. Chill, J.H., Louis, J.M., Miller, C. & Bax, A. (2006) NMR study of the tetrameric KcsA potassium channel in detergent micelles. Protein Sci. 15, 684-698
10. Kelly, B.L. & Gross, A. (2003) Potassium channel gating observed with site-directed mass tagging. Nat. Struct. Biol. 10, 280-284
11. 老木成稔 (1998) 機能するKチャネルが見える. 蛋白質核酸酵素 45, 1946-1959
12. Shimizu, H., Iwamoto, M., Konno, T., Nihei, A., Sasaki, Y.C. & Oiki, S. (2008) Global twisting motion of single molecular KcsA potassium channel upon gating. Cell 132, 67-78
13. 老木成稔 (2009) X線一分子追跡法により明らかになったKcsAカリウムチャネルの開閉機構. 放

射光 22, 183-191
14. Iwamoto, M., Shimizu, H., Inoue, F., Konno, T., Sasaki, Y.C. & Oiki, S. (2006) Surface structure and its dynamic rearrangements of the KcsA potassium channel upon gating and tetrabutylammonium blocking. J. Biol. Chem. 281, 28379-28386
15. Langmuir, I. (1917) The shapes of group molecules forming the surfaces of liquids. Proc. Natl. Acad. Sci. USA 3, 251-257
16. Zasadzinski, J.A., Viswanathan, R., Madsen, L., Garnaes, J. & Schwartz, D.K. (1994) Langmuir-Blodgett films. Science 263, 1726-1733
17. Mueller, P., Rudin, D.O., Tien, H.T. & Wescott, W.C. (1962) Reconstitution of cell membrane structure in vitro and its transformation into an excitable system. Nature 194, 979-980
18. Hanai, T., Haydon, D.A. & Taylor, J. (1965) Polar group orientation and the electrical properties of lecithin bimolecular leaflets. J. Theor. Biol. 9, 278-296
19. Takagi, M., Azuma, K. & Kishimoto, U. (1965) A new method for the formation of bilayer membranes in aqueous solution. Annu. Rep. Biol. Works Fac. Sci. Osaka Univ. 13
20. 立花太郎 (1975) しゃぼん玉　その黒い膜の秘密. 中央公論社、東京
21. Montal, M. & Mueller, P. (1972) Formation of bimolecular membranes from lipid monolayers and a study of their electrical properties. Proc. Natl. Acad. Sci. USA 69, 3561-3566
22. Boheim, G., Hanke, W. & Eibl, H. (1980) Lipid phase transition in planar bilayer membrane and its effect on carrier- and pore-mediated ion transport. Proc. Natl. Acad. Sci. USA 77, 3403-3407
23. Bean, R.C., Shepherd, W.C., Chan, H. & Eichner, J. (1969) Discrete conductance fluctuations in lipid bilayer protein membranes. J. Gen. Physiol. 53, 741-757
24. Hladky, S.B. & Haydon, D.A. (1970) Discreteness of conductance change in bimolecular lipid membranes in the presence of certain antibiotics. Nature 225, 451-453
25. Neher, E. & Stevens, C.F. (1977) Conductance fluctuations and ionic pores in membranes. Annu. Rev. Biophys. Bioeng. 6, 345-381
26. Sakmann, B. & Neher, E. (1995) Single-Channel Recording, 2nd edn. Plenum, New York
27. Miller, C. & Racker, E. (1976) Fusion of phospholipid vesicles reconstituted with cytochrome c oxidase and mitochondrial hydrophobic protein. J. Membr. Biol. 26, 319-333
28. Cohen, F.S. & Niles, W.D. (1993) Reconstituting channels into planar membranes: a conceptual framework and methods for fusing vesicles to planar bilayer phospholipid membranes. Methods Enzymol. 220, 50-68
29. Tabata, K.V., Sato, K., Ide, T., Nishizaka, T., Nakano, A. & Noji, H. (2009) Visualization of cargo concentration by COPII minimal machinery in a planar lipid membrane. EMBO J. 28, 3279-3289
30. Hanke, W. & Schlue, W.-R. (1993) Planar Lipid Bilayers. Methods and Applications. Academic Press, London
31. Wonderlin, W.F., Finkel, A. & French, R.J. (1990) Optimizing planar lipid bilayer single-channel recordings for high resolution with rapid voltage steps. Biophys. J. 58, 289-297
32. Redwood, W.R., Pfeiffer, F.R., Weisbach, J.A. & Thompson, T.E. (1971) Physical properties of bilayer membranes formed from a synthetic saturated phospholipid in n-decane. Biochim. Biophys. Acta 233, 1-6
33. Sherwood, D. & Montal, M. (1975) Transmembrane lipid migration in planar asymmetric bilayer membranes. Biophys. J 15, 417-434
34. Andersen, O.S. (1983) Ion movement through gramicidin A channels. Single-channel measurements at very high potentials. Biophys. J. 41, 119-133
35. Coronado, R. & Latorre, R. (1983) Phospholipid bilayers made from monolayers on patch-clamp pipettes. Biophys. J. 43, 231-236
36. Ehrlich, B.E. (1992) Planar lipid bilayers on patch pipettes: bilayer formation and ion channel incorporation. Methods Enzymol. 207, 463-470
37. Suarez-Isla, B.A., Wan, K., Lindstrom, J. & Montal, M. (1983) Single-channel recordings from purified acetylcholine receptors reconstituted in bilayers formed at the tip of patch pipets. Biochemistry 22, 2319-2323
38. Oiki, S., Koeppe, R.E., 2nd & Andersen, O.S. (1995) Voltage-dependent gating of an asymmetric gramicidin channel. Proc. Natl. Acad. Sci. USA 92, 2121-2125
39. Oiki, S., Koeppe II, R.E. & Andersen, O.S. (1997) Voltage-dependent gramicidin channels. In: Sokabe, M., Auerbach, A. and Sigworth, F.J. (eds) Towards Molecular Biophysics of Ion Channels. Elsevier, Amsterdam
40. Ide, T. & Yanagida, T. (1999) An artificial lipid bilayer formed on an agarose-coated glass for simultaneous electrical and optical measurement of single ion channels. Biochem. Biophys. Res. Commun. 265, 595-599
41. Cordero-Morales, J.F., Cuello, L.G. & Perozo, E. (2006) Voltage-dependent gating at the KcsA selectivity filter. Nat. Struct. Mol. Biol. 13, 319-322
42. Chakrapani, S., Cordero-Morales, J.F. & Perozo, E. (2007) A quantitative description of KcsA gating I: macroscopic currents. J. Gen. Physiol. 130, 465-478
43. Kates, M. (1972) 脂質研究法. 東京化学同人、東京
44. White, S.H. (1977) Studies of the physical chemistry of planar bilayer membranes using high-precision measurements of specific capacitance. Ann. N. Y. Acad. Sci. 303, 243-265
45. White, S.H. (1986) The Physical Nature of Planar Bilayer Membranes. Plenum, New York
46. Tanford, C. (1980) 疎水性効果、ミセルと生体膜の形成. 共立出版、東京
47. Israelachvili, J.N. (1992) 分子間力と表面力. 朝倉書店、東京
48. Lakshminarayanaiah, N. (1984) Equations of Membrane Biophysics. Academic press, Orlando
49. Green, W.N. & Andersen, O.S. (1991) Surface charges and ion channel function. Annu. Rev.

Physiol. 53, 341-359
50. Latorre, R., Labarca, P. & Naranjo, D. (1992) Surface charge effects on ion conduction in ion channels. Methods Enzymol. 207, 471-501
51. Small, D.M. (1986) The Physical Chemistry of Lipids. From Alkanes to Phospholipids. Plenum, New York
52. Chak, A. & Karlin, A. (1992) Purification and reconstitution of nicotinic acetylcholine receptor. Methods Enzymol. 207, 546-555
53. Montal, M. (1987) Reconstitution of channel proteins from excitable cells in planar lipid bilayer membranes. J. Membr. Biol. 98, 101-115
54. Chernomordik, L.V. & Kozlov, M.M. (2008) Mechanics of membrane fusion. Nat. Struct. Mol. Biol. 15, 675-683
55. Woodbury, D.J. & Miller, C. (1990) Nystatin-induced liposome fusion. A versatile approach to ion channel reconstitution into planar bilayers. Biophys. J. 58, 833-839
56. Finkelstein, A. (1987) Water Movement Through Lipid Bilayers, Pores, and Plasma Membranes. Theory and Reality. Wiley-Interscience, New York
57. Woodbury, D.J. (1999) Nystatin/ergosterol method for reconstituting ion channels into planar lipid bilayers. Methods Enzymol. 294, 319-339
58. Barrantes, F.J. (1993) Structural-functional correlates of the nicotinic acetylcholine receptor and its lipid microenvironment. FASEB J. 7, 1460-1467
59. Oiki, S., Danho, W., Madison, V. & Montal, M. (1988) M2 delta, a candidate for the structure lining the ionic channel of the nicotinic cholinergic receptor. Proc. Natl. Acad. Sci. USA 85, 8703-8707
60. Oiki, S., Danho, W. & Montal, M. (1988) Channel protein engineering: synthetic 22-mer peptide from the primary structure of the voltage-sensitive sodium channel forms ionic channels in lipid bilayers. Proc. Natl. Acad. Sci. USA 85, 2393-2397
61. Iwamoto, M., Shimizu, H., Muramatsu, I. & Oiki, S. (2010) A cytotoxic peptide from a marine sponge exhibits ion channel activity through vectorial-insertion into the membrane. FEBS Lett. 584, 3995-3999
62. Shin, Y.K., Levinthal, C., Levinthal, F. & Hubbell, W.L. (1993) Colicin E1 binding to membranes: time-resolved studies of spin-labeled mutants. Science 259, 960-963
63. Olson, R., Nariya, H., Yokota, K., Kamio, Y. & Gouaux, E. (1999) Crystal structure of staphylococcal LukF delineates conformational changes accompanying formation of a transmembrane channel. Nat. Struct. Biol. 6, 134-140
64. Sherman-Gold, R. (1993) The Axon Guide for Electrophysiology and Biophysics Laboratory Techniques. Axon, Foster City
65. Armstrong, C.M. & Gilly, W.F. (1992) Access resistance and space clamp problems associated with whole-cell patch clamping. Methods Enzymol. 207, 100-122
66. Hille, B. (2001) Ion Channels of Excitable Membranes, 3rd edn. Sinauer Associated, Inc., Sunderland
67. Berneche, S. & Roux, B. (2001) Energetics of ion conduction through the K^+ channel. Nature 414, 73-77
68. Oiki, S. (2010) Single-Channel Structure-Function Dynamics: The Gating of Potassium Channels. In: Sako, Y. & Ueda, M. (eds) Cell Signaling Reactions: Single-Molecular Kinetic Analysis. Springer, London, pp79-105

17章　パッチクランプ膜容量測定法

I. 膜容量変化と開口放出およびアーチファクト

　パッチクランプ膜容量測定法は単一分泌細胞および微小膜領域での開口放出機序を、細胞内環境を規定しつつ経時的にモニターするために、Neher によって開発された[1]。開口放出（エキソサイトーシス exocytosis）は分泌顆粒あるいは小胞の細胞膜への融合過程を含み、その進行に伴い融合小胞膜の分だけ相手側（通常は細胞膜）の膜表面積は増加する（図1）。またもし膜の取り込み（エンドサイトーシス endocytosis）が起これば、膜表面積は減少して元に復する。脂質二重膜の電気容量は表面積に比例するので（比例定数：$1\,\mu F/cm^2$）、膜容量の変化は表面積の変化、つまり、融合膜の量に換算できる。

　電圧固定下で、膜容量を構成要素として含む電流応答成分には、1) いわゆる矩形波電圧印加時に現れる容量サージ電流、2) 交流電圧印加時に現れる90度遅れ電流成分、がある。パッチクランプ法適用時の電気的等価回路モデルを計測上の基本に、こうした電流応答から膜容量あるいはその変化分を抽出する手続きを膜容量計測法という。大別して、上記それぞれに対応する手法がある。

　ガラス電極は、尖端を1 mm程度塩溶液に浸せば1 pF程度の容量増加を生む。それゆえ、実験に先立ち、1) Sylgardあるいはそれに見合う処置を電極尖端に施し、そこでの水のcreepingを阻止すること、また、薬物の投与および液の交換に際しては、2) 液面の動揺を防ぐよう工夫することが必要である。

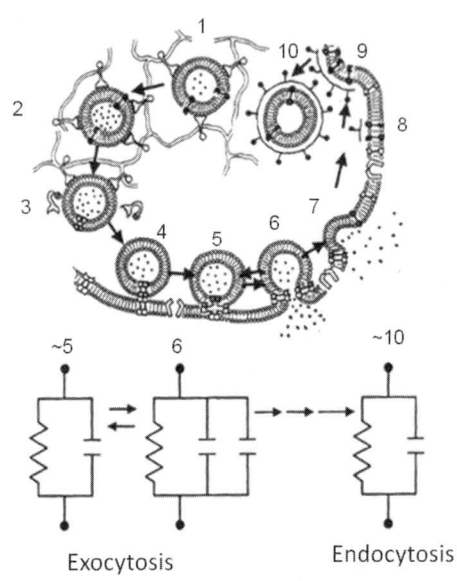

図1　分泌顆粒の細胞膜への融合と膜容量の増減
　　（Exocytosis と Endocytosis）

II. パッチクランプ法に基づく膜容量測定

1. 矩形波を用いる手法

　この方法は、直感的に理解しやすい方法である[2,3]。図2にギガシールパッチクランプ・ホールセル記録法（giga-seal whole-cell recording）における細胞・電極アセンブリーの電気的等価回路モデルを示した（図2A）。これを矩形波電圧（V_Δ）で固定駆動すると、容量サージ電流が得られる（図2B）。立ち上がり電流振幅 I_0、定常電流振幅 I_{ss}、一次減衰波形時定数 τ、を用いて、電流値 $I(t)$ は一次型

$$I(t) = (I_0 - I_{ss})\exp(-t/\tau) + I_{ss}$$

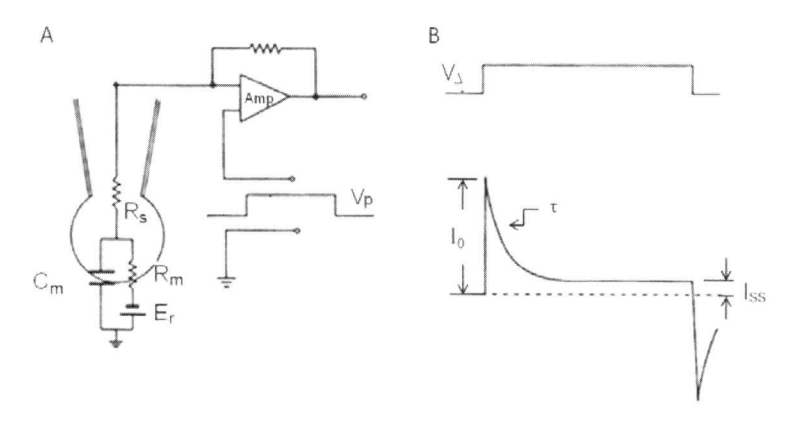

図2　Whole-cell recording：回路と矩形波電圧による容量サージ電流応答
R_m：膜抵抗、C_m：膜容量、R_s：直列抵抗、E_r：平衡電位、V_Δ：矩形波電圧ステップ、
I_0：立ち上がり電流、I_{ss}：定常電流、τ：減衰時定数。

と表現できる。矩形波電圧印加直後では容量成分C_mのインピーダンスはゼロと見なせるので、

$$I_0 = V_\Delta / R_s$$

定常状態においては、

$$I_{ss} = V_\Delta / (R_s + R_m)$$

また時定数は、

$$\tau = R_p C_m \quad \text{である。ただし、} R_p = R_s R_m / (R_s + R_m)$$

印加電圧は既知であり、時定数は一次型減衰波形から求められる。よって、以上の式より、

$$C_m = \tau / R_p \quad \text{である。}$$

　この方法を踏襲したパッチクランプ用ソフトウェアは、Axon社およびHEKA社製の増幅器に常備されている。手軽なC_m計測法として便利に用いられる。時定数の算定に1秒程度見積もる必要があるが、この時間的オーダーで経時的なC_mモニターが可能である。一方、小さなC_m変化には対応できない。C_mが1 pF変化した場合を想定し、容量サージ電流の変化をしかるべき時間軸スクリーン上で観察してみれば、このことは容易に理解することができる。

2．正弦交流波を用いる方法

　概念を単純化するために、細胞膜のみを想定した等価回路モデルを正弦波電圧で固定駆動した場合を考えてみる（図3A）。電流$I(t)$はおのおの独立な2経路、抵抗部あるいは容量部を通る電流に分けられる。すなわち、

$$I(t) = G_m V + C_m (dV/dt)$$

ここに、V は駆動電圧、G_m は膜コンダクタンス、C_m は膜容量を表す。
駆動電圧として正弦波、$V = V_0 \sin \omega t$ を用いれば、

$$I(t) = G_m V_0 \sin \omega t + \omega C_m V_0 \cos \omega t$$

アドミッタンス Y（I(t)/V）、微分演算子 $j\omega$（ω、角周波数、$j = \sqrt{-1}$、虚数単位）、を用いれば、

$$Y(\omega) = G_m + j\omega C_m$$

上式中、サイン波とコサイン波の間の位相差、90度（$\pi/2$）、が出現し、これはjを乗ずることで表現されている。つまり、位相図では、G_m と C_m のおのおののアドミッタンス成分は直交関係にある（図3A）。位相差を検知できれば（サイン波成分とコサイン波成分を区別できれば）C_m は G_m から、その変化分も含めて分離できる。これを実現させる機器に、ロックインアンプ lock-in-amplifier（LIA）（NF社5610Bなど）がある（HEKA社のEPC-9以降にはソフトウェアとして組み込まれている）。

理想的状況下であれば、このようにLIAの出力はそのまま G_m と C_m の変化を反映するわけだが、実際には膜に直列な抵抗（series resistance; access resistance: $1/G_s$、図3B）の関与を考慮する必要がある。この抵抗成分は、Whole-cell recording 時のアクセス抵抗あるいは Patch-clamp 時の電極抵抗に相当する。この直列抵抗の存在により G_m と C_m の変化分（ΔG_m と ΔC_m）を純粋な形では抽出できず、実験条件の設定あるいは手技により許容範囲内で近似する方法をとらざるを得ない。その場合、原理的には直列抵抗が小さければ小さいほど理想状況へ近く、計測は簡単になりその精度は増す。

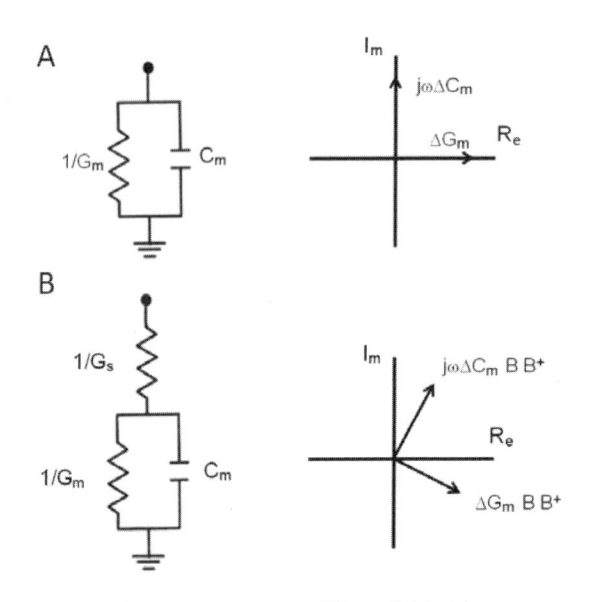

図3 パッチクランプ法での等価回路
A. 理想的な等価回路と膜容量変化分（ΔC_m）。I_m および R_e 軸は lock-in-amplifier の2出力軸に同等。B. 現実の回路（直列抵抗 $1/G_s$ 付加）と膜容量変化分。変化分は各軸から直交関係を保ったまま変位する。

図3Bの等価回路より、要は G_s、G_m、C_m の3種類のパラメーターの値が、変化分も含め、決定できればよいわけである。その意味から、LIAを利用する計測法は2種類に大別できる。一つは上記3パラメーターをふくむ独立な方程式を3個以上得て、PC上にて数値計算により解を得ることであり、他は G_s あるいは G_m のいずれかを一定とみなし（あるいは一定となるような実験条件を実現して）かつ、微小な C_m 変化分（ΔC_m）と G_m 変化分（ΔG_m）をLIAの直交2出力として評

価するものである。それぞれの方法に付随する実験上の注意点を以下述べてゆくが、参照の便を考慮し、Sakmann and Neher[4] に合わせて、前者を Lindau-Neher 法、後者を Neher-Marty 法と本呼ぶこととする。

1) Lindau-Neher 法 [2, 3, 5]

図4A にシステム概略を示した。G_s、G_m、C_m 計算のために、PC（パソコン）への入力は LIA の独立な2出力と抵抗成分を計算するための DC 電流値（および駆動電圧値）である。

LIA からの2出力を A および B とし、DC 電流値と駆動電圧をそれぞれ I_{dc} と V_{dc} とすると、これらの関係は、

$$Y = A + B j$$
$$A = (1 + \omega^2 R_m R_p C_m^2) / \{R_t (1 + \omega^2 R_p^2 C_m^2)\}$$
$$B = \omega R_m^2 C_m / \{R_t (1 + \omega^2 R_p^2 C_m^2)\}$$

ここに、Y はアドミッタンスを表し、$R_t = R_s + R_m$ および $R_p = R_s R_m / (R_s + R_m)$ である。また、$R_s = 1 / G_s$ および $R_m = 1 / G_m$ である。一方、DC 電流については、

$$I_{dc} = (V_{dc} - E_r) / R_t$$

を用いる。$(V_{dc} - E_r)$ の項は駆動力を表し、V_{dc} は固定電圧、E_r は電流の逆転電位を表す。この方式の応用として、駆動力を小振幅矩形波としてサンプリング毎に印加するように工夫し、サンプリング毎に計算させてゆくことも可能である[5]。未知数は C_m、R_m、R_s にとり、その他は計測値または設定値である（計算上、既知とする）。

この結果、

$$R_s = (A - G_t) / (A^2 + B^2 - A G_t)$$
$$R_m = \{(A - G_t)^2 + B^2\} / G_t (A^2 + B^2 - A G_t)$$
$$C_m = (A^2 + B^2 - A G_t)^2 / \omega B \{(A - G_t)^2 + B^2\}$$

が得られる。ここに、$G_t = 1 / R_t$ である。

以上の方法（矩形波を用いる方法および Lindau-Neher 法）では、exocytosis での1個の顆粒融合現象を計測することはできない。より分解能の高い方法として、次に述べる Neher-Marty 法がある。

2) Neher-Marty 法 [1, 6, 7]

直径 1 μm の球形二重膜小胞は、表面積として約 0.8 μm²、つまり 80 fF 程の容量として換算される。このオーダーの容量変化を扱うためには、膜を LIA 参照周期で電圧駆動し、その出力電流を LIA 参照位相に合致する位相信号と 90 度遅延する信号とに分解評価する電気的抽出法（位相差検出法：Phase-sensitive detection）を用いる必要がある。本法では、計測目的値を C_m そのものではなく微小な変化分 ΔC_m にとることで、原理的にそれを角周波数 ω 倍に増幅できる（以後常に ω ΔC_m という量が問題となる）。この方法ではパソコンの支援は必ずしも必要ではない（図4B システ

ム概略）。

　h 本法は、whole-cell recording の確立後、実効容量（C_m に相当）を、パッチクランプ増幅器付属の容量補償回路を用いてキャンセルすることから始める。ついで、LIA により、そのキャンセル値からの変化分（ΔC_m）をモニターする。容量校正には同じ容量補償回路を用いる。図3B に直交2電流成分（片方は ΔC_m を含みもう一方は ΔG_m を含む）を示した。LIAの2出力はこれら成分の I_m 軸および R_e 軸への射影であり、それぞれが誤差を加えることになる。このズレ角度を LIA の角度オフセットにて修正することができれば、このような ΔC_m が ΔG_m（あるいはその逆）に影響するための誤差（クロストーク誤差）は、極小化できる。ここまでのまとめとして、計測上、誤差を極小化し、精度をあげるためには、1）実効容量は補償回路を用いて極力キャンセルする、2）R_s の変化（ΔR_s）を抑えるため、小さな R_s（小さな電極抵抗）の実現に努める、3）LIA にて角度オフセットをキャンセルする、4）可能であれば、実験上、ΔG_m をゼロとするか極力小さくするようなイオン環境を実現する、などに留意する必要がある。

　つぎに、記号を用いて上記記述を再現、再考する。

　図3B 等価回路において、C_m と G_m が変化し G_s は一定という条件下で、最終的に ΔC_m を評価することを試みる。回路の総アドミッタンス、Y は C_m と G_m の関数で（$Y = Y(C_m, G_m)$）、

$$Y(C_m, G_m) = (G_m + j\omega C_m) B$$
$$B(C_m, G_m, \omega) = 1/\{1 + G_m/G_s + j\omega C_m/G_s\}$$

ここに、B は G_m、C_m、ω の関数（$B = B(C_m, G_m, \omega)$）であり、j は虚数単位、ω は角周波数である。また、上記変数 C_m と G_m につき、C_m を $C_m + \Delta C_m$ に、ΔG_m を $G_m + \Delta G_m$ に変化させたときのBを B^+（$B^+ = B(C_m + \Delta C_m, G_m + \Delta G_m, \omega)$）とすると、

$$B^+ = B(C_m + \Delta C_m, G_m + \Delta G_m, \omega)$$
$$= 1/\{1 + (G_m + \Delta G_m)/G_s + j\omega(C_m + \Delta C_m)/G_s\}$$

そのときのアドミッタンス変化 ΔY は、

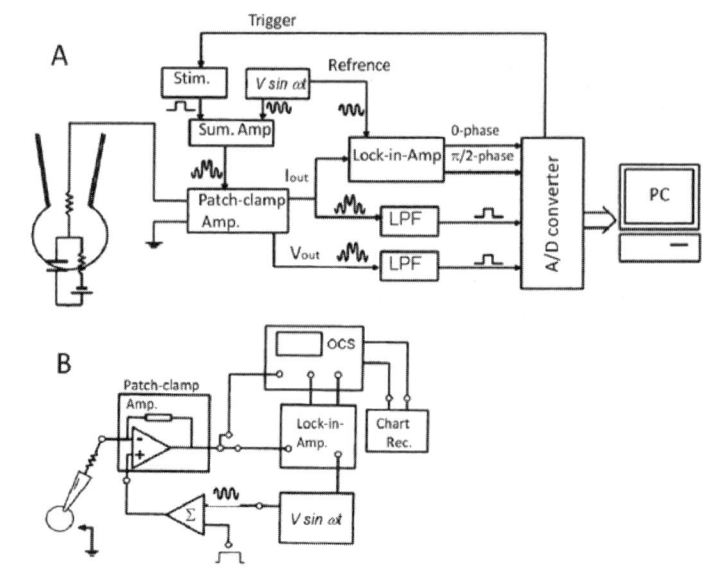

図4　Lindau-Neher 法（A）と Neher-Marty 法（B）のシステム概要
Stim.はスティムレータ、LPF は low-pass filter、OCS はオシロスコープ。

$$\Delta Y = Y(C_m + \Delta C_m, G_m + \Delta G_m) - Y(C_m, G_m)$$
$$= \{G_m + \Delta G_m + j\omega(C_m + \Delta C_m)\}B^+ - (G_m + j\omega C_m)B$$
$$= (\Delta G_m + j\omega \Delta C_m)BB^+$$

実験に際し、容量補償回路・G_s補償回路にてC_mをゼロに近づけ、G_sを極大化させる。さらに、$G_s \gg (G_m + \Delta G_m)$が確保できれば、Bおよび$B^+$の両者は限りなく1.0に近づく。現実にはこの操作は完璧ではなく、BB^+の効果として、LIA出力軸とΔC_m軸あるいはΔG_m軸の不一致によるΔC_mあるいはΔG_mの相互干渉があると予想できる。これへの対処としてLIAにより角度オフセットをキャンセルする手法がある。つまり、パッチクランプ増幅器に付属する容量補償つまみを回しΔC_mをシミュレートしつつ、LIAの0度位相出力が最低に、かつ90度遅れ位相出力が最大になるようにLIAオフセットに修正を加える。軸を回転一致させることで、この相互干渉は極小化できる。シミュレーション計算による誤差数値は、少々煩雑であるので他文献に譲る[7]。

図5に実際の容量変化測定例を示した[8]。これまでに述べた点が留意され実験に供されていることに注意してほしい。$G_s \gg (G_m + \Delta G_m)$が確保でき、容量補償回路・$G_s$補償回路にて$C_m$を極力キャンセルし、LIAにてオフセット修正を加えた場合の単一細胞記録(whole-cell recording)を示した。この記録では、大きなベースラインの動揺もトレンドもなく記録中のG_sの変化は極小と思われる。記録中、50 nMのアセチルコリンは、液面動揺を防ぐため微小ガラス管より単一細胞へ局所投与されている。パッチ電極尖端は事前にSylgard処理を施されている。薬物投与に先立つ上向きの2本の角は、容量補償回路より加えた200 fFの校正振幅である。この校正を加えても、ΔG_m軸(R_e軸)への干渉効果(R_e値変化)は無視できるほど小さかった。実験の前後においてあるいは論文執筆に際して、最低限の基準としてこのようなことを検討・議論すべきである。

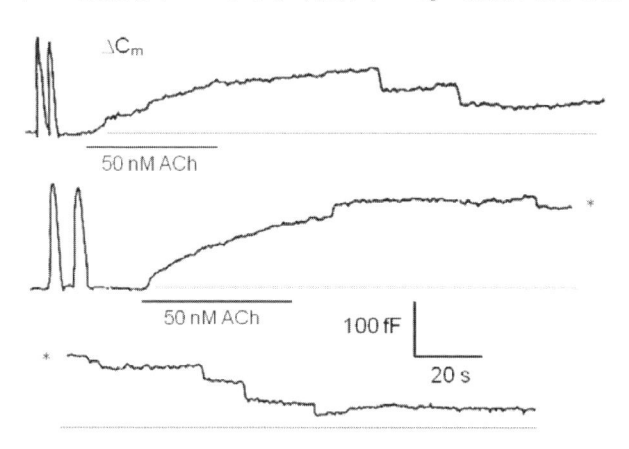

図5 Neher-Marty法による膜容量変化計測[8]
単一膵腺腺房細胞での低濃度アセチルコリン(ACh)による膜容量変化。

Ⅲ. おわりに

最近のPCをベースとした専用増幅器(例えばHEKA社のEPC-9以下のシリーズ)には、上記容量測定機能がソフトウェアとして組み込んである。個々操作の詳細は付属マニュアルを参照してほしい。

本稿では三つの手法についてその原理を主体に述べてきた。加うるにその他数種の別法があるが、その差異は結局、1)LIAをどのように用いるか(ハードLIAかソフトかも含めて)、2)実験上C_m、G_m、G_sのどのパラメーターの変化と精度を求めるのか、の2点にある。こうした別法について、著者等は実際の細胞計測の経験がないのでしかるべき文献に譲る[2, 9, 10]。

文 献

1. Neher, E. & Marty, A. (1982) Discrete changes of cell membrane capacitance observed under conditions of enhanced secretion in bovine adrenal chromaffin cells. Proc. Natl. Acad. Sci. USA 79, 6712-6716
2. Lindau, M. & Neher, E. (1988) Patch-clamp technique for time-resolved capacitance measurements in single cells. Pflugers Arch. 411, 137-146
3. Gillis, K.D. (1995) Techniques for membrane capacitance measurements. In: Sakmann, B. & Neher, E. (ed) Single-Channel Recording, 2nd edn. Plenum Press, New York and London, pp155-198
4. Sakmann, B. & Neher, E. (1995) Single-Channel Recording, 2nd edn. Plenum Press, New York and London
5. Okada, Y., Hazama, A., Hashimoto, A., Maruyama, Y. & Kubo, M. (1992) Exocytosis upon osmotic swelling in human epithelial cells. Biochim. Biophys. Acta 1107, 201-205
6. Maruyama, Y. (1988) Agonist-induced changes in cell membrane capacitance and conductance in dialysed pancreatic acinar cells of rats. J. Physiol. 406, 299-313
7. Maruyama, Y. & Petersen, O.H.P. (1994) Delay in granular fusion evoked by repetitive cytosolic Ca^{2+} spikes in mouse pancreatic acinar cells. Cell Calcium 16, 419-430
8. Maruyama, Y. (1996) Selective activation of exocytosis by low concentration of ACh in rat rat pancreatic acinar cells. J. Physiol. 492, 807-814
9. Fidler, N. & Fernandez, J.M. (1989) Phase tracking: an improved phase detection technique for cell membrane capacitance measurements. Biophys. J. 56, 1153-1162
10. Rohlicek, V. & Scmid, A. (1994) Dual frequency method for synchronous measurement of cell capacitance, membrane conductance and access resistance on single cells. Pflugers Arch. 428, 30-38

１８章　オルガネラパッチ

Ⅰ．方法論概要

　標準的ギガシールパッチクランプ法により、オルガネラ膜に存在するイオンチャネル電流の検出が可能である。オルガネラとは細胞小器官—小胞体、核、ミトコンドリア、ライソソーム、分泌顆粒等—の総称である。ここでは「生」のままの細胞小器官を顕微鏡下に、これらを覆う細胞内膜系への電気的アプローチ法を述べる。細胞膜は障害となるので除去する必要がある。膜の方向性を保持した小器官標本の作製収集には、個々に応じた操作方法があるが、おしなべて、1）ホモジナイザーによる細胞破砕、2）低浸透圧液暴露による細胞の膨張破壊、3）クエン酸ナトリウム溶液中での膜の震盪破壊、に分けられ、さらに時宜に応じてこれらを組み合わせることも行われる。問題となるのは、ギガシール形成に適合したオルガネラ標本をいかに得るかという点にある。

Ⅱ．ミトコンドリア内膜（ミトプラスト：mitoplast）

1．ミトコンドリア内膜の調整

　ミトコンドリアの収集[1]は蔗糖密度勾配遠心法で各々の研究室でルーチンに行われている。マウス肝臓、膵臓（外分泌腺）、腎臓（皮質表層）などからの収集法を実験に即して記載する。他の組織あるいは細胞からの調整も同様に行われる。

　用意する器具および用いられる溶液と組成

① 電動ペストルホモジナイザーおよびポッター型ガラスホモジナイザー（数 mL 用）
② エッペンドルフ（1.5 mL）用低温遠心器（10,000×g 位まで遠心可能）
③ 氷冷 A 溶液：250 mM sucrose、1 mM EGTA、5 mM HEPES/KOH (pH.7.2)
④ 氷冷 B 溶液：340 mM sucrose、1 mM EGTA、5 mM HEPES/KOH (pH.7.2)
⑤ 氷冷 C 溶液：150 mM KCl、1 mM EGTA、5 mM HEPES/KOH (pH.7.2)
⑥ 低浸透圧 KCl 溶液：1 mM EGTA、5 mM HEPES/KOH (pH7.2)
⑦ 高浸透圧 KCl 溶液：750 mM KCl、1 mM EGTA、100 mM HEPES/KOH (pH.7.2)

操作手技
① 上記組織の切り出しと秤量（組織を 1-2 g）。
② 9 倍量の上記氷冷 A 溶液を用い、ポッター型ガラスホモジナイザー中でホモジナイズする（750 - 800 rpm、7 - 8 strokes、1 stroke for 10 sec）。
③ 1.5 mL エッペンドルフ・チューブに、0.75 mL の上記氷冷 B 溶液を置き、同量のホモジネートを重層する（通常 4 本）。
④ 600×g にて 10 分間遠心する。上清はミトコンドリアを含む。
⑤ チューブ 1 本につき上清を 0.5 mL とり、総量 1 mL のチューブを 2 本つくる。
⑥ 9,000×g にて 10 分間遠心する。
⑦ 柔らかい沈殿を含め上清を除き、また、1−2 回氷冷 A 溶液にて溶液の置き換えを行う。

⑧ 氷冷 A 溶液 1 mL で沈殿をサスペンドし、再び 9,000×g にて 10 分間遠心する。
⑨ 上清を除き、チューブ 1 本につき 50 µL 程度の上記氷冷 C 溶液中にサスペンドする。これをミトコンドリア標本として、冷蔵保存する。

ミトコンドリア内膜標本（ミトプラスト）の作成（外膜の浸透圧ショックによる外膜の破砕）
① ミトコンドリア標本に上記高浸透圧 KCl 溶液を計算適当量加え、高浸透圧暴露を行う。適当時間このまま放置する（10 分－4 時間）。
② この標本中に上記低浸透圧 KCl 溶液を計算適当量加え、低浸透圧暴露を行う。適当時間（10 分）放置の後、高浸透圧 KCl 溶液を計算適当量加え等張に戻す。
③ こうしてできた標本を実験溶液中に微少量サスペンドし、次いでパッチクランプ用チャンバーに移す。

2．ミトプラストでのギガシール形成

ミトプラスト膜でのギガシール形成法には研究者によって差違がある。ある者はチャンバー内に浮遊するミトプラストをガラス管尖端で追跡し、陰圧を加えて捕獲する方法[2]をとり、また他の者はミトプラストのチャンバー底付着を待って大量の実験溶液で表面を洗滌する方法[3]を薦める。いっぽう、筆者の経験からは、ガラス管を液中へろすだけでミトプラスト捕獲によるギガシール形成をみることもある（ブラインドパッチクランプ法）。その場合、電極は肉の厚いガラスを用い、抵抗は高め（10 - 20 MΩ: KCl 溶液）に設定する。このようにして記録したミトプラスト陰イオンチャネル（108 pS Cl⁻-channel 電流）を図に示した（図 1）。

Whole-mitoplast 電流計測モードの確立には、対象が小さいので通常の吸引パルス法によるパッチ膜破壊は効率が悪い。1 V-10 ms 位の電圧パルス法（ザップ法）が有効である。確認は膜容量電流の再出現とベースラインノイズの増加による。

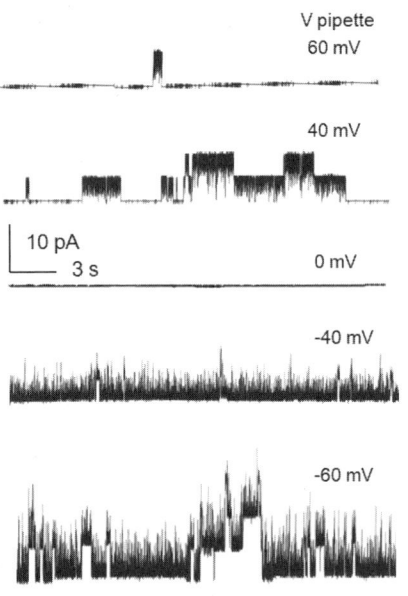

図 1　ミトプラストからの 108 pS 陰イオンチャネル

3．ミトコンドリア内膜イオンチャネル

ミトコンドリア内膜には、細胞膜上でのイオンチャネルと同様に、K⁺、Cl⁻ および Ca²⁺ 等、主要なイオン種を選択するチャネルが揃っている[4]。ミトコンドリアでのエネルギー代謝、Ca²⁺ ハンドリング、アポトーシス、酸素センシング等との関連が議論されている。

III．核膜および核周辺膜（核包：nuclear envelope）

1．核と核膜標本

核膜あるいは核周辺の小胞体膜を対象にパッチクランプ法の適用が試みられている。自然な膜環境中（脂質二重膜中）でのイオンチャネルの活動を観察することが目的である。核を細胞から

取り出す操作には個々研究者の工夫がみられる。要はギガシール形成が可能で明確な形態的オリエンテーションを有する標本を得ることにある。

もっともよく用いられるのはホモジナイゼーション法である。典型的な２例を以下まとめる。

１）培養リンパ球（浮遊細胞の例：低浸透圧液中でのホモジナイゼーション[5]）。
　①　培養リンパ球（約 10^4 個）を 400×g にて５分間遠心する。
　②　ペレットを以下の組成の低浸透圧液 ― (in mM) 10 KCl、1.5 $MgCl_2$、10 HEPES/KOH、0.5 D,L-dithiothreitol (pH 7.9) ― にサスペンドして、氷冷中に 10 分間放置する。
　③　細胞を再度 400×g にて３分間遠心して集め、ペレットを低浸透圧液 5 - 7 mL 中にサスペンドする。
　④　Dounce ホモジナイザーにて（10-stroke）細胞を破砕後、400×g にて３分間遠心し、ペレットを集める。これを核標本とし、400×g １分間遠心にて２度ほど洗って、等張の保存溶液 ― (in mM) ― 140 KCl、2 $MgCl_2$、0.1 $CaCl_2$、1.1 EGTA、5 glucose、10 HEPES/KOH (pH 7.3) ― にサスペンドする。

２）Sf9 細胞（培養細胞の例：高浸透圧溶液中でのホモジナイゼーション[6]）。
　①　核を単離するための溶液はほぼ２倍の高浸透圧である：(in mM) 140 KCl、250 sucrose、1.5 β-mercaptoethanol、10 Tris-HCl (pH 7.4)。これに蛋白分解酵素阻害剤を加え、ホモジナイゼーションを行う。
　②　同上溶液をフラスコに加え、細胞をスクレーパーにより優しくはがし、2 - 4 strokes のホモジナイゼーション（Dounce homogenizer）を行う。
　③　このホモジネート 20 - 30 μL を 1 mL の等張溶液で薄め、そのまま実験に供する。

パッチクランプ法が適用可能な核包調整法はホモジナイゼーション法以外にもある。低浸透圧溶液により細胞膜を膨張破壊し、核とその周辺小胞体膜（核包：nuclear envelope; NE）の脱出を促す方法がある。生体からの切り出し標本（膵腺腺房、肝臓など）に用いられる。この場合、まえもって、酵素により単一細胞レベルにまで組織を単離しておき、次いで低浸透圧溶液へ暴露することとなる。顕微鏡下、低張溶液により細胞膜を膨張させ、そこに微小なカットを加えることで核を細胞外へ導く

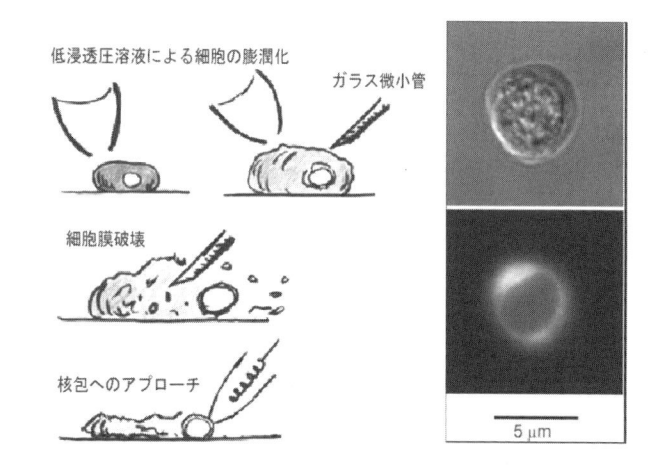

図２　低浸透圧法による NE（核包）の調整
膵腺腺房細胞 NE の微分干渉像と BODIPY-thapsigargin 染色像。

ことができる。ナイーブな方法ではあるが、細胞数が少ない場合、細胞の同定を必要とする場合もしくは核包であることを確認する場合等に活用できる[7]。この方法で単離した膵腺腺房細胞からの nuclear envelope（微分干渉顕微鏡像と BODIPY-thapsigargine 染色像）を図に示した（図２）。

また、アフリカツメガエル卵（ステージVI：ほぼ成熟卵）のような巨大な対象に対しては、核部分を実体顕微鏡下、実験直前に顕微手術操作により調整し、それにギガシール形成を試みることも行われる[8]。

2．外側核膜イオンチャネル

パッチクランプ法により、IP$_3$受容体等のCa-遊離チャンネル[6, 8]、数種のK$^+$チャネル[9]、Cl$^-$チャネル[9]など外側核膜において報告されている。外側核膜とは核包標本の細胞質に面した膜であり、小胞体膜に連なる核周囲膜を意味する。チャネルの同定とともに、機能的に外側核膜固有のチャネルなのか、あるいは細胞膜への輸送経路での一段階なのか、の区別およびチャネルの配向（電位およびリガンド活性部位が細胞質側か管腔側か）が問題となる。膵腺腺房細胞外側核膜でのイオンチャネル（maxi-K channel）を図3に示した。

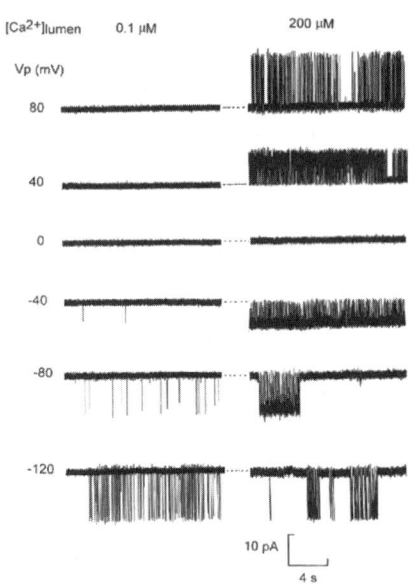

図3　膵腺腺房細胞NEからのイオンチャネル inside/out法にてNE管腔側のCa^{2+}濃度を変化させている。KCl溶液を両側に置く。

3．内側核膜へのアプローチ

核包には内側と外側核膜が区別され、前者は核質に、後者は細胞質に接する。内側核膜と核の関係を正常に保った標本が求められている。クエン酸ナトリウム溶液中における外側核膜の震盪破壊[10]を試み、外側核膜をそぎ落とした標本へのパッチクランプ法の適用[11]が報告されている。しかし、真に内側核膜のみの標本であるのかなど疑義が残り、未だ確立された方法とは言い難い。

IV．その他

パッチクランプ法以外の方法を用いて、ライソゾーム[12]および分泌顆粒[13]からの膜電流計測が行われている。ミトプラストでの適用例からすれば、こうした小胞性オルガネラ膜においても必ずしもパッチクランプ法が適用不可能というわけではない（対象のサイズの問題であって、パッチクランプ法にとっては、数ミクロンの長さがあれば可能である）。人工的な脂質の混入を防ぐ意味からすればパッチクランプ法が用いられるべきである。

V．結び

膜の存在するところではパッチクランプ法もまたその存在意義を見いだすことができる。オルガネラ膜上のイオンチャネルを自然な膜配向に従って観測するための一般的方法を供給するという意味において、パッチクランプ法はこれからも有意に活用されてゆくことと思う。

文献

1. Wieckowski, M., Giorgi, C., Lebiedzinska, M., Duszynski, J. & Pinton, P. (2009) Isolation of mitochondria-associated membranes and mitochondria from animal tissues and cells. Nat. Protoc. 4, 1582-1590
2. Borecky, J., Jezek, P. & Siemen, D. (1997) 108-pS channels in brown fat mitochondria might

be identical to the inner membrane anion channel. J. Biol. Chem. 272, 19282-19289
3. Keller B. & Hedrich, R. (1992) Patch-clamp techniques to study ion channels from organelles. Meth. Enzymol. 207, 673681-146
4. Zoratti, M., De Marchi, U., Gulbins, E. & Szabo, I. (2009) Novel channels of the inner mitochondrial membrane. Biochim. Biophys. Acta 1789, 351-363
5. Franco-Obregon, A., Wang, H. & Clapham, D. (2000) Distinct ion channel classes are expressed on the outer nuclear envelope on T- and B-lymphocyte cell lines. Biophys. J. 79, 202-214
6. Ionescu, L., Cheung, K.-H., Vais H., Mak, D.-O., White, C. & Foskett, K. (2006) Graded recruitment and inactivation of single InsP$_3$ receptor Ca^{2+}-release channels: implications for quantal Ca^{2+} release. J. Physiol. 573, 645-662
7. Maruyama, Y., Shimada, H. & Taniguchi, J. (1995) Ca^{2+}-activated K^+-channels in the nuclear envelope isolated from single pancreatic acinar cells. Pflugers Archiv. 430, 148-15
8. Mak, D. & Foskette, K. (1994) Single-channel inositol 2,4,5-trisphosphate receptor currents revealed by patch clamp of isolated *Xenopus*oocyte nuclei. J. Biol. Chem. 269, 29375-29378
9. Matzke, A., Weiger, T. & Matzke, M. (2010) Ion channels at the nucleus: Electrophysiology meets the genome. Mol. Plant, 4, 642-652
10. Humbert, J.-P., Matter, N., Artault, J.-C., Koppler, P. & Malviya, A. (1996) Inositol 1,4,5-trisphosphate receptor is located to the inner nuclear membrane vindicating regulation of nuclear calcium signaling by inositol 1,4,5-trisphosphate. J. Biol. Chem. 271, 478-475
11. Marchenko, S., Yarotskyy, V., Kovalenko, T., Kostyuk, P. & Thomas, R. (2005) Spontaneously active and InsP$_3$-activated ion channels in cell nuclei from rat cerebeller Purkinje and granule neurons. J. Physiol. 565, 897-910
12. Schieder, M., Rotzer, K., Bruggemann, A., Biel, M. & Wahl-Schott, C. (2010) Characterization of two-pore channel 2 (TPCN2)-mediated Ca^{2+} currents in isolated lysosomes. J. Biol. Chem. 285, 21219-21222
13. Lee, W., Torchalski, B., Roussa E. & Thvenod, F. (2008) Evidence for KCNQ1 K^+ channel expression in rat zymogen granule membranes and involvement in cholecystokinin-induced pancreatic acinar secretion. Am. J. Physiol. 294, C879-C892

19章　パッチクランプバイオセンサー法によるATP放出計測

I．はじめに

　バイオセンサーとは生体素材の持つ高度の分子認識機能を利用した物質センサーのことであり、医療、食品工業、環境計測など広い分野で応用されている。その際、分子認識能を持つ素材として、微生物、酵素、抗体などの生物材料が用いられ、それぞれ微生物センサー、酵素センサーおよび免疫センサーとして利用されている。細胞表面には様々な生理活性物質に特異的なレセプターが存在しており、レセプターにそのリガンドが結合すると固有の細胞応答が引き起こされる。神経（化学）伝達物質（リガンド）のレセプターはイオンチャネル型（ionotropic receptor）とG蛋白共役型（metabotropic receptor）に大別できる。G蛋白共役型レセプターは細胞膜を7回貫通し、N末端側を細胞外、C末端側を細胞内に持つ共通構造をしており、レセプターにリガンドが結合すると、GTP結合蛋白質（G蛋白）が不活性型から活性型に変わる。活性型G蛋白が直接あるいは間接的にイオンチャネルの開閉を制御するが、いずれの場合でもその応答は比較的遅い。一方、イオンチャネル型レセプターはリガンドがレセプターに結合するとレセプター分子の3次構造が変化し、レセプター分子に内蔵されているイオンチャネルが開口するという、レセプターとチャネルが一体となった分子構造を持ったものであり、その応答は非常に速い。したがって、このリガンド作動性イオンチャネルの優れた特異性、高い感受性、および速やかな応答性を利用して、細胞膜全体（whole-cell mode）あるいは細胞のパッチ膜（ほとんどの場合 outside-out mode を用いる）の上にあるレセプターチャネルを生理活性物質のセンサーとして用いると、神経終末からの伝達物質の放出や、内分泌細胞や外分泌細胞からのホルモン等の生理活性物質の放出をリアルタイムで測定することができる。本稿では、このようなパッチクランプバイオセンサー法の手法について概説する。

II．パッチクランプバイオセンサー法の概要

　パッチクランプバイオセンサー法は、測定対象の細胞（標的細胞）から遊離・放出される特定の物質を他の細胞（センサー細胞）に内在的に発現している、あるいは強制発現させたイオンチャネル型レセプター（リガンド作動性イオンチャネル）を用いてリアルタイムで検出することを目的にしている。これには、ニコチン性アセチルコリンレセプター、$GABA_A$レセプター、グリシンレセプター、セロトニン（5-HT_3）レセプター、グルタミン酸（NMDA、AMPA、カイニン酸）レセプター、プリン（P2X）レセプターなどがあるので、目的に応じてリガンド作動性イオンチャネルを発現している細胞、強制発現させた細胞、あるいはこれらの細胞から切り出したパッチ膜を標的細胞に近づけ、リガンド作動性イオンチャネルの開口に伴う電流を検出するのである。以下に、センサーとしてパッチ膜を用いる場合と細胞膜全体を用いる場合に分けて紹介する。

1．パッチ膜を用いたバイオセンサー法（パッチセンサー法）

　1983年にパッチ膜を用いたバイオセンサー法（パッチセンサー法）に関する論文が同時に2報

報告された。これらの報告では、ニワトリ[1] あるいはアフリカツメガエル[2] の骨格筋細胞より outside-out mode でニコチン性アセチルコリンレセプターを豊富に含んだパッチ膜を切り出し、これをセンサーとして用いて神経軸索の成長円錐からの ACh 放出を検出している（図1）。この outside-out mode では、まず細胞をホールセル状態にした後に、パッチ電極をギガシール（細胞膜と電極がよく密着し、その抵抗がギガオームに達する状態）を保ったまま細胞から離す必要があり、次に述べる whole-cell mode の細胞をセンサーとして用いる場合に比べて、その作成が容易ではないことを考慮する必要がある（本書第2章参照）。

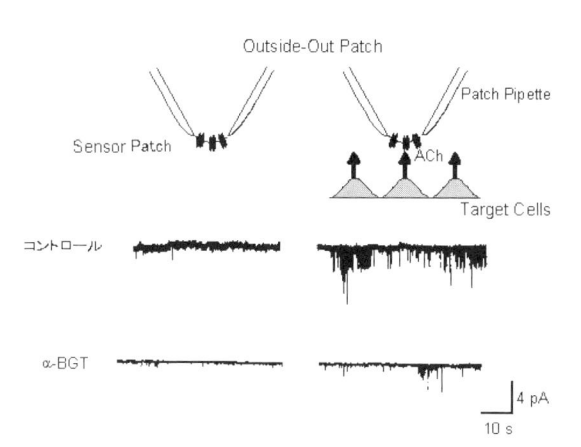

図1 パッチ膜バイオセンサーによる成長円錐からのアセチルコリン（Ach）放出の検出
骨格筋細胞から outside-out mode でニコチン性アセチルコリン受容体を含んだパッチ膜を作成し、これをバイオセンサーとして成長円錐からの ACh の自然放出を検出している。細胞のない状態では電流は全く流れないが（図左）、パッチ膜を成長円錐に近づけると、自然放出された ACh がリガンド作動性イオンチャネルであるニコチン性アセチルコリン受容体に結合し、チャネルポアが開口して電流が観察できるようになる（図右）。この電流が ACh を感知した結果であることは、ニコチン性アセチルコリン受容体の不可逆的拮抗剤であるα-BGT（α-bungarotoxin）を前処置しておくと、電流応答が著明に減少することからも明らかである。（文献2より改変）

2. 全細胞を用いたバイオセンサー法（ホールセルセンサー法）

リガンド作動性イオンチャネルをセンサーとして用いる場合、切り出したパッチ膜だけでなく、そのイオンチャネルを内在性に発現している細胞あるいは目的とするリガンド作動性イオンチャネルを強制発現させた細胞自体を、whole-cell mode でセンサーとして用いることもできる。このホールセルセンサー法を用いた最初の報告は 1987 年に Schwartz によってなされた[3]。この論文ではホールセル状態にした網膜双極細胞をセンサー細胞として用いて、網膜水平細胞からの GABA の放出を検出している。すなわち、双極細胞と水平細胞を共培養しておき、それぞれをホールセル状態にした後、双極細胞をチャンバーの底面から持ち上げてマニピュレータ操作により水平細胞に接近させた後、水平細胞に脱分極パルスを与えて GABA を放出させ、その応答を双極細胞で検出している。また、このホールセルセンサー法は小脳顆粒細胞上の NMDA レセプターによって内耳有毛細胞からのグルタミン酸の放出の検出にも用いられている[4]。我々もこの方法で細胞からの ATP [5-10] 及びグルタミン酸の遊離・放出を種々の細胞を用いて測定している。特に ATP の場合には、殆どの細胞の外表面膜には ecto-ATPase が発現しているので比較的短時間の内に分解されること、及び細胞表面近くの unstirred layer 効果によって bulk への拡散が遅いことなどの理由により、その遊離・放出の測定には bulk 液中の ATP 濃度の測定のみならず、細胞表面近傍での測定をおこなうことが望ましい。そのために、いくつかのセンサーの開発が最近おこなわれている[11, 12]。しかし、これらはいずれもが大変手のこんだものであり、誰もが簡単に作製・使用できるものではない。これに対して、我々が実施している発現細胞を用いたホールセルセンサー法は極めて単純で、容易に適用が可能である。

Ⅲ．パッチクランプバイオセンサー法の実際

これまでパッチクランプバイオセンサー法についての概要を述べてきたが、以下に我々が行っているホールセルセンサー法の手法の詳細について述べる。まず最初に、プリン作動性P2Xレセプターを内在的に発現している未分化PC12細胞をセンサー細胞として用いたATP放出測定の実験例[5]を示す。

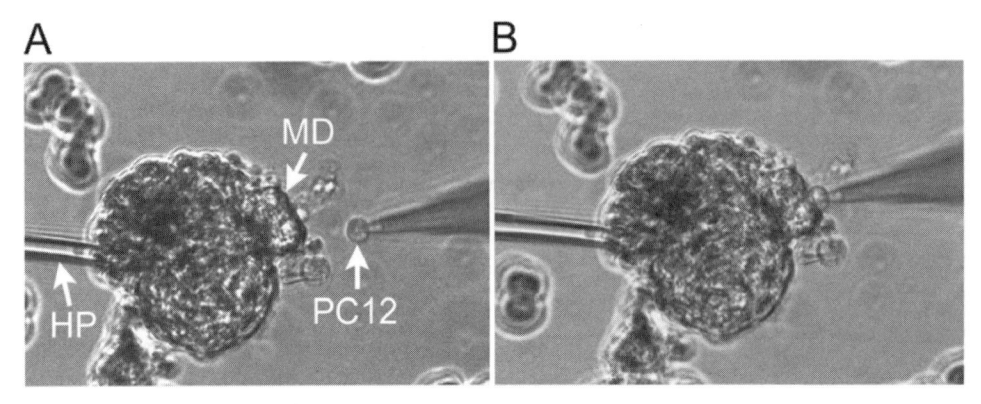

図2　PC12細胞を用いたmacula densa（MD）細胞からのATP遊離の検出
ウサギの腎臓からMD細胞を付けたまま糸球体を単離し、ホールディングピペット（HP）を用いて、MD細胞が完全に露出するように固定する。PC12細胞をホールセル状態にした後、細胞を持ち上げ、マニピュレータを操作してMD細胞の近傍まで移動させる（A）。ホールセル状態のPC12細胞をMD細胞に密着させ、イオン組成の異なった細胞外液を灌流して、MD細胞からのATP遊離を測定する（B）。
（文献5より改変）

図2AはPC12細胞をホールセル状態にした後、実験用のチェンバーから持ち上げて、macula densa（MD）細胞の近傍まで移動させてきたところである。図2Bでは、PC12細胞をさらに接近させ、ついにはPC12細胞をMD細胞に密着させたところである。MD細胞は尿細管腔液（原尿）中のNaCl濃度を感知するので、種々のイオン組成の異なった細胞外液を灌流して、MD細胞からのATP遊離を測定している。ここで、注意を要するのは、この手法の場合、センサーとなる細胞には多くの種類のイオンチャネルが含まれることになるので、目的物質以外の物質を検出している可能性を考慮に入れなければならないことである。また、MD細胞に密着させる前には、PC12細胞はNaCl濃度変化に対して何らの応答を示さないことを確認しておかなければならない。

この他、我々は腎尿細管密集斑細胞以外にも、多くの細胞からのATP遊離[5-10]やグルタミン酸遊離を測定しているが、以下に、その際の操作手順について解説する。

1．細胞

センサーとして用いる細胞を測定したい生理活性物質の種類に応じて準備する。例えば、ATP遊離を測定する場合にはP2X$_2$を強制発現させたHEK293細胞を[8,10]、グルタミン酸遊離の場合にはNR1/NR2B（NMDA受容体）を強制発現させたHEK293細胞を用いる[10]。ATP遊離を検出するためにP2X$_2$を強制発現させたHEK293細胞を用いるのは、他のイオンチャネル型ATP受容体と比較してP2X$_2$によるATP活性化電流が脱感作しにくいからである[10]。その他、目的とする受容体を内因性に発現している細胞を用いることもできる。例えば、PC12細胞はラットpheochromocytoma由来の神経系細胞であり、神経成長因子（NGF）で分化させた細胞はアポトーシスや神経伝達物質の制御に関する研究に良く用いられているが、未分化の状態の細胞でもP2X

19章 パッチクランプバイオセンサー法によるATP放出計測　199

レセプターを発現しており[13]、増殖が速く追加の試薬（NGF等）が不要であることから、放出ATPのバイオセンサーとして未分化PC12細胞は有用である。

2. 操作手順

図3に実験の操作手順の模式図を示す。細胞の散布（A）：センサー細胞を実験用ステージに散布するが、この時、細胞は良く分散していて、かつ実験用ステージに強く付着しないようにしなければならない。そのために、実験に先立って、センサー細胞をカルチャーディッシュ内でよくピペッティングした後、CO_2インキュベーター中でスターラーを用いて常に撹拌しておく。また、撒布後あまり時間をおかずにホールセル状態にすることも肝要である。ホールセルの作成（B）：センサー細胞をホールセル状態にして、マニピュレータを用いて実験用ステージから持ち上げる。この時、センサー細胞がステージに強く付着していたならば、ほんの少し持ち上げてから、前後左右に小刻みに動かして徐々に剥がしていくのがコツである。なお、細胞をチェンバーから持ち上げる時期であるが、セルアタッチした時よりもホールセルにしてからの方が成功率は高い。標的細胞の導入（C）：まず、ホールセル状態のセンサー細胞をマニピュレータ操作により、実験用ステージの端に移動させておく。その後、標的細胞（この図の場合、3 mm × 10 mmのカバーガラス上で培養した標的細胞）を実験用ステージ内に入れるが、できるだけ静かに入れて、標的細胞の導入によるショック（液面のゆれ等）を小さくするように心がける。生理活性物質の遊離測定（D）：実験用ステージの端に移動させておいたセンサー細胞を再びステージ中央にマニピュレータ操作により移動させてくる。その後、ゆっくりとセンサー細胞を近づけていき、標的細胞

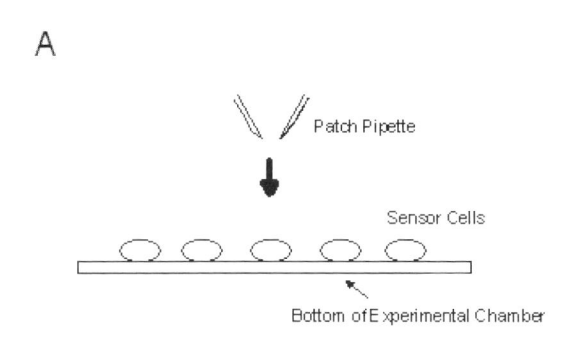

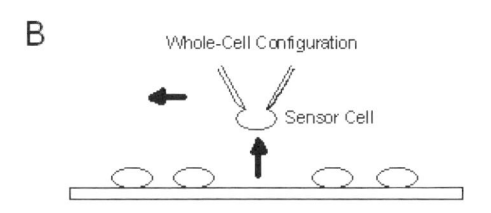

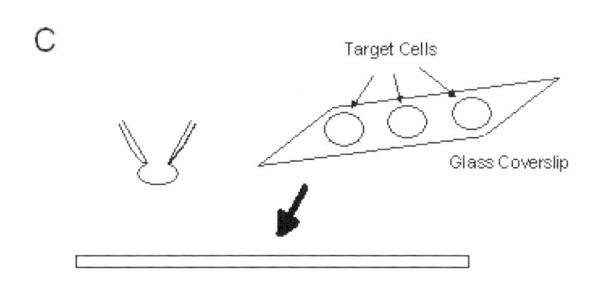

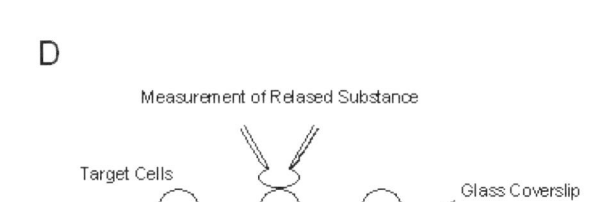

図3　実験操作手順の模式図
センサー細胞を実験用ステージに散布する。細胞は予めピペッティングにより良く分散させておく（A）。センサー細胞をホールセル状態にして、マニピュレータを駆使して実験用チェンバーから持ち上げる（B）。標的細胞を実験用チェンバー内に静かに入れる（C）。センサー細胞を標的細胞に密着させた後、刺激物質を灌流して目的とする生理活性物質の遊離を誘発する（D）。（文献8より改変）

に密着させる。密着したか否かは、センサー細胞の顕微鏡下での形状の変化で判断する。その後、灌流液を交換して目的とする生理活性物質の遊離を刺激・誘発する。

3. 検量線の作成

図3Dで記録した誘発電流が如何なる生理活性物質の濃度に相当するのかを換算するためには、検量線を作製する必要がある。以下にATPの検量線作成の手順を示す。図4Aに示したように、センサー細胞（PC12細胞あるいはP2X$_2$強制発現HEK293細胞）をホールセル状態にした後、生理活性物質の遊離測定時と同じように実験用ステージから持ち上げて、インレットチューブを装着した広口径マイクロピペットの傍まで移動させる。インレットチューブに既知濃度のATPを充填しておき、これをパフアプリケーションすることで検量線を作製する（図4B）。脱感作の影響を最小限とするためにATPの適用は短時間で少数回にとどめるよう注意する必要がある。なお、広口径マイクロピペットは、ジャイアントパッチ法で用いるピペットの作成法と同様の方法で作製する（本書第14章参照）。ただし、本実験で用いる広口径マイクロピペットは、広口径で、かつ先端が比較的スムースであれば良いので、あまり厳密に作製する必要はない。また、我々がインレットチューブとして使用しているのはWPI社のMicroFil MF34Gである。これのニードル部は非常に細いが（Φ 0.164 mm）、強靭かつ柔軟なため、まず途中で折れることがない。しかしながら、急激な力が加わるとまれに根本から折れ

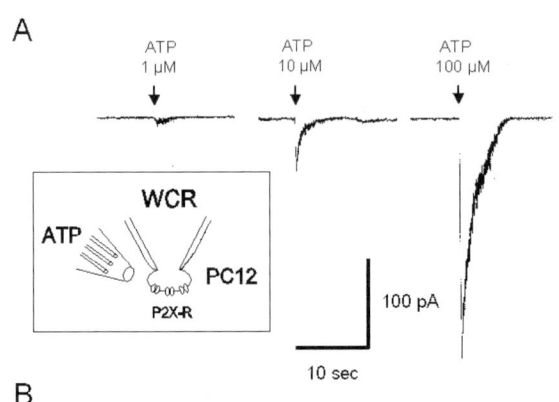

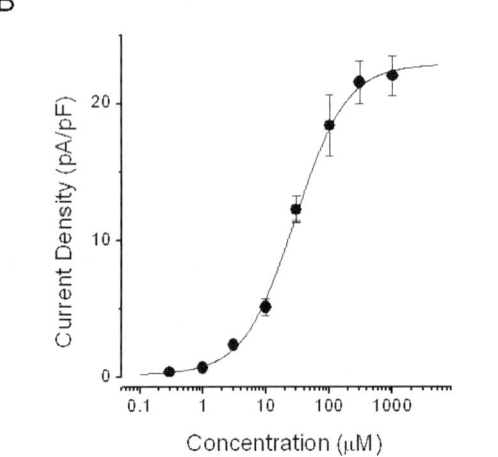

図4 検量線の作製
インレットチューブをつめた広口径マイクロピペットにPC12細胞を接近させ、種々の濃度のATPをパフアプリケーションする。PC12細胞が発現しているP$_{2X}$受容体は非選択性カチオンチャネルであるので、保持電位を−50 mVとするとATPの濃度に比例して、内向き電流が流れる（A）。PC12細胞のATPに対する用量反応曲線（B）。（文献8より改変）

ることがあるので、取り扱いには細心の注意が必要である。さらに、継手部分がルアーテーパー（luer taper）になっているので、気密性を保ったままPicoPump（WPI社）等の微量注入用ポンプにつなげることが可能である。通常、3〜5本のMicroFilを上述の広口径マイクロピペットに入れて、ピペット後端をアラルダイド等の接着剤で固定して使用している。この時、インレットチューブ先端が同じような位置で固定されるように注意を要する。

4. 電気生理

　ATP測定時の電気生理実験に関しては全く定法通りである。使用している外液の組成は145 mM NaCl、5 mM KCl、1 mM MgCl$_2$、1 mM CaCl$_2$、10 mM HEPES (pH 7.4 / HCl)、ピペット内液の組成は150 mM CsCl、1 mM MgCl$_2$、10 mM EGTA、10 mM HEPES (pH 7.4 / CsOH) である。センサー細胞であるPC12細胞あるいはP2X$_2$強制発現HEK293細胞に膜電圧固定法を適応し、保持電位を陰性電位（-60 mVあるいは-50 mVが一般的）とした後、標的細胞に種々の刺激を与えてP2X$_2$レセプターを介した反応を記録する。P2X$_2$活性化電流は内向き整流性（陰性電位での内向き電流が陽性電位での外向き電流より大きい性質）をもつために、5秒に1回程度のランプ波電位パルス（-100 mVから+100 mVまで約500ミリ秒で）を与えて電流電圧曲線を求めることによって、P2X$_2$レセプターを介した反応か否かを確かめることができる[10]（図5）。また、P2X$_2$活性化電流の振幅幅を求めることによって、検量線から膜近傍におけるATP濃度を外挿することが可能となる。なお、刺激による細胞からのATP遊離を測定する場合には、遊離したATPが洗い流されないようにチェンバーへの灌流ができなくなることに留意する必要がある。

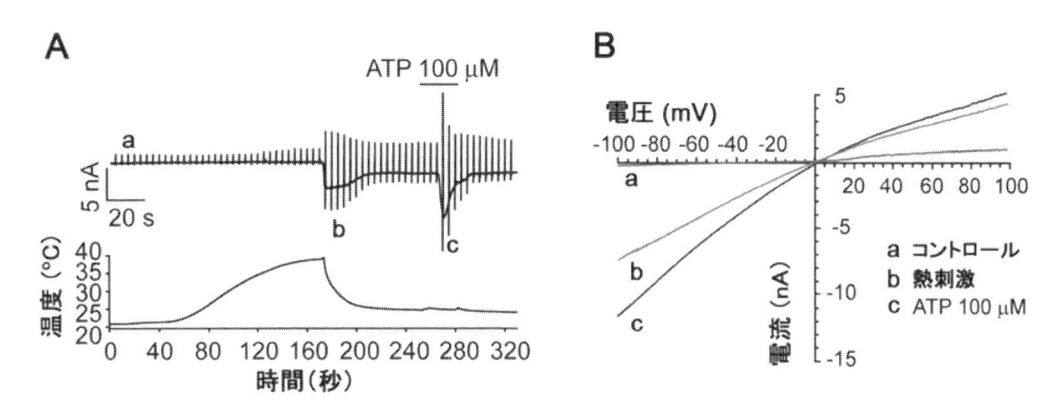

図5　P2X$_2$強制発現HEK293細胞を用いた表皮ケラチノサイトからのATP放出計測
マウス皮膚ケラチノサイトとP2X$_2$強制発現HEK293細胞（センサー細胞）を共培養し、センサー細胞をホールセル状態にして実験チェンバーから持ち上げる。センサー細胞をケラチノサイトに近づけてから、チェンバーへの熱刺激（20度から40度への温度変化）によって-60 mV保持電位でのP2X$_2$電流の活性化を観察する（A）。センサー細胞をケラチノサイトから遠ざけてATPを投与し、P2X$_2$電流を確認する。5秒に1回のランプ波電位パルスによる電流応答（Aでは縦縞のように見える）から得られる電流電圧曲線から、熱刺激で得られた電流(b)もATP投与によって得られた電流(c)も内向き整流性を示すことがわかる(B)。（文献10より改変）

Ⅳ. おわりに

　パッチクランプバイオセンサー法の概要および種々の受容体（P2X$_2$）の発現細胞を利用した本実験法の実際について述べた。本実験法はリガンド作働性イオンチャネル（あるいはイオンチャネル）を最適に用いれば、神経終末からの神経伝達物質の放出や分泌細胞からの生理活性物質の放出をリアルタイムに定量的に測定することができる非常に優れた手法である。目的に応じて種々の変異型のイオンチャネルを作成し、これを用いることによってこれまでは検出不可能であった現象を、既存の電気生理実験装置を使って容易に測定できるようになる可能性がある。今後のパッチクランプバイオセンサー法の開発と応用に期待したい。

文 献

1. Hume, R.I., Role, L.W. & Fischbach, G.D. (1983) Acetylcholine release from growth cones detected with patches of acetylcholine receptor-rich membranes. Nature 305, 632-634
2. Young, S.H. & Poo, M.M. (1983) Spontaneous release of transmitter from growth cones of embryonic neurones. Nature 305, 634-637
3. Schwartz, E.A. (1987) Depolarization without calcium can release gamma-aminobutyric acid from a retinal neuron. Science 238, 350-355
4. Kataoka, Y. & Ohmori, H. (1994) Activation of glutamate receptors in response to membrane depolarization of hair cells isolated from chick cochlea. J. Physiol. 477, 403-414
5. Bell, P.D., Lapointe, J.-Y., Sabirov, R., Hayashi, S., Peti-Peterdi, J., Manabe, K., Kovacs, G. & Okada, Y. (2003) Macula densa cell signaling involves ATP release through a maxi anion channel. Proc. Natl. Acad. Sci. USA 100, 4322-4327
6. Hazama, A., Hayashi, S. & Okada, Y. (1998) Cell surface measurements of ATP release from single pancreatic beta cells using a novel biosensor technique. Pflugers Arch. 437, 31-35
7. Hazama, A., Shimizu, T., Ando-Akatsuka, Y., Hayashi, S., Tanaka, S., Maeno, E. & Okada, Y. (1999) Swelling-induced, CFTR-independent ATP release from a human epithelial cell line: lack of correlation with volume-sensitive Cl^- channels. J. Gen. Physiol. 114, 525-533
8. Hayashi, S., Hazama, A., Dutta, A.K., Sabirov, R.Z. & Okada, Y. (2004) Detecting ATP release by a biosensor method. Sci STKE. 2004, pl14
9. Dutta, A.K., Sabirov, R.Z., Uramoto, H. & Okada, Y. (2004) Role of ATP-conductive anion channel in ATP release from neonatal rat cardiomyocytes in ischaemic or hypoxic conditions. J. Physiol. 559, 799-812
10. Mandadi, S., Sokabe, T., Shibasaki, K., Katanosaka, K., Mizuno, A., Moqrich A., Patapoutian, A., Fukumi-Tominaga, T., Mizumura, K. & Tominaga, M. (2009) TRPV3 in keratinocytes transmits temperature information to sensory neurons via ATP. Pflugers Arch. 458, 1093-1102
11. Beigi, R., Kobatake, E., Aizawa, M. & Dubyak, G.R. (1999) Detection of local ATP release from activated platelets using cell surface-attached firefly luciferase. Am. J. Physiol. 276, C267-C278
12. Schneider, S.W., Egan, M., Jena, B.P., Guggino, W.B., Oberleithner, H. & Geibel, J.P. (1999) Continuous detection of extracellular ATP on living cells by using atomic force microscopy. Proc. Natl. Acad. Sci. USA 96, 12180-12185
13. Arslan, G., Filipeanu, C.M., Irenius, E., Kull, B., Clementi, E., Allgaier, C., Erlinge, D. & Fredholm, B.B. (2000) P2Y receptors contribute to ATP-induced increases in intracellular calcium in differentiated but not undifferentiated PC12 cells. Neuropharmacology 39, 482-496

20章 パッチクランプバイオセンサー法による温度受容解析

I. はじめに

　第19章で述べたように、バイオセンサーとは生体素材の持つ高度の分子認識機能を利用した物質センサーのことであり、医療、食品工業、環境計測など広い分野で応用されている。細胞表面には様々な生理活性物質に特異的なレセプターが存在しており、レセプターにそのリガンドが結合すると固有の細胞応答が引き起こされる。細胞が温度という物理刺激を感知するのにイオンチャネルを利用していることが明らかになり、遺伝子クローニングされた温度感受性チャネル蛋白質を強制発現することによって温度センサーとして利用できる。しかし、温度感受性チャネルの機能解析自体が十分に行われたとは言い難く、本章では温度感受性イオンチャネルの紹介とその解析法について概説したい。

II. 温度センサーとしての温度感受性 TRP チャネル

　1997年に、後根神経節ニューロンに熱依存的に活性化するイオンチャネルの存在が示されたが、同年、感覚神経の cDNA ライブラリーから哺乳類で初めて温度で活性化されるセンサー分子として TRPV1 が発見された[1]。これ以降、「温度感受性 TRP チャネル」と総称される TRP チャネルの一群が哺乳類を中心に次々と機能同定された。TRP（transient receptor potential）という名は、ショウジョウバエの光受容器変異株で光刺激に対する受容器電位（receptor potential）が一過性（transient）で持続しないことから名付けられた。TRP チャネルは7つのサブファミリー（TRPC、TRPV、TRPM、TRPML、TRPN、TRPP、TRPA）に分けられ、ヒトでは TRPN を除く6つのサブファミリーに27のチャネルが存在する。一つのサブユニットは6つの膜貫通ドメインと陽イオン流入のためのポアドメインを1つ持ち、NおよびC末端が細胞質側に存在する。これがホモあるいはヘテロ4量体を形成して機能的なチャネルを成すと考えられている。TRP チャネルはヒトや齧歯類、鳥類、ショウジョウバエ、線虫、ゼブラフィッシュなどにおいて視覚、味覚、嗅覚、聴覚、触覚、温覚、その他様々な物理・化学刺激の受容にきわめて重要であることが分かってきた[2]。

　現在までに哺乳類で温度感受性が報告された TRP チャネルは9つである（表1、図1）[3-5]。これらは TRPV、TRPM、TRPA サブファミリーにまたがっており、それぞれの活性化温度閾値はヒトが区別しうる生理的な温度範囲に広く分布している。温度感受性 TRP チャネルは多くの化学・物理刺激に応答する「多刺激受容体」である。最初に同定された温度感受性 TRP チャネルである TRPV1 は、カプサイシン受容体として発見され、温度感受性も有することが判明した。HEK293 細胞にラット TRPV1 を発現させて得られた活性化温度閾値は 42°C 以上で、ヒトが痛みを感じ始める温度と非常に良く一致している。繰り返し熱刺激によって活性化温度閾値が下降する。TRPV2 はさらに高い熱刺激（52°C 以上）で活性化する。TRPV3 は 32°C 以上の温かい温度で活性化し、侵害熱レベルまで活性化が上昇し続ける。また、繰り返しの温度刺激による感作、つまり活性の増大が生じる。TRPV4 は 27〜41°C の範囲で活性が上昇し、繰り返し熱刺激によって活性化温度閾値が上昇する。TRPM2 や TRPM4、TRPM5 も温かい温度帯で活性化する。TRPM8 は 26°C 以下

で活性化する冷刺激受容体である。「冷涼感」を与えるミント成分メントールがリガンドとなり、メントールと冷刺激を同時に負荷することで活性化温度閾値が上昇する。TRPA1 は、17℃ 以下の侵害冷刺激で活性化されるチャネルとして報告された。

　これら 9 つの温度感受性 TRP チャネルのうち TRPV1、TRPV3、TRPM2、TRPM5、TRPM8、TRPA1 はパッチ膜だけの単一チャネル電流記録で温度刺激による電流活性化が観察されており、細胞内因子を介さずに温度によって直接イオンチャネルが活性化されることが示唆される。表 1 に示すように温度感受性 TRP チャネルには温度以外の有効刺激が存在することが知られており、TRPV1 と TRPM8 については、微量の化学刺激物質（カプサイシンとメントール）が存在することによってその活性化温度閾値が大きく変化する（TRPV1 は低温側に、TRPM8 は高温側に）ことがわかっている。また、TRPV1 は PKC によるリン酸化によって活性化温度閾値が 30℃ 近くにまで下がることが明らかになっており、これは体温で活性化しうること示し、急性炎症性疼痛の発生メカニズムの 1 つと考えられている[3]。

表 1　温度感受性 TRP チャネルの性質と発現部位

受容体	活性化温度閾値	発現部位	他の有効刺激
TRPV1	42℃ <	感覚神経・脳・皮膚	カプサイシン・プロトン・サンショオール アリシン・カンファー・resiniferatoxin vanillotoxin・2-APB・propofol・脂質 anandamide・アラキドン酸産物（HPETE/HETE） 一酸化窒素・細胞外陽イオン
TRPV2	52℃ <	感覚神経・脳・脊髄 肺・肝臓・脾臓・大腸 心筋・免疫細胞	probenecid・2-APB・cannabidiol・機械刺激
TRPV3	32℃ <	皮膚・感覚神経・脳 脊髄・胃・大腸	カンファー・カルバクロール・メントール ユージェノール・サイモール・2-APB
TRPV4	27-41℃	皮膚・感覚神経・脳 腎臓・肺・内耳・膀胱	4α-PDD・bisandrographolide・クエン酸・脂質 アラキドン酸産物（EET）・anandamide 低浸透圧刺激・機械刺激
TRPM2	36℃ <	脳・膵臓	（環状）ADPリボース・β-NAD・過酸化水素
TRPM4 TRPM5	warm	心臓・肝臓 味細胞・膵臓	細胞内カルシウム
TRPM8	< 27℃	感覚神経	メントール・イシリン・ユーカリトール
TRPA1	< 17℃	感覚神経・内耳	アリルイソチオシアネート・カルバクロール シナムアルデヒド・アリシン・アクロレイン イシリン・テトラヒドロカンナビノール メントール（10〜100 μM）・ホルマリン 過酸化水素・アルカリ・細胞内カルシウム propofol・isoflurane・desflurane・etomidate octanol・hexanol

カプサイシン（唐辛子成分）、サンショオール（山椒成分）アリシン（ニンニク成分）、カンファー（樟脳成分）、resiniferatoxin（多肉植物成分）、vanillotoxin（タランチュラの毒成分）、2-APB（2-aminoethoxydiphenyl borate：SOC阻害剤）、propofol（2,6-diisopropylphenol：全身麻酔剤）、HPETE（12-(S)-hydroperoxyeicosatetraenoic acid）、HETE（12(S)-hydroxyeicosatetraenoic acid）、probenecid（アニオントランスポーター阻害剤）、カルバクロール（オレガノの主成分）、メントール（ミント成分）、ユージェノール（サイボリー成分）、サイモール（タイム成分）、4α-PDD（4α-phorbol 12,13-didecanoate：合成ホルボールエステル）、bisandrographolide（センシンレン成分）、EET（epoxyeicosatrienoic acid）、イシリン（合成冷涼物質）、ユーカリトール（ユーカリ成分）、アリルイソチオシアネート（ワサビ成分）、シナムアルデヒド（シナモン成分）、アクロレイン（排気ガス、催涙ガス成分）、テトラヒドロカンナビノール（マリファナ成分）、isoflurane・desflurane・etomidate・octanol・hexanol（麻酔剤）

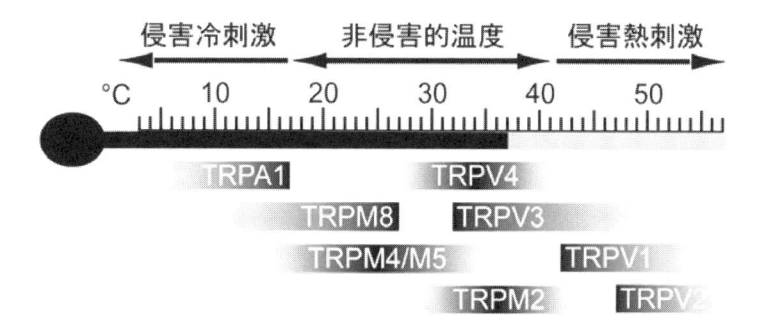

図1　哺乳類の温度感受性 TRP チャネル
9つの温度感受性 TRP チャネルとそれぞれの活性化温度域を示す。これらのチャネルは TRPA、TRPV、TRPM サブファミリーにまたがっているが、TRPA サブファミリーの唯一のメンバーである TRPA1 を除き、TRPV と TRPM サブファミリーの他のチャネルには温度感受性はないとされている。環境温の感知に関わるのは一次感覚神経や皮膚に発現している TRPA1、TRPV1-4、TRPM8 の6つである。TRPM2、TRPM4、TRPM5 はその他の部位で温度依存的な生理応答に関わると考えられている。

Ⅲ．パッチクランプバイオセンサー法による温度受容解析の実際

1．電気生理

使用している外液の組成は 140 mM NaCl、5 mM KCl、2 mM $MgCl_2$、2 mM $CaCl_2$、5 mM HEPES (pH 7.4 / NaOH)、ピペット内液の組成は 140 mM KCl、10 mM EGTA、5 mM HEPES (pH 7.4 / KOH) である。温度感受性 TRP チャネルを強制発現させた HEK293 細胞をカバーガラス（筆者らは直径 12 mm のものを用いている）を実験チェンバー（カバーガラスと同じ最大径 12 mm のもの）に置く。こうすることによって、溶液灌流時にもカバーガラスは動かない。第19章で説明したのと同様に、ホールセル状態にした後、細胞をカバーガラスから持ち上げて実験チェンバーの中央に位置させる。特に、熱刺激を加えるときには、実験チェンバーとカバーガラスの間の気泡が膨張してカバーガラスが持ち上がり、ギガシールがはずれることが多いので、細胞を持ち上げることは必須である。温度感受性 TRP チャネルは非選択性陽イオンチャネルとして機能するので、保持電位を-60 mV として内向き電流を記録する。

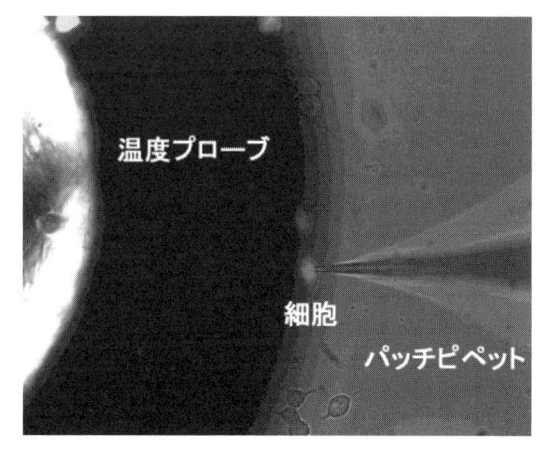

図2　実験チェンバーでの細胞、パッチピペット、温度計
実験チェンバーでは、異所性に温度感受性 TRP チャネルを発現させた細胞を、緑色蛍光蛋白質を共発現させることによって蛍光顕微鏡下で識別し、パッチピペットをあてる。細胞をカバーガラスから浮かせて実験チェンバーの中央付近に移動した後、温度プローブをできるだけ細胞に近づける。

熱刺激は、1）熱した灌流液（最終温度によって 50～65°C に熱したもの）を用いる、2）インラインヒーターによって実験チェンバーに溶液が届く前に溶液を熱する（筆者らは WARNER

INSTRUMENT CORPORATION 社の one-line heater SH-27B か six-line heater SHM-6 を用いている）、3）金属製の実験チェンバー保持装置（筆者らは同社の platform PH-1 を用いている）を熱すること、によって加えている。実験チェンバー自身を熱する方法では温度上昇速度が遅くなる（1℃／秒以下）が、熱刺激の方法を工夫することによって温度刺激速度を変えることで温度感受性 TRP チャネルの活性化キネティクスを詳細に解析できる。筆者らは、多くの温度感受性 TRP チャネルは温度変化ではなく温度自身を感知していると考えている。第 19 章で述べた温度刺激による細胞からの ATP 等の放出を観察する場合には、放出された物質が流されることのないように、実験チェンバーを熱しなければならない。インラインヒーターによる溶液の加熱や実験チェンバーの加熱を行う時には、筆者らは同社の AUTOMATIC TEMPERATURE CONTROLLER TC-334 を用いている。細胞に冷刺激を加える場合は、0℃ 近くに冷却した灌流液を用いる。TRPM8 はナイーブな状態では活性化温度閾値は 26〜28℃ なので、室温で活性していることになる。そこで、予め 30℃ を越える溶液を灌流させておいてから冷刺激を加える。熱刺激、冷刺激いずれを加える場合でも、電流応答と細胞が曝露されている温度を同時に記録することが必要で、筆者らは温度プローブ（同社の TA-30 等）の温度信号（電圧信号に変換して）を電流信号と同時に AD 変換装置（筆者らは AXON 社の Digidata 1440A を用いている）を通して pClamp ソフトウエアで取り込んで、解析している。細胞が感じている温度を正確に検知するために、温度プローブの先端が細胞から約 100 μm 以内になるように位置を調節している（図 2）。温度プローブを動かすのは微動マニピュレータまでの精度は必要なく、粗動マニピュレータで十分である。著者らは、実験チャンバーの右側から微動マニピュレータでパッチ電極を、左側から粗動マニピュレータで温度プローブを近づけている（図 3）。実験チェンバーの辺縁は乱流によって温度が一定になりにくいので、実験チェンバーの中央付近に細胞を位置させることが重要である。

図 3 パッチクランプ法による温度受容解析のセットの実例
向かって右側に微動マニピュレータ、左側に粗動マニピュレータがあり、それぞれパッチピペット、温度プローブを取り付けている。実験チェンバーは両側の黒い金属板で固定されており、ここからチャンバーを熱することができる。また、向かって左側のインラインヒーターを用いて熱した溶液をチェンバーに灌流する。

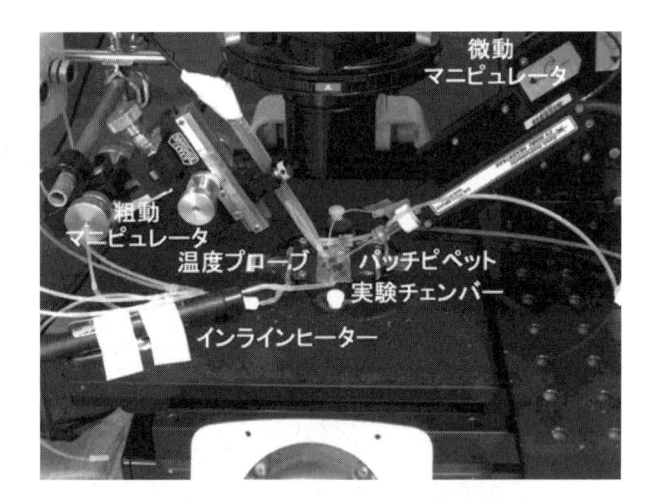

1．データ解析

同時記録したチェンバー温度と温度活性化電流は、図 4 のように横軸を時間として表すことができる。この記録から、横軸に温度、縦軸に電流をプロットし直すこと（温度依存曲線）によって、温度と電流応答の関係をより正確に知ることができる（図 5）。さらに、横軸に絶対温度の逆数、縦軸に電流密度の対数をとってプロットしなおしたグラフはアレニウスプロット（Arrhenius plot）と呼ばれ（図 6）、生体おける反応の温度応答を解析するのに適している。アレニウスプロ

ットから変曲点は容易に同定できるが、実際的には、図6に示すようにプロットの接線の交点を活性化温度閾値として求めることになる。

＜アレニウス式　$k = A \exp(-E/RT)$　k：反応速度定数、A：頻度因子、E：活性化エネルギー＞

　一般にイオンの動きは温度上昇とともに激しくなるが、イオンチャネルの Q_{10} 値（ある温度での生体の反応速度とそれより10℃高い温度での反応速度の比　$Q_{10} = k(t+10)/k(t)$）は3以下と言われている[6]。しかし、温度感受性TRPチャネルの活性化温度閾値以上での Q_{10} 値は10を越えることが分かっており、このイオンチャネル群がいかに温度によって大きく活性制御を受けているかが理解できる。

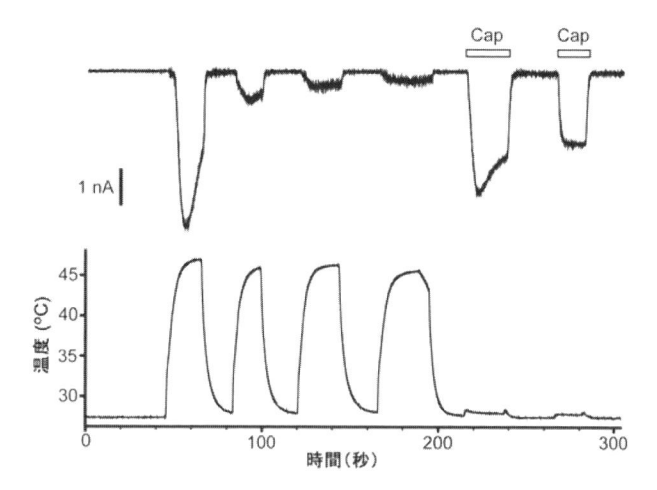

図4　温度感受性TRPV1チャネルの熱とカプサイシン（Cap）による活性化
保持電位–60 mVでの熱刺激（45℃以上）とカプサイシン刺激（Cap 1 μM）による内向き電流。細胞外に Ca^{2+} が存在する時には繰り返し熱刺激によって電流応答が減弱（脱感作）しているのがわかる。熱活性化電流が脱感作した後でもカプサイシンによって大きな内向き電流が観察されることから、活性化機構が異なるか熱刺激がTRPV1にとってfull agonistとはなっていないものと推察できる。

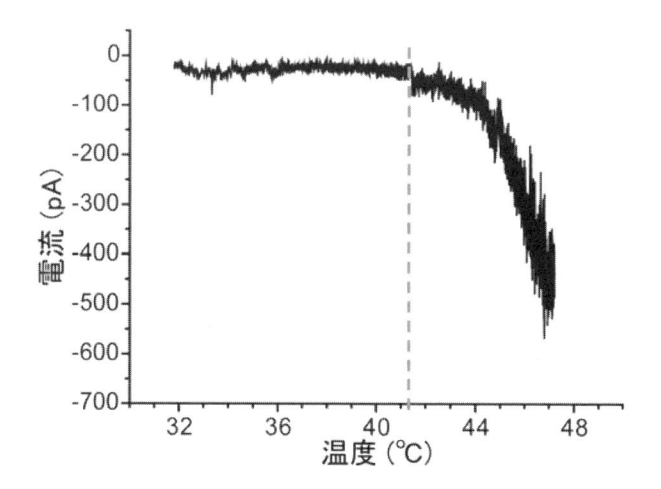

図5　温度感受性TRPV1チャネル活性の温度依存曲線
保持電位–60 mVでの熱刺激（45℃以上）による内向き電流の温度依存曲線。42℃付近から活性化電流が認められ、温度の上昇とともに大きな活性化電流がみられることがわかる。

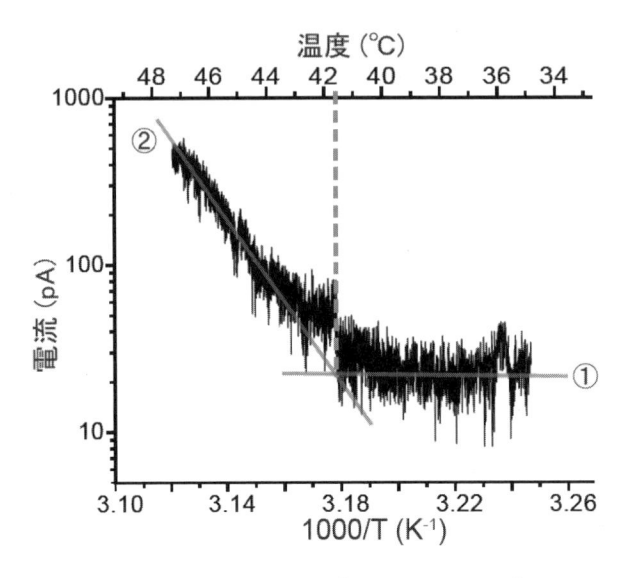

図6 温度感受性 TRPV1 チャネルのアレニウスプロット
図5のデータを横軸に絶対温度の逆数、縦軸に電流密度の対数をとってプロット。温度の上昇に関わらず活性化がみられない相（①）と温度上昇とともに活性化電流がみられる相（②）がはっきりと区別できる。それぞれの相において接線を作成した時、2本の接線の交点の温度を活性化温度閾値としている（図の場合、活性化温度閾値は41.7℃）。

冷刺激による TRPM8 の活性化電流（図7）も同じように解析することができる。

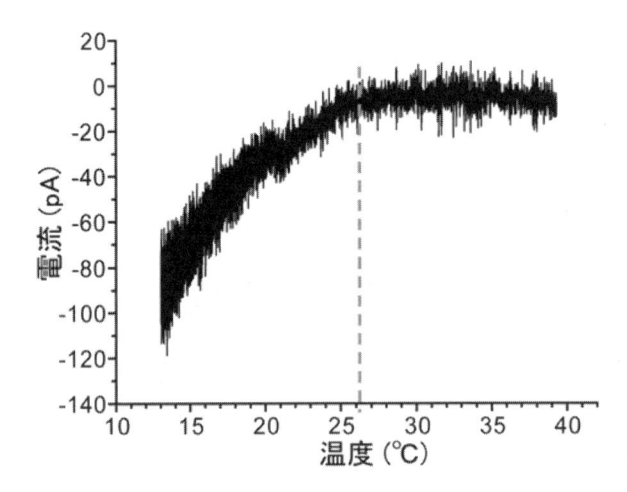

図7 温度感受性 TRPM8 チャネル活性の温度依存曲線
保持電位-60 mV での冷刺激（15℃以下）による内向き電流の温度依存曲線。26℃ 付近から活性化電流が認められ、温度の低下とともに電流が大きくなることがわかる。

Ⅳ．おわりに

本章では、温度刺激によるチャネル電流活性化の記録方法と解析方法を概説した。これらの温度感受性 TRP チャネルは、感覚神経細胞のみならず多くの細胞に発現して機能しており、温度感

受性TRPチャネルを強制発現させたHEK293細胞と同じように、それらの細胞でも温度刺激による活性化電流記録が可能である。また、最近、哺乳類のみならず多くの生物が温度感受性TRPチャネルを用いて環境温を感知していることが明らかになりつつあり、アフリカツメガエル卵母細胞や昆虫細胞を用いた電流記録システムによる解析も広く行われるようになるであろう。

文　献

1. Caterina, M.J., Schumacher, M.A., Tominaga, M., Rosen, T.A., Levine, J.D. & Julius, D. (1997) The capsaicin receptor: a heat-activated ion channel in the pain pathway. Nature 389, 816-824
2. Venkatachalam, K. & Montell, C. (2007) TRP channels. Annu. Rev. Biochem. 76, 387-417
3. Tominaga, M. & Caterina, M.J. (2004) Thermosensation and pain. J. Neurobiol. 61, 3-12
4. Dhaka, A., Viswanath, V. & Patapoutian. A. (2006) Trp ion channels and thermosensation. Annu. Rev. Neurosci. 29, 135-161
5. Talavera, K., Nilius, B. & Voets, T. (2008) Neuronal TRP channels: thermometers, pathfinders and life-savers. Trends Neurosci. 31, 287-295
6. Hille, B. (2001) Ion Channels of Excitable Membranes, 3rd edn. Sinauer, Sunderland

21章　チャネル遺伝子発現システムとその解析法

I．はじめに

　クローニングされたイオンチャネルの機能を解析するため、電気生理学的実験手法とともにチャネル遺伝子発現システムが必要不可欠である。遺伝子産物のチャネル活性の実証、分子内機能ドメインの同定、生理活性物質や薬物、補助サブユニットなど他分子との相互作用の詳細な解析に用いられる。また、チャネル病の分子機構を理解するためにも遺伝子発現システムは利用されている。近年では、3次元結晶構造解析や分子動力学（MD）シミュレーションなど多角的な研究アプローチが、遺伝子発現システムを用いたイオンチャネル機能の解析に分子構造の基盤を与え、我々のイオンチャネルの構造機能相関の理解を深化させている。

　チャネル遺伝子発現システムとして、培養哺乳類細胞を用いる方法とアフリカツメガエル卵母細胞を用いる方法がともに広く用いられている。目的とする実験結果を得るためには、それぞれに特徴的な利点と問題点を理解し、最適な手法を選択する必要がある。本稿ではそれぞれのチャネル発現システムの原理と具体的な実験方法について概説する。

II．培養哺乳類細胞での発現実験法

　培養細胞内へ目的の遺伝子を導入する代表的な方法として、リン酸カルシウム共沈法、リポフェクション（リポソームトランスフェクション）法、DEAE-デキストラン法、電気穿孔法（エレクトロポレーション）、マイクロインジェクション法などがある。この中でリポフェクション法は、比較的容易でありチャネルの電気生理学的解析に適している。我々の研究室でもこの方法を用いてきた。

　また、外来性 cDNA を培養細胞に発現させる方法には、一過性に遺伝子を発現させる（transient expression）方法と、安定的に発現させる（stable expression）方法の2種類がある。我々は手法が容易で電気生理学的解析までの期間を短くしておこなうことが出来る一過性発現法を用いて、イオンチャネルの解析をおこなっている。

1．原理[1]

　生体膜を構成する代表的なリン脂質である lecithin などの両親媒性物質を水溶液に懸濁させると、リポソーム（liposome）と呼ばれる脂質二重膜の小胞を形成する。リポフェクション法は、この小胞を利用して培養細胞内に cDNA を導入する。つまり cDNA をリポソームと混合すると、リポソーム小胞と cDNA が電気的な相互作用により複合体を形成し、これを細胞と培養するとエンドサイトーシスにより取り込まれ、その後 cDNA は核に移動すると考えられている。遺伝子導入試薬として、我々は GIBCO BRL 社から市販されている Lipofectamine を用いてきた。また近年は Roche 社の FuGENE6 も用いており、その場合に関して補足(d)にて説明する。

2．培養細胞

　電気生理学的解析のためにも、付着培養細胞を用いるのが適当である。HEK 細胞、COS 細胞、

CHO細胞、HeLa細胞などが一般的に用いられる。リポフェクション法による遺伝子発現実験では、培養細胞の種類によってトランスフェクション効率が異なる。我々の経験では、HEK細胞がトランスフェクション効率が良く（補足a参照）、またCOS細胞なども良い。ところがこれらの細胞は安定的遺伝子導入には不向きとされている。安定的遺伝子導入にはCHO細胞が適していると考えられる。

＜補足＞
（a） 我々の経験ではHEK細胞は培養開始後2～3ヶ月で外来遺伝子のトランスフェクション効率が落ちてくるので、凍結保存している細胞を起こし直す必要がある。この場合、起こしてすぐの培養細胞はトランスフェクション効率は良いが、細胞膜の状態が非常に悪く電気生理学的手法には適していない。この状態は1～2週間程度続くので、実験計画を立てる場合はこの期間を加味しておこなうようにしたい。

3．発現ベクター

導入したcDNAを培養哺乳動物細胞内で効率よく発現させるためには、cDNAをinsertとしてもつベクターにpromoterあるいはenhancerなど高発現に関わる遺伝子配列が必要となる。我々が用いているHEK細胞に導入するベクターには、pcDNA3やpcDNA4HisMax（ともにInvitrogen社）、pGFP、pIRES2-EGFP（ともにCLONTECH社）などがあり、hCMV (human cytomegalovirus) immediate early gene promoter、QBI SP163 enhancerなどを持つ。

4．ベクタープラスミドの精製

QIAGEN社から市販されているDNA精製キット（miniprepやmaxiprep kitなど）を用いて精製したプラスミドを用いる。

5．一過性発現（transient expression）法

一過性発現法は、プラスミドの細胞内への導入後1～3日以内の一時的なプラスミドの増幅の際の遺伝子発現を利用するものである。我々の研究室での例を以下に記す。

プロトコール：
① 電気生理学的実験当日に～80％コンフルエントになるように、12穴プレートにHEK細胞を播く（カバーガラス必要なし）（補足b参照）。培地組成はDMEM（Dulbecco's modified Eagle's medium）＋10% FBS（fetal bovine serum）としている。
② 0.5 µg/wellのプラスミドDNA（補足c参照）（0.5から5 µL Tris/EDTA溶液（TE溶液）、または脱イオン水に溶解させたもの）とOPTI-MEM（GIBCO BRL社）50 µL/wellに溶かしたPlus Reagent（GIBCO BRL社）2 µL/wellとをよく混合し15分間室温でインキュベートする。
③ この溶液とOPTI-MEM（GIBCO BRL社）50 µL/wellに溶かしたLipofetamin溶液（GIBCO BRL社）3 µL/wellとを良く混合しさらに15分間室温でインキュベートする。
④ このインキュベーションの間に培地DMEM（10% FBS）を抜き取り、あらかじめ37℃にしておいたOPTI-MEM 1 mL/wellを細胞に加え、FBSを洗い取る（補足d参照）。
⑤ ④で細胞に加えたOPTI-MEMを抜き取り、③で用意した混合溶液にOPTI-MEM 400 µL/wellを加えよく混合し（最終500 µL/well）、これを細胞に加え約4～5時間37℃（5% CO₂ガス）で培

養する。

⑥ 4〜5時間後、細胞にDMEM（20% FBS）500 μL/wellを加え（最終10% FBSとなる）37℃（5% CO_2ガス）で一夜培養する。

⑦ 翌朝（実験当日朝）、培地を捨て、トリプシン-EGTA溶液を加え、細胞を観察しながら1分間程度室温で静置する（長く置きすぎないこと。細胞が丸くなってくればOK）（補足e参照）。

⑧ 新しいDMEM（10% FBS）を入れ、ピペッティングにより細胞をばらし、電気生理学的解析をおこなうカバーガラスを入れた12穴プレートに移し、さらに培養を続ける（補足f参照）。トランスフェクションした培養細胞は剥がれ易くなっているため、カバーガラスはあらかじめpoly-L-lysine（Sigma社）でコートを施しておく（補足g参照）。

＜補足＞

（b）我々は、上記のプロトコールのように実験前日に12穴プレートでトランスフェクションをおこない、当日にカバーガラスを入れた12穴プレートに実験に適切な細胞密度で播き直している。研究者によっては、トランスフェクションを実験用のカバーガラスの上でおこない、トランスフェクション後発現まで培地交換のみで培養し、実験に使用する場合もある。電気生理学的測定技術が熟練してくると、解析の際に一枚のカバーガラス上にそれほど多くの細胞は必要ない。むしろ、薬物を投与する等の処置を与える場合には、細胞を播いたカバーガラスの枚数を十分多くし、実験毎に交換できるようにした方がよい。

（c）我々はトランスフェクションをおこなうプラスミドDNAの量を0.5 μg/well以下にしている。これは培養細胞の外来遺伝子発現による負担を出来る限り抑える目的でそのようにしている。

（d）一般的にはFBSやFCSなどの血清はリポフェクション法によるトランスフェクションを阻害すると考えられている。FuGENE6 (Roche社)は脂質ベースのトランスフェクション試薬であり、多くの細胞において高い発現効率を得られ、毒性も比較的少なく、また血清の有無が導入効率に影響を与えない。以上のことから最近よく使われる。FuGENE6を用いる場合は、④の血清を抜き取る操作はいらず、DNA-FuGENE溶液を細胞に滴下すれば良い。

（e）我々は2倍希釈のTrypLE Express（Invitrogen社）溶液を用いて細胞を解離させている。

（f）発現させるチャネルや細胞の状態により、この時点で電気生理アッセイをおこなえる、あるいは早くアッセイを始めた方が良い場合もある。

（g）我々は、12穴プレートの各ウェルにアルコール滅菌したカバーガラス（直径15 mm）を入れ、poly-L-lysine溶液（0.1 mg/mL）で各ウェルを満たし、室温でしばらくインキュベートした後この液体を取り除き、一夜以上乾燥させて用いている。

6．電気生理学的解析

倒立顕微鏡のステージ上に設置したチャンバー内（図1）に培養細胞の付着したカバーガラスを入れる。これ以降の電気生理学的手法については本書、第2章「パッチクランプ法総論」などに詳しい。参照されたい。

<注意点>

電気生理学的解析をおこなう場合、記録されたイオンチャネル活性が発現させようとしているものであるか正しく判断することが必要である。つまり培養哺乳動物細胞にも当然内因性のイオンチャネルは存在している場合が多いので、培養細胞自身が元来保持しているイオンチャネルと外因性に発現させようとするイオンチャネルとを見分ける必要がある。これにはトランスフェクションをおこなっていない培養細胞において、その細胞自身がどのようなイオンチャネルを保持するのかを詳細に検討する必要がある。

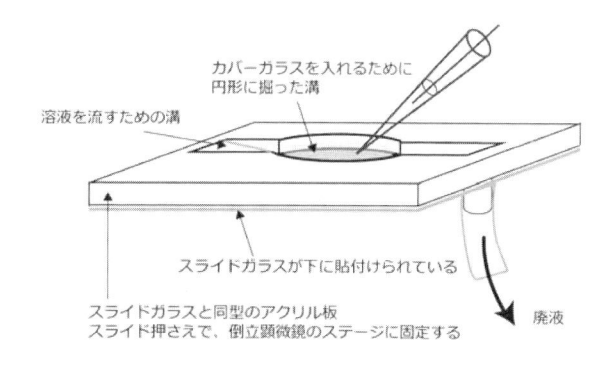

図1　培養細胞発現系実験で使用するチャンバー
倒立顕微鏡のステージに載せるチャンバー。アクリル板にスライドガラスを入れるための円形の溝と還流するための溝を掘り、その下にスライドガラスを貼付ける。

7. 培養哺乳類細胞一過性発現法（transient expression 法）の利点と問題点

①利点；
 (a) チャネル活性解析においてアフリカツメガエル卵母細胞と比べ単一チャネルレベルの解析が比較的容易である。
 (b) 蛋白質を発現させる作業が煩雑でなく比較的容易である。また、細胞培養の技術さえあれば熟練した技術をあまり必要としない。

②問題点；
 (a) 一過性発現法を用いた場合、全ての培養細胞にトランスフェクションが起こり遺伝子が発現することはない。発現している細胞と発現していない細胞を見分けることができれば、解析がより容易になる。我々は別の独立した発現ベクターに入れた緑色蛍光蛋白質 GFP（green fluorescent protein）を同時にトランスフェクションし、解析する際に紫外線で細胞を照らすことで（GFP を発現している細胞は緑色に光る）、トランスフェクションが起こった細胞を選別している。また、GFP を融合させたチャネルを発現させれば、目的のチャネルを発現する細胞を直接的に見分けることができる。しかしながら、この場合にはGFP の融合がチャネル活性に影響しないことを確認する必要がある。他には IRES（internal ribosome entry site）配列を有する、目的遺伝子と GFP 等マーカーの共発現ベクターを構築しても良い。この場合には、IRES 配列依存的な転写効率が高くないことに注意が必要である。
 (b) チャネル結合蛋白質などのチャネル活性に対する影響を検討する場合などは、2つ以上のcDNA を同一細胞にトランスフェクションする必要がある。しかしながら、生きたままの1つの細胞にこれら cDNA が同時に発現していることも、また仮に発現していたとしてそれらの量比も確認することは難しい。我々は ATP 感受性 K^+（K_{ATP}）チャネルの電気生理学的解析をおこなう場合、Kir6.2 サブユニットとスルフォニルウレア受容体（SUR）を同時に発現させる。K_{ATP} チャネルは Kir6.0 サブユニットと SUR が複合体を形成することで

はじめてチャネル活性を見せることが既に知られている。実際2種のcDNAを独立したベクターに入れ同時にトランスフェクションさせてみると、高頻度でK_{ATP}チャネル活性が確認できる。おそらく、少なくともそれらの細胞では2つのcDNAを同時に発現していると思われる。また、実際に細胞をparaformaldehydeで固定し、それぞれ異なったtagを用いて二重染色をおこなってみても、やはり同じ細胞で2つのcDNAを同時に発現していることがほとんどであった。また我々は発現マーカーとしてGFP発現ベクターも同時にトランスフェクションしているので、3つの独立したcDNAを同一細胞で発現していることになる。

ここで当研究室でおこなった実験を例にあげる。これはKir4.1チャネルを一過性発現法によりHEK細胞に発現させ、チャネル活性を測定したものである。Kir4.1チャネルは内向き整流性を示す膜2回貫通領域をもつone pore K^+ channel familyに属し、例えば中枢のアストログリア細胞に高発現していることが知られているが、生体内細胞からKir4.1電流を分離して測定することが困難であり、そのチャネル特性や機能、薬物感受性はまだ十分理解されていない[2]。我々はKir4.1電流が抗うつ薬[3-5]や図2で例示した抗精神病薬haloperidolなど種々の薬物で阻害されることを観察している。Aはwhole-cell解析で、細胞外からの薬物投与で電流の阻害が観察される。またBはinside-out modeによる単一チャネルレベルでの解析であり、今度はチャネルの細胞質側からの薬物の投与によってチャネル活性が阻害されるのが観察される。single-channel conductanceへの影響はほとんど無く、open probabilityが低下しdwell timeも短くなる。トランスフェクションをおこなっていないHEK細胞ではこのような電流は測定できない。

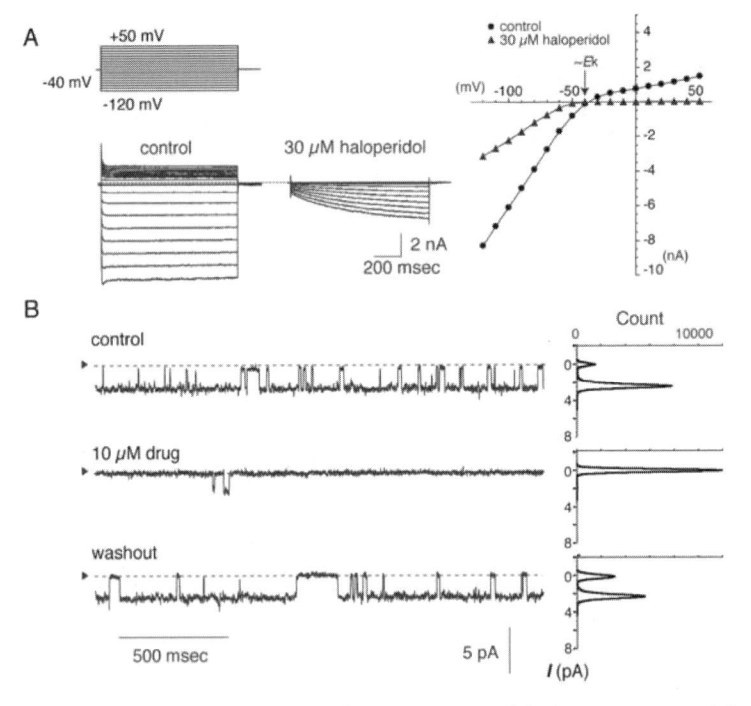

図2 HEK細胞に発現させたKir4.1チャネルのwhole-cell（A）とsingle-channel（B）のトレース
HEK細胞にrKir4.1を発現させ、（A）ではwhole-cell clamp法によりチャネル活性を記録した。細胞外K^+濃度は30 mMにし、静止膜電位をおおよそE_Kの–40 mVに固定し膜電位を–120から+50 mVまで段階的に変化させた。（B）ではrKir4.1のsingle-channelの記録である。inside-outで記録をおこない、細胞膜内外のK^+濃度は150 mMで、膜電位を–100 mVに固定した。左パネルで矢頭は0 current levelを表している。

III. アフリカツメガエル卵母細胞による発現実験法

　アフリカツメガエル卵母細胞は、その外来遺伝子の発現能力と、他の動物に比べ大型で取り扱いの簡便さ、培養の容易さから、クローン化されたイオンチャネルやレセプターを含む蛋白質の発現系として良く用いられてきた[6-8]。以下では、卵母細胞系によるイオンチャネル発現実験法を、cRNA の合成、カエルの飼育、卵母細胞への cRNA 注入、電気生理学的解析に分けて解説する。

1. 原理 [6, 9]

　卵母細胞は、細胞内に翻訳開始因子や rRNA、tRNA 等を大量に貯蔵し急激な蛋白質合成に備えており、*in vitro* で産生された RNA 転写産物（cRNA）をガラス針を通じて注入（マイクロインジェクション）することにより効率よく蛋白質を翻訳することができる。

2. cRNA の合成 [10, 11]

　in vitro の cRNA は、イオンチャネルやレセプターなどの DNA から容易に合成できるが、その取り扱いには注意が必要である。DNA 分解酵素（DNase）は、活性化に Mg^{2+} が必要で、DNA を EDTA を含む緩衝液中に保存しさえすればほとんど分解されることはない。また DNase は熱処理や変性剤により容易に失活する。しかし RNA 分解酵素（RNase）はいったん汚染されてしまうと不活性化することが非常に難しく、なかなか除去できない。そのため実験中は、RNase の検体への混入を極力避けることが重要である。また実験者の汗や唾液などからの汚染を防ぐため、一般作業はマスク及び手袋をしておこない、器具類もなるべくディスポーザブルのものを用い、RNA 用の試薬の調整には DEPC 処理水を用いることが望ましい。

（1）直鎖化 DNA の作製

① プラスミド DNA（補足 h 参照）を直鎖化するため、DNA の 3' 末端側の適当な制限酵素部位を用いて切断する。プラスミド DNA（1 μg/mL）10 μL、制限酵素 1~2 μL、10x 制限酵素バッファ 5 μL、滅菌蒸留水（H_2O）33~34 μL、計 50 μL を制限酵素の至適温度で 3~12 時間インキュベートする。

② 酵素的に蛋白質を分解し、蛋白質の除去効率を高めるために 10% SDS 5 μL、20 mg/mL プロテインキナーゼ K（TAKARA、東京）5 μL、H_2O 40 μL を添加し、さらに 37ºC、30 分間インキュベートする。

③ 蛋白質除去の目的で等量のフェノール／クロロホルム液（100 μL）を加える。充分撹拌した後、15,000 rpm、5 分間遠心する（補足 i 参照）。

④ フェノールは細胞に極めて有毒である。水槽中のフェノールを除くため、上層を別の容器に移しクロロホルム 100 μL を加えて、15,000 rpm、5 分間遠心する。

⑤ 上層に酢酸ナトリウムを加えたエタノール沈殿により cDNA の濃縮をおこなう（補足 j 参照）。1/10 量の 2 M の酢酸アンモニウム（つまり終濃度 0.2 M）及び 2.5 倍量の 100% エタノール（終濃度おおよそ 70%）を加えて−20~−80ºC で 20 分間以上静置し、15,000 rpm、10 分間遠心する。

⑥ 沈殿物（DNA）に 70% エタノールを 200 μL 加えて 15,000 rpm、10 分遠心して余分な塩を取り除き、その後 DNA を乾燥する。

⑦ 沈殿させた DNA を TE 緩衝液など EDTA の入った緩衝液に溶解する。DNA を溶解後、分光光度計などで濃度を測定し、アガロースゲル電気泳動にて DNA のバンドを確認する。その後 DNase 及び RNase free の環境で−20ºC で凍結保存する。

（２）cRNA の合成
① 直鎖化された鋳型 DNA から RNA ポリメラーゼを用いて転写反応により cRNA を合成する。DNA（1 μg/μL）1 μL、RNA ポリメラーゼ（TAKARA、東京）1 μL、5x RNA ポリメラーゼバッファ 10 μL、10 mM CAP analog（GIBCO BRL、USA）（補足 k 参照）5.5 μL、10 mM rNTP mixRNA（GIBCO BRL、USA）2.5 μL、RNase inhibitor（TAKARA、東京）1 μL、0.1 M DTT 2.5 μL、H_2O 26.5 μL 計 50 μL を 37ºC、60 分間インキュベートする。
② 反応後、DNase により鋳型 DNA を分解する。DNase I（TAKARA、東京）3 μL 及び 0.5 M EDTA 2.5 μL を加え、さらに 37ºC、20 分間インキュベートする。
③ 蛋白質除去の目的で等量のフェノール／クロロホルム液（55 μL）を加える。充分撹拌した後、15,000 rpm、5 分間遠心する。蛋白除去を確実にするためこの操作を 2 回繰り返してもよい。
④ 上層に酢酸アンモニウムを加えたエタノール沈殿により cRNA の濃縮をおこなう（補足 l 参照）。1/10 量の 2 M の酢酸アンモニウム及び 2.5 倍量の 100%エタノールを加えて–20～–80ºC で 20 分間以上静置し、15,000 rpm、20 分間遠心する。
⑤ 沈殿物（RNA）に 70%エタノールを 200 μL 加えて 15,000 rpm、10 分遠心して余分な塩を取り除き、その後 RNA を乾燥する。
⑥ cRNA を DEPC 処理水に溶解後、分光光度計などで濃度を測定し、ホルムアルデヒドゲル電気泳動にて cRNA のバンドを確認する。その後 DNase 及び RNase free の環境で–80ºC で凍結保存する。

＜補足＞
（h）プラスミド DNA は、発現ベクターに組み込まれている T7、T3、SP6 などのプロモーターの下流に目的の DNA をサブクローンし、プラスミド DNA を精製する。その際、3'末端側にポリ（A）配列が付加されていることを確認しておく。このポリ（A）は 3'末端側に付加されている 20～200 のアデニル酸残基の配列で、DNA から cRNA が転写された際の RNase による分解を防ぎ、その安定性を高める作用があり、また転写効率も上がると考えられている。
（i）蛋白質を含む水溶液をフェノール（pH 7.8~8.0）で処理すると、疎水的に結合している蛋白質の高次構造が保てなくなる。クロロホルムにも蛋白質を変性させる作用がある。変性した蛋白質は下層（フェノール層）と上層（水層）の間の中間層に集まるため、上層中の DNA と容易に分離することができる。またフェノール、クロロホルムにイソアミルアルコール（25:24:1）を加えることにより、DNA を含んだ抽出バッファと、フェノールやクロロホルムとの分離能が高まると考えられている。上層をとる際には中間層にある蛋白を絶対に吸引しないようにする。
（j）高分子核酸（DNA）は溶液中で電気的に負に帯電しているため分子間の反発のため凝集しない。しかし、酢酸ナトリウム等の塩を加えると核酸が電気的に中性となり、高濃度のエタノールにより核酸は水和できなくなり凝集する。
（k）cRNA にキャップ構造をもたせるため、キャップヌクレオチドを加える。このキャップ構造はほとんどの真核生物の mRNA に存在しており、転写効率を高めるとともに、翻訳開始因子の結合、RNase からの保護など重要な役割を担っている。
（l）通常、エタノール沈殿には溶解性の高い酢酸ナトリウムや酢酸カリウムを用いるが、酢酸アンモニウム用いると未反応の ribonucleotide（NTP）が沈殿してこないため、RNA ポリメラーゼによる転写反応産物をエタノール沈殿する際には良く用いられる。

3. 卵母細胞の準備 [12, 13]

① アフリカツメガエルを 0.35%トリカイン溶液に浸して麻酔をかける。単に氷水に浸すことで低温麻酔をかける場合もある。

② カエルが完全に麻酔にかかったことを確認後、氷上に仰向けに置き、70%エタノールで腹部を消毒後、右または左下腹部をメスで 1 cm ほど切って卵巣を必要量取り出し、バッファ（A）入りのシャーレに移す。カエルは、十分成熟している良質な卵母細胞（stage 5 または 6 の卵母細胞）を持っているものを選ぶことが重要である。動物極のきめが細かく、動物極と植物極の境が明瞭なもの、多少弾力性のある卵母細胞を用いた方が良い。

③ 切開した部分の筋層と皮膚をそれぞれ縫合した後、覚醒させてから水槽に戻す。手術したカエルは傷口の治癒のため、次回使用するまでに最低 3 週間はあける。我々は、2ヶ月程度はあけるようにしている。

④ 卵母細胞の外膜は卵胞細胞層及びビテリン膜に覆われている（図3）。このうち卵胞細胞層には内在受容体が存在すること [14] と、RNA 注入時や微小電極法で電気生理学的解析時にガラス管の細胞への刺入が困難となるため、卵胞細胞層は取り除く必要がある。そのため、卵をコラゲナーゼ入りバッファに移して 1～2 時間インキュベートする。この時バッファ中にカルシウムイオン（Ca^{2+}）が存在すると、コラゲナーゼ中の蛋白質分解酵素が活性化され卵に悪影響を及ぼすことがあるので、Ca^{2+} free のバッファ（B）中でおこなう。卵巣は袋状になっている。卵巣の一番外側の結合組織をピンセットで裂き、卵母細胞を酵素液に露出させると反応がスムーズに進む。

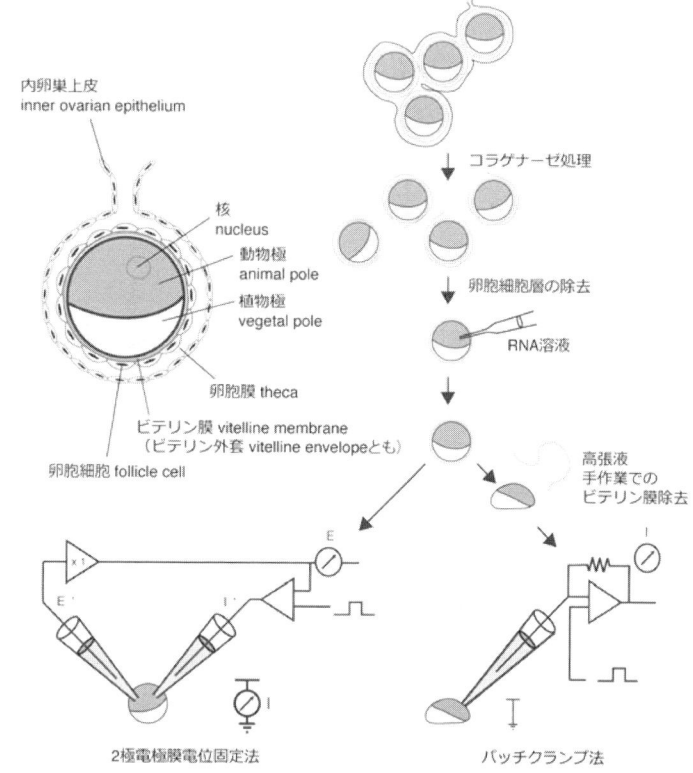

図3　アフリカツメガエル卵母細胞を用いた電気生理学的実験概要
A. アフリカツメガエルの細胞膜が幾つかの細胞・膜によって覆われてるところを示すイラスト。B. 卵母細胞調整の各ステップ。

⑤ コラゲナーゼにより卵胞細胞層が取り除かれているのを顕微鏡下で確認後、2～3 回 Ca^{2+} 入りのバッファ（A）で洗浄する。この時、壊れている卵母細胞が他の細胞に悪影響を及ぼすので（プロテアーゼ等がバッファ中に出てきたり、卵黄が外に出ると細菌が繁殖し易くなる等）、できるだけ取り除く。

⑥ 傷ついた卵母細胞を見分けるため 18℃ にて一晩静置し、翌朝再度選別する。

<補足>
バッファ（A）（培養液 NDE）：96 mM NaCl、2 mM KCl、1.8 mM CaCl$_2$、1 mM MgCl$_2$、sodium pyruvate (550 mg/L)、5 mM HEPES (pH 7.6)
バッファ（B）（酵素処理用 OR-2-Ca-free）：82.5 mM NaCl、2 mM KCl、1 mM MgCl$_2$、5 mM HEPES (pH 7.5)

4．卵母細胞への cRNA の注入

① 各 cRNA を注入する最終濃度に調整する。複数種類の cRNA を同時に注入する際は、この時点で混合しておく。条件毎に、3~4 μL 程度あれば大抵足りる。cRNA がほぐれ易くするため 65℃、5 分熱処理する。その後 15,000 rpm、5 分遠心して不純物を取り除き、使用までは氷冷しておく。不純物が存在すると RNA を打ち込む際の詰まりの原因となる。

② 卵母細胞へのインジェクション用のガラス針を作製する。ガラス管（直径約 1 mm）を pipette puller で一段で引き、更に実体顕微鏡下で先端を折って径 20 μm 前後になるように調整する。

③ メッシュを敷いたシャーレにバッファ（A）を入れ（量は卵母細胞がちょうど浸る程度）、卵母細胞を並べる。

④ ガラス針に RNA 溶液を注入し、マイクロマニュピレーターにガラス針をセットする。微量の cRNA 溶液を注入するためにピコリッター・プレッシャーインジェクター（PLI-100、Warner Instruments、CT）を用いている。cRNA 溶液は 50 nL 程度出るようにインジェクター装置及びガラス針の先端の太さを微調整する。

⑤ 実体顕微鏡下で卵母細胞に cRNA 溶液を注入する。ガラス針を動物極側から打ち込む際は、直下に核が存在するため、傷つけないように注意する。またガラス針の先が詰まってしまうことが良くあるので、数回に一回は空打ちし、詰まっていないことを確認しながら注入していく。

⑥ 卵母細胞を 18℃ で数日間培養する。できるだけ無菌に近い状態を保つため、ペニシリン系やアミノグルコシド系などの抗生物質を添加し、さらにバッファと容器は毎日交換する。また傷ついたり壊れた卵母細胞はそのつど処分していく。

5．電気生理学的解析法 I（2極電極膜電位固定法）[15, 16]

① 卵母細胞は個体によって発現量が大きく異なったり、内因性のチャネルの発現が見られたりするため、あらかじめ発現することがわかっている cRNA 溶液と cRNA を全く含まない溶液をそれぞれ卵母細胞に打ち込み、陽性および陰性のコントロールとしておく。また、結果は必ず複数の個体で確認する事も重要である。

② 卵母細胞を電流測定用の浴槽に固定する（小さな窪みやメッシュ等があるとよい）（図4）。

③ 卵母細胞に挿入する2本の微小電極及び外液中におく不関電極用のガラス管を作製する。刺入用のガラス管の電極抵抗はあまり大きくない方がよい

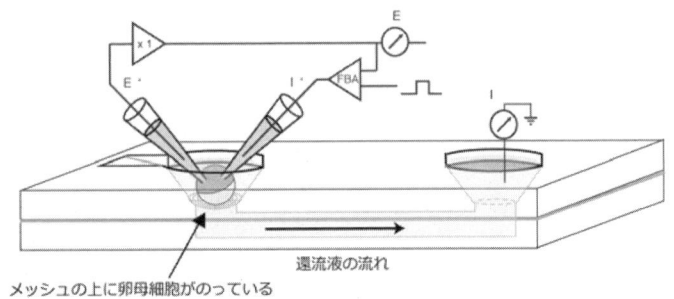

図4　2極電極膜電位固定法に用いている記録チャンバー模式図

が（0.2~0.6 MΩ）、そのためにガラス管の先端を太くしすぎると卵母細胞を傷めたり、電極内液が漏れ出てしまうので適切な太さに調節する。

④ 電極には塩化銀電極を用いる。また電極内溶液は通電性のよい溶液（通常は 3 M KCl）を用いる。不関電極は1%アガロースゲルを 3 M KCl に溶解したものをガラス管内に注入し、その管内に塩化銀電極を通しておく。外液は目的に応じて調整する（補足 m 参照）。

⑤ 2電極電位固定法により全細胞電流量を測定する（補足 n 参照）。卵母細胞の静止膜電位は、発現させるチャネルによっても変化するが、外液のカリウム濃度が低ければ(約5 mM)通常−60 mV 前後なので、それを目安に状態の良い細胞かどうか判断する。電位が安定しなかったり、漏洩電流が多く見られる場合は細胞を交換する。得られたデータの解析は、patch clamp法における whole-cell mode とほぼ同様におこなうことができる（補足 o 参照）。

＜補足＞

（m）K$^+$チャネルの発現実験の場合は、外液の組成は 90 mM KCl、3 mM MgCl$_2$、5 mM HEPES（pH 7.4）としている。また内因性の Ca^{2+}依存性 Cl$^-$チャネル電流の影響を除くため、150 μM niflumic acid を外液に加えている。

（n）卵母細胞を用いた2極膜電極固定実験の場合、電流量が nA~μA オーダーで、patch clamp における微小電極と（pA）と比較し 10^3〜10^6 倍以上とかなり大きく、そのためコンプライアンスの大きなアンプが必要となる。我々はアンプに GeneClamp 500B（Molecular Devices 社）を用いている。この方法では、電位と電流が別々に測定でき、低抵抗のガラス電極で容易に膜電位固定できるなどの利点があり、卵母細胞による再構成系チャネル電流の測定にはよく用いられている。

（o）我々は、録画装置などに記録させておいたデータを取り込むための A/D 変換機として ITC-16（Instrutech 社）や DIGIDATA 1322A（Molecular Devices 社）、解析ソフトとして Igor pro（WaveMetrics 社）、Patch analyst pro（MT 社）、Clampfit（Molecular Devices 社）を使用している。

6．電気生理学的解析法Ⅱ（On-oocyte patch 法）

① 卵母細胞を用いて単一チャネルレベルの評価が必要な時は、on-oocyte patch などによっておこなう。二極電極膜電位固定法の時と同様に卵母細胞を準備しイオンチャネルを発現させれば良いが、patch clamp 法を適応する直前に卵母細胞のビテリン膜を剥がし、細胞膜を露出する必要がある。卵母細胞を高張液（400~500 mOsm）（補足 p 参照）に5〜30分程度浸すと、卵母細胞がシュリンク（縮小）し、ビテリン膜が細胞膜から離れ可視できる（図5）。こうなるとビテリン膜はピンセットで注意深くつまんで剥がすことができる。ビテリン膜を剥がした卵母細胞は非常にもろく、少しでも外気に触れるとすぐに破裂してしまう。またガラスやプラスチックにくっつき易く、記録チャンバーに設置した卵母細胞は注意しないと位置を変えようとした時に細胞膜が破れ内容物が漏出することがある。

② 卵母細胞における on-oocyte patch あるいは excised patch

図5 高張液中の卵母細胞
卵母細胞が縮小し、透明な膜のビテリン膜が細胞膜から離れ観察できる。

法は他の標本においておこなう手技と同じである。特にアフリカツメガエルを用いたジャイアントパッチ法に関しては、本書14章「ジャイアントパッチ法と心筋マクロパッチ法」を参考にされたい。ただし注意点を追記しておくと、卵母細胞を沈めるために水深が通常の細胞よりも深いことがあるので、patch 電極のシリコンコートは十分上部まで施すことが必要である。また、イオンチャネルの分布が細胞膜上に一様ではないという報告もある[17]。

＜補足＞
（p）我々がビテリン膜を細胞膜から離すために用いている高張液は 60 mM KCl、10 mM EGTA、40 mM HEPES、250 mM sucrose、8 mM MgCl$_2$ (pH 7.0 with KOH)としている。

7．アフリカツメガエル卵母細胞発現系の利点と問題点

①利点；
 (a) カエルの飼育や卵の培養が、哺乳動物培養細胞より比較的容易に扱える。
 (b) 他の細胞に比べ発現効率がよく、また複数の cDNA を同時に発現させることができる。
 (c) ２電極膜電位固定法による膜電流測定では、電流量が多いためノイズ除去も電流測定も比較的簡単におこなうことができる。

②問題点；
 (a) 卵母細胞は個体によって発現量や反応性が大きく変化したりすることがあるため、必ず複数の個体で確認する。
 (b) cRNA は凍結融解を繰り返すと分解することがあるので、反応が悪くなってきたら、または定期的に電気泳動にて cRNA のバンドを確認し、必要に応じて cRNA を作り直す。
 (c) 夏は卵母細胞の状態が悪くなるため、実験できない日が多くなる（数ヶ月に及ぶこともある）。

最後に当研究室でおこなった G 蛋白質制御 K$^+$（GIRK）チャネル及び m2 ムスカリン受容体を卵母細胞に共発現させ、3～4 日後にそのチャネル電流を測定した実験を例にあげる。GIRK チャネルは内向き整流性 K$^+$チャネルサブファミリーに属し、哺乳類では GIRK1～4（Kir3.1～Kir3.4）の４種類のサブユニットが既にクローニングされている。このチャネルは心筋細胞では GIRK1 と GIRK4、また中枢神経系では GIRK1 と GIRK2 のヘテロ４量体で存在していると考えられている[2, 18, 19]。この GIRK チャネルを m2-ムスカリン受容体とともに卵母細胞に共発現させると、アゴニストであるアセチルコリンにより GIRK チャネルが活性化され、過分極電位パルスにより内向き整流性を示す K$^+$チャネル電流が惹起される（図６）。

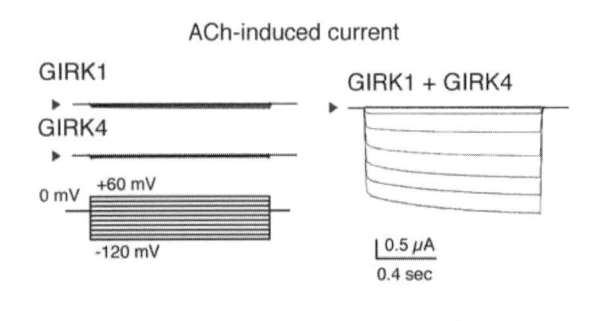

図６ GIRK チャネルのアゴニスト刺激による活性化電流の記録
GIRK1 及び GIRK4 で構成される GIRK チャネルを m2-ムスカリン受容体とともに卵母細胞に共発現させ、全細胞電流を記録した。アセチルコリン（1 μM）により GIRK チャネルが活性化され、過分極電位パルスにより内向き整流性を示す K$^+$チャネル電流が惹起された。GIRK1 あるいは GIRK4 のみでは発現電流量は少ないが、共発現させることで、大きな電流が得られた。細胞外の K 濃度は 90 mM であり、保持電流は 0 mV ($\approx E_K$)、図の矢頭は 0 current level を示す。

IV. おわりに

　培養哺乳動物細胞およびアフリカツメガエル卵母細胞発現系における実際的な手技を示した。現時点ではチャネルなどを発現させその機能活性を解析するのに、これら2つの実験系は共に広く一般的におこなわれている。実際に実験系を考える場合、これら2つの実験系の利点と問題点を把握し、どちらを用いれば適当なのか、どちらを用いた時により多くの情報を得ることができるかを検討した上で実験を組み立てる必要がある。前者は single channel での解析が後者に比べ比較的容易におこなうことができ、しかも詳細なチャネル kinetics の解析が可能であるので、構造機能相関を検討する上で利用価値の高い実験系であると考えられる。一方2つ以上の cDNA を発現させる場合、アフリカツメガエル卵母細胞発現系は一つの細胞に確実に複数の cRNA を注入できる点から、培養哺乳動物細胞に比べ利点があると考えられる。このことからアフリカツメガエル卵母細胞実験系はチャネルやトランスポータなどの機能解析だけでなく、受容体による調節に関わる細胞内情報伝達（cAMP、PI 代謝）の解析などにも適していると考えられ、応用範囲も広く利用価値は高いと考えられる。

文　献

1. Felgner, P.L., Gadek, T.R., Holm, M., Roman, R., Chan, H.W., Wenz, M., Northrop, J.P., Ringold, G.M. & Danielsen, M. (1987) Lipofection: a highly efficient, lipid-mediated DNA-expression procedure. Proc. Natl. Acad. Sci. USA 84, 7413-7417
2. Hibino, H., Inanobe, A., Furutani, K., Murakami, S., Findlay, I. & Kurachi, Y. (2010) Inwardly rectifying potassium channels: their structure, function, and physiological roles. Physiol. Rev. 90, 291-366
3. Furutani, K., Ohno, Y., Inanobe, A., Hibino, H. & Kurachi, Y. (2009) Mutational and in silico analyses for antidepressant block of astroglial inward-rectifier Kir4.1 channel. Mol. Pharmacol. 75, 1287-1295
4. Ohno, Y., Hibino, H., Lossin, C., Inanobe, A. & Kurachi, Y. (2007) Inhibition of astroglial Kir4.1 channels by selective serotonin reuptake inhibitors. Brain Res. 1178, 44-51
5. Su, S., Ohno, Y., Lossin, C., Hibino, H., Inanobe, A. & Kurachi, Y. (2007) Inhibition of astroglial inwardly rectifying Kir4.1 channels by a tricyclic antidepressant, nortriptyline. J. Pharmacol. Exp. Ther. 320, 573-580
6. Gurdon, J.B., Lane, C.D., Woodland, H.R. & Marbaix, G. (1971) Use of frog eggs and oocytes for the study of messenger RNA and its translation in living cells. Nature 233, 177-182
7. Gundersen, C.B., Miledi, R. & Parker, I. (1983) Voltage-operated channels induced by foreign messenger RNA in *Xenopus* oocytes. Proc. R. Soc. Lond. B Biol. Sci. 220, 131-140
8. Sumikawa, K., Houghton, M., Emtage, J.S., Richards, B.M. & Barnard, E.A. (1981) Active multi-subunit ACh receptor assembled by translation of heterologous mRNA in *Xenopus* oocytes. Nature 292, 862-864
9. Smart, T.G. & Krishek, B.J. (1995) Xenopus oocyte microinjection and ion-channel expression. In: Boulton, A., Baker, G. & Walz, W. (eds) Patch-Clamp Applications and Protocols, Humana Press, New York, pp259-305
10. Goldin, A.L. & Sumikawa, K. (1992) Preparation of RNA for injection into *Xenopus* oocytes. Methods Enzymol. 207, 279-297
11. 久保義弘（1997）アフリカツメガエル卵母細胞を用いたクローン化遺伝子の機能分析法."ニューロサイエンス・ラボマニュアル2、神経生物学のための遺伝子導入発現研究法"、古川和明（編）、Springer-Verlag、東京、pp347-357
12. Goldin, A.L. (1992) Maintenance of *Xenopus laevis* and oocyte injection. Methods Enzymol. 207, 266-279
13. Soreq, H. & Seidman, S. (1992) *Xenopus* oocyte microinjection: from gene to protein. Methods Enzymol. 207, 225-265
14. Kusano, K., Miledi, R. & Stinnakre, J. (1982) Cholinergic and catecholaminergic receptors in the *Xenopus* oocyte membrane. J. Physiol. 328, 143-170
15. Stuhmer, W. (1992) Electrophysiological recording from *Xenopus* oocytes. Methods Enzymol. 207, 319-339
16. 高橋智幸（1990）発現レセプターの電気生理学的検出法."実験医学別冊、神経生化学マニュアル"、御子柴克彦、清水孝雄（編）、羊土社、東京、pp20-25
17. Lopatin, A.N., Makhina, E.N. & Nichols, C.G. (1998) A novel crystallization method for visualizing the membrane localization of potassium channels. Biophys. J. 74, 2159-2170
18. Yamada, M., Inanobe, A. & Kurachi, Y. (1998) G protein regulation of potassium ion channels. Pharmacol. Rev. 50, 723-760
19. 倉智嘉久（2000）心筋細胞イオンチャネル. 文光堂、東京

22章　パッチクランプと単一細胞RT-PCR/マイクロアレイ法

I．はじめに

　パッチクランプ等の電気生理学的記録の後、記録した細胞が発現している遺伝子を解析することが出来れば、電気生理学的解析結果の分子的裏付けや、結果の解釈などに大変有用である。例えば、脳スライス標本中のある神経細胞から記録した後、神経伝達物質を合成する酵素のmRNA発現の有無を調べることによって、どのような神経伝達物質を放出する神経から記録したかが明らかになる、また、イオンチャネルのmRNAを確認すると記録した電流成分から予想したイオンチャネルの存在を分子的に裏付けることが可能となる。しかし、単一（神経）細胞に存在するmRNA量は極めて少ないため、その解析においては、記録細胞のmRNAのみを単離抽出する方法だけでなく、正確に増幅する過程が必要となってくる。近年の分子生物学的手法のめざましい進歩によって、特定の遺伝子発現を解析する単一神経細胞RT-PCR法だけでなく、網羅的に発現遺伝子を解析することが出来るマイクロアレイを単一（神経）細胞から行うことが出来るようになってきた。

II．パッチクランプRT-PCR法

　本稿では、スライスパッチクランプ記録後の単一細胞RT-PCRについて解説するが、もちろん通常の培養細胞等を用いたパッチクランプでも同様の方法によって発現遺伝子の解析が可能である。いずれの場合でも、記録後にmRNAを細胞質と一緒にガラス電極に回収し、逆転写酵素によってcDNAを合成し、その後polymerase chain reaction（PCR）によって目的遺伝子の増幅を行い遺伝子発現を検出する。

1．ガラス電極の作製と溶液等の準備

　ガラス電極は、使用前に十分洗浄（エタノールで洗浄後、milliQ水を用いて十分リンスする、電子レンジ内で沸騰させ管の内部も洗浄）し、軽く乾燥させた後に乾熱滅菌したものを用いる。以後は滅菌したピンセットもしくは、手袋をした手で扱う。先端部分に近い場所（中央部）は出来るだけ触らない。ガラス電極ホルダーと銀線はRNaseZap（Ambion AM9780）等で処理した後、milliQ水で洗浄して乾燥させておく。

　電極内液（下記例）は乾熱滅菌したガラス器具等及びnuclease-free水を用いて作製し、作製後にフィルター除菌（0.2 µm）してO-ring付きの滅菌チューブに分注して冷凍保存する。使用するときには、毎回新しい滅菌シリンジ（1 mL）に新しいフィルター（NALGENE、0.2 µm、176-0020）を取り付ける。フィルターの先には先端の細いディスポチップ（Eppendorf、Microloader、5242956.003）などを取り付けてガラス電極に電極内液を充填する。フィルターとディスポチップのサイズが合わないときには、滅菌イエローチップ等をハサミで切ってアダプターとして用いる。

K-gluconate電極内液組成（mM）：K-gluconate 145、$MgCl_2$ 3、HEPES 10、EGTA 0.2、pH 7.2

2. ホールセル記録

ガラス電極は先端径の大きいもの（1 μm以上）を用いる。電極抵抗は1 - 3 MΩ程度が好ましい。アプローチ時には軽く陽圧を加えておく。通常のスライスパッチクランプの時と同様にギガシールを作った後、陰圧によってパッチ膜を破りホールセルとして様々な記録を行うが、長時間記録を行うと細胞の状態が悪くなる。

3. 細胞質の回収

シールテストにてシールの状態を確認し、ギガシールを維持しながらピペット内に陰圧をかけ、細胞質をガラス電極内にゆっくり回収する。近赤外微分干渉像を見ながら行うと、ガラス電極内に細胞質が徐々に回収されて細胞が小さくなるのが観察出来る。この時に核（とても堅い）がガラス電極先端に吸い付いて栓をしてしまうと細胞質の回収がうまくいかない。細胞質の90%以上をガラス電極内に回収できるのが理想だが、5 - 60%程度でも実験がうまくいく場合もある。

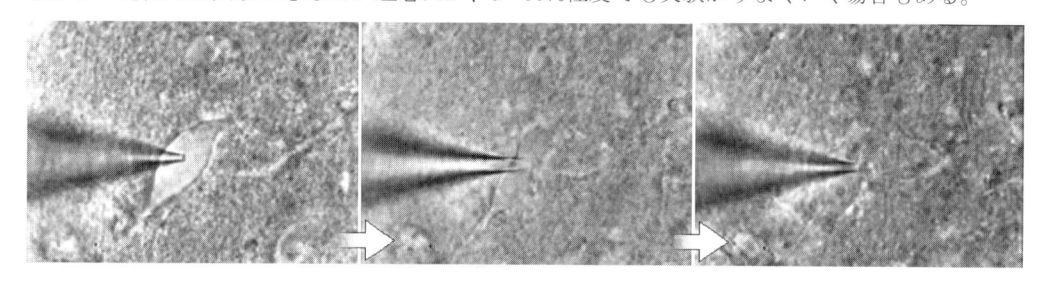

図1　スライスパッチクランプ記録後の細胞質の回収の様子
陰圧をかけて細胞質をガラス電極内に回収している（左から右）。回収に伴い細胞が小さくなり、輪郭が薄れ（中）、核だけになっている（右）。

4. 逆転写反応

細胞質を十分回収したら、電極をゆっくり細胞からひき離す。この時陰圧をかけ過ぎていると余計なものを吸い込む可能性があるため、あまり強い陰圧をかけないようにする（大気圧でもよい）。また、ガラス電極の周りにたくさんの付着物がある場合は良い結果が得られない。電極をゆっくり持ち上げる。細胞外液から出すときに特に注意する。<u>電極ホルダーから電極を抜き取らずに</u>ホルダーごと電極を取り出す。ガラス電極先端に気をつけながら1.5 mLチューブもしくは0.2 mLチューブに挿入し、先端を底に当ててガラス電極先端を破砕し、ガラスごと細胞質をチューブ内に回収する。この時先端が少し割れるだけで良く、あまり強く押しつけて電極を割らなくても十分である。多くの細胞を一つのチューブに回収したい場合は、このチューブを細かく砕いたドライアイス上において保存し、続けて回収したガラス電極を同じチューブ内で割れば良い。これを繰り返すことによって数個〜数十個の細胞質を回収できる。回収後は直ちに10 μLの以下の溶液を加えボルテックスやタッピングによって良く攪拌し、65°Cで5分間インキュベート後、氷冷する。

溶液の組成（μL）

Nuclease-free water (Promega)	7.5
RNase Inhibitor (40 Unit/μL、Promega)	0.5
(dT)$_{15}$ Primer or Random 6 Primer (50 μM)	1
dNTP mix (2.5 mM each、TaKaRa)	1

Total 10 μL（ガラス電極の内液は無視する）

次に逆転写酵素（PrimeScript™ Reverse Transcriptase、Cat.# 2680A、TaKaRa）を添加し軽く攪拌後、30°C で 10 分、42°C で 60 分インキュベートし、逆転写反応を行い mRNA に相補的な第一鎖 cDNA を合成する。

溶液の組成（μL）

上記鋳型 RNA/Primer mixture	10
5×PrimeScript Buffer (TaKaRa)	4
PrimeScript RT (TaKaRa)	1
Nuclease-free water	5
Total	20 μL

その後、70°C で 15 分インキュベートし 4°C にて保存する。逆転写反応終了まではフィルター付き滅菌チップとチューブを用いて行う。また、作業中はマスク等着用し、実験台は RNaseZap 等で処理、もしくは新しいアルミシートやラップなどを敷いて作業するのが望ましい。

5．発現遺伝子の検出

筆者らはこの方法を用いて、マウス脳スライス標本の視床下部神経細胞から、記録後に神経ペプチド遺伝子と β-アクチン遺伝子などを検出することに成功している。神経ペプチド「オレキシン」を発現するオレキシン産生神経（オレキシン神経）特異的に緑色蛍光タンパク質（EGFP）を発現する遺伝子改変マウスを用いた。この遺伝子改変マウスから脳を摘出し、ビブラトームを用いて厚さ 350 μm の脳スライス標本を作製した。EGFP の蛍光によってオレキシン神経を同定し、電気生理学的解析を行った後に RT-PCR を行い、記録した神経細胞がオレキシン神経細胞であること確認した[2]。PCR に用いたプライマーはいずれもイントロンを挟むように設計している。

溶液の組成（μL）

2×Go Taq buffer (Promega、M5112)	5
cDNA	1
Nuclease-free water (Promega)	3.92
Forward Primer (100 μM)	0.04
Reverse Primer (100 μM)	0.04
Total	10 μL

95°C 3 min、(95°C 15 sec、55°C 15 sec、72°C 15 sec)×40、72°C 3 min

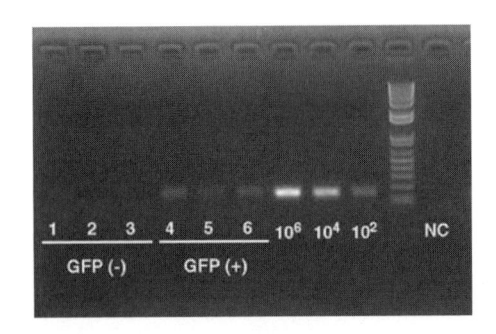

図2　発現遺伝子検出の例
オレキシン神経特異的に EGFP を発現する遺伝子改変マウスの脳スライス標本を用いて、単一神経細胞 RT-PCR を行った。プレプロオレキシン遺伝子に対するプライマーを用いて検出を行った。1 - 3：GFP を発現していない神経細胞（非オレキシン神経）、4 - 6：GFP を発現している細胞（オレキシン神経）、10^6 - 10^2：プラスミドのコピー数、NC：ネガティブコントロール（細胞内液のみ）

Ⅲ. 単一神経細胞を用いたマイクロアレイ発現解析

　ある細胞に発現している全ての遺伝子を網羅的に解析したいとき、マイクロアレイ発現遺伝子解析は大変強力なツールとなる。近年の分子生物学実験試薬や機器のめざましい改良によって、単一細胞からでもマイクロアレイ解析が行えるようになってきた[3,4]。しかしながら、単一細胞から単離したmRNAではマイクロアレイを行うには十分な量では無く、PCRを用いた増幅過程が必須となる。この増幅の際に配列や長さによって増幅のバイアスがかかるため、発現遺伝子量（定量）については参考値程度となるものの、どの遺伝子が発現しているか（定性）に関しては信頼できるデータを得ることに成功している。ここでは、市販の遺伝子増幅キットとAffymetrix社のマイクロアレイを組み合わせて発現遺伝子を検出する方法について簡単に概説する。ここで紹介する方法は、統合脳支援課題「簡便に使えるSingle-cell microarray analysis法」を改変したものである。プロトコールの詳細については以下のURLを参照されたい。
http://srv02.medic.kumamoto-u.ac.jp/dept/morneuro/r_micro.html

〈1〉単一細胞RT-PCRと同様にして、細胞質をチューブに回収する。微量のmRNAからcDNAを合成できる市販の試薬キット（Clontech、SMARTer™ Pico PCR cDNA Synthesis kit、Cat#.634928）を用いて、cDNAを合成し、PCRを用いて増幅する。

〈2〉Real time PCRを用いてハウスキーピング遺伝子や目的とする遺伝子の定量を行い、cDNAの品質や増幅の状態を確認する。

〈3〉ビオチンラベルcRNAの合成（In vitro transcriptation：IVT）
IVT Labeling Kit (Affymetrix、900449)を用いてビオチンラベルされたcRNAを合成する（37℃、16時間）。合成した後Sample Cleanup Module（Affymetrix、900371）を用いて精製する。

〈4〉cRNAの定量
バイオアナライザー2100、RNA6000ナノキット（Agilent）等を用いてcRNAを定量する。

〈5〉cRNAの断片化
Sample Cleanup ModuleのFragmentation Bufferを用いて94℃で35分インキュベートし、cRNAの断片化を行う。正しく断片化できていることを、再びバイオアナライザーにて確認する。

〈6〉ハイブリダイゼーションカクテルの作製
断片化したcRNAを用いてハイブリダイゼーションカクテルを作製する。カクテルは99℃で5分間、45℃で5分間インキュベートし、15,000 rpmで5分間遠心する。上清をハイブリダイゼーションに用いる。

〈7〉マイクロアレイハイブリダイゼーション
様々なGeneChipが販売されている。ここでは14,000遺伝子の解析が可能なGeneChip Mouse Genome 430A 2.0 Arrayを用いてハイブリダイゼーションを行う。1×Hybridyzation bufferを入れてHybridization Oven 645の中で45℃で60 rpmにて10分間プレハイブリを行い、ハイブリダイゼー

ションカクテルに置換した後、45℃で60 rpmにて16-18時間ハイブリダイゼーションを行う。

<8> 洗浄と蛍光色素ラベルとスキャン
GeneChipの洗浄と蛍光色素ラベルはWash and Stain kit（Affymetrix、900720）とFluidics Station 450を用いて行う。洗浄終了後Scanner 3000 7Gにてスキャンする。

<9> データ解析
コントロールRNAやハウスキーピング遺伝子の発現量などから正しくハイブリとラベルが出来ていることを確認し、遺伝子の発現を解析する。Genespring GX（Agilent Technologies）等の解析ソフトウェアを用いると様々な統計が行える。Present call/Absent callの解析だけであればExcelで行える。数回実験を繰り返し（数枚のアレイを用いて）、複数枚においてPresent callとなっている遺伝子を発現遺伝子と判定する。発現遺伝子候補はReal time PCR等を用いてさらに解析を行う。

文 献

1. 都筑馨介（1998）Patch clamp RT-PCR法による神経細胞受容体の解析. 日本臨床 56, 1681-1687
2. Yamanaka, A., Beuckmann, C.T., Willie, J.T., Hara, J., Tsujino, N., Mieda, M., Tominaga, M., Yagami, K., Sugiyama, F., Goto, K., Yanagisawa, M. & Sakurai, T. (2003) Hypothalamic orexin neurons regulate arousal according to energy balance in mice. Neuron 38, 701-713
3. Esumi, S., Wu, S.-X., Yanagawa, Y., Obata, K., Sugimoto, Y. & Tamamaki, N. (2008) Method for single-cell microarray analysis and application to gene-expression profiling of GABAergic neuron progenitors. Neurosci. Res. 60, 439-451
4. Kurimoto, K. & Saitou, M. (2010) Single-cell cDNA microarray profiling of complex biological processes of differentiation. Curr. Opin. Genet. Dev. (in press) doi:10.1016/j.gde.2010.06.003

23章　スマートパッチ法

Ⅰ. はじめに

　通常のパッチクランプ実験の際には、細胞上におけるパッチピペット（パッチ電極）の正確な位置は不確かであり、多くの場合それは大した問題ではない。パッチ電極は、その先端を実験用チェンバーの底に接触させて折らないように、通常は（最も厚い）細胞の核の上部あたりに当てられることが多い。その際に用いる顕微鏡の光学精度が高いほど、細胞上のどの部分にパッチ電極を当てているかがより細かく識別できるわけだが、たとえ高精度で拡大率の高い位相差顕微鏡や微分干渉顕微鏡を用いたとしても、細かい細胞襞や細胞突起や微絨毛は識別することは不可能である。最近開発された走査イオンコンダクタンス顕微鏡法 Scanning Ion Conductance Microscopy （SICM）を用いれば、そのプローブとして用いるパッチピペットの先端を細くすればするほど、サブミクロンや時にはナノメータという高い解像度で細胞表面の形態を三次元イメージングすることが可能である。この SICM によるイメージング下で、同じパッチピペットを目的とする細胞表面微細構造部分に正確に当てて、ギガシールしてパッチクランプ実験をすることができる。この SICM とパッチクランプを組み合わせた方法が、**スマートパッチ法**である。

Ⅱ. SICM の原理

　走査プローブ顕微鏡法 Scanning Probe Microscopy (SPM) は標本・試料の表面と相互作用するプローブ（探針）を走査して、その表面の構造を画像化するのによく用いられる方法である。プローブ先端の標本表面からの位置情報を記録しながら、プローブを次から次へとラインスキャンすることによって三次元像が得て、コンピュータプログラムを用いて疑似カラー像に変換する。用いられるプローブによって SPM の種類はかわるが、最も広く用いられている SPM は、原子間力顕微鏡法 Atomic Force Microscopy (AFM) である。この場合のプローブは、カンチレバー（片持ちバネ）の先端に取り付けられ、これと標本表面を微小な力で接触させ、カンチレバーの押し付ける力（たわみ量）が一定となるようにプローブー標本間距離をフィードバック制御しながら走査する。これによって試料・標本の表面形状が画像として描出できるわけだが、ソフトな表面を持つ細胞を対象とする場合にはそれを機械的に傷つけることになり、この方法の適用は難しい。

　1989 年に Hansma ら[1]は、電解質液を充填したガラス微小電極を SPM のプローブとして用いることを提唱し、この電極先端を流れるイオン電流はそれが非電気伝導性物質表面に近づけば近づくほど減少するので、この情報をフィードバックシグナルとして液中の高分子膜フィルムの表面孔のイメージングに成功した[2]。この方法を細胞に用いてはじめてその高解像度イメージングに成功したのが、Korchev ら[3-7]である。

　ガラス管微小電極としてのパッチピペットによる細胞表面検知の原理は図1に示されている。この電極先端の電気抵抗は、ピペット自身（正しくはピペット内電解質液）の抵抗（R_P）とアクセス抵抗 access resistance（R_{AC}）の和である。それゆえ、加電圧 V 下でピペット先端を流れる総電流は次のように表現される：

$$I = \frac{V}{(R_P + R_{AC})} \qquad (1)$$

R はバス液からピペット先端へと収束する経路までの抵抗であり、ピペット先端から細胞表面までの距離（d）に大きく依存し、細胞表面の形状や電気化学的性質によっても影響を受ける。図1で示すように、細いナノスケール先端を持つパッチピペット（"ナノピペット"と呼ぶ）は、直径 d の "球状センサー" と見なすことができ、標本である細胞の表面を「転がる」ようにスキャンしてその形状を検知することができる。それゆえ、ピペット電流（すなわち d）を一定に保ちながら細胞表面をスキャンすることによって、ピペット先端が標本に機械的接触することなしにその表面構造の画像を得ることができる。一定電圧下での直流電流のかわりに、ステップ電圧やステップ電流をそれぞれ電圧固定下および電流固定下で与えることによってピペット抵抗を測定する「パルスモード SICM」を行うことも可能である[8, 9]。また、直流電圧下でのピペット電流（I_{DC}）がドリフトする影響を最小限とするために、ピペット先端を縦におよそ先端直径と同じ位の微小距離（Δd）の振幅だけ 200~1000 Hz の周波数で振動させて、それによって得られる変調ピペット電流（I_{MOD}）を測定することも可能である[10]。この I_{MOD} はピペット先端が標本表面からはるか遠くにある時は殆どゼロであり、標本表面に近づくにつれて増加してゆき、その増加は I_{DC} 増よりも速く検出できるというメリットがある。

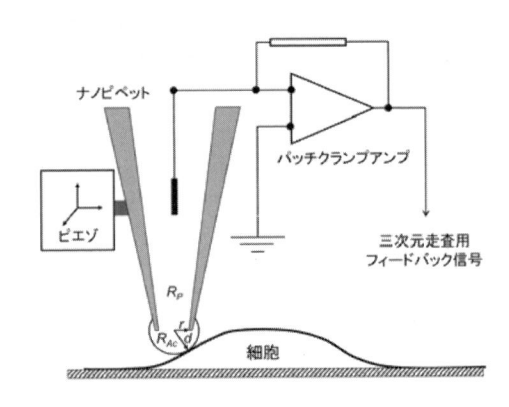

図1　SICM の模式図

SICM による細胞表面イメージングは、上皮細胞や線維芽細胞やアストロサイトのように比較的平たい形状の細胞においては容易に行うことができるが、急峻な垂直表面を持つ、例えば球状細胞のような、標本を対象とする場合には、そのような垂直表面を検知する前にパッチピペット（の側面）が標本に衝突するという問題がある。これを解決するために、最近、跳躍プローブイオンコンダクタンス顕微鏡法 Hopping Probe Ion Conductance Microscopy (HPICM) が開発された[11]。その原理は図2に示されているように、パッチピペット（ナノピペット）をすべての標本などの対象物の表面よりも高い一定のレベルに置き、対象表面に向けて降ろして行き、ピペット電流があらかじめ定めた低い値（通常は初期値の 0.25~1%の値）まで減少するまで降下させた所で元の高さにもどすという操作を、ピペットあるいは標本を側方移動させながら行うというものである。これによってピペットは標本と出会う前に上昇しているので衝突が避けられる。従って、この方法ではパッチピペットを損傷させることなく何回でも測定が可能であり、最初に低い解像度で粗く標本の端の位置と高さを確認しておき、次に高い解像度で標本の表面構造を細かく描出することもできるというメリットをもたらす。また、ニューロンなどの表面構造や容積の経時的変化を長時間にわたって観察することも可能となった[8, 12]。

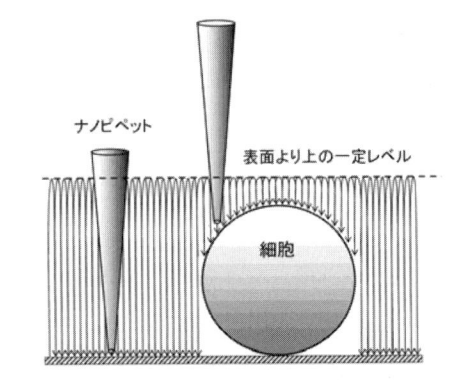

図2　HPICM の原理の模式図

III. SICM 実験法

　SICM 実験のための装置の基本的な構成については既に多くの報告がある[3-6, 13-15]。パッチピペット（ナノピペット）は、borosilicate 製ガラス管（内芯入りの外径 0.5~1 mm のもの）などをプラーで2段引きして作成する。細胞外電解質液を充填すると、先端直径 50~100 nm のピペットはおよそ 80~100 MΩ の抵抗を持つ。スマートパッチ実験には、チャネル発現密度が比較的低い場合には、太めのパッチピペット（マイクロピペット）の使用が必要となる。先端直径約 1 µm ならば 2~3 MΩ となる。もちろんこのように太いマイクロピペットででもイメージングは可能ではあるが、ナノピペットに比べて解像度は著しく低くなる。電流測定は、市販のパッチクランプアンプ（アクソン社製 Axopatch 200A + DigiData 1322A）などの、通常のパッチクランプ電子回路に接続して行う。

　ピペット先端位置の正確な制御には、ピエゾ（アクチュエータ）ステージ（例えば、小型3軸ステージ Tritor：Piezosystem Jena 社、ドイツ）を用いる。ピペットを流れるイオン電流は、直流電圧 50~200 mV を印加して測定する。これを増幅して、プローブであるパッチピペットの垂直方向の位置を制御するためのフィードバックシグナルとする。走査法には次の2つの方法がある。1つは、試料標本を固定してプローブをピアゾアクチュエータを用いて X、Y、Z 軸方向に駆動するやり方であり、もう1つは、標本を X、Y 軸方向に移動させてプローブを Z 軸方向のみにピアゾアクチュエータで駆動するやり方である。どちらの方法も長・短所があり、実験デザインによってどちらかを選択する。これらの X、Y、Z 軸情報を記録して、三次元トポグラフ画像を作成するのに用いる。図3には I_{MOD} をフィードバックシグナルにして SICM で得られた培養細胞像の2つの実例が示されている。図4には HPICM で得られた画像例が示されている。

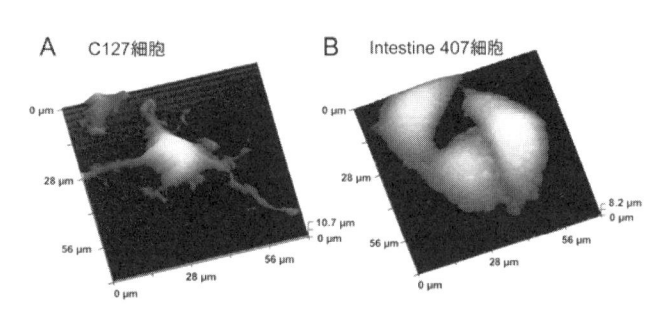

図3　SICM 画像の実例
A. 単一のマウス乳腺由来 C127 細胞。
B. 3個のヒト小腸上皮由来 Intestine 407 細胞。
（Sabirov, Korchev, Shevchuk & Okada：未発表データ）

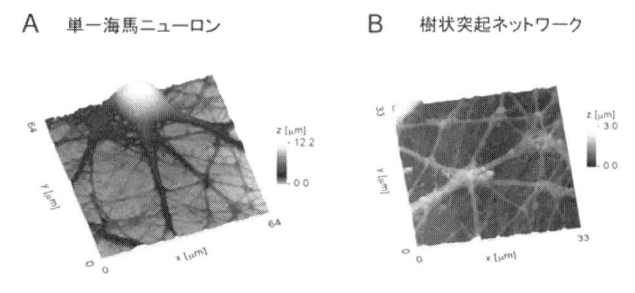

図4　HPICM 画像の実例
A. 単一の海馬ニューロン。
B. 樹状突起ネットワークの一部。
（P. Novak から提供の未発表データ）

付. SICM 装置入手先

　現時点で SICM の全システムを商業的に提供しているのは Ionscope Limited（Melbourne、UK；http://www.ionscope.com）社のみであり、その日本代理店はショーシン EM（株）（岡崎市；http://www.shoshinem.com）である。

IV. スマートパッチ法

　SICM 画像の座標を用いて、目的とする細胞表面の特定領域の上にパッチピペットを正確に当てることが可能である。この方法は、高解像度走査パッチクランプ法 high-resolution scanning patch-clamp technique とかスマートパッチ法 smart patch-clamp technique と呼ばれる[6, 13, 14]。パッチピペットを目的の細胞表面領域に正確に接触させ、多くの場合は軽く陰圧（suction）をかけ、ギガオームシールを達成する。5~10 GΩ のタイトなシートを達成すればセルアタッチモード cell-attached mode や、それからパッチ膜を excise してインサイドアウトモード inside-out mode による単一チャネル記録ができる。このようなスマートパッチ実験例は図5 に示されている。なお、ナノピペットを用いての全細胞記録 whole-cell recording は、パッチ膜を破って穴をあけることが困難である上に、シリーズ抵抗 series resistance が大きすぎるので実際上不可能である。

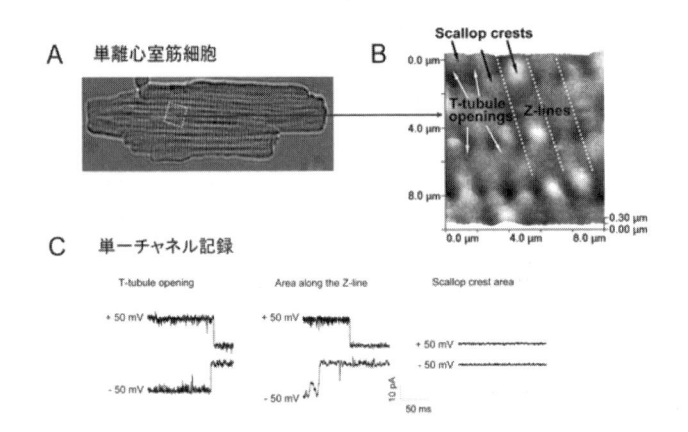

図5　スマートパッチの実例
A. ラット単離心室筋細胞の位相差顕微鏡像。
B. その1部（白点線四角部）のナノパッチ SCIM 画像。
C. その領域の3つの異なる部位からのマキシアニオンチャネル活性の inside-out mode によるスマートパッチ記録結果。Scallop crest の部位にはチャネル活性が見られない。
（文献[16] より改変）

V. スマートパッチ法の適用例

　細胞表面の微細構造は、筋肉の T 管開口部（図5B 参照）や上皮細胞の微絨毛や神経系における軸索や樹状突起ネットワーク（図4B 参照）などのように大変複雑であり、これら上に膜イオン輸送蛋白質が不均一に分布している可能性がある。イオンチャネルやトランスポータの細胞膜上での空間的配置についてはこれまであまり詳しくは調べられてこなかったが、スマートパッチ法はそれを調べるために最も適した方法論であると言えよう。スマートパッチ法のその点における有効性を示した数例の応用実験には次の報告がある。心筋細胞の T 管開口部における K_{ATP} チャネル[6]や、L 型 Ca^{2+} チャネルと3種のアニオンチャネル[13]の高密度局在。心筋 T 管開口部と Z-line に沿ってのマキシアニオンチャネルの局在[16]（図5参照）。心筋 CFTR チャネルの Z 溝とそれらの間における高発現の T 管開口部における低発現[17]。

文　献

1. Hansma, P.K., Drake, B., Marti, O., Gould, S.A. & Prater, C.B. (1989) The scanning ion-conductance microscope. Science 243, 641-643
2. Proksch, R., Lal, R., Hansma, P.K., Morse, D. & Stucky, G. (1996) Imaging the internal and external pore structure of membranes in fluid: Tapping mode scanning ion conductance microscopy. Biophys. J. 71, 2155-2157
3. Korchev, Y.E., Bashford, C.L., Milovanovic, M., Vodyanoy, I. & Lab, M.J. (1997a) Scanning ion conductance microscopy of living cells. Biophys. J. 73, 653-658
4. Korchev, Y.E., Milovanovic, M., Bashford, C. L., Bennett, D.C., Sviderskaya, E.V., Vodyanoy, I. & Lab, M.J. (1997b) Specialized scanning ion-conductance microscope for imaging of living cells. J. Microsc. 188, 17-23
5. Korchev, Y.E., Gorelik, J., Lab, M.J., Sviderskaya, E.V., Johnston, C.L., Coombes, C.R., Vodyanoy, I. &

Edwards, C.R. (2000a) Cell volume measurement using scanning ion conductance microscopy. Biophys. J. 78, 451-457
6. Korchev, Y.E., Negulyaev, Y.A., Edwards, C.R., Vodyanoy, I. & Lab, M.J. (2000b) Functional localization of single active ion channels on the surface of a living cell. Nat. Cell Biol. 2, 616-619
7. Korchev, Y.E., Raval, M., Lab, M.J., Gorelik, J., Edwards, C.R., Rayment, T. & Klenerman, D. (2000c) Hybrid scanning ion conductance and scanning near-field optical microscopy for the study of living cells. Biophys. J. 78, 2675-2679
8. Mann, S.A., Hoffmann, G., Hengstenberg, A., Schuhmann, W. & Dietzel, I.D. (2002) Pulse-mode scanning ion conductance microscopy—a method to investigate cultured hippocampal cells. J. Neurosci. Methods 116, 113-117
9. Happel, P., Hoffmann, G., Mann, S.A. & Dietzel, I.D. (2003) Monitoring cell movements and volume changes with pulse-mode scanning ion conductance microscopy. J. Microsc. 212, 144-151
10. Shevchuk, A.I., Gorelik, J., Harding, S.E., Lab, M.J., Klenerman, D. & Korchev, Y.E. (2001) Simultaneous measurement of Ca^{2+} and cellular dynamics: combined scanning ion conductance and optical microscopy to study contracting cardiac myocytes. Biophys. J. 81, 1759-1764
11. Novak, P., Li, C., Shevchuk, A.I., Stepanyan, R., Caldwell, M., Hughes, S., Smart, T.G., Gorelik, J., Ostanin, V.P., Lab, M.J., Moss, G.W., Frolenkov, G.I., Klenerman, D. & Korchev, Y.E. (2009) Nanoscale live-cell imaging using hopping probe ion conductance microscopy. Nat. Methods 6, 279-281
12. Happel, P. & Dietzel, I.D. (2009) Backstep scanning ion conductance microscopy as a tool for long term investigation of single living cells. J. Nanobiotechnology 7, 7
13. Gu, Y., Gorelik, J., Spohr, H.A., Shevchuk, A., Lab, M.J., Harding, S.E., Vodyanoy, I., Klenerman, D. & Korchev, Y.E. (2002) High-resolution scanning patch-clamp: new insights into cell function. FASEB J. 16, 748-750
14. Gorelik, J., Gu, Y., Spohr, H.A., Shevchuk, A.I., Lab, M.J., Harding, S.E., Edwards, C.R., Whitaker, M., Moss, G.W., Benton, D.C., Sanchez, D., Darszon, A., Vodyanoy, I., Klenerman, D. & Korchev, Y.E. (2002) Ion channels in small cells and subcellular structures can be studied with a smart patch-clamp system. Biophys. J. 83, 3296-3303
15. Gorelik, J., Zhang, Y., Shevchuk, A.I., Frolenkov, G.I., Sanchez, D., Lab, M.J., Vodyanoy, I., Edwards, C.R., Klenerman, D. & Korchev, Y.E. (2004) The use of scanning ion conductance microscopy to image A6 cells. Mol. Cell Endocrinol. 217, 101-108
16. Dutta, A.K., Korchev, Y.E., Shevchuk, A.I., Hayashi, S., Okada, Y. & Sabirov, R.Z. (2008) Spatial distribution of maxi-anion channel on cardiomyocytes detected by smart-patch technique. Biophys. J. 94, 1646-1655
17. James, A.F., Sabirov, R.Z. & Okada, Y. (2010) Clustering of protein kinase A-dependent CFTR chloride channels in the sarcolemma of guinea-pig ventricular myocytes. Biochem. Biophys. Res. Commun. 391, 841-845

２４章　オートパッチクランプ法

Ⅰ．始めに

　イオンチャネル研究を志す者にとって最初のハードルはマニュアルパッチクランプ技術の習得であろう。細胞の準備から始まり、パッチ電極の作製、顕微鏡観察下にマイクロマニュピレーターを用いて電極先端を細胞に接着させるための微妙な操作、パッチ膜を破るための陰圧やZapの掛け方など多くを学ばなくてはいけない。この一連の操作に慣れ、満足のいくデータが取れるようになるまでにはかなりの時間を要する。これらの操作がすべて自動化され技術的な壁が低くなればイオンチャネル研究に弾みがつき薬の開発などの応用にも大きく貢献することが期待された。およそ10年前にいろいろな自動化の方法が試みられたが主に現在使用されているものはプラナーパッチとよばれる方法である[1,2]。ちょうどバスタブのような容器に細胞懸濁液を流し込み、排水孔から吸引して排水孔に細胞を吸い付け、patch-clamp modeを完成させる。バスタブの裏底側が細胞内液、バスタブの中が細胞外液に対応する。自動パッチ機器ではありとあらゆる細胞を用いることが出来るというわけではなく、うまくパッチ穴にはまるような細胞に限られている。高いギガオームシールを達成、維持することが難しい、またすべての機器がカレントクランプには対応していないなど、多くの限界があり完全にマニュアルパッチ法に取って代わるのではなく、その一部分を代用できると言うレベルである。しかし、その反面同時に測定できるpatch wellの数は最大384であり、実験を数回繰り返すことによって1日に数千のデータを取得することが可能である。以下自動パッチクランプ法の原理から応用について概説する。

Ⅱ．原理

　細胞測定を行なうチャンバーの容量は非常に小さく、おおよそ10~100 μLで、その底部分に直径が1 μm程度の穴が空いている(図1)。細胞濃度がおよそ1~4×10^6個／mLの細胞懸濁液を数μLチャンバーに添加し吸引により細胞を底部の穴に吸い付け、cell-attachedの状態を形成する。次にチャンバー裏側の細胞液にamphotericin Bなどのionophoreを加えperforated-patch-modeにするか、吸引、Zapによってpatch膜を破りwhole-cell clamp modeを完成させる。これらの作業はすべてコンピュータによってコントロールされており細胞溶液、測定溶液をセットすれば後は自動的に実施される。

Ⅲ．細胞

　自動パッチクランプ法に使用できる細胞はline化された細胞に限定されていないが、一般的にはイオンチャンル発現で実績のある細胞が用いられている。接着性の細胞ではHEK293、CHO、CHL、BHK細胞が、また非接着性ではJurkat細胞など

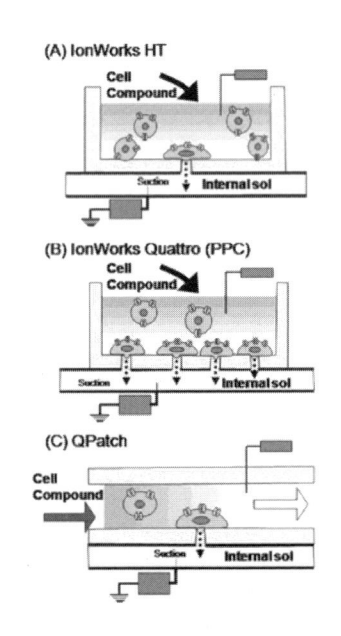

図1　自動パッチクランプ装置記録用チェンバーの模式図

(A) BHK (B) CHO-K1
(C) CHL (D) HEK-293
100 μm
図2 単離後の細胞形態

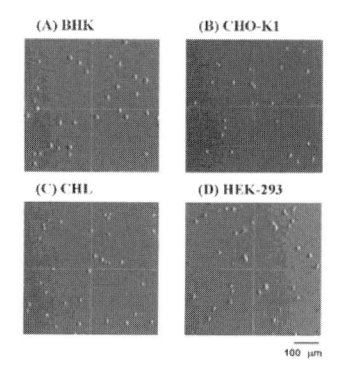

を用いて実験が行なわれているが、これらの細胞の中でもパッチの成功率には差が見られる。この差は細胞の大きさ、大きさのバラツキ、細胞の接着性、細胞膜表面の状態に依存すると思われる。実験に使用する際は培養フラスコに接着した細胞を、EDTA のみ、あるいはトリプシン/EDTA で3分～10分、37℃処理することによって単離し、球形になった状態の細胞を用いる。図2にCHO-K1、CHL、BHK、HEK293細胞を同じ処理時間でばらばらにした時の状態を示したが、CHL が最も小型で、形も球形で均一性がある。一方 BHK 細胞は球形が多いが、大きさは CHL、CHO に比べると大きく、バラツキも多い。HEK293 は同じ時処理時間では楕円系の細胞も多く、大きさのバラツキも目立つ。実際パッチの成功確率も経験上 CHL～CHO>BHK>HEK293 の順である。自動パッチクランプでは自分の目で細胞を選ぶことが出来るので、いかに均一で成功確率の高い細胞を準備するかが非常に重要である。そのためには細胞クローニングの時から細胞形状に注意して、測定機器に最も適したクローンを選択し、単離方法も最適の条件を設定する必要がある。溶液の浸透圧も細胞の形を規定する重要因子になるので、溶液の調製時に浸透圧を調べることも必要である。HEK293 ではトリプシン/EDTA 処理後更に培地に再懸濁し、37℃で30分間静置することで成功率が大幅に向上するようになった。また、自動パッチクランプ法では大量の細胞を長期に渡って実験に使うことが多いので、凍結、解凍を繰り返しても、継代を繰り返してもチャネルの発現量が低下せず、また増殖速度もあまり遅くないクローンを選ぶことにも注意を払う必要がある。

IV. オートパッチ機器の特徴

1. IonWorks HT

IonWorks HT は汎用機として最も早期に導入された自動パッチ用機器である。パッチプレートは384 well からなっており、各 well の底にはパッチクランプ用の穴が1つ空いている（図1A）。プレートの下側が1つの大きな細胞内液槽となっており、この液槽に陰圧を掛けることによって well の上部から添加した細胞をパッチ穴に吸着させる。細胞を吸着させた後に細胞内液を ionophore 含有溶液に置換し、perforated patch 法で電位固定を行なう。細胞を吸着させた段階でのシール抵抗は数百メガオームでギガオームに達することはほとんどない。即ちこの機器では大きなリーク電流が存在することを前提に電位固定、解析が行なわれる。リーク電流をキャンセルする方法としては電位固定の最初に任意の保持電位から目的のイオンチャネルが活性化されない程度の小さな矩形パルスを与え、リーク電流を直線的に外挿し、テストパルスで誘発された電流からリニアリーク電流を引くと言うものである。またこの機器では R_S、C_{slow} 補償機能はついていない。また薬物は well 上部から添加する方法を取っているので、多くて2種の薬液のみしか検討できない。即ち pre 値、薬物 A、および薬物 B の3つのデータを1 well から取得できる。これらの課題があるにもかかわらず、hERG チャネル、Nav1.5 をはじめとして多くのイオンチャネル評価において化合物のチャネル阻害活性は他のパッチクランプ機器と比較しても問題のない値を与える。

図3A に flecainide による Nav1.5 の阻害例を示したが、R_S、C_{slow} 補償がないこと、サンプリング周期が最大 10 kHz のため電流活性化直後の電流ピークは正しく記録できていない。しかし、ピ

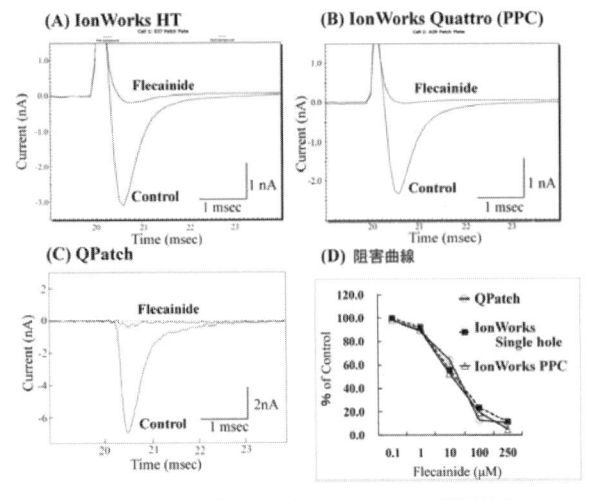

図3 Nav1.5電流に対するflecainideの抑制作用
Na電流はNav1.5チャネル安定発現CHL細胞を用い、保持電位−100 mVから−10 mVへステップパルスを与え誘発した。(A)-(C)：controlとflecainide、500 µMで電流をほぼ完全に抑制した時の電流を重ね合わせた。(D)：flecainideの0.1~250 µMでの濃度−抑制関係を示す。

ーク電流値の抑制率として求めたflecainideの濃度-抑制関係は、より精度の高いQPatchと差はない（図3D）。電位によるon-offの制御のないKirのような電流の場合にはleak-subtraction法を用いることはできない。このような電流の場合にはleak-subtractionをoffにし、薬液Aで試験薬物を、薬液Bでそのチャネルの特異的な阻害薬を添加しリーク電流を記録し、リーク成分を引くことで薬物のチャネル阻害を調べることが出来る。

384細胞の測定で課題となるのが個々の細胞での電流発現のバラツキである。図4にhERG発現細胞を用いた時のバラツキを示した。かなり発現率の高いhERGの場合でも電流が記録できる確率は80%程度であり、電流値のバラツキも大きい。電流値の低い場合には精度が低下するため解析から排除する必要があり、最終的な成功確率は更に低下する。これらリスクを回避するためにIonWorks HTでは4 wellに同じ処理を行なって解析を行なうが、そのため実際には96の薬物しか検討することが出来ず、high-throughputの性能は十分に発揮できていなかった。この点を解消するためにpopulation-patch clamp（PPC）法が新たに開発され[3]、機器としてはIonWorks Quattroが新たに市場に投入された。

2．IonWorks Quattro

IonWorks Quattroも基本的な原理はIonWorks HTと同じであるが、大きな違いは各wellの底には細胞を吸着するために64の穴が空いている点である（図1B）。64個のpatch hole全部に細胞がうまく吸着したとしても、シリーズ抵抗はその合計となるため数十Mオームまで低下する。測定される電流は64個すべての細胞の合計であり、その1/64の値が表示されるため、HTとほとんど変わらない電流波形が得られる。ただし、各wellから得られる電流値は64個の細胞の平均値であるため、バラツキは大きく低下しwell間の差は非常に小さくなっている（図4C）。また、発現していない細胞が多少あっても各wellからは電流値が記録できるために、データの欠損もかなり低くなる。実際hERG電流での実験では成功率は97%程度に達し、1回の実験で370程度の薬物を検討することが可能になった。1回の実験にかかる時間は1.5時間程度で1日5回繰り返すと2000程度のデータを取得することができる。Well間での電流のバラツキが小さくなったこと、64個の細胞から記録を得られるようになったことで新たな応用も広がった。その1つがchannel traffickingのような長期の作用を検討できるようになったことである。方法として例えば実験の24時間前に細胞を小さなフラスコに分け、各フラスコに種々の薬物を加え24時間培養を行なう。24時間後に各フラスコの細胞を単離し薬物非存在下電流の大きさを調べる。IonWorks Quattroではシステム的には最大48種類の細胞を同時に調べることができるので、それぞれの細胞の電流値は8 wellの平均として計算でき、同じ細胞を用いた時には平均値はほとんど同じ値になる。従って長時間

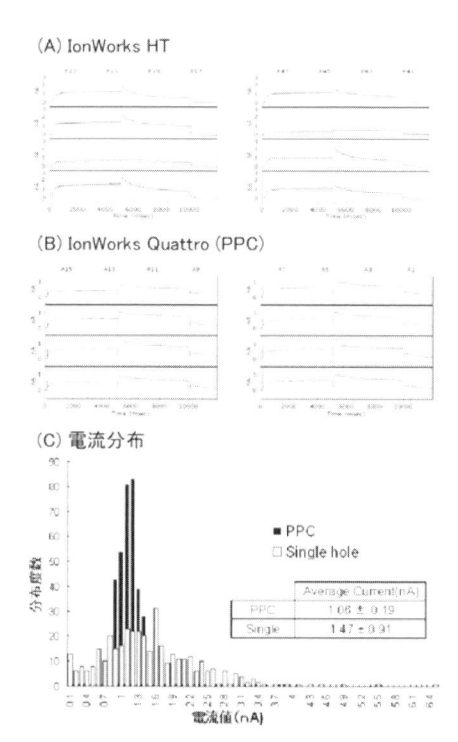

図4 hERGのばらつき
hERG安定発現CHO-K1細胞を用いた。保持電位-90 mVから+20 mVへ5秒のステップパルスを与え、-50 mVに5秒の再分極パルスを与えた。(A): single hole modeでの8 wellの記録。電流の大きさの異なることが明らかに認められる。(B): PPC modeでの8 wellの記録。電流の大きさに大きな差は認められない。(C) PPCとsingle holeにおける末尾電流のおおきさ分布比較。PPCではwell間のバラツキが非常に少ない。

処理の影響を定量的に評価することが可能となった。この方法で、hERGチャネルtrafficking阻害が報告されているpentamidineを検討したが、western blottingで得られた結果[4]とほとんど同じとなった。この方法ではhigh-throughput性は高くないが、1回で十数化合物の検討が可能で、しかも電流値で評価できるので信頼性も高い。また細胞毒性を示す化合物の場合には24時間培養における細胞数の減少として捉えることが出来るので、細胞毒性によって電流が低下したのかどうかをある程度は判別することも可能である。

64細胞同時記録ができることで数種類の細胞を混ぜて評価することも可能になった。例えばhERG発現細胞とNav1.5発現細胞を混ぜステップパルスを与えることで、Na電流とhERG電流に対する作用を同時に検討することも可能である。

最後にIonWorks HT、Quattroに共通する課題として薬物の吸着、電位固定と薬物注入が同時に出来ないことが挙げられる。前者に関しては10 μL程度のpatch well、384 well compound plateなどmulti-wellの測定システムに共通の課題であるが素材がプラスチックであると言うことでガラスに比べると吸着の影響が大きくでる。特に低濃度で活性を示す化合物の場合には注意が必要である。

3. QPatch16 (HT)

QPatch[5]は、IonWorks HTとほぼ同時期に導入された機器である。この機器の測定原理はwhole-cell patch clamp法を採用していること、また1つの細胞に複数回の薬液添加が可能で、事前に設定した電位プロトコールに従った連続的な電流記録が可能であるなど、マニュアルパッチクランプを模したシステムであり、得られるデータの質も非常に精度が高い。また本機器のもう一つの特徴は、電位固定と薬物注入を同時に出来ることである。前述のIonWorksでは機器の動作の制限のために対応が基本的に不可能であったリガンド依存性チャネルの評価が可能となったことであり、創薬のツールの幅が格段に広がった。

この機器で用いるパッチプレートは、16 well (QPatch HTでは最大48 well) からなっている。細胞内液用と細胞外液用の2つの流路系が存在し、その間にパッチクランプ用の穴が1つ空いている (図1C)。まず始めに細胞内液を充填、続いて細胞外を充填後、通電することで穴の状態を確認する。続いて細胞懸濁液を充填し、細胞内液側に陰圧をかけることによって細胞をパッチ穴に吸着させ、ギガオームシール状態を形成させる。続いて細胞に陰圧およびZapを与えることでwhole-cell状態を形成させる。この様に古典的パッチクランプ法と同等の操作を細胞の種類に応じ

て設定したプロトコールに従って自動的に行うことにより、精度の高い安定した電流の記録が可能となる。また、プロトコール上で R_S 補正や leak-subtraction も設定可能であり、サンプリングレートも 50 kHz であるため kinetics の早い Na 電流も問題なく記録できる。例として flecainide の Nav1.5 阻害実験の結果を示す（図3C）。

用いる1枚のパッチプレートの well 数は 16 であるが、1つの細胞に複数回化合物を添加できるので、例えば1つの化合物を6濃度添加すると1回の実験当たり 96 のデータ取得が可能となる。また、この機器では実験開始前に大型の培養フラスコ（例えば 225 cm^2 のフラスコ）から回収した細胞を懸濁液として機器にセットすることで、実験毎に自動的に細胞を回収およびセットしてくれるので、一旦細胞懸濁液をセットすると3～5回分の実験が自動的に実施される。通常のプロトコールは1時間程度であり、仮に5回連続して実験を実施すると、得られるデータポイント数としては QPatch16 では 480、HT では 1440 となる。当然、最終的なデータポイント数は実験の成功率に依存し、この成功率は用いるホスト（宿主）細胞の種類に依存するため、用いる細胞もしくは樹立したクローン毎に適したプロトコールの設定が必須となる。

化合物の吸着についてこの機器に関しても触れておく。この機器ではパッチプレートの灌流内部がガラスコートされているため吸着の影響は低くなっているが、更にガラス製の well からなる化合物プレートを使用することで、吸着性の高い化合物への対応も可能である。また、添加プロトコールの設定で同じ濃度の化合物溶液を複数回連続して添加することで、マニュアルパッチクランプで実験した場合とほぼ同じ結果を得ることができる。実際に、吸着性の化合物の IC$_{50}$ 値が、測定機器や測定条件の違いで数倍から数十倍のレンジで変動することを経験している。

V．最後に

自動パッチクランプ機器は創薬研究の中で重要な位置を占めるようになったが、精度、成功確率、応用性の向上を目指し日々改良が加えられている。また適応する細胞も強制発現細胞だけでなく、急性単離の細胞あるいは ES/iPS 由来の細胞などにも広がりを見せ始めている。しかし、成功確率の低さ、大量の細胞を準備する必要性など今後解決していかなくてはいけない課題もまだまだ多くあり、更なる工夫が必要と思われる。

文　献

1. Wang, X. & Li, M. (2003) Automated Electrophysiology: High Throughput of Art. Assay Drug Dev. Technol. 1, 695-708
2. Dunlop, J., Bowlby, M., Peri, R., Vasilyev, D. & Arias, R. (2008) High-throughput electrophysiology: an emerging paradigm for ion-channel screening and physiology. Nat. Rev. Drug Discov. 7, 358-368
3. Finkel, A., Wittel, A., Yang, N., Handran, S., Hughes, J. & Costantin, J. (2006) Population patch clamp improves data consistency and success rates in the measurement of ionic currents. J. Biomol. Screen. 11, 488-496.
4. Kuryshev, Y.A., Ficker, E., Wang, L., Hawryluk, P., Dennis, A.T., Wible, B.A., Brown, A.M., Kang, J., Chen, X.L., Sawamura, K., Reynolds, W. & Rampe, D. (2005) Pentamidine-induced long QT syndrome and block of hERG trafficking. J. Pharmacol. Exp. Ther. 312, 316-323
5. Mathes, C. (2006) QPatch: the past, present and future of automated patch clamp. Expert Opin. Ther. Targets 10, 319-327

２５章　パッチクランプ法による
　　　　　チャネルポアサイズ計測法

Ⅰ．はじめに

　イオンチャネルの形状や物理的特性は、パッチクランプ実験において種々のプローブを用いることによって評価できる。チャネル内腔の最も狭い部分のサイズは、ポア pore を透過することができる（荷電性か非荷電性かを問われず）最も大きな分子のサイズに相当する。チャネルのこのような最も狭い内腔部分は、しばしば選択性フィルター selectivity filter と呼ばれる。この他に、それより広い細胞外側と細胞内側のポア入口で前室 vestible と呼ばれる部分がある。本章では、ポアサイズの計測のために広く行われているパッチクランプ法によるいくつかのアプローチを紹介する。

Ⅱ．透過性イオンを用いたポアサイズ計測

　イオンチャネルは、選択的に透過させるイオンや荷電分子の種類によって、種々に分類される。例えば、興奮性膜にある電圧作動性 voltage-gated のナトリウムチャネル、カリウムチャネル、そしてカルシウムチャネルは、Na^+、K^+ および Ca^{2+} に対して非常に選択的である[1]。しかし、このような選択的なポアでさえ、他のイオンや荷電物質を通すことができる。この事実は、異なるサイズを持った種々のイオンを透過させてみることによって、ポアのサイズを評価できる可能性があることを示している。Li^+、Rb^+、Cs^+、Tl^+ や NH_4^+ などの無機カチオン（陽イオン）は、カチオン選択性チャネルを、様々な効率で透過することができる。しかし、これらの無機イオン群のみでは、ポアサイズを信頼できる形で計測するのに不充分である。従って、例えば NH_4 の４つの水素のメチル基置換や、エチル基置換や、プロピル基置換によって得たアンモニウムのアルキル誘導体を、そのために用いることなどが必要となる。狭いポアをもつチャネルに対しては、これらのみで充分である。しかし、もっと大きなポアをもつチャネル、例えばリガンド作動性イオンチャネル ligand-gated ion channel (LGIC)、は choline、triethanolamine、trimethylsulfonium、trimethylsulfoxonium、piperazine、glucosamine、guanidine やその誘導体、formamidine、imidazole、tris、histidine、lysine、arginine などのような更に大きなカチオンをも透過させることができる。骨格筋のアセチルコリン・レセプターチャネルのポア計測用のプローブとして用いられた 40 種の陽電荷分子のリストは Dwyer らの報告[2]を参照されたい。

　クロライドチャネルも、Cl^- 以外に多くのアニオン（陰イオン）種を透過させる。例えば、リガンド作動性アニオンチャネルである $GABA_A$ レセプターやグリシンレセプターは、すべてのハロゲン化アニオン halide や重炭酸イオン bicarbonate や蟻酸塩アニオン formate を透過させるのに対して、酢酸塩アニオン acetate はあまり透過させない[3]。CFTR（cystic fibrosis transmembrane conductance regulator）アニオンチャネルは、Cl^- などの小アニオンの他に、propanoate、pyruvate、glutamate、glucuronate、MES、HEPES や TES のような大型有機アニオンを、それらが細胞外側液にあるときは通さないが、細胞内側液に存在するときは通すことができる[4]。容積感受性外向整流性 volume-sensitive outwardly rectifying（VSOR）クロライドチャネルは、glutamate や aspartate のよう

なアミノ酸も通すことができる[5]。マキシアニオンチャネル maxi-anion channel は、これらのアミノ酸ばかりでなく、glucoheptonate や lactobionate のようなもっとかさばったアニオンも通すことができ、更には ATP^{4-} や ADP^{3-} や UTP^{4-} のようなヌクレオチドでさえ透過させることができる[6-8]。

電気生理学的実験においては、イオンチャネルが示す種々の異なるイオンの透過性 permeability は、通常はそのイオンチャネルの肩書を与えているタイトルイオン title ion、例えばナトリウムチャネルやカリウムチャネル、カルシウムチャネル、クロライドチャネルであればそれぞれ Na^+ や K^+、Ca^{2+}、Cl^- の透過性との比で表される。この透過性比 permeability ratio は、測定された逆転電位 reversal potential (E_{rev}) の値と Goldman-Hodgkin-Katz 式によって計算される。ピペット内液やバス液の組成が複雑であれば、その明解な解析や計算は困難となるので、できるだけ両液組成は単純にした方がよい。例えば、チャネルの一方の側の液はそのチャネルのタイトルイオンのみを含み、他側液にはテストするイオンのみを含むような、bi-ionic と呼ばれる条件下で E_{rev} の絶対値を用いて計算するか、又はタイトルイオンのすべてか一部をテストイオンで等モル的に置換した後の E_{rev} 値のシフトから計算するとよい。このような実験ではイオン強度は変化しないので、タイトルイオンやテストイオンの活量係数 activity coefficient は一定とみなせることが多い。この仮定はいつも正しいわけではないが、殆どの有機イオンの場合にはそれらの活量係数は知られていないので、この仮定を合理的なものとみなすのが通常である。

一連の異なるイオンの透過性比を測定し、これをイオン半径に対してプロットすることは、チャネル・ポアのサイズの評価に有用である。イオン半径としては、その結晶半径を用いるのが最も単純なやり方であり、殆どの無機カチオンや無機アニオンの結晶半径は化学文献(例えば、Robinson & Stokes[9])に集録されている。カリウム選択性チャネルのように非常に狭いポアをもつチャネルにおいては、イオンは非水和状態でポアを通過するので、イオン半径に結晶半径を用いることは的を射ている。しかしそうでない場合は、例えば電圧作動性ナトリウムチャネルの場合でさえ、1つの Na^+ イオンと1～2個の水分子を一緒に通すので、結晶半径を用いることは正しいとは言えないかもしれない。流体力学的 hydrodynamic な半径の方が水和イオンの半径を表していると考えられており、これは拡散係数 diffusion coefficient に関する Stokes-Einstein 式に基づいてイオン移動度 ionic mobility から計算できる。多くのイオンの拡散係数の値も文献（例えば Hille[1]）から得ることができる。しかし、チャネルを通るときにイオンの周りに何個の水分子が残っているかは常に不確かであるので、この Stokes の半径を用いることでよいかどうかに議論の余地がある。これに対し、有機イオンは正常では水和されにくく、チャネル・ポアを通るときにはそれらの周りに緩く結合した水の殻を容易に脱ぎ棄てる。それゆえ、殆どの研究者は有機イオンの半径に対しては、文献から得られるときにはその結晶半径を用い、そうでないときにはそれに等価なものとして空間充填モデル space-filling model から求められるその三次元構造の幾何学的平均値を計算して用いる。空間充填モデルは Corey-Pauling-Koltun モデルとか CPK モデルとも呼ばれるが、これはすぐに組み合わせれば使えるようなキットとして購入することもできるし、分子モデル図ソフトウエア（例えば Norgwyn Montgomery Software 社の Molecular Modeling Pro など）を用いて作成することもできる。

ぎりぎり通ることができるイオンのサイズや形状は、チャネル・ポアのサイズと形状の推定値を与える。その透過イオンのカットオフサイズは、イオン半径に対する透過性比のプロットから推定できる。最小ポア直径は除外エリア理論 excluded area theory[2] を用いて次の式で計算することも可能である。この理論は、透過性はチャネルの選択性フィルター（ポアの最も細く締めつけら

れた部位）の断面積に比例するという考えに基づいている。

$$P_X/P_{Title} = k[1 - R_X/R_P]^2 \qquad (1)$$

ここで P_X/P_{Title} はテストイオンのタイトルイオンに対する透過性比であり、R_X はテストイオンの半径、R_P はポアの半径、k は比例定数である。摩擦力を考慮すると次式が得られる[2]：

$$P_X/P_{Title} = (k/R_X)[1 - R_X/R_P]^2 \qquad (2)$$

式(2)で得たポアサイズは、通常は式(1)で計算された値よりもいくぶん大きい。

Ⅲ．ブロッカーを用いたポアサイズ計測

　殆どのイオンチャネルは、荷電分子によって、電圧に依存して、またそれらが加えられたサイド（細胞内側か外側か）にも依存して、ブロックされる。もしそのブロックが、透過通路にはまりこんで塞ぐという"オープンチャネルブロック open-channel block"というメカニズムであることがわかっていれば、そのブロッカーの大きさや形を種々系統的に変化させることによって、選択性フィルター近傍のポア（前室 vestibule）の大きさや特性を評価することができる。しかし、ブロッカーの結合は、チャネル・ポアの様々な部位で起こりうることに注意する必要がある。また、より正確にいえば、ブロッカーのカットオフサイズは、真のポアサイズを反映するよりは、その結合ポケットのサイズを反映していることにも注意する必要がある。ブロッカーが透過イオンと同じ部位に結合する場合には、そのブロッカーのサイズから選択性フィルター近傍のポアサイズを評価することができると言えるだろう。

　"透過ブロック permeable block"と呼ばれる現象は、電圧依存性オープンチャネルブロックの特殊な場合であり、ある一定のそれほど大きくない電圧の範囲内ではブロッカーは透過通路を塞ぐが、それ以上に大きな電圧を膜にかけたときにはそのブロッカーがすり抜けて通ってしまうというものである。この場合には、そのブロッカーは高電圧に強制されて実際にポアを通り抜けるわけであるので、そのサイズは最も狭いポア領域のサイズの推定値を与える。例えば、負電荷のスルホン酸基をいくつも持ったバスケット形状の calixarene 類は、VSOR クロライドチャネルにおいて電圧依存性の透過ブロックをもたらすことから、このチャネルの最小ポア半径が 0.57 nm であると推定された[10]。

Ⅳ．非電解質を用いたポアサイズ計測

　透過イオンや透過ブロッカーやオープンチャネルブロッカーなどの荷電分子を用いた場合には、そのポアサイズ計測はチャネル・ポア内のそれらの移動を支配する静電気的な力によって大きく影響される。そのような影響がない点で、非電解質をポアサイズのプローブに用いる方が明らかに有利である。脂質平面膜に組み込んだイオンチャネルにおいては、それを通る非電解質の巨視的なフラックス（流束）flux が、これまで測定に成功されてきた（Finkelstein[11] 参照）。しかしながら、細胞膜のイオンチャネルでパッチクランプ下にフラックスを測定した報告は未だない。たぶんそれは、放射性同位元素を用いて非電解質の正味のフラックスをパッチクランプ下で測定することが実験的に困難であることに原因する。その非電解質プローブのフラックスはもちろん電気的には測定できないし、しかもそのフラックスが問題としているチャネルのみを透過して、他の通路は透過していないということを証明することは殆ど不可能だからである。

1. 非電解質分配法（NPM）の原理

　非電解質のフラックス測定に代わるポアサイズ計測法は、以下に述べる非電解質分配法 nonelectrolyte partitioning method (NPM) と呼ばれる方法である。チャネル・ポア内に非荷電分子が存在することを検出する方法があることは、種々の分子量のポリエチレングリコール polyethylene glycol (PEG) を溶かした電解質液のコンダクタンス（電気伝導度）と粘性を測定し、これらの高分子の脂質平面膜に組み込んだトキシンペプチドが形成するイオンチャネルの単一チャネルコンダクタンスへの影響を調べた研究によって示された[12-14]。これらの研究で、PEG は水溶液中でランダムコイルに対する粘性則に従った振る舞いをするが、その液のコンダクタンスは巨視的な粘性則には従わないことが示された。例えば、PEG 300 と PEG 400 を等モル含む溶液は、PEG 400 液が PEG 300 液に比べて約4倍の粘性を示すにもかかわらず、ほぼ同じコンダクタンスを示した。このことは、PEG 溶液中のイオンの移動度は、高分子 PEG の単量体の水和に主に依存し、この高分子のサイズによっては影響を受けないことを示唆している。これらの研究結果は、高分子 PEG はスポンジ球のような振る舞いをして、その内部をイオンがあたかも単量体エチレングリコール液中のように自由に透過するものと考えると説明される。もしその高分子球（より正しくは確率論的振舞をするランダムコイル）がチャネル・ポア内腔に自由に入り込めるほど小さいときは、外液中に存在してその液のイオン移動度に変化を与える場合と全く同じようにチャネル内腔内のイオン移動度に変化を与えるだろう。これとは対照的に、その高分子球が大きすぎてチャネル・ポア内に入り込めないときはチャネルから除外されるので、チャネルコンダクタンスはそれらの高分子が存在しない場合の値をとる。チャネルの外側の電解質溶液のコンダクタンスは、イオン移動度が高分子の存在によって変化するので大きく減少するにもかかわらず、チャネル内のコンダクタンスは正常通りのままということになる。そこで、種々の異なる分子量の高分子を用いると、ある大きさ以下のものは内腔内に入り込むが、ある大きさ以上のものはチャネル内腔から完全に排除されることになる。この現象は、加える PEG の大きさを次第に変化させると、外液のコンダクタンスは（高分子存在によって減少はするが）殆ど影響を受けないにもかかわらず、単一チャネル電流は PEG のある大きさを境にして大きく変化することで観察される。

　この電気生理学的観察法の最大の利点は、非電解質をプローブにしてポアサイズを単一チャネルレベルで計測できることにある。この方法では、他の方法とは異なり、非電解質のトランスポータや水チャネルのような他の通路の関与を除外することが可能である。この方法は、脂質二重膜に組み込まれたチャネルのポアサイズの計測に既に用いられ[15,16]、ブドウ状球菌 α 溶血毒素が形成するチャネル[17]や細菌ポリン OmpF チャネル[18]のポアサイズが、X 線結晶回折から得られたポアサイズ値に一致することが示されている。また、ミトコンドリアのポリンである VDAC のポアのサイズに関する PEG を用いた NPM 実験結果は、電子顕微鏡のデータと一致することが示されている[19-21]。このようにこの方法は、簡便かつ良い再現性を示すにもかかわらず、高濃度の非電解質を用いることが大きな浸透圧差を生んで、生体膜を不可避的に破壊してしまうので、パッチクランプ実験には適用が困難であると考えられてきた。それゆえ最近まで、この方法の適用は人工脂質二重膜に組み込まれたチャネルにのみ適用されてきたのである。

2. NPM 法のパッチクランプ実験への適用

　最近私達は、高分子プローブの生体膜チャネル内へのアクセスをパッチクランプ法で検出することに、注意しさえすれば、成功しうることを示した[22,23]。パッチクランプ実験に適した溶液中

25章 パッチクランプ法によるチャネルポアサイズ計測法

での PEG の基本的な振る舞いは、人工脂質二重膜実験にしばしば用いられる非生理学的な 10～1000 mM KCl 液中でもほぼ同様であることが観察された。標準リンゲル液中での流体力学的な半径が、やや異なる値をとるのは、異なる二価カチオン種や、異なるバッファ種の存在に原因する。予測されたように、パッチ膜の安定性は PEG によって、それが加えられたのが細胞内側（インサイドアウトモードの場合はバス液）であろうが細胞外側（セルアタッチドモードやインサイドアウトモードの場合はピペット内液）であろうが、大きく損なわれた。しかしそれでも、いくつかのパッチ膜（殊に 3～5 MΩ の抵抗のピペットを用いて得た小さなパッチ膜）は、単一チャネル電流の振幅を正確に決定することができるに十分な 10～20 分間という比較的長時間、生き残ったのである。ただ、アウトサイドアウトモードのパッチ膜の場合には、高分子含有液を流すや否や壊れてしまい、高分子の細胞外への投与はできなかったので、注意すべきである。PEG 含有液をピペット内液として用いてインサイドアウトモードを成立できた場合には、バスに PEG 含有液を流しても大丈夫で、これによって両側への対称的 PEG 投与実験を行うことができる。

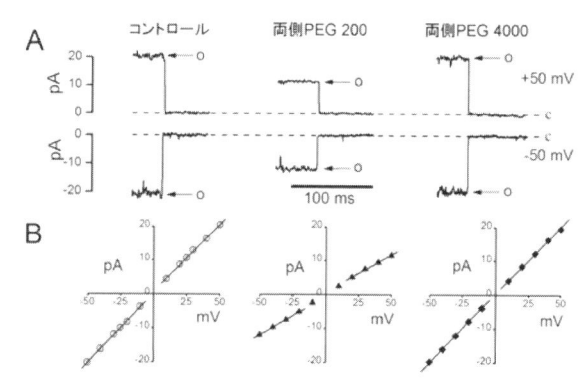

図1 低分子 PEG によるマキシアニオンチャネルの単一チャネル電流の減少
パッチ膜の両側に与えた PEG 200 は電流は減少させるが、PEG 4000 は無効。A. 代表的電流トレース。B. 単一チャネル電流－電圧関係。（Sabirov & Okada[22] より改変。）

C127 マウス乳腺腫瘍由来細胞から得たインサイドアウトパッチ膜のマキシアニオンチャネルは、図1に代表例を示すように、比較的小さな PEG 200 (R_h = 0.455 nm) のピペット内液又はバス液への投与によって単一チャネルコンダクタンスは減少するが、比較的大きな PEG 400 (R_h = 1.91 nm) の投与によってはそのような変化はもたらされなかった[22]。両側液に PEG 200 が投与された場合には、PEG を加えたときと加えないときの単一チャネルコンダクタンスの比の値は、バルク水溶液中に PEG が存在するときとしないときのその溶液コンダクタンスの比とほぼ同じであった（図2）。

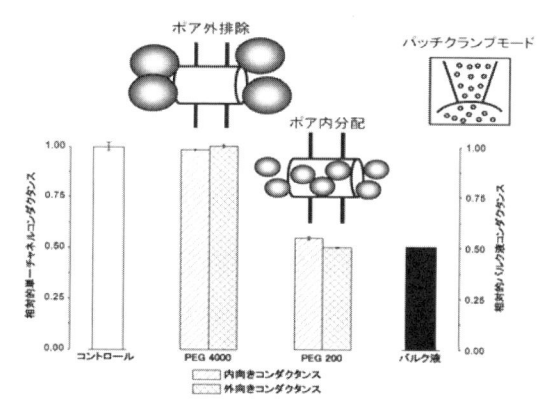

図2 高分子のポア内分配と単一チャネルコンダクタンス
大きな PEG 4000 はポア内に入ることができないので、単一チャネル電流の振幅には影響を与えないが、小さい PEG 200 はバルク液から自由にポア内腔に入り込むので、単一チャネルコンダクタンスを減少させる。（Sabirov & Okada[22] より改変。）

この結果は、ポア内腔液のイオン環境は、バルク液のそれと殆ど同じであり、小さな高分子によって受ける変化もほぼ同じであることを示唆している。大きな PEG

4000 も PEG 200 と同じ位にバルク液のコンダクタンスを減少させた。しかしながら、マキシアニオンチャネルのポアに入り込むことはできず、ポア内のイオン移動度には影響を与えることはできなかった。

与える PEG の分子量を400から1540へと種々変化させたとき、PEG サイズに依存して単一チャネルコンダクタンスの減少が見られることは、これらの高分子がチャネル内に部分的にせよ入り込んでいることに対応している。例えば、マキシアニオンチャネルの場合には、細胞内から与えた場合には PEG 1540 以上で、細胞外から与えたときには PEG 2000 以上で、単一チャネルコンダクタンスの減少はなくなり（図3：丸印）、それらより大きな高分子はチャネル内腔に入ることができず、完全に排除されることを意味している。一方、バルク液のコンダクタンスは与えた PEG のサイズには無関係であり、殆ど影響されていないことに注意されたい（図3：白三角印）。高分子を細胞膜内外両液に同量与えたときには、片側液から与えた2つの値の中間の値をとる（図4A）。

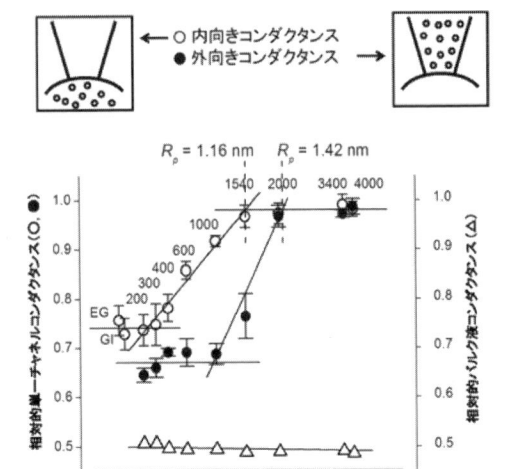

図3 高分子片側投与によるイオンチャネルの内外前庭のサイズの分離評価
詳細は本文参照。（Sabirov & Okada[22] より改変。）

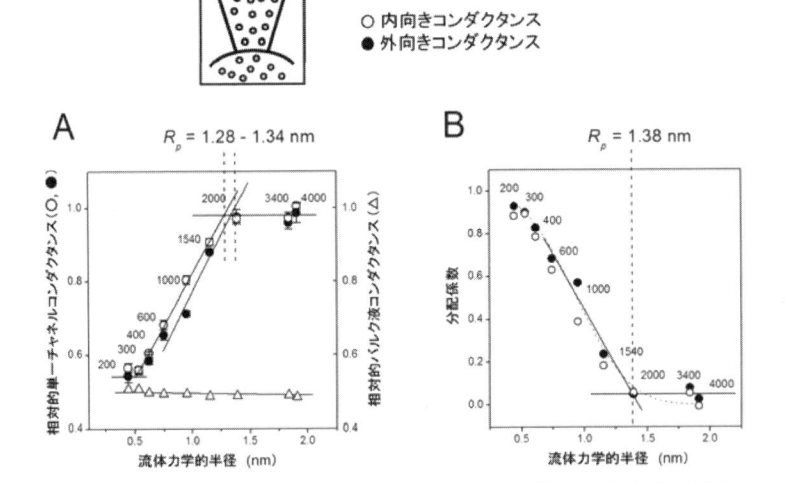

図4 高分子の両側投与によるイオンチャネルの平均ポアサイズの評価
A．外向きコンダクタンスと内向きコンダクタンスは、おそらくマキシアニオンチャネル・ポアの非対称的形状により、わずかに異なるカットオフサイズを与える。B．内向きコンダクタンスから式(3)によって計算した分配係数を高分子半径に対してプロット。これによって見積もられたカットオフサイズは、A から求めた値にほぼ近い値をとる。点線は $R_p = 0.97$ nm を式(4)に導入してフィッティングした曲線。（Sabirov & Okada[22] より改変。）

VSOR クロライドチャネル[23] や CFTR クロライドチャネル[24] もこれらの高分子プローブの存在に対して定性的には同様に、しかし定量的には異なる応答を示し、マキシアニオンチャネルと異なるポアサイズを示すことがわかっている（図5参照）。

3．NPM 法に用いる溶液

　NPM 法では、比較的高い濃度（重量／溶液量パーセントで計算）の非電解質が用いられる。バルク液のコンダクタンスは、加えられた PEG が等濃度ではなく、等パーセントのときに一定であるので、NPM 実験溶液には等パーセントの PEG 液を用いる。このような非電解質溶液の作製には２つのやり方がある。第１は、非電解質含有液の最終溶液量に対して電解質（塩類）濃度を計算する方法である。この場合には、すべての組成（電解質と非電解質）を秤量して、それに水を最終溶液量になるまで加えればよい。これは高分子非電解質量が少ないときは、ほぼ正しい方法といえる。しかし、例えば PEG が 10～30％の濃度で用いられるときには、溶液のかなりの部分を高分子が占めることになる。例えば、比重 1.128 g/cm^3 を持つ PEG 600 は全液量の約 18％も占めるだろう。このような状況では、塩類が溶ける水の量は著しく少なくなり、有効濃度（活量）が増大して、ポアから高分子非電解質が除外された状況でのチャネルコンダクタンスを大きく増加させてしまうことになる。第２の方法は、必要量の PEG を秤量し、それにあらかじめ電解質を溶かしておいた塩類液を最終溶液量になるまで加えるというものである。例えば、20％液を作るためには、ビーカーに 20 g の PEG を入れ、事前に作成しておいた塩類液でそれを溶かして 100 mL とする。この方法においては、イオンが溶けることになる水溶液量は変化することがないので、イオン濃度（イオン活量）はいつも一定となるだろう。しかし、これはいつも正しいというわけではない。というのは、PEG 分子は水分子と相互作用して、水の活量を変化させ、その結果イオンの活量も変化させるからである。だが、この効果は大変小さく、NPM 実験においては無視できる。

　すべての非電解質溶液は、その電気的コンダクタンスが測定されるべきである。その測定は、通常のタイプの市販の電気伝導計を用いてできる。私達は、安価な堀場製の B-173 伝導計を用いているが、その測定には 100～150 μL のみの検液で、信頼性・再現性のよい測定ができる。他にもっと高級なメータもあるが、もっと大量の検液が必要であったり、時には複雑なキャリブレーションが必要であったりするのに、測定そのものに意味のある改善はもたらされない。

4．NPM 法におけるデータ解析

　最も簡単な NPM 実験データ解析法は、単一チャネルコンダクタンス（γ）の大きさを、高分子非電解質の流体力学的半径（R_h）に対してプロットすることである。このときに注意すべきは、単一チャネル電流の振幅の測定の仕方を誤らないようにすることである。単一チャネルコンダクタンスは、（高分子が存在するときとしないときの巨視的電流測定などによって）逆転電位のシフトが評価されたときにのみ正しい数値として用いることができる。単一チャネルの電流−電圧関係から計算できるスロープコンダクタンスを用いることが望ましい。ただし、駆動力（即ち電気化学的ポテンシャル勾配）が低いときには電流振幅のバラツキが大きくなり、慎重な数値評価がなされなければならない。

　γ を R_h に対してプロットすると、図３や図４A のように、（バルク液からチャネル内への部分的分配による）上行部分から（高分子がポアから完全に排除されることによる）プラトー部分へと移っていく。この上行部分は直線でフィットでき、プラトーとこの直線との交点からポアサイズが見積もられる。

　もう１つの NPM 実験データ解析法は、単一チャネルコンダクタンスの変化をバルク液コンダクタンス変化によって標準化することである。これによって得られるパラメータ（v）は、最初は透過性パラメータと解釈されていたが [12, 14, 25]、後に分配係数 partition coefficient として解釈される

ようになり[18, 26]、次式で表現される:

$$\nu = \frac{(\gamma - \gamma_0)/\gamma_0}{(\chi - \chi_0)/\chi_0} \qquad (3)$$

ここでγとχはそれぞれ非電解質存在下でのチャネルコンダクタンスとバルク液コンダクタンスを表し、γ_0とχ_0は非電解質が存在しないときのそれらを表す。分配係数$\nu = 1$のときは、チャネルへの完全分配（浸透）を意味し、$\nu = 0$は完全なる不分配（排除）を意味する。図4Bのように分配係数（ν）を流体力学的半径（R_h）に対してプロットするとき、データフィットした直線の下行部（部分的分配部分）と$\nu = 0$の水平線（完全排除部分）の交点が、ポア（半径）のカットオフサイズ（R_p）となる。

このようなカットオフサイズ評価法のかわりに、ポアサイズは次式から計算して求めることもできる[17, 18, 26]:

$$\nu = \exp\left[-(R_h/R_p)^\alpha\right] \qquad (4)$$

ここでR_hとR_pはそれぞれ非電解質（PEG）の半径とポアの半径を表し、αは完全分配（$\nu = 1$）状態と完全排除（$\nu = 0$）状態の間の移行の鋭さを表す。その値のプロット例が図4Bの点線で示されている。

NPM実験データ解析のためのもう1つの有用なパラメータは充填係数 filling coefficient（F）であり、それは次式で定義される[25]:

$$F = \frac{(\gamma_0 - \gamma)/\gamma}{(\chi_0 - \chi)/\chi} \qquad (5)$$

式(5)は、ポアの電気抵抗は直列に入った次の2つの抵抗の和であると考えられるという仮定から導かれた。即ち、高分子充填領域の抵抗（$F/(A\chi)$）と高分子排除領域の抵抗（$F/(A\chi_0)$）の和である。ここで$A = \pi R_p^2/L$（但しR_pはポア半径、Lはポアの長さ）である。充填係数は、ポアが高分子で充たされている比率を表すものと考えればよい。この充填係数Fを高分子の流体力学的半径（R_h）に対してプロットしたものは、分配係数νをR_hに対してプロットしたものと大変よく似たものとなり、それによるFの解析もνの解析と同様に行うことができる。

5. NPM法におけるデータ解釈

チャネルのカットオフサイズの最も簡単な解釈は、部分的分配（部分的浸透）領域線と完全排除領域線の交点で決定されるという解釈である。これによって得られたカットオフサイズは、細胞外から高分子が与えられたときのデータから得られた値は細胞外に面するチャネル前庭のサイズを、細胞内から与えられたときの値は細胞内に面するチャネル前庭のサイズを表し、細胞内外から同時に与えられたときの値はその中間値（おそらく平均ポアサイズを表す値）であると解釈できよう。

理論的に、分配係数νと充填係数Fの絶対値や細胞内外のいずれの側から高分子を投与したかによってその値に差がでることは、チャネル・ポアの幾何学的形状に対する重要な情報を与えうる。特に、NPM実験結果の解釈を、イオン透過実験結果やオープンチャネルブロック実験結果と突き合わせて行うことは有益である。例えば、もしイオン透過実験から見積もられたポアの大きさがNPM法による値より有意に小さい場合は、ポア内部に狭窄部位が存在していることが示唆さ

れる。充填係数は、ポアの電気抵抗が高分子を充たす領域とそうでない領域の2つの抵抗が直列に入ったものとして導き出されたものであるので、高分子が細胞内又は外の一方からのみ投与されたときの F 値を、高分子の反対側のポア領域への通過を阻止する選択性フィルターの位置と関連付けることも可能だろう。例えば、CFTR ポアの研究において、私達は PEG 300 の細胞外投与に対して F = 0.1 という値を得、細胞内投与に対しては F = 0.9 という値を得た[24]。この結果は、PEG 300 のバリアーとしての最細狭窄部位（選択性フィルター）は、クロライドイオンに対するポアの電気的距離（電圧降下で測られた機能的距離）でみるとチャネルの細胞外面から 10%の所にあることを示唆している。これに合致して、細胞内投与実験からはチャネルの細胞内面から 90%の電気的距離の所に選択性フィルターが存在していることが示唆された。それゆえ、単一 CFTR チャネルの電流－電圧関係は直線的であり、極めて対称的であるけれども、このチャネル・ポアの構造は極めて非対称的である。図5は、NPM 実験から推定された三種の異なるアニオンチャネルのポアの幾何学的形状を漫画的に示している。

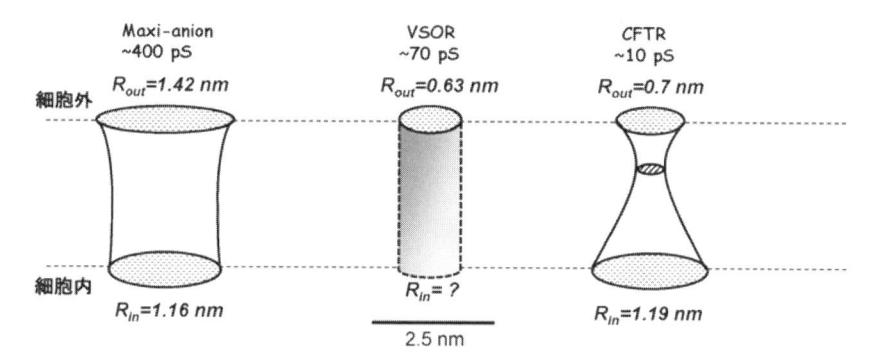

図5 マキシアニオンチャネル、VSOR アニオンチャネルおよび CFTR アニオンチャネルの模式図 チャネルコンダクタンス値とポアサイズ値も与えられている。マキシアニオンチャネルと VSOR チャネルのデータは Sabirov & Okada[22] と Ternovsky et al.[23] より、CFTR チャネルの選択性フィルターサイズは Linsdell & Hanrahan[4] より、前庭のサイズ評価値については Krasilnikov et al.[24] より採取。

このような NPM 実験データの解釈をサイズ依存性の高分子排除によって単純に解釈することは合理的なものではあるけれども、高分子のナノスケールのポアへの分配のメカニズムについての詳細は、未だ殆ど明らかではない。これまでになされてきた理論的考察には、（高分子を堅い球と見なす）剛球分配理論 hard sphere partitioning theory や、フレキシブルな高分子鎖がバルク液と円筒状ポアに分配されたときのエントロピーの差を基礎にした理論的アプローチ scaling approach[15,17,18,26] が含まれる。いずれの理論についても、その適用性の主たる判断基準は、$v - R_h$ プロットや $F - R_h$ プロットにおける部分的分配と完全排除の間の転移の鋭さにあった。ブドウ状球菌 α 溶血毒素チャネルのポアに対して hard sphere partitioning theory は、比較的高濃度の PEG が存在する場合のデータをよりうまく説明することができ、一方 scaling theory は非常に低濃度の PEG に対してより適用性が高かった[17-19,26-28]。私達は、分子動力学的即ちブラウン運動力学的シミュレーションこそが、イオンチャネルを通るイオン流束への高分子の影響に対するもっとクリアなメカニズムを提示できるのではないかと期待している。

文献

1. Hille, B. (2001) Ion Channels of Excitable Membranes, 3rd edn. Sinauer Associates, Inc., Sunderland

2. Dwyer, T.M., Adams, D.J. & Hille, B. (1980) The permeability of the endplate channel to organic cations in frog muscle. J. Gen. Physiol. 75, 469-492

3. Bormann, J., Hamill, O.P. & Sakmann, B. (1987) Mechanism of anion permeation through channels gated by glycine and gamma-aminobutyric acid in mouse cultured spinal neurones. J. Physiol. 385, 243-286
4. Linsdell, P. & Hanrahan, J.W. (1998) Adenosine triphosphate-dependent asymmetry of anion permeation in the cystic fibrosis transmembrane conductance regulator chloride channel. J. Gen. Physiol. 111, 601-614
5. Okada, Y. (1997) Volume expansion-sensing outward rectifier Cl channel: A fresh start to the molecular identity and volume sensor. Am. J. Physiol. 273, C755-C789
6. Sabirov, R.Z. & Okada, Y. (2005) ATP release via anion channels. Purinergic Signal. 1, 311-328
7. Sabirov, R.Z. & Okada, Y. (2009) The maxi-anion channel: a classical channel playing novel roles through an unidentified molecular entity. J. Physiol. Sci. 59, 3-21
8. Okada, Y., Sato, K., Toychiev, A.H., Suzuki, M., Dutta, A.K., Inoue, H. & Sabirov, R. (2009) The puzzles of volume-activated anion channels. In: Alvarez-Leefmans, F.J. & Delpire, E. (eds) Physiology and Pathology of Chloride Transporters and Channels in the Nervous System. From Molecules to Diseases. Elsevier, San Diego, pp283-306
9. Robinson, R.A. & Stokes, R.H. (1959) Electrolyte Solutions, 2nd edn. Butterworths, London
10. Droogmans, G., Maertens, C., Prenen, J. & Nilius, B. (1999) Sulphonic acid derivatives as probes of pore properties of volume-regulated anion channels in endothelial cells. Br. J. Pharmacol. 128, 35-40
11. Finkelstein, A. (1987) Water Movement Through Lipid Bilayers, Pores, and Plasma Membranes. Theory and Reality. John Willew & Sons, New York
12. Sabirov, R., Krasilnikov, O.V., Ternovsky, V.I., Merzliak, P.G. & Muratkhodjaev, J.N. (1991) Influence of some nonelectrolytes on conductivity of bulk solution and conductance of ion channels. Determination of pore radius from electric measurements. Biologicheskie Membrany 8, 280-291
13. Krasilnikov, O.V., Sabirov, R.Z., Ternovsky, V.I., Merzliak, P.G. & Muratkhodjaev, J.N. (1992) A simple method for the determination of the pore radius of ion channels in planar lipid bilayer membranes. FEMS Microbiol. Immunol. 5, 93-100
14. Sabirov, R.Z., Krasilnikov, O.V., Ternovsky, V.I. & Merzliak, P.G. (1993) Relation between ionic channel conductance and conductivity of media containing different nonelectrolytes. A novel method of pore size determination. Gen. Physiol. Biophys. 12, 95-111
15. Bezrukov, S. & Kasianowicz, J.J. (2002) Dynamic partitioning of neutral polymers into a single ion channel. In: Kasianowicz, J.J., Kellernayer, M.S.Z. & Deamer, D.W. (eds) Structure and Dynamics of Confined Polymers. Kluwer Publisher, Dordrecht, pp93-106
16. Krasilnikov, O.V. (2002) Sizing channel with polymers. In: Kasianowicz, J.J., Kellernayer, M.S.Z. & Deamer, D.W. (eds) Structure and Dynamics of Confined Polymers. Kluwer Publisher, Dordrecht, pp73-91
17. Merzlyak, P.G., Yuldasheva, L.N., Rodrigues, C.G., Carneiro, C.M., Krasilnikov, O.V. & Bezrukov, S.M. (1999) Polymeric nonelectrolytes to probe pore geometry: application to the alpha-toxin transmembrane channel. Biophys. J. 77, 3023-3033
18. Rostovtseva, T.K., Nestorovich, E.M. & Bezrukov, S.M. (2002) Partitioning of differently sized poly(ethylene glycol)s into OmpF porin. Biophys. J. 82, 160-169
19. Krasilnikov, O.V., Carneiro, C.M., Yuldasheva, L.N., Campos-de-Carvalho, A.C. & Nogueira, R.A. (1996) Diameter of the mammalian porin channel in open and "closed" states: direct measurement at the single channel level in planar lipid bilayer. Braz. J. Med. Biol. Res. 29, 1691-1697
20. Carneiro, C.M., Krasilnikov, O.V., Yuldasheva, L.N., Campos de Carvalho, A.C. & Nogueira, R.A. (1997) Is the mammalian porin channel, VDAC, a perfect cylinder in the high conductance state? FEBS Lett. 416, 187-189
21. Carneiro, C.M., Merzlyak, P.G., Yuldasheva, L.N., Silva, L.G., Thinnes, F.P. & Krasilnikov, O.V. (2003) Probing the volume changes during voltage gating of Porin 31BM channel with nonelectrolyte polymers. Biochim. Biophys. Acta 1612, 144-153
22. Sabirov, R.Z. & Okada, Y. (2004) Wide nanoscopic pore of maxi-anion channel suits its function as an ATP-conductive pathway. Biophys. J. 87, 1672-1685
23. Ternovsky, V.I., Okada, Y. & Sabirov, R.Z. (2004) Sizing the pore of the volume-sensitive anion channel by differential polymer partitioning. FEBS Lett. 576, 433-436
24. Krasilnikov, O.V., Sabirov, R.Z. & Okada, Y. (2011) ATP hydrolysis-dependent asymmetry of the conformation of CFTR channel pore. J. Physiol. Sci. (in press)
25. Krasilnikov, O.V., Da Cruz, J.B., Yuldasheva, L.N., Varanda, W.A. & Nogueira, R.A. (1998) A novel approach to study the geometry of the water lumen of ion channels: colicin Ia channels in planar lipid bilayers. J. Membr. Biol. 161, 83-92
26. Bezrukov, S., Vodyanoy, I., Brutyan, R. & Kasianowicz, J.J. (1996) Dynamics and free energy of polymers partitioning into a nanoscale pore. Macromolecules 29, 8517-8522
27. Movileanu, L. & Bayley, H. (2001) Partitioning of a polymer into a nanoscopic protein pore obeys a simple scaling law. Proc. Natl. Acad. Sci. USA 98, 10137-10141
28. Movileanu, L., Cheley, S. & Bayley, H. (2003) Partitioning of individual flexible polymers into a nanoscopic protein pore. Biophys. J. 85, 897-910

２６章　コンピュータによるパッチクランプデータ記録法

　パッチクランプ実験において得られる電流・電圧などのデータはアナログ信号であるが、これらを、コンピュータ上のデータとして記録できれば、その後のデータ解析・データの複製・印刷などが大変容易になり、便利なことこの上ない。このため、現在では、ほぼ例外なく、即時にオンラインでデジタル化して、記録・保存され、後の解析に供される。しかし、便利な反面、デジタル信号についての理解が無ければ、時にとんでもない間違いを生んでしまうことがある。

　本章ではパッチクランプデータの記録におけるアナログ-デジタル変換を中心に、的確なデータ記録を行うために必要な基礎知識や方法について述べることとする。

Ⅰ. アナログ-デジタル変換（A/D 変換）

　電流信号を始めとしてパッチクランプ法で記録したい実験データの殆ど全ては、アナログ信号である。よく知られているように、アナログというのは "measureable"（測量可能）な変数、すなわち、実数と等しい濃度をもつ連続した情報量であり、デジタルというのは、"countable"（数えられる）な変数、すなわち整数や自然数（そして有理数）と等しい濃度をもつ離散的な情報を指す。現在のコンピュータで扱うことのできるデータはすべて 1 と 0 の組み合わせで表される、すなわち、countable な値のみであるため、アナログ信号をコンピュータで処理するためには、アナログ値をデジタル値に置き換えて記録しなければならない。この変換のことを**アナログ-デジタル変換（A/D 変換）**と呼ぶ[1-4]。図1の数直線をみて頂きたい。この数直線はパッチクランプ法で得た電流の大きさを示すものと考える。実際のデータはその飛び飛びの点の間のどこにでも現れうるが、A/D 変換をするともっとも近くにある–1, 0, 1, 2, …などの countable な値のどれかに丸めて記録されることになる。すると、実際の値が 0.6 でも 1.3 でも A/D 変換した後はみんな 1 になってしまって、誤差を生じてしまうということになる(図1上)。ただし、countable であるということは目盛が粗くて誤差が大きいという

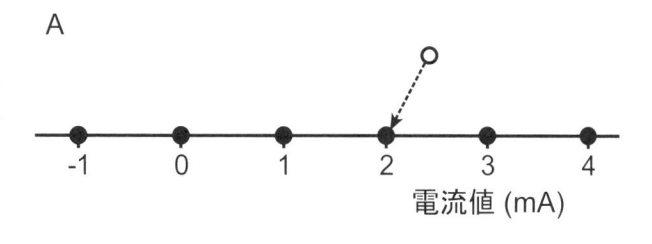

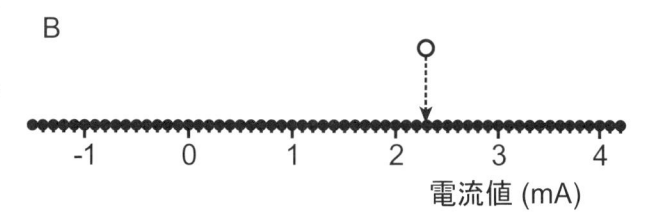

図1　デジタル化による電流値誤差
電流値（○）をデジタル化すると不正確な値になってしまうか？それぞれの数直線上で●はデジタル化できる値を示す。A. A/D 変換器は1 mA の精度でしかデジタル化できないとき。データの○は 2 mA または 3 mA として記録されるのでデータはデジタル化すると、1 mA の誤差を含んだものとなる。B. もっと細かい間隔でデジタル化できると、比較的正確な A/D 変換ができることになる。

ことではない。1 mA［ミリアンペア］を 1 という目盛りで記録することもできるが、その 1 兆分の 1 の単位である 1 fA［フェムトアンペア］を 1 とすることもできる。値がとびとびであっても、その間隔が「十分小さければ」、A/D 変換をしてもデータは「かなり」正確なデータとして記録できる（図 1 下）。とびとびの（離散的な）データには、（実数値とは違い）測定出来る最少の間隔が必ず存在する。これを（最小）分解能という。実数値は連続であり、どんなに細かい間隔を取っても、さらにその間には文字通り無数の実数値が存在する。つまり、数学的にはどんなに目盛を細かくしても、全ての実数値を離散的なデジタル値に 1：1 の対応を付けることはできないので、A/D 変換をするとアナログ信号の実数値としての情報は失われてしまう。これが A/D 変換の最大の問題である。

しかし、我々が測定する実際の信号・実験データには必ず測定の限界というものが存在する。1 L のメスシリンダーで 1 L を測りとっても 1 μL の違いは検出できないし、1 pA のランダムノイズが乗っている信号を 0.01 pA の精度で観察しても意味はない。A/D 変換する際の最小分解能が、測定の限界（測定誤差や原信号のノイズなど）よりも小さければ、アナログ信号をデジタル化しても、実用上問題はないと考えられる。逆にそうでなければ、デジタル化されたデータは必ず丸めの誤差を含んだものになっており、A/D 変換の際の最小分解能が新たな測定限界となってしまうのである。

II．ダイナミックレンジ

きちんとデジタル化できる優れた A/D 変換器を用いれば十分なデータが得られることは分かったが、残念ながら、実際の A/D 変換器は常に十分優れているとはいえない。その理由として、(1) A/D 変換器が入力信号として扱うことのできる大きさの範囲が有限であることと、(2) それをデジタルデータに変換したときのデジタルデータそのものの表現法が有限であることが挙げられる。

(1) A/D 変換器の種類により、その入力信号の範囲については、−10 V〜+10 V であるとか、0 V〜5 V であるとかというように決まっている。A/D 変換器によってこの範囲が可変であるものもあるが、ともかくも入力の範囲は一定であり、10 万ボルトの入力がいきなり入ってくることは（少なくともパッチクランプに用いられる A/D 変換器では）考慮されていない。通常のパッチクランプアンプからの出力の電圧は ±10 V ぐらいで、その範囲の信号のみを A/D 変換できれば問題はない。

(2) については、コンピュータでの記録法と関係している。0.5 の確率をもつ 2 つの事象があるときに、どちらの事象が起きたかがわかればその情報は 1 bit であるという[5]。1 bit の情報量は 0 をとるか 1 をとるかということと等価である。1 bit はあまりにも小さい単位なので、コンピュータはもう少し大きな情報量を一度に扱うことが普通である。8 bit というのは 0 と 1 からなる数字（2 進法）が 8 桁並んだ数字で表される情報量のことであるが、これは 0〜255 までの 256 通りの数字（あるいは情報）を表すことができる情報量である。16 bit ならば、0〜65535 の 65536 通りの場合を表すことができる。30 年ほど前のマイコンやミニコンと呼ばれたコンピュータは一度に 8 bit 毎に計算や記憶領域の番地付けをするが、近年のパソコンは 32 bit〜64 bit ごとにデータを扱えるようになっている。当然、大きな bit 数を扱おうとすると遅くなるし、またデータを保存するための容量（メモリーやディスクの容量など）も増加する。A/D 変換器では、この bit 数はデータの細かさを表すことになる。1 bit の A/D 変換器で、−10 V〜+10 V の信号を扱おうとすると、この信号がある電圧の大きさ（この場合普通は真ん中の 0 V）よりも大きければ 1、小さければ 0 と 2

つにしか分けられず、分解能は 10 V である。もちろんこれでは実験データにはならない。実際の A/D 変換器は 12 bit あるいは 16 bit であることが多い。現在は 16 bit が主流である。12 bit の A/D 変換器であれば、4096 に分けるので、最小分解能は、20 V/4096＝5 mV ということになる。16 bit であれば、$20 V / 2^{16}$＝0.3 mV である。なお、実際の A/D 変換器は 2～3 bit の誤差を含むため、信頼できる分解能は理論上の 4～8 倍程度となるので注意が必要である。この計算式を変形すれば、最大許容信号値（この場合 20 V）を最小分解能で除算すると、データがどれくらい細かく認識できるかという指標になることがわかる。この最小分解能と最大許容信号値の比を、**ダイナミックレンジ**という。12 bit の A/D 変換器ならば、ダイナミックレンジは 4096 であり、16 bit ならば 65536 であるが、簡単のため、ダイナミックレンジが 12 bit であるとか、16 bit であるとかいう言い方をすることも多い。

　電気機器間で信号を受け渡しする際は、その扱いやすさからほぼ例外なく電圧信号の形で行われる。A/D 変換器もその例外ではなく入力電圧信号をデジタル化する。すなわち、パッチクランプアンプで測定される電流信号や膜電位などの信号はアンプで増幅され、電圧の信号に変換されて出力され、その電圧値が A/D 変換されるのである。このことは大変重要であり、電流を測定しているからといって、アンプから出力される信号の電流値を A/D 変換器が読んでいるのではない。パッチクランプ法で測定したい信号の代表は電流信号であるが、すでに第 2 章で述べられたように電流信号はパッチクランプアンプの最初の段階で電圧信号に変換されて後段の処理を受けることになる。アンプの説明書や操作パネルをみると、必ずどれだけの電流が何 V に変換されて出力されるということが明記されているし、またその変換の係数（ゲイン Gain[*]）は可変であることが多い。この電流－電圧変換のゲインが、電流信号の分解能にどのように関るか調べてみよう。A/D 変換器が 12 bit で、−10 V～+10 V の入力信号を受け取ることができ、ゲインが 1 mV/pA であるとする。この時、10 nA の電流は、10 V に変換されてアンプから出力され、A/D 変換器に入力される。これより大きな信号は A/D 変換器の受け付けることのできる+10 V を越えるので、A/D 変換器はオーバーフローしてしまう。この条件で測定できる電流の大きさは、−10 nA～+10 nA であるということになる。この A/D 変換器は 12 bit のダイナミックレンジを有すると仮定したので、分解能は先に述べたように 5 mV である。これを対応する電流値に直すと、電流値の分解能は 5 mV/(1 mV/pA)＝5 pA となる。すなわち、5 pA（実際は A/D 変換器の誤差を考慮して 20 pA 程度）よりも小さい電流の変化は捉えることができないことになる。これでは、通常のシングルチャネル記録を測定することは難しい。しかし、例えば、電流の最大値が 100 pA 程度と小さく、−100 pA～+100 pA の電流を測定できればいいのであれば、ゲインを 100 mV/pA に上げても電流が大きすぎてオーバーフローすることはない。この条件下では、理論上の最小分解能は、0.05 pA になるため、より正確なデータを得ることができ、またたいていのシングルチャネルレベルの記録ができるようになるのが分かるであろう。

　このように、パッチクランプ実験において、A/D 変換を行って記録するときは、① A/D 変換器のダイナミックレンジ、② 入力を受け付ける電圧信号範囲、③ アンプのゲイン、④ 実際に測定するおおよその電流の大きさ、をあらかじめ評価して、最適なアンプのゲインを選ぶこと、すなわち、アンプのゲインは測定する電流の大きさがオーバーフローしない限りできるだけ大きくし

---

[*]ゲインとは利得のことであり、本来電圧が何倍に増幅されたかを示すものであり、最初に行われる電流－電圧変換の係数（フィードバック抵抗で決められる）とは区別されるべきであるが、慣習的に電流－電圧変換の係数全体をこのように呼んでいる

A/D 変換がもっとも有効になるよう絶えず注意しながら記録を行わなければならない[†]。なお、①や ② は簡単に変えられないことが多いので、運用上特段の事情がない限り変更しないことになると思われる。

　16 bit の A/D 変換器は、12 bit のダイナミックレンジを有する A/D 変換器よりも分解能のよいことは言うまでもないが、その能力は 16 倍にも達することは注目に値する。これは解像度の点でアンプのゲインを 16 倍にあげるのと同じ意味をもつのみならず、バックグランド電流の上に乗る小さな電流も容易に捕まえることができるようになるという意味で大変有効で、おそらくノイズ解析（分散解析）には必須であろう。16 bit A/D 変換器の欠点である変換速度の遅さも、近年は 12 bit のものに比べてあまり見劣りがしなくなったので、特別に A/D 変換速度の速さを求めている（例えば多チャンネルの同時記録をしている場合など）のでない限りは、問題が無いと思われる。また、18 bit の A/D 変換器もかなり一般的になった。大部分の 18 bit の A/D 変換器は、コンピュータへの出力する際には誤差 2 bit 分をあらかじめ除いて 16 bit で出力されるので、A/D 変換の際の誤差が少なく、それでいてデータの記録サイズが増えることもないという利点がある。

III. サンプリング定理 〜時間のデジタル化〜

　データがデジタル化される際のもうひとつの重要な要素は時間のデジタル化である。電流や電圧値などの要素を縦軸とすると、これは横軸に関するデジタル化ということができる。A/D 変換器はデータを時間的にも連続には採取することはできず、ある時間間隔ごとにデータを採取（サンプリング）する。この時間間隔のことをサンプリング間隔（sampling interval）と呼ぶ。また、サンプリング間隔の逆数をサンプリング周波数とよぶ。データが 0.5 ms ごとにサンプリングされていれば、このデータのサンプリング間隔は 0.5 ms であり、またサンプリング周波数は 2000 Hz (=2 kHz) であるという。電流や電圧値のサンプリングには最大許容値や最小分解能が考慮されねばならなかったが、時間に関してのデジタル化に際しては、データは無限に得ることができ、その最大値というものは特にない[‡]。従って A/D 変換の際に問題となるのは、時間のデジタル化の最小分解能に相当する、サンプリング周波数（サンプリング間隔）のみである。

　さて、サンプリング周波数が 2 kHz であった場合、時間の分解能は 0.5 ms であるといえる。我々は多くの場合、近傍に 2 点があれば、その間を直線（またはちょっとだけ曲がった曲線）で結べば実際の信号の変化を近似できることを直感的に知っている。始めにサンプリングしたときの電圧値と 0.5 ms 後にサンプリングした電圧値を直線的に結んだような信号の変化があったと想像するわけである。これが正しくないのは 2 点の間で非常に速い信号の変化があったときである。ではどれぐらい速い変化が検出できないのであろうか。この問いに答えるのが、Nyquist（ナイキスト）の標本化定理（あるいは Shannon（シャノン）のサンプリング定理ともいう。Nyquist が予測

[†] アンプのゲインを変えると、時に電流−電圧変換のフィードバック抵抗も切り替わることがある。フィードバック抵抗が大きければ大きいほどノイズも減少するので、その意味からも原則としてゲインはなるべく大きくしたいものである。

[‡] 目的の長さの信号が、目的のサンプリング周波数でデジタル化されるためには標本点がいくつになるかを計算しなくてはいけないことは多い。データがある長さに区切られてサンプリングされる時や予めファイルの大きさを計算しなければならないときなどがこれに相当する。例えば、2 kHz のサンプリングの周波数で、100 ms のデータトレースを得るためには、100 ms (0.1 s) × 2000 Hz = 200 個のデータ（通常 400 byte に相当）を取るだけでよいが、10 kHz で 20 sec のデータを得るためには、20 万個（0.4 Mbyte）のデータを得なくてはならない。

し、Shannonと染谷が独立に証明した）である。この定理によれば、原信号の持つ最大周波数をf_N、サンプリング周波数をf_Sとすると、原信号を忠実に再生するためには、

$$f_S \geq 2 \cdot f_N$$

という関係がなければばらない。f_Nの2倍の周波数のことをNyquistの周波数という。サンプリング周波数が2 kHz（サンプリング間隔0.5 ms）ならば、理論上最大周波数1 kHzまでの信号を捕らえることができる。もし、サンプリング周波数がこれよりも低いと図2に示すように「エイリアシング」という仮想シグナルがあるように誤解してしまう現象がおきてしまう。近傍に2点があっても、その間を直線（正確には正弦波）で結んではいけない状況が出現してしまうわけである。われわれの頭のなかには、比較的短い時間に変化をする2点があるとその2点は前の位置と現在の位置を直線で結んだように移動していると感じる習性がある。つまり、正確な表現ではないが、短い時間でサンプリングした近傍にある2点を直線で結ぶことによってエイリアシングがおきるともいえるのである（図2）。

ここで、「原信号の持つ最大周波数」という意味についてはっきりさせておきたい。フーリエの定理によれば、すべての周期関数は以下のように一定の周波数をもつ正弦波の和として表すことができる。

$$f(t) = \frac{a_0}{2} + \sum_{n=1}^{\infty}\left(a_n \cos\frac{2n\pi t}{T} + b_n \sin\frac{2n\pi t}{T}\right)$$

ここで、Tは周期関数の周期、a_n、b_nは以下の式により求めることのできる係数である。

$$a_n = \frac{2}{T}\int_{-T/2}^{T/2} f(t)\cos\frac{2n\pi t}{T}dt$$
$$b_n = \frac{2}{T}\int_{-T/2}^{T/2} f(t)\sin\frac{2n\pi t}{T}dt$$

各項はそれぞれ周波数を有する正弦波である。各項のそれぞれの周波数をもとの周期関数の周波数成分とよぶ。いくつかの正弦波の和で表されるような比較的単純な波形は有限個の正弦波に分解（フーリエ展開）される。その中でもっとも大きな周波数成分を有するものが1 kHzをこえなければ、サンプリング周波数2 kHzでサンプリングすればもとの波（関数）が完全に再現できる。

といって、たとえば1 msごとに＋と－を繰り返す矩形波の形がこの2 kHzのサンプリング周波数で捕らえられると思わないでいただきたい。実際、一般的には任意の周期関数は、無限個の正弦波に分割され、無限個の（高周波の）周波数成分をもつ正弦波に分解（フーリエ展開）されるので、任意の周期関数は無限に高い高周波成分をもつことになり、無限に高いサンプリング周波数をもってしなければその完全な形を再現することはできない。このように理論上は、単純に見える矩形波ですら無限の周波数成分に分解されることからもわかるように、一般的な波形が有限の周波数成分に分解される保証は（全く）なく、通常は原信号に含まれる最大周波数などというものはない。

しかし、実用上はそうではない。どのような優れたパーツを用いて回路を組んだ器械といえども、そこには必ずノイズや誤差が生じる。なかでも高周波のノイズはしばしば抑制することが困難である。このため、通常アンプにはローパスフィルタが組み込まれており、出力される信号はある一定の周波数以上の周波数成分は低減・除去されている。この周波数のことを**カットオフ周波数**という。ローパスフィルタはパッチクランプアンプにも組み込まれている[6,7]ため、我々が

扱う信号はフィルタのカットオフ周波数以上の周波数成分は含まれておらず、その周波数が最高周波数であると考えることができる。

実際のローパスフィルタには、ある周波数以下の周波数成分を100%通すが、それ以上のものは絶対に通さない、などというものはない。また、我々の実際に扱う電気信号は、普通周期関数ではない。これをある長さの信号に分割して、あたかもそれが周期関数であるかのように扱って周波数成分を求めているに過ぎない。これらのアーティファクトのため、実際のサンプリング周波数は、ローパスフィルタで設定したカットオフ周波数の2倍では不十分で、2.5〜3倍ぐらい必要であろうといわれている。まとめるならば、Nyquistの定理は電気生理学をするものにとっては、次のように言える。

A. 40 Hz でサンプリング

B. 20 Hz でサンプリング

C. 18 Hz でサンプリング

エイリアシングのため、8 Hz のシグナルがあるかのように見える

D. 12 Hz でサンプリング

エイリアシングのため、2 Hz のシグナルがあるかのように見える

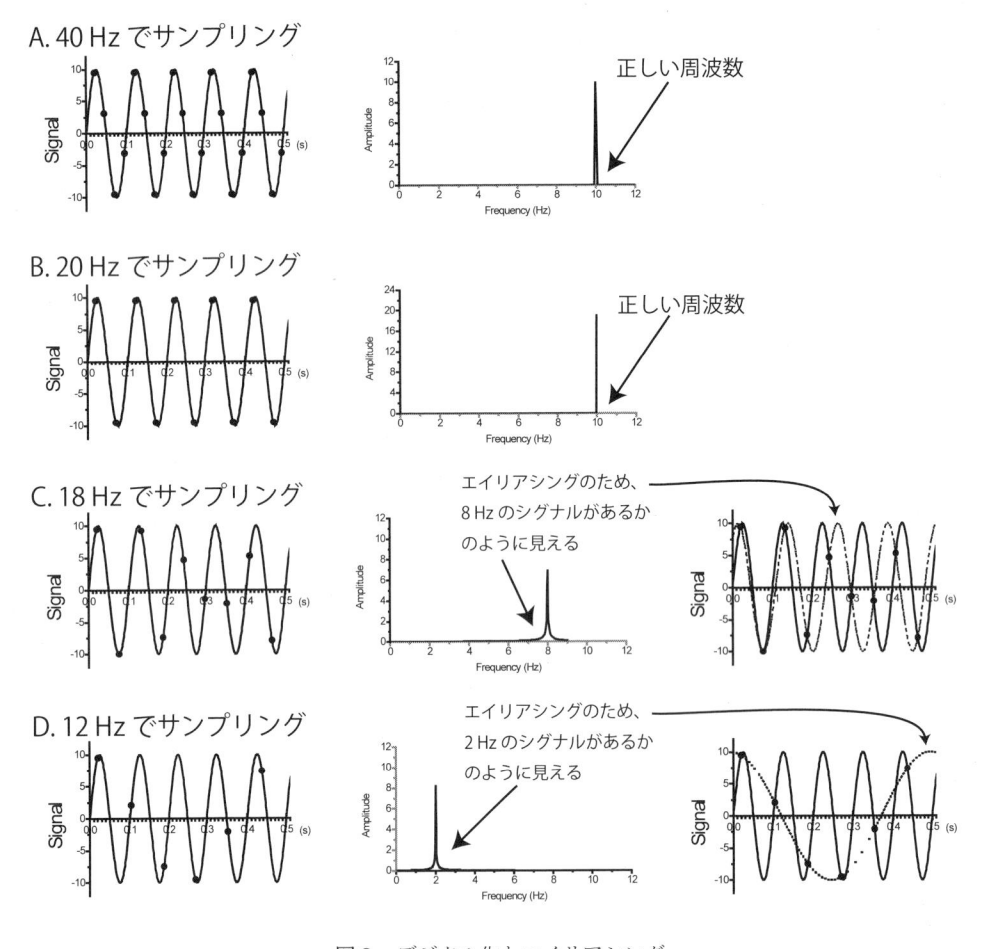

図2 デジタル化とエイリアシング

図は周波数（振動数）10 Hz の正弦波信号をそれぞれ(A) 40 Hz、(B) 20 Hz、(C) 18 Hz、(D) 12 Hz のサンプリング周波数でサンプリングした様子を示す。各(A)〜(D)の左グラフにおいて、●はそれぞれのサンプリング点を示す。真ん中のグラフは各々のサンプリング点をフーリエ変換（ここでは FFT）した結果の周波数分布を示している。Nyquist 周波数（ここでは、元の信号の周波数が 10 Hz であるから、Nyquist 周波数は 20 Hz）以上でサンプリングした(A)と(B)においては、FFT によっても正しい周波数が検出されているが、(C)では 8 Hz、(D)では 2 Hz と、原信号とは異なる周波数が検出されている。実際右のグラフに点線で示したように、サンプリングデータを結ぶと、エイリアシングのため原信号とは異なった波形が出現しているように見える。

A/D 変換の際のサンプリング周波数は、理論上ローパスフィルタのカットオフ（遮断）周波数の 2 倍以上、実際は 3 倍程度でなければならない。

IV．その他の A/D 変換に関する注意事項

A/D 変換器の性能がデータサンプリングの際の性能を決定することはいうまでもない。分解能についてはすでに述べたが、他の重要な性能として挙げられるものには、入力のチャネル数、入力の最高サンプリング周波数といったものがある。チャネル数や最高サンプリング周波数はすでに通常の用途では十分なレベルに達してきた。いくつもの電極からの同時記録をするときはチャネル数にも注意を払う必要があるかも知れないが、現在のところ、通常の用途には十分なチャネル数があるといっていいと考えられる。最高サンプリング周波数は、1 チャネルであれば 100 kHz ～500 kHz の最高周波数をサポートしている A/D 変換器がパッチクランプ用市販セットに用いられるようになってきたため、パッチクランプ法ではほとんどの用途に十分であるといえよう。ただ、いくつものチャネルで同時記録する場合は、各チャネルの最高サンプリング周波数は、器械の最高サンプリング周波数をチャネル数で割ったものとなることに注意が必要である。入力サンプリングノイズの低減には、BNC ケーブルのアース側を 2 チャネル目に接続し、主信号を接続した 1 チャネル目との差をとる差動入力のほうが望ましいが、残念ながらこれをサポートしている市販のシステムは少ない。

A/D 変換を行ってデータを取り込んでいるのは、コンピュータと連動する A/D 変換器のみではない。データをバックアップするのに、データ用のデジタルオーディオレコーダー（DAT）などを依然使用している研究室も多いのではないだろうか。しかし、すでにこれらの機器の市販も打ち切られている。どうしてもバックアップがコンピュータのシステムとは別に必要だという方はもう一台 A/D 変換器とコンピュータのシステムを用意し、ローパスフィルタをなるべく速いカットオフ周波数に設定（例えば 10 kHz）して、その 3～4 倍の速いサンプリング周波数で記録しておくのが良いと思われる。こんなデータの取り方をすると、データが大きくなって実用上無理があったが（例えば 100 kHz でサンプリングして 24 時間記録を続けると、17.3 G 消費する）、幸いハードディスクはどんどん大きくなっているので、いまやこういうやり方も不可能ではない。

V．D/A 機能

パッチクランプ法では電圧固定法・電流固定法いずれにおいても細胞にコマンドを与え、それに対する信号を観察することがほとんどの場合必須である。従来その役割を果たすのはアナログ刺激装置（スティミュレータ）であったが、現在はパッチクランプのシステムで用いられるほとんどの A/D 変換器に D/A（デジタル－アナログ）変換器が付属しているのでそれを用いることも多いであろう。D/A 変換器は A/D 変換器の逆にコンピュータで構成した情報をアナログ信号（実際は電圧信号）に変換するものである。多段のステップパルスなどやランプ波・正弦波なども比較的簡単に 1 台の機械（しかも A/D 変換器と共用）で作り出すことができ、有用である。D/A 変換器にも A/D 変換器と同様に分解能（bit 数）や D/A 変換周波数があるが、コマンドパルスは計測に比較して著しく正確であることはあまり求められないため、現在の市販品で問題があることは少ない。ただ、正確に近い正弦波や直線に近いランプ波パルスを与えなければならない時には、注意が必要である。D/A 変換時の周波数は A/D 変換の周波数と（著者の知るかぎりの A/D 変換器において）同じである。実際にどれぐらいの長さのパルスを与えることができるのかは駆動するソフ

トウェアにも依存する。

VI. データファイルとソフトウェア

　コンピュータに記録されるデータファイルには、実際のデータ部分の他に、実験時のデータ取り込み条件などが記録されているが、データ部は各サンプリング時間毎に 16 bit のデータが並んだだけの単純な構造をしている。従って、どのようなソフトから読み込むことも比較的容易である。pClamp や Patchmaster ソフトウェアなどのデータファイルはその構造も公開されている。パッチクランプ用のソフトはいろいろ存在するが、いずれのソフトも全ての研究者にとって理想的ということはなく、また、研究者のニーズに完全にあったものを用意することは不可能であろう。この分野ではこれまで、多くの研究者たちが多くの専用ソフトを書いてきた。パッチクランプに必要なセットが商品化されることにより、データ取り込みは市販品を使用することが主流になったと思われる。しかし研究に応じて独自にある程度のソフトまたはマクロを自分でプログラミングすることは現時点では避けられないようである。市販のサンプリングされたファイル形式を有効に利用して、また研究者同士にて助けあいながら、対処していきたいものである。

文　献

1. Sakmann, B. & Neher, E. (1983) Single-Channel Recording. Plenum, New York
2. Sakmann, B. & Neher, E. (1995) Single-Channel Recording, 2nd edn. Plenum, New York
3. 南　茂夫 (1986) 科学計測のための波形データ処理. ＣＱ出版、東京
4. 日野幹男 (1977) スペクトル解析. 朝倉書店、東京
5. Feynman, R.P. & Hey, A. (2000) Feynman Lectures On Computation. Westview Press, New York （邦訳：原康夫、中山健、松田和典（訳）ファインマン計算機科学. 岩波書店、東京）
6. Sigworth, F.J., Affolter, H. & Neher, E. (1994) Design of EPC-9, a computer-controlled patch-clamp amplifier. 1. Hardware. J. Neurosci. Methods 56, 195-202
7. Sigworth, F.J. (1994) Design of EPC-9, a computer-controlled patch-clamp amplifier. 2. Software. J. Neurosci. Methods 56, 203-215

２７章　パッチクランプ法の実験溶液

Ⅰ．はじめに

　パッチクランプ法の重要な特色の１つは、細胞膜を挟んだ両側の実験溶液をその実験の目的に応じて決めることができ、またそれらを比較的容易に換えることができるという点である。実験に用いられる種々の溶液は、細胞膜のどちら側を占めるかによって、外側を灌流する細胞外液として用いられるものと、内側を灌流する細胞内液として用いられるものに大別される。溶液はまた、実験手技上からバスチェンバを灌流するバス溶液と、ピペットに充填して用いるピペット内溶液とに分類することもできる。細胞内液および細胞外液と類似の組成をもった溶液が、バス溶液として用いられるかピペット内溶液として用いられるかは、パッチクランプ法の様々なモードに応じて決定される（表１参照）。

表１　パッチクランプの各モードにおいてバス溶液やピペット内溶液として用いる溶液一覧

	バス溶液	ピペット内溶液
全細胞法 アウトサイド－アウト法	細胞外液類似の溶液	細胞内液類似の溶液
インサイド－アウト法	細胞内液類似の溶液	細胞外液類似の溶液
セル－アタッチ法	細胞外液類似の溶液	細胞外液類似の溶液

　基本的にはそれぞれの溶液は、生理的な細胞外液や細胞内液の組成に似たものが基本として用いられる。生物や組織によりその組成はかなり異なるが、細胞外液はNaClを主成分に含むものを、細胞内液は陽イオンにはK^+イオンあるいはこれに代わるCs^+イオンを、陰イオンにはCl^-イオンや有機酸イオンなどを主成分に含むほか、ATPやGTPを含み、Ca^{2+}濃度をμM未満にしたものを用いることが多い。もちろん、調べるイオン電流により多くのバリエーションが存在する。それぞれのより詳細な生物学的溶液については別の成書（Prosser[1]など参照）を参考にしていただくとして、この章では主にパッチクランプ実験を始める人が実験溶液を自分でデザインするにあたってどのようなことに注意すべきかを主に述べることにする。

Ⅱ．pH（プロトン濃度）

　通常細胞外液として用いられる実験溶液は生理的な細胞外液のpHを反映してpHが7.3 - 7.5ぐらいのものが用いられる。細胞内液として用いられるものもほぼ同様であるが、やや酸性のもの（pH 7.2 - 7.4）が用いられることが多い。酸HAが水に溶解すると、

$$HA \rightleftharpoons H^+ + A^- \tag{1}$$

という平衡式にかかれる通りの反応が進行する。強酸ではこの平衡はすべて右に移行するが、弱酸では解離しない状態HAと解離した状態A^-の両方が水溶液中に共存する。平衡定数K_a

$$K_a = \frac{[H^+][A^-]}{[HA]} \tag{2}$$

は、酸の種類ごとに決まる（温度・気圧が一定であれば）定数値で、弱酸の場合 10^{-1}～10^{-7} 程度の値をとる。この式を変形すると、

$$\mathrm{pH} = \mathrm{p}K_a + \log\frac{[\mathrm{A}^-]}{[\mathrm{HA}]} \tag{3}$$

となる。今、弱酸 HA α モルとその塩（例えば Na 塩である NaA を考える）β モル（α と β は比較的等しいと考える）を混合した 1 L の水溶液を考えると、弱酸の Na 塩は水溶液中では全て電離し、A^-（と Na^+）になる。一方、弱酸 HA は電離するのはわずかで、（極端な希薄液でない限り）NaA が電離して生成する A^- に比べて無視できる。このため、[HA]は始めに混合した弱酸の濃度に近く、また、[A^-]は始めに混合した NaA の量に近くなる。したがって、この時の pH は、近似的に、式(3)と非常によく似た表現の次の式で求められる。この式のことを次の Henderson-Hasselbalch の式という。

$$\mathrm{pH} = \mathrm{p}K_a + \log\frac{\beta}{\alpha} \tag{4}$$

この時、酸が少量（γ mol/L になるように、ただし、γ は α や β に比べて小さいとする）加えられたときは A^- が HA に変化するので、pH の変化は少ない。実際に作成される緩衝液（酢酸緩衝液など）を念頭に近似すると、

$$\mathrm{pH} = \mathrm{p}K_a + \log\frac{\beta - \gamma}{\alpha + \gamma} \tag{5}$$

となる（図1参照）。$\alpha = \beta = 100$ mM とし、加える酸 γ を 10 mM とすると、pH は $\mathrm{p}K_a$ 付近ではわずか 0.1 未満の変化でしかない。10 mM の強酸の水溶液は pH 2 であるからその緩衝能力が分かるであろう。なお、正確には Henderson-Hasselbalch 式に用いる各イオン濃度や K_a 値は、後述するイオン活量を用い、K_a もそれによる補正をされた値を用いなければならない。

　生理的な細胞内外液が血漿蛋白による（アミノ酸の両性イオン性質による）緩衝系、Hb 緩衝系、炭酸-重炭酸緩衝系などさまざまな pH 緩衝機構を有しているように、実験に用いるべき溶液も pH に対して比較的安定でなければならない。このため、実験に用いる溶液にはリン酸緩衝液や二酸化炭素ガス飽和下における重炭酸緩衝液などが用いられる。重炭酸緩衝系においては、酸は H_2CO_3、共役塩基は HCO_3^- であり炭酸水素ナトリウムがその共役塩基の塩として用いられる。特に生体内では、この系は呼吸・腎による調節機構と共同して働き、また炭酸脱水素酵素の働きにより二酸化炭素ガスの溶解・気化は非常に速く行われるため、生体内での pH 緩衝能は化学平衡式の平衡定数から予測されるよりもはるかに高く、生理的に重要な pH 緩衝系である。このため実験にも一定の CO_2 ガス下でしばしば用いられる。この緩衝系での $\mathrm{p}K_a$ は 6.1 であり、CO_2 ガスの分圧を P_{CO_2} (mmHg)とすると、その Henderson-Hasselbalch の式は、

$$\mathrm{pH} = \mathrm{p}K_a + \log\frac{[\mathrm{HCO}_3^-]}{0.03 \times P_{CO_2}} \tag{6}$$

と書ける。HCO_3^- イオン 25 mM を含む溶液は 5% CO_2 下でほぼ pH 7.4 に安定するため、重炭酸緩衝液を作成する時は、実用的に 2 - 2.5g/L の $NaHCO_3$ を溶液に加える。

α-アミノ酸は酸性であるカルボニル（-COOH）基と塩基であるアミノ（-NH₂）基を1つの分子にもっており、中性付近では、⁺H₃N-CR-COO⁻（R は側鎖）として存在している。このイオンは、酸としても塩基としても働くため、両性イオンと呼ばれ、酸を加えると⁺H₃N-CR-COOH に、塩基を加えると、H₃N-CR-COO⁻になるため、それ自身のみで緩衝能力がある。Good は、グリシンの誘導体で緩衝能力が高い HEPES、PIPES、MES などを合成した（Good バッファと呼ばれる）。Good バッファは簡便に用いられること、pH の緩衝帯に応じた種々の化合物が手に入ること、後述するイオン活量係数が1に近いため計算が簡単なことなどの理由から、細胞関係の実験によく用いられる。最もよく用いられているのは pK_a が 7.31 と生理的 pH に近い HEPES

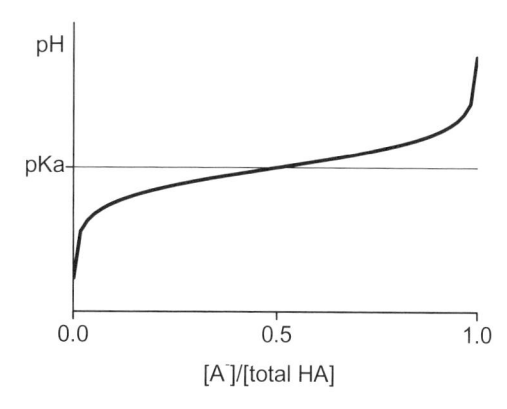

図1 塩基／酸比と pH の関係
ある酸 HA とその共役塩基 A⁻（Na 塩などに相当）を混合して水に溶解したとき、元々の酸の量と塩基の量の比と pH（式(4)）の関係を示す。これは、弱酸 HA があまり電離せず、共役塩基の量が加えた塩の濃度に殆ど等しいときに近似式として成立する。[A⁻]と[HA]の比が1に近いとき、外来性の加えられた滴定酸やアルカリに対して、[A⁻]/[HA]の比が少々左右に変化しても pH の変化は緩やかで、pK_a の前後にとどまることを意味する。

であるが、バッファリング pH によっては使用すべき薬剤を選択しなければならない。これらの合成バッファは（Tris など Good buffer 類似のものを含め）基本的にはチャネルに影響を与えることはないと考えられているが、Tris や HEPES がある種の K⁺チャネルや Cl⁻チャネルを抑制するとの報告もあり、バッファの量を変えなければならない実験では注意が必要である。

緩衝バッファは、ある種の薬剤と化学反応を起こすことがあり注意をしなければならない。Ca^{2+} は炭酸イオンやリン酸イオンと反応して沈殿を生じやすい。La^{3+} が Tris と沈殿を生じることもある。HEPES は比較的他のイオンと干渉することが少ない。

バッファの量は pH を維持するのに必要な十分量が必要である。HEPES は 5 - 10 mM 用いれば通常十分であるが H⁺電流を測定する場合などには時として 50 - 100 mM 用いることが必要になる。溶液の最終 pH は強酸または強塩基により滴定されるが、この際、溶液中に最も多い陽イオンや陰イオンを参考に決められるのが普通である。たとえば NaCl をメインにした溶液であれば NaOH か HCl によって調節すべきである。また、イオンチャネルのブロッカなどは、しばしば pH に大きく影響することがある。薬物を加えて実験する際には、たとえ緩衝液を用いていても、その pH が大きく変化していないか調べておくことも必要である。Good バッファなどは細胞膜を透過しないので、細胞内・外液に用いられたときそれぞれの pH がもう一方の pH を変化させることはない。細胞内の pH は細胞内液の pH に依存することは言うまでもないが、膜直下の pH などをコントロールしたいときは、細胞外液に薄い（細胞膜透過性の）酢酸や酪酸を含めておくとよい（Tsai et al.[2]; Sabirov et al.[3, 4]）。

III. イオン強度

水溶液のイオン強度（I_f）は以下のように定義されている。

$$I_f = 1/2 \sum_j C_j z_j^2 \qquad (7)$$

ここで、この水溶液には比電荷 z_j をもったイオン j が濃度 C_j で存在しているものとする。154 mM の NaCl 溶液はイオン強度 154 mM であり、10 mM の $CaCl_2$ 溶液は $(10 \times 2^2 + 20 \times 1)/2 = 30$ (mM) である。イオン強度はイオンの活量に影響を与える。活量はイオンの有効濃度とでもいったようなものであり、実際に pH の計算を始め、イオンの関係するほぼ全ての計算には、イオン濃度よりもイオン活量を用いなければならないことが多い。このため、結果的にイオン強度も、イオンの関係するほとんどの化学反応のパラメータに影響する。イオンチャネル機能に重要な影響を与えることもありうるので溶液作成の際には常に念頭におくべきである。よく用いられる溶液では I_f は 100 - 150 mM 程度のイオン強度を有するが、ほとんどのイオンをマニトールに置き換えたり（低イオン強度液）、逆に 2 価のイオンの濃度を 50 - 100 mM にまで上昇させる（強イオン強度液）と大きくイオン強度が変化するので注意が必要である。

IV. 二価イオン

二価イオン、とくに Ca^{2+} と Mg^{2+} イオンは、細胞の機能の維持・調節に非常に重要な役割を果たしている。パッチクランプ実験の際に用いる細胞外液中には通常 1 - 2 mM の Ca^{2+} と Mg^{2+} イオンを加えることが多い。両イオンとも入っていない状況下でギガオームシールを得ることは非常に困難である。多量の二価イオンを用いる際には表面電位（surface potential）の変化にも注意をする必要がある。

実験に用いる細胞内液の全 Mg^{2+} 濃度は生理的濃度を反映して通常 1 - 2 mM であることが多い。ATP が溶液中に存在すると Mg^{2+} イオンは 1:1 で ATP とイオン結合し Mg-ATP の形で存在することになる。この結合反応の結合定数は 4.22（at 25℃）と高い値を示すため、ATP と等モル濃度の Mg^{2+} はほとんどフリーイオンとして存在せず、すなわち、チャネルに対する効果もそれに見合ったものになる。（ATP は Mg^{2+} とほぼ同様に Ca^{2+} とも強く結合することを強調しておく。）Mg^{2+} イオンはリン酸化・脱リン酸化酵素など多くの酵素の補酵素として働いたり、またチャネルの生理的ブロックに携わるため、全濃度だけでなくフリー Mg^{2+} イオン濃度についても注意をはらうべきである。

Ca^{2+} イオンの細胞内濃度はその細胞外の濃度に比べ 1/10000 程度と非常に低い濃度で厳密に調節されている。Ca^{2+} イオンはさまざまな細胞内機能の調節に関っており、それがほとんど 1 μM 未満の低い濃度で実現されている。したがって実験細胞内溶液を作成するさいには、遊離 Ca^{2+} 濃度には格段の注意を払わなければならない。二回蒸留水（現在では蒸留水＋イオン樹脂交換水が用いられることが多い。）には、4 - 20 μM の Ca^{2+} が含まれていることが報告されている[5-7]。このため Ca^{2+} を加えないで作成した名目的 Ca^{2+} 不含溶液（nominally Ca-free solution）にもそれと同等の Ca が当然含まれているが、これは細胞内 Ca 濃度に比べれば非常に高い値である。特に細胞内液用の Ca の濃度を調節するためには、実際上必ず EGTA、EDTA などのキレート剤（Ca バッファ）を $CaCl_2$ などと共に用いることになる。中でも EGTA は Mg^{2+} とほとんど結合しないため、最も頻繁に用いられる。BAPTA も Ca 結合性が高く、その pH 依存性が低いので（高価ではあるが）よく用いられる。EGTA や BAPTA に比べ EDTA はすべての二価カチオンや多くの多価金属カチオン（Ba^{2+}、Cd^{2+}、lanthanides など）と結合する。

Ca^{2+} がリガンドと結合する反応において、結合定数 K'_{Ca} は次の式のように定義される。

$$K'_{Ca} = [\text{Ca-リガンド}]/[\text{遊離 } Ca^{2+}][\text{遊離リガンド}] \qquad (8)$$

ここで、[物質]はその物質の平衡時の濃度を表す。K'_{Ca} に'がついているのはイオンの活量が考慮されていることを意味するが、ここでは詳しくは述べない。全 Ca 濃度（遊離＋結合 Ca）を$[Ca_T]$、全リガンド濃度を$[ligand_T]$とすると、以下の式が得られる。

$$[遊離 Ca^{2+}]^2 K'_{Ca} + [遊離 Ca^{2+}] \{1+ K'_{Ca}([Ca_T] - [ligand_T])\} - [Ca_T] = 0 \quad (9)$$

この式より、始めに溶解した総 Ca 量と総リガンド（バッファ）量が分かれば、平衡時の遊離 Ca^{2+} 濃度が計算できる。

EGTA に関してはこの式はもう少し複雑になる。というのは、EGTA はプロトンとも結合し、プロトンに結合した EGTA の Ca 結合定数（K^2_{Ca}）とそうでないものの値（K^1_{Ca}）が異なるためである。酸結合定数（EGTA は 4 つのプロトンと結合することが出来る。）をそれぞれ K_1, K_2, K_3, K_4 とすると、

$$K'_{Ca} = K^1_{Ca} / (1 + [H^+]K_1 + [H^+]^2 K_1 K_2 + [H^+]^3 K_1 K_2 K_3 + [H^+]^4 K_1 K_2 K_3 K_4) +$$
$$K^2_{Ca} / \{(1/[H^+]K_1) + 1 + [H^+]K_2 + [H^+]^2 K_2 K_3 + [H^+]^3 K_2 K_3 K_4\} \quad (10)$$

という式が成立する（詳細は Harrison and Bers[8] や、物理化学の教科書を参照のこと）。

このように Ca バッファの必要量と遊離 Ca^{2+} 濃度の計算には正確な薬剤の質量と信頼できる結合定数が分かればよい。表2の値は現在最も信頼された化学定数を集成した著書[9,10,11]を参考にした。

表2 Ca バッファとして用いられるキレータの結合定数表

リガンド	条件 （イオン強度、温度℃）	K_1	K_2	K_3	K_4	K^1_{Ca}	K^2_{Ca}
EGTA[a]	0.1M、20℃	9.47	8.85	2.66	2.0	10.97	5.3
EGTA[b]	0.1M、20℃	9.625	9.00	2.813	2.117	11.118	5.509
BAPTA[c]	0.1M、22℃	6.36 ± 0.1	5.47 ± 0.1			6.97 ± 0.1	

結合定数の単位は $\log_{10}(M^{-1})$ で表されている。[a] Martell and Smith[9]；[b] Smith and Miller[10]；[c] Tsien[11]。

結合定数は反応温度および水溶液のイオン強度の関数で表されるが、Smith and Miller[10] は実験的に式(7)で定義されるイオン強度 I_f よりはむしろ以下の式により定義される値を用いた方が実験結果によく一致することを見いだしたため、Ca-buffer や Mg 濃度の計算には以下の式で計算された擬似イオン強度 I_e の値が用いられる。

$$I_e = 1/2 \sum C_j |z_j| \quad (11)$$

I_e の値が 0.1 M から大きく異なるとすべての結合定数は半経験則である Debye-Hückel の理論に従って補正されなければならなくなり[8]、

$$\log K' = \log K + 2|z_+ z_-|(\log f_j - \log f_j') \quad (12)$$

となる。ここで、z_+, z_- は溶液中の陽イオン及び陰イオンの価数、f_j はイオン j の当初の濃度での補正係数、f_j' は変更後の濃度での補正係数で、ともに以下の式に従って計算することが可能な定数である。

$$\log f_j = A\{[I_e^{1/2}/(1 + I_e^{1/2})] - 0.25 I_e\} \quad (13)$$

ここで $A = 1.8246 \times 10^6/(\varepsilon T)^{1.5}$、$\varepsilon$ は水（溶媒）の双極子モーメント、T は絶対温度を表す。 また、

log はすべて常用対数を表す。

　結合定数は概ね水溶液の温度が 20 - 22℃ 前後の時の値であるが、温度が変化するとその値は van't Hoff の等容変化曲線に従って、

$$\log K' = \log K - [\Delta H(T - T')/2.303RT^2] \qquad (14)$$

または、もっと正確には、

$$\log K' = \log K - [\Delta H(1/T - 1/T')/2.303R] \qquad (15)$$

と変化する。ΔH はエンタルピー変化である。この式に従って、温度による結合定数を補正するためには Ca バッファの ΔH が求められていなければならない。Harrison and Bers[8] によると EGTA に関しては K'_{Ca} では $\Delta H = -8.1$ kcal/mol で、酸結合定数は、K_1 と K_2 を合わせて $\Delta H = -5.8$ kcal/mol であるという。BAPTA に関しては個々の反応の ΔH の値は知られていない。Harrison and Bers[12] は K'_{Ca} に対する総体的な ΔH の値を（I = 0.2 の時）EGTA では 16.6 kJ/mol (4.46 kcal/mol)、BAPTA では 13.9 kJ/mol (3.32 kcal/mol) とした。

　実際の溶液には Ca^{2+} と EGTA または BAPTA のみが存在することはまれであり、特に Mg^{2+} や ATP が存在することが多いであろう。このような場合、それぞれの陽イオンが陰イオンにかなり結合するため、正確な遊離 Ca^{2+} 濃度を知るためには各ステップの結合定数とそのエンタルピー変化値を手にいれ、計算しなければならないことは言うまでもない。Fabiato[13] は FORTRAN でプログラミングしたものを発表し、それ以後多くのプログラムがパソコンの上でも動くように改良されてきたため、いまやその計算はさほど困難なことではなくなった。Chris Patton の作成した Windows 版のソフト（WINMAXC32 v2.51）が Stanford 大学の Web サイトより手に入れることが出来る（http://www.stanford.edu/~cpatton/）。Windows コンピュータを使っていない人でもこの計算が可能なように、ここでは Web ブラウザ上でも計算できるように工夫されている（http://www.stanford.edu/~cpatton/webmaxc/webbufcalc.htm）。

　これらのソフトにより手軽に Ca^{2+} 濃度を計算できるが、時としては Debye-Hückel 則や van't Hoff の法則がしばしば実験結果から乖離したり、温度依存性を計算すべき ΔH の値が得られなかったり、結合定数が 1 価のイオンの影響を受けたりすることにより、実際の値からかなりはずれることもある。直接 K'_{Ca} を測定するために、Ca イオン電極を用いて μM レベルの $[Ca^{2+}]$ を測定することもある[5-7]。実験に用いるのと同じ組成の溶液を用いて K'_{Ca} を測定すれば、式(8)より望み通りの低い Ca^{2+} 濃度を計算することが可能になるわけである。この方法を用いれば上記に記した様々な理論的考察を省くことができるが、一方では簡単な計算に比べ著しく労力を有することもまた事実である。表3にこの方法で得たいくつかのデータを抜粋したので、参考にされたい。

表3．Ca 電極法および double-log 最適法で得られた EGTA 及び BAPTA の K' (pH 7.30)[6]

Chelator	Ionic strength (M)	T ℃	log K' calculated	log K' measured
EGTA	0.1	25	7.053	7.127 ± 0.059
	0.16	25	7.009	6.966 ± 0.029
BAPTA	0.1	22	6.908	6.872 ± 0.028
	0.15	22	6.706	6.671 ± 0.036
	0.2	22	6.573	6.497 ± 0.040
	0.2	37	NC	6.686 ± 0.052

NC: エンタルピーが不明のため、計算不可能

これらの様々な困難に加えて、市販 Ca バッファの純度はあまり良くないのが実情である。EGTA の純度はいくつかのメーカーからの製品を測定したところ 93.6 - 98.8%とかなりのばらつきがあり、結合定数の計算に影響を与えてしまわざるを得ないほど大きな誤差になる[5-7)]。BAPTA に至っては純度は 86%[5-7)] である。これらの不純物のほとんどは水であるようで、老木らは 150℃、3 時間炉で熱すると純度がほぼ 100 %になったと報告している[6)]。

　また、最もよく用いられる Ca^{2+} 塩である $CaCl_2$ は大変吸湿性が強い。これに代わる方法としては炭酸カルシウム $CaCO_3$ を 110℃ で 1 時間熱し、その後塩酸で滴定して用いる。あるいは、塩化カルシウムの比較的安定な水和物（$CaCl_2 \cdot 2H_2O$ や $CaCl_2 \cdot 6H_2O$）を購入後すぐに水に溶解し、1 - 3 M 溶液にして保存するのも良いであろう。この溶液の濃度はシュウ酸による滴定や炎光スペクトル反応などを利用して測定することができるが、簡便には比重計（ボーメ計）を用いて $CaCl_2$ 溶液の比重を測定する方法もある。1 M、2 M、3 M の $CaCl_2$ 溶液 (20℃) それぞれ、1.0853 g/cm³、1.1677 g/cm³、1.2463 g/cm³ の比重値を示すことが知られている（D'Ans ら[14)] のデータをもとに計算）ので、この温度である濃度 M (mol/L) の $CaCl_2$ 溶液は以下の比重 d_{20} を示すことになる。

$$d_{20} = 0.9992 + 0.08795\,M - 0.00186\,M^2 \tag{16}$$

比重計としてやや大きめのボーメ計を用いた場合、その比重の感度は 0.001 程度であるので、2 M $CaCl_2$ 約 0.6%程度、3 M $CaCl_2$ ならば約 0.4%の誤差である。メスフラスコの誤差はせいぜい 2 - 3 mL であるので この方法でも実用に耐えるであろうと思われる。

V．浸透圧

　パッチクランプ実験をする際には、溶液の浸透圧のことについても考慮しなければならない。van't Hoff の法則より、溶液の浸透圧 $\varPi$ は次のように定義される。

$$\varPi = RT\phi\sum C_s \tag{17}$$

ここで、R は気体定数、T は絶対温度、ϕ は理想溶液からのずれを補正するための浸透圧係数（理想希薄溶液では 1）、C_s はそれぞれの溶質の水溶液中での粒子（浸透圧性物質）の重量モル濃度（mol/kg·H_2O）である。例えばグルコースやマニトールは水溶液中でも 1 分子 1 粒子であるが、NaCl は理想的には それぞれのイオン 2 粒子に分かれるため、1 mol の NaCl が水 1 kg に溶解していれば $\sum C_s$ は 2 である。浸透圧・融点上昇（凝固点降下）などの溶液の性質を論じる時に用いられる濃度の単位は重量 mol 濃度 osmolality であり、水 1 kg に溶解している溶質のモル数で定義される。化学反応でよく用いられる（容量）モル濃度 osmolarity と厳密には（実際我々が実験溶液を作成する際は kg で測定する必要はほとんどない）異なることに注意されたい。ほ乳類動物においては細胞外液の正常浸透圧は約 300 mOsm/kg·H_2O である。したがってほとんどの細胞は通常 280 - 330 mOsm/kg·H_2O 程度の条件でその細胞容積のホメオスターシスを保ちつつ生命活動を行うよう順応している。パッチクランプに用いるアイソトニックな細胞外液はこの範囲の浸透圧を有するように作成されている。細胞内溶液の浸透圧についても、全細胞法以外では単にアイソトニックな溶液を用いればよいが、全細胞法では細胞内にもともと存在する生体内巨大分子（蛋白、核酸など）のためもうすこし事情が込み入っている。これらの分子はゆっくり拡散したり、まったく拡散することができないためピペット内液の灌流時に部分的に浸透圧に濃淡が発生してしまう。従って、全細胞モードでは（要するにいつまでも細胞内に細胞膜およびピペット－細胞境界を通過できない多価陰イオンが残るため）Donnan の平衡を維持するため細胞外（あるいはピペット内より）絶

えず水が移動して細胞は徐々に膨張する傾向を示す。特に浸透圧に感度の高い実験を行う時などによく用いられる方法は、ピペット内溶液を細胞外液に比べやや（約 15 - 30 mOsm/kg·H$_2$O）低張にしておくというものである[15, 16]。この方法に依ればパッチを破り全細胞モードになった後も細胞は膨張し続けることがない。しかし細胞内の巨大分子がどの程度の浸透圧効果を有するかは細胞種によって異なり、細胞内溶液の浸透圧はそれぞれの細胞種ごとにマニトール等を適当に加えながら調節するしかないのが実情である。

さて、溶液の浸透圧はこのように測定をしながら調節することが必要であるため、浸透圧計を絶えず用意しておくことをすすめたい。浸透圧計には大別して3種類あり、1つは半透膜を利用したもの、1つは凝固点降下を、さらに1つは蒸気圧を利用したものである。半透膜を利用した浸透圧計はその原理はもともとの浸透圧の定義に極めて忠実であるが、実際は測定する溶液に対してその膜がどの程度良好な半透膜であるかを考慮しなければならない。また蒸気圧を利用するものではどの程度蒸発するかについての考慮が必要である。一般的に通常の生理学的な溶液に関しては、どの原理を採用した機械で測定しても結果はよく一致する。標準 300 mOsmol/kg·H$_2$O の溶液はアンプルに入って市販されているが、9.4484 g の NaCl を 1 kg の水に溶解して作成することができる。このときのモル濃度は 161 mmol/L であり、150 ではない。これは、生理学的濃度の NaCl や KCl 溶液では式(10)における ϕ の値が 0.93 程度であるからである。CaCl$_2$ 溶液では ϕ=0.85、ショ糖では ϕ=1.01 である（Robinson and Stokes[17]）。マニトールおよびグルコースの濃度と浸透圧の関係は 0 - 300 mmol/L で我々が凝固点降下式の浸透圧計（OM802、Vogel、Germany）で測定したところ、共に次第に強くなる右上がりの曲線を示し2次曲線で適合させると以下のようになった。

$$\text{mOsmol/kg·H}_2\text{O} = 1.0067\, C + 1.94\, 10^{-4}\, C^2 \quad (\text{マニトール}) \qquad (18)$$

$$\text{mOsmol/kg·H}_2\text{O} = 1.0054\, C + 1.81\, 10^{-4}\, C^2 \quad (\text{グルコース}) \qquad (19)$$

ここで C はそれぞれの物質の濃度（mmol/L）である。これらの式を用いてグルコースやマニトールを含んだ溶液の浸透圧をほぼ正しく計算することができる。言うまでもないことであるが、浸透圧はある物質が移動できない半透膜と境にしてのみ発生しうる。細胞膜の両側に関して浸透圧が発生するのは細胞膜が水に比べてこうした電解質イオンや有機溶質を通過させにくいからである。グルコースは正常細胞の細胞膜をかなりよく通過する。また尿素はさらに通過しやすい。従ってこれらの物質は浸透圧計で測定すれば理論値に近い値を示すが、同じ浸透圧効果が細胞膜を介して細胞にもかかると早合点してはならない。事実 3 mM のグルコース溶液は体内に入ってしばらくするとなんらの浸透圧効果も示さなくなる。マニトールは細胞をほとんど通過しないので測定値と細胞への有効浸透圧がほぼ等しい。

pH バッファ、Ca^{2+} キレータ、ATP など、多電荷をもつ物質は平均何価のイオンとして存在しているかが分かりづらく、その及ぼす浸透圧効果についても複雑である。我々の測定によれば、HEPES と EGTA と ATP の 10 mM 水溶液（NaOH にて pH7.4 に滴定したもの）の浸透圧 Π（mOsmol/kg·H$_2$O）はそれぞれ、15.2 ± 0.3、28.8 ± 0.2、35.7 ± 0.3 mOsmol/kg·H$_2$O （6例の検討を平均±SE で表す）であった。0 - 25 mmol/L の範囲内で以下の2次式によく適合する。

$$\Pi_{HEPES} = 1.58\, C - 4.05\, 10^{-3}\, C^2 \quad (\text{HEPES}) \qquad (20)$$

$$\Pi_{EGTA} = 2.95\, C - 5.95\, 10^{-3}\, C^2 \quad (\text{EGTA}) \qquad (21)$$

$$\Pi_{ATP} = 3.91\,C - 2.35\,10^{-2}\,C^2 \text{ (ATP)} \tag{22}$$

ここで C はそれぞれの物質の濃度 (mmol/L) である。これらの式はこれらの物質の薄い（0.5 - 1 mOsm/kg·H$_2$O）濃度の水溶液ではよい近似を示すが、実際の浸透圧効果は EGTA や ATP の存在下での Ca^{2+} や Mg^{2+} 濃度に依存する。浸透圧は薬剤を加えた時におこる DMSO などの有機溶媒の混入によっても変化する。例えば 1000 倍希釈（0.1%）の DMSO、メタノール、エタノールを溶液に加えると浸透圧はそれぞれ 13、31、22 mOsm/kg·H$_2$O 上昇することになる。このための一過性のわずかな細胞の収縮により、またはその後に続く容積感受性電流により、薬剤の効果があったものと勘違いしてしまわないように注意しなければならない。

VI. その他の成分

パッチ膜を元気に保つためには細胞内・外液に細胞のエネルギー源となるものを加えておいた方がよいことが多い。通常細胞外液には 5 - 10 mM のグルコースを、細胞内液には 1 - 5 mM の ATP または MgATP を加えて細胞代謝をなるべく維持させておくことが多い。ほかにも細胞内液に酸化的リン酸化を盛んにするための数 mM レベルのピルビン酸を加えておいたり、高エネルギーリン酸結合の ATP 以外の源として phosphocreatine（25 mM ぐらい）を加えることもある。チャネルによってはそのランダウンを抑えるためにさらに工夫をしなければならないこともある。

VII. 液間電位差

溶液のデザインという観点からはやや横道にそれるが、ここで液（相）間電位（liquid junctional potential）について簡単に記述しておく。2 つの異なった溶液（液相）（あるいは溶液と固体）が存在するとき、その間には電位差が発生する。この電位差のことを液間電位差（あるいは固体を含めて界面電位差）と呼ぶ。イオンを含んだ水溶液に電圧をかけると同じ濃度の溶液でもイオン溶液の組成によって流れる電流の大きさは異なる。Kohlraush らによって、この電流の大きさはその成分のイオンごとに決まるイオンの「動きやすさ」の和に比例することが明らかになった。この動きやすさのことを移動度（mobility）と呼ぶ。液間電位 V はこの移動度 u_i とそれぞれのイオン濃度（実際は活量 a_i）およびイオンの電荷の価数 z_i によって決まり、以下の式で表すことができる[18]。

$$V = (RT/F)\left\{\sum_i [(z_i u_i)(a_i^S - a_i^P)] \bigg/ \sum_i [(z_i^2 u_i)(a_i^S - a_i^P)]\right\} \ln\left\{\sum_i z_i^2 u_i a_i^P \bigg/ \sum_i z_i^2 u_i a_i^S\right\} \tag{23}$$

ここで S、P はバス溶液の各イオンとピペット内溶液の各イオンを区別するためのマーキングである。

今、ピペット内溶液とバス溶液が接している状態を考えよう。溶液の接した面をはさんで、ピペット内液からのイオンがバス溶液からのイオンに比べて移動しやすければ、すなわち、ピペット内液のイオン移動度がバス溶液のイオン移動度より大きいとき、ピペット内液よりピペット外液に向かい電流が流れようとする電位差が生じる。境界面を挟んだこの電位差は、あたかも溶液の境界面に電池が存在し、境界面のバス側に陽極が、ピペット内側に陰極が存在するように見えることになる。境界面を挟んでは陰極側より陽極側に電流が流れることは奇妙に見えるかも知れないが、電池の内部では電流は常に（電池の）陰極から陽極に向かって電流が流れていることを思い起こしてほしい。パッチクランプ法の慣例に従えばピペット側からバス側に向かう電流の向

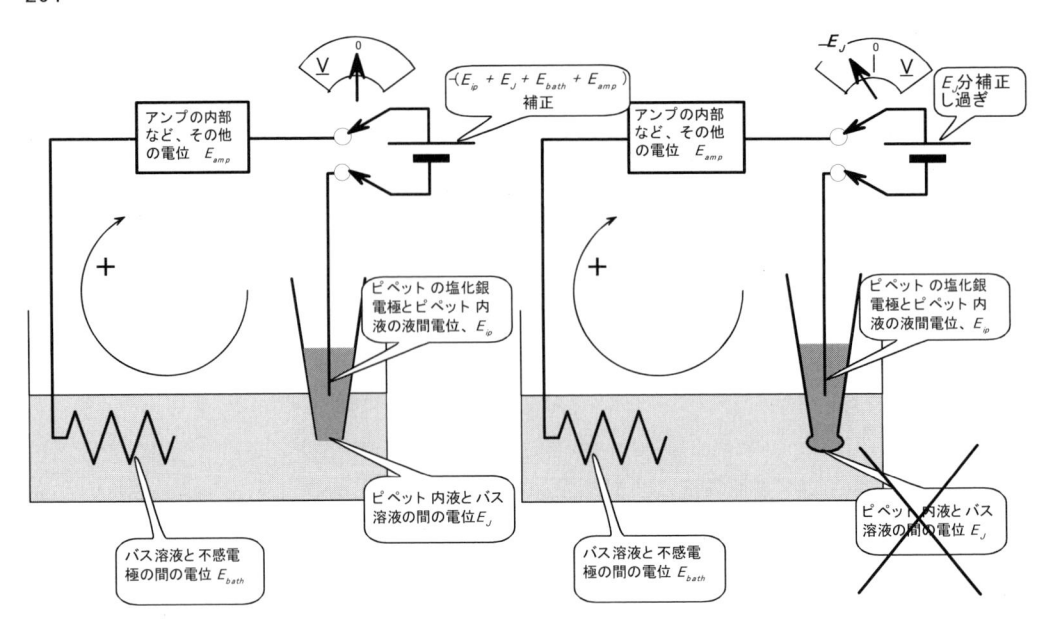

図2 パッチクランプ法における液間電位
左はピペットをバス溶液につけたのち、アンプにより液間電位を補正したところを表す。右上の可変バッテリーにより、この時点での液間電位はすべて補正されている。右図はパッチクランプ（この図ではアウトサイド-アウトを想定している。）パッチの完成と共に E_J が消失しているので同じ液間電位補正を使うかぎり E_J 分が補正しすぎとなっている。

きが+の向きであるので、液間電位もピペット内液のイオン移動度がバスのそれに比べて高いとき、すなわち、境界面のバス側に電池の陽極が存在するように見えるとき、液間電位が+であるとする。

実際にパッチクランプを行う際にこの液間電位については常に注意を払わなければならない。最初望みのピペット内溶液を充填しそれを適当なバス溶液に浸けたとき、図2に示すようなさまざまな液間電位が発生する。ここで、実験者はアンプを適当に調節して（第2、25章参照）液間電位を"キャンセル"する。ピペットの塩化銀電極とピペット内液の液間電位を E_{ip}、ピペット内液とバス溶液の間の電位を E_J、バス溶液と不感電極の間の電位を E_{bath}、アンプの内部などその他の電位を E_{amp} とすると、回路を流れる電流を0にするよう補正のための電位 E_{comp} を逆向きに与えることにより、回路すべての電位の和は0になる。

$$E_{ip} + E_J + E_{bath} + E_{amp} - E_{comp} = 0 \tag{24}$$

さて、ここで outside-out モードを作成したとする。液間電位をすべてキャンセルした初期状態とこのモードでは、E_{ip}、E_{bath}、E_{amp} は変わっていない。しかし初期状態では存在したはずのピペット内液とバス溶液の間の E_J はもはや（2つの溶液が直接接していることはないので）存在しない。従ってこのとき回路に与えられている電圧は、

$$E_{ip} + E_{bath} + E_{amp} - E_{comp} \tag{25}$$

であるがこれは、$-E_J$ に等しいのである。従って、膜電位をある値に固定するためピペットに電圧 Vp を与えても実際の膜電位 Vm は

$$Vm = Vp - E_J \tag{26}$$

しか与えられていない。この段階でアンプが E_J を検出することは不可能なので、解析の段になっ

て電流－電圧曲線を書くときに用いられるのは Vp の値が用いられることになる。しかし、実際の Vm はこれよりも E_J だけ低い値のため、真の I-V 曲線は描かれた曲線よりも E_J だけ右にシフトしたものになる。

inside-out モードでは、Vm の向きが変化するため、

$$-Vm = Vp - E_J \tag{27}$$

となる。E_J が+5 mV とすると、膜電位を+50 mV に脱分極させるために Vp に–50 mV 与えると実際は+55 mV の脱分極を与えたことになる。

全細胞モードでは基本的に outside-out と同じであるが、ピペット内液が完全に細胞内を灌流するまでは（10分オーダーあるいはもっとかかるとされるが）、ピペット内液と細胞内液の間に液間電位が発生する。しかし、この電位は補正不可能であり、補正のために経験的な値が用いられることがある。

実際の液間電位は式によって計算することもできるし、また塩橋を用いて測定することもできる。Clampex 8.0 には Barry[18] らにより作られ、AXON 社が改良した液間電位を計算するプログラムを Tool メニューより選んで使うことができる。

実験に用いる際の多くの溶液による液間電位は±10 - 12 mV 程度であるが、特に逆転電位を測定してチャネルによる透過イオンの選択性を調べる実験をしているときなどには、この差は決して無視できない値である。10倍の Cl^- 濃度差の溶液を用いて（残りの Cl^- を glutamate に置換する。）逆転電位が47 mV と測定するのと、液間電位を補正して55 mV と評価するのでは透過性の比 P_{Cl}/P_{Glu} が 16 であるか 70 であるかの違いになってしまう（Neher[19]）。

さて、これまでバス溶液は始めに液間電位をキャンセルした時から変わらないと仮定してきた。もし、バス溶液が違ったものに灌流されるとどうなるであろうか。図2をみるとわかるように、この状態では E_J の他に E_{bath} が変化することになる。バスの不感電極に AgCl 電極を用いている場合は Cl^- の濃度に応じて電位（この場合界面電位と呼ぶ）が発生するため注意が必要である。これを避けるためには KCl の塩橋を用いて実験を行うことが必要である。

VII. 終わりに

ピペット溶液に細かいゴミや、溶解していないで残留した沈殿物などはピペット先端を詰まらせることになったり、ギガオームシールをできにくくするので、あらかじめピペット内液を 0.22 μm 程度のフィルタをかけてゴミを取り除いておくことが大切である。また、Ca^{2+} はリン酸や（重）炭酸溶液と沈殿を作りやすいし、硫化物イオンは Ba^{2+}（K^+ チャネルのブロッカや Ca^{2+} チャネルの電流キャリアとしてよく用いられる）と沈殿を形成する。

パッチクランプ実験の溶液は目的のイオンチャネルに合わせてデザインされている。パッチクランプ実験においては、目的のチャネル電流を同定することが必要である。このため、他のイオンを非透過性のものに交換したり、ブロッカを用いたりして、他の電流の混入を除く。あるいは目的のチャネル電流に対する特異的なブロッカを用いた前後の記録の差を求めることにより、その電流を記録する。保持電位やステップパルスをうまく選ぶことで、必要のない電流を活性化しないようにしたり、不活性化させてしまうことも行われている。

おもえば、井戸水を用いた溶液ではカエルの筋肉が収縮するにもかかわらず、蒸留水を用いた実験では収縮しないことから、Ca^{2+} イオンの働きが解明され、ひいては筋肉収縮全体のメカニズ

ムの解明につながったように、溶液の組成は大変重要である。この章がそのための一助となれば幸いである。

なお、この章で用いられた化学化合物の略語は以下のとおりである。
BAPTA: bis-(o-aminophenoxy)-ethane- $N,N,N'N'$-tertaacetic acid
EDTA: ethylenediaminetertaacetic acid
EGTA: ethylene glycol bis(β-aminoethyl ether)-$N,N,N'N'$-tertaacetic acid
HEPES: N-[2-hydroxyethyl]piperazine-N'-[2-ethanesulfonic acid]
Tris: tris(hydroxymethyl)aminomethane

文 献

1. Prosser, C.L. (1973) Inorganic ions. In: Prosser, C.L. (ed) Comparative Animal Physiology, 3rd edn. Saunders College, Philadelphia
2. Tsai, T.D., Shuck, M.E., Thompson, D.P., Bienkowski, M.J. & Lee, K.S. (1995) Intracellular H^+ inhibits a cloned rat kidney outer medulla K^+ channel expressed in Xenopus oocytes. Am. J. Physiol. 268, C1173-C1178
3. Sabirov, R.Z., Okada, Y. & Oiki, S. (1997) Two-sided action of protons on an inward rectifier K^+ channel (IRK1). Pflugers Arch. 433, 428-434
4. Sabirov, R.Z., Prenen, J., Droogmans, G. & Nilius, B. (2000) Extra- and intracellular proton-binding sites of volume-regulated anion channels. J. Membr. Biol. 177, 13-22
5. Miller, D.J. & Smith, G.L. (1984) EGTA purity and the buffering of calcium ions in physiological solutions. Am. J. Physiol. 246, C160-C166
6. Oiki, S., Yamamoto, T. & Okada, Y. (1994) Apparent stability constants and purity of Ca-chelating agents evaluated using Ca-selective electrodes by the double-log optimization method. Cell Calcium 15, 209-216
7. Oiki, S., Yamamoto, T. & Okada, Y. (1994) A simultaneous evaluation method of purity and apparent stability constant of Ca-chelating agents and selectivity coefficient of Ca-selective electrodes. Cell Calcium 15, 199-208
8. Harrison, S. M. & Bers, D. M. (1989) Correction of proton and Ca association constants of EGTA for temperature and ionic strength. Am. J. Physiol. 256, C1250-C1256
9. Martell, A.E. & Smith, R.M. (1974) Critical Stability Constants. Plenum Press, New York
10. Smith, G.L. & Miller, D.J. (1985) Potentiometric measurements of stoichiometric and apparent affinity constants of EGTA for protons and divalent ions including calcium. Biochim. Biophys. Acta 839, 287-299
11. Tsien, R.Y. (1980) New calcium indicators and buffers with high selectivity against magnesium and protons: design, synthesis, and properties of prototype structures. Biochemistry 19, 2396-2404
12. Harrison, S.M. & Bers, D.M. (1987) The effect of temperature and ionic strength on the apparent Ca-affinity of EGTA and the analogous Ca-chelators BAPTA and dibromo-BAPTA. Biochim. Biophys. Acta 925, 133-143
13. Fabiato, A. (1988) Computer programs for calculating total from specified free or free from specified total ionic concentrations in aqueous solutions containing multiple metals and ligands. Meth. Enzymol. 157, 378-417
14. D'Ans, J., Surawsky, H. & Synowietz, C. (1977) Densities of liquid systems and their heat capacities. In: Scafer, K.I. (ed) Landolt-Bornstein Numerical Data and Functional Relationships in Science and Technology, New Series. Springer-Verlag, New York
15. Worrell, R.T., Butt, A.G., Cliff, W.H. & Frizzell, R.A. (1989) A volume-sensitive chloride conductance in human colonic cell line T84. Am. J. Physiol. 256, C1111-C1119
16. Kubo, M. & Okada, Y. (1992) Volume-regulatory Cl^- channel currents in cultured human epithelial cells. J. Physiol. (Lond.) 456, 351-371
17. Robinson, R.A. & Stokes, R.M. (1959) Electrolyte Solutions, 2nd edn. Buttorworths, London
18. Barry, P.H. & Lynch, J. (1991) Liquid junctional potentials and small cell effects in patch-clamp analysis. J. Membr. Biol. 121, 101-117
19. Neher, E. (1992) Correction for liquid junction potentials in patch clamp experiments. Meth. Enzymol. 207, 123-131

索 引

数　字

1/f ノイズ　74
2 極電極膜電位固定法　218
2 光子イメージング　121
2 光子顕微鏡　121

和　文

あ行

アウトサイドアウトモード　21
アクセス抵抗　35, 36, 39, 98, 99, 122, 126
圧吹き付け法　171
アナログ－デジタル変換　247
アフリカツメガエル　215
アレニウスプロット　206
アンサンブル平均　43, 44
アンホテリシン B　50, 51
イオン活量　256, 258
イオン強度　257
イオン交換機構　129
イオン選択性フィルター　16
イオンチャネル　7－17
イオン透過機構　13, 14
イカ巨大神経線維　7, 8, 9, 10
閾値　66
一過性発現法　211
移動度　238, 263
インサイドアウトモード　21
インピーダンス　75
内側核膜　194
エイリアシング　63, 251
液界電位　24, 36, 90, 263
エキソサイトーシス　184
エルゴード性　78
塩橋　265

か行

オートパッチクランプ法　232
オープンチャネルブロック／
　オープンチャネルブロッキング　71, 239
折り返し現象　84
オルガネラパッチ　191
オルガネラ膜　191
温度センサー　203
温度感受性 TRP チャネル　203

開確率　65
開口放出　184
界面電位　263
拡散係数　238
核包　191
核膜イオンチャネル　194
確率密度関数　69
可視化法　103
活性化エネルギー　14
カットオフ周波数　251, 252, 254
活動電位　8, 9
ガラス微小電極　7, 8
干渉縞　155
環状バルク相　167, 168
ギガオームシール／
　　　　　　ギガ・シール　9, 20, 24, 92
起電性トランスポータ　129
逆行性標識　95
ギャップ法　8
吸引パッチ電極　146
局所神経回路　86
巨視的電流　12
キレータ　91
グラミシジン　51, 55
グラミシジン穿孔パッチ　55
クリーニング法　96, 98

グルタミン酸	99	シナプス伝達	86, 106
グルタミン酸トランスポータ電流	133	遮断周波数	67
グルタミン酸遊離	198	ジャイアントパッチ	136
蛍光色素	124	集合ノイズ法	82
蛍光タンパク質	121, 123	充填係数	244
ゲーティング	65, 66	重量モル濃度	261
ゲート電流	10, 44	樹状突起パッチクランプ	110−114
コーナー周波数	77	小脳プルキンエ細胞	125
高解像度走査パッチクランプ法	230	小脳籠細胞	101
高速フーリエ変換	77	小胞エクソサイトーシス	100
黒膜	154	小胞エンドサイトーシス	100
苔状繊維シナプス	101	焦点調節	97
個体発生	101	条件付き確率	78
固有値	72	シリーズレジスタンス	92
固有方程式	72	心筋マクロパッチ法	141
コントラスト増強	97	神経終末端	96
		人工脳脊髄液	88
さ行		浸透圧	91, 98, 99, 261
		スマートパッチ法	227
最高サンプリング周波数	253	スライサー	99
最小分解能	248	スライスパッチクランプ	86, 96, 103
最大許容信号値	249	スライス／スライス標本	88, 99, 103, 110
細胞染色法	93	セルアタッチモード	20, 26
細胞内 Cl⁻ 濃度	57	遷移確率行列	72
細胞内灌流法	145	穿孔パッチ法／穿孔パッチモード	22, 28, 50
細胞膜（内）電位	25, 26	穿孔ベシクル	54
最尤推定法	69	選択性フィルター	237
サンプリング間隔	250	全細胞記録	22, 27
サンプリング周波数	63	外側核膜	194
時間分解能	250	相転移温度	169
自己相関関数	78	走査イオンコンダクタンス顕微鏡法	227
刺激電極	93	速度定数	66
持続時間	66		
自動パッチクランプ	232	**た行**	
自発性シナプス電流	106		
自発性微小シナプス電流	106	ダイナミックレンジ	248, 249
シナプス応答	115, 119	大脳皮質錐体細胞	125
シナプス可塑性	103	単一細胞 RT-PCR	222
シナプス前末端	96	単一細胞マイクロアレイ	225
シナプス前末端灌流	99	単一細胞電気穿孔法	127

単一チャネル記録	26
単一チャネル電流	12, 60
単層展開法	176
単分子層	154
チェンバー法	156
チャネル遺伝子発現システム	210
チャネルノイズ／チャネルノイズ解析法	74
チャネル不活性化	42, 43, 44
跳躍プローブイオンコンダクタンス顕微鏡法	228
長期増強	106
長期抑圧	107
直接挿入法	175
テール電流	42
データレコーダ	61
ティップ・ディップ法	163
デジタル－アナログ変換	253
電位センサー	11, 12
電気二重層	168
電極圧	38
電極内液	36, 90
電流固定	39
電流雑音	74
電流－電圧変換	249
等価回路	9, 29
透過性比	238
透過ブロック	239
トランスポータ	14, 129
ドリフト	60, 97

な行

ナイキストの標本化定理	251
ナイスタチン／ナイスタチン法	50, 51, 173
ノイズ解析	74, 250
脳定位固定装置	122
能動輸送	129

は行

バイオサイチン	93
パッチクランプ RT-PCR 法	222
パッチクランプバイオセンサー法	196, 203
パッチクランプ法	19
パッチセンサー法	196
パッチプレート	233
パッチ電極	20, 23
パッチ電極抵抗	36
パワースペクトル	75, 76
パンチアウト法	161
背景ノイズ／背景雑音	66, 74
速いシナプス	101
張り合わせ法	159
反応モデル	70
非線形最小2乗法	69
非電解質分配法	240
表面電位	258
ピペットコーティング	138
ピペット内灌流	143
ピペット法	160
不活性化過程	10, 12
浮遊容量	23, 30, 35, 39
ブラインド・スライスパッチクランプ法	103
ブラインドパッチ／ブラインド法	103, 111, 115
プラナーパッチ	232
プレシナプス	96
ブレブ	136
プレポスト同時記録	99
分散	76
分配係数	243
ベースライン	67
ペインティング法	158
ヘキサゴナル相	169, 171
ホールセル記録／ホールセル記録法／ホールセルパッチ法	33, 86
ホールセンサー法	197

ホールセルモード	22, 27
ボーンワックス	122
ポア	14, 237
ポアサイズ	237
ポンプ	129

ま行

膜電位固定／膜電位固定法	9, 10, 40
膜電位測定	7, 8
膜電流測定	7, 8
膜表面積	184
膜融合法	171
膜容量測定法	28
マニピュレータ	60, 97
マルコフ連鎖過程	69
水ーイオン流束比	14
ミトコンドリア内膜イオンチャネル	192
ミトプラスト	191
無溶媒膜	159, 169

や行

溶液急速交換	143
溶媒含有膜	169
容量サージ電流	185
容量モル濃度	261
容量性電流	35, 39
抑制性介在ニューロン	125

ら行

ランダウン	37, 40
卵母細胞／卵母細胞発現系	215, 220
リガンド作動性イオンチャネル	196
リポソームパッチ法	164
流動電位	14
臨界ミセル濃度	167
ローパスフィルタ	62
ロックインアンプ	186

欧　文

A〜C

A/D コンバータ／A/D 変換	61, 247
AgCl 電極	265
all point histogram	63
amphotericin B	50
ATP 放出／ATP 遊離	198
BAPTA	258
β-エスシン	51, 55
biocytin	118
bit	248
black lipid membrane	154
Bolzmann 式	43
Ca^{2+} イメージング	100
calyx of Held	96
capacitance compensation	26, 27, 30
CCD カメラ	97
cell-attached (on-cell) mode	20, 26
CFTR	131
Cl^-/H^+ 交換ポンプ	134
Clampex	265
current clamp	27

D〜F

D/A 変換	253
DAT	253
Debye-Hückel の理論	259
dendritic patch-clamp recording	110
diffusion coefficient	238
dimple	98
dwell time histogram	68
EDTA	258
EGTA	258
endbulb of Held	101
ensemble noise 法	82
exocytosis	184
false event	67

fast capacitive transients	26, 30
fast voltage clamp	143
filling coefficient	244

G～L

Goldman-Hodgkin-Katz 式	238
Goldmann-Hodgkin-Katz の constant field equation	149
heat polish	24
Henderson-Hasselbalch の式	256
high-resolution scanning patch-clamp technique	230
Hodgkin-Huxley のナトリウム説	9
hopping probe ion conductance microscopy	228
in vivo パッチクランプ法	121
inside-out mode	21
IonWorks	233
IR-DIC	91
IVT (in vitro transcriptation)	225
Johnson ノイズ	75
Langmuir-Blodgett film	154
Langmuir-Blodgett 法	160
Lindau-Neher 法	187
liquid junction potential	36, 90, 263

M～O

missing event	67
mitoplast	191
MNTB 領域	101
mobility	238, 263
Na^+-Ca^{2+} 交換電流	131
Neher-Marty 法	187
neurobiotin	118
N-N 法	52
nonelectrolyte partitioning method	240
nuclear envelope	192
Nyquist の周波数／Nyquist 周波数	84, 251

Nyquist の定理／Nyquist の標本化定理	250, 252
nystatin	50
on-oocyte patch	219
open cell-attached inside-out mode	21
open-channel block	239
osmolality	261
osmolarity	261
outside-out mode	21

P～Q

P2X レセプター	196
partition coefficient	243
Patchmaster	254
Patlak の移動平均	65
pClamp	254
perforated patch mode／perforated patch recording	22, 28, 50
perforated vesicle	55
perforated vesicle outside-out mode	22, 28
permeability ratio	238
permeable block	239
phase-sensitive detection method	29
pH 緩衝機構	256
population-patch clamp 法	234
pore	237
Q_{10} 値	207
Qpatch	235
Q 行列	71

R～T

run-down	21, 37, 40, 50, 54
sampling interval	250
scanning ion conductance microscopy	227
selectivity filter	237
series resistance	20, 23, 31
series resistance compensation	27, 31
shadow-patching 法	121

Shannon のサンプリング定理	251
shot ノイズ	74
slow capacitive transients	27, 30
smart patch-clamp technique	230
stray capacitance	35, 39
surface potential	258
Sylgard coating	23
tail current	42
TPTP 法	121
TRP／TRP チャネル	203

V～X

van't Hoff の法則	261
washout	40, 145
whole-cell mode	22, 27
WINMAXC32	260
X 線一分子測定法	16

＜ 著 者 紹 介 ＞

－執筆順－ 2011年1月現在

岡田　泰伸（おかだ　やすのぶ）……自然科学研究機構　生理学研究所　所長室

久木田文夫（くきた　ふみお）……自然科学研究機構　生理学研究所　機能協関研究部門

老木　成稔（おいき　しげとし）……福井大学　医学部　分子生理学領域

挾間　章博（はざま　あきひろ）……福島県立医科大学　医学部　生理学第一講座

小原　正裕（おはら　まさひろ）……自然科学研究機構 岡崎統合バイオサイエンスセンター ナノ形態生理研究部門

秋田　天平（あきた　てんぺい）……自然科学研究機構　生理学研究所　機能協関研究部門

八尾　寛（やお　ひろむ）……東北大学大学院生命科学研究科　脳機能解析分野

鍋倉　淳一（なべくら　じゅんいち）……自然科学研究機構　生理学研究所　生体恒常機能発達機構研究部門

石橋　仁（いしばし　ひとし）……自然科学研究機構　生理学研究所　生体恒常機能発達機構研究部門

曽我部正博（そがべ　まさひろ）……名古屋大学大学院医学系研究科　細胞生物物理学（第2生理学）

大森　治紀（おおもり　はるのり）……京都大学大学院医学研究科　高次脳科学　神経生物学

伊佐　正（いさ　ただし）……自然科学研究機構　生理学研究所　認知行動発達機構部門

井本　敬二（いもと　けいじ）……自然科学研究機構　生理学研究所　神経シグナル研究部門

川口　泰雄（かわぐち　やすお）……自然科学研究機構　生理学研究所　大脳神経回路論研究部門

高橋　智幸（たかはし　ともゆき）……同志社大学　生命医科学部　神経生理学
沖縄科学技術研究基盤整備機構

堀　哲也（ほり　てつや）……同志社大学　生命医科学部　神経生理学
沖縄科学技術研究基盤整備機構

中村　行宏（なかむら　ゆきひろ）……同志社大学　生命医科学部　神経生理学
沖縄科学技術研究基盤整備機構

山下　貴之（やました　たかゆき）……沖縄科学技術研究基盤整備機構

真鍋　俊也（まなべ　としや）……東京大学　医科学研究所　基礎医科学部門　神経ネットワーク分野

坪川　宏 ……東北福祉大学 健康科学部

高橋　博人 ……Department of Biological Sciences, Columbia University

古江　秀昌 ……自然科学研究機構 生理学研究所 神経シグナル研究部門

喜多村和郎 ……東京大学大学院医学系研究科 神経生理学教室

野田　百美 ……九州大学大学院 薬学研究院 病態生理学分野

松岡　達 ……京都大学大学院医学研究科 次世代免疫制御を目指す創薬医学融合拠点

堀江　稔 ……滋賀医科大学 呼吸循環器内科

丸山　芳夫 ……東北大学大学院医学研究科 細胞生理学

林　誠治 ……日本新薬株式会社 創薬研究所

富永　真琴 ……自然科学研究機構 岡崎統合バイオサイエンスセンター 細胞生理研究部門

内田　邦敏 ……自然科学研究機構 岡崎統合バイオサイエンスセンター 細胞生理研究部門

倉智　嘉久 ……大阪大学大学院医学系研究科 分子・細胞薬理学

古谷　和春 ……大阪大学大学院医学系研究科 分子・細胞薬理学

山中　章弘 ……自然科学研究機構 岡崎統合バイオサイエンスセンター 細胞生理研究部門

サビロブ ラブシャン ……Institute of Physiology & Biophysics, Academy of Sciences, Tashkent

コルシェフ ユーリ ……Division of Medicine, Imperial College London

澤田　光平 ……エーザイ株式会社 グローバルCV評価研究部

吉永　貴志 ……エーザイ株式会社 グローバルCV評価研究部

森島　繁 ……福井大学 医学部 生命情報医科学講座 薬理学領域

編者略歴

岡田　泰伸（おかだ　やすのぶ）

1970 年　京都大学 医学部卒
1974 年　京都大学 医学部　助手
1981 年　医学博士
1981 年　京都大学 医学部　講師
1992 年　岡崎国立共同研究機構 生理学研究所　教授
1992 年　総合研究大学院大学 生命科学研究科　教授（併任）
2006 年　日本生理学会　会長
2006 年　アジア・オセアニア生理科学連合　会長
2007 年　自然科学研究機構 生理学研究所　所長
2007 年　自然科学研究機構　副機構長（併任）
2007 年　総合研究大学院大学 生命科学研究科 生理科学専攻　専攻長（併任）
2010 年　自然科学研究機構　理事（併任）

最新パッチクランプ実験技術法　　　　2011ⓒ

2011 年 5 月25日　　　　第 1 刷発行

編　者　岡　田　泰　伸

発行者　吉　岡　　誠

発行所　株式会社　吉　岡　書　店

京都市左京区田中門前町87
郵便番号　　606-8225
電　話　(075)781-4747
FAX　　(075)701-9075
振　替　01030-8-4624

印刷・製本　亜細亜印刷㈱

ISBN978-4-8427-0358-9